최신개정판

world skills
작업 표준에 따른 이론과 실무

냉동기술공학

공학박사 조 병 옥

씨마스

Contents

차 례

Contents

Chapter 4 냉동기의 구성 장치

Chapter 5 전기 제어

Chapter 6 냉동기의 제작 및 설치

1-1 힘

(1) 밀도와 중량

밀도(density, ρ)는 단위 체적당 물질이 차지하는 질량으로 정의하며 그 단위로 국제 표준 단위(SI 단위)계에서는 kg/m^3로 표시한다. 밀도는 물체의 체적으로부터 질량을 구할 때 또는 질량으로 체적을 구할 때 이용된다. 일반적으로 밀도는 압력이 증가할수록 증가하고 온도가 높아질수록 낮아지며 고체 > 액체 > 기체 순으로 밀도가 크다.

$$\text{밀도}(\rho) = \frac{\text{질량}(m)}{\text{체적}(V)}\ [\mathrm{kg/m^3}] \tag{1.1}$$

$$m = \rho V\ [\mathrm{kg}] \tag{1.2}$$

중량(무게, weight, W)은 힘과 같이 물체의 무게를 나타내며, 질량(m)과 중력 가속도(g, 9.807 m/s^2)를 곱한 값으로 SI 단위계에서는 뉴턴(Newton, N)으로 표시한다.

$$\text{중량}(W) = \text{질량}(m) \times \text{중력 가속도}(g)\ [\mathrm{N}] \tag{1.3}$$

물의 밀도

물의 밀도는 예외적으로 4℃에서 가장 크고(999.9750 kg/m^3), 4℃를 기준으로 냉각되거나 가열되어 온도가 낮아지거나 높아지면 감소한다. 따라서 물의 밀도는 액체 > 고체 > 기체 순서로 크다.

질량과 중량

질량은 크기만 가지는 스칼라(scalar)량이고 중량은 힘이나 무게와 같은 개념으로서 크기와 방향을 가지는 벡터(vector)량이다.

구 분	질량(mass)	중량(weight)
SI 단위	kg	N
공학(mks) 단위	kg	$kg \cdot m/s^2$

※ 질량의 단위는 보통 kg으로 표시하지만 중량은 중력 가속도가 작용하는 힘(force)이라는 의미로 kgf로 표시한다. 냉동 공학에서는 공학 단위로서 kgf를 많이 사용하고 있다. 즉, 단위 kgf는 물리적으로 단위 $kg \cdot m/s^2$와 같은 의미이다.

질량 10 kg인 물체의 무게를 공학 단위와 SI 단위로 표시하면?

풀이 무게는 질량에 중력 가속도 g를 곱하여 구한다.

① 공학 단위 : 10 kgf이고, $98\,kg \cdot m/s^2$이다.

② SI 단위 : 1 kgf = 9.8 N이므로, 10 kgf = 98 N이다.

(2) 힘과 일

일(work, W)은 물체에 작용한 힘(force, F)과 그 힘으로 인하여 이동한 변위(거리, s)의 곱으로, SI 단위계로는 $N \cdot m$, 즉 줄(Joule, J)로 나타낸다.

물체에 힘이 수평면에 대하여 임의의 각도(θ)로 작용하는 경우에는 수평 성분의 힘($F\ \cos\theta$)을 적용한다.

$$W = Fs\cos\theta\ [J] \tag{1.4}$$

무게 75 kgf인 에어컨 실외기를 수평으로 10 m 이동시켜 설치할 때, 실외기 이동에 소요되는 일은?

풀이 무게의 단위를 뉴턴(N)으로 환산하고 여기에 이동 거리를 곱하여 일(W)을 구한다. 힘이 작용하는 각도(θ)는 0°이므로 $\cos\theta = 1$이다. 즉,

$$W = Fs\cos\theta = 75\,kgf \times 10\,m \times 1 = 735\,N \times 10\,m = 7350\,J$$

Worldskills Standard

냉동 공학과 관련된 주요 물리량의 단위는 기본적으로 국제 표준 단위(SI 단위)를 채택하고 있다.

물리량	길이	질량	힘(중량)	압력	온도	저항	전압	전류	전력	토크
단 위	m	kg	N	Pa	K	Ω	V	A	W	N·m

1-2 압 력

(1) 압력의 정의

압력(pressure, P)은 단위 면적(A)에 작용하는 힘(F)의 세기로서 힘의 작용 면적에 대한 힘의 강도를 나타낸다. 따라서 면적에 대한 정보 없이 단지 큰 힘이 작용한다고 해서 반드시 압력이 세다고 볼 수 없다.

$$\text{압력}(P) = \frac{\text{힘}(F)}{\text{면적}(A)}\ [\text{Pa}] \qquad (1.5)$$

압력을 수식으로 표시하면 식 (1.5)와 같으며 그 단위로 공학 단위계로는 kgf/cm^2으로 표시하고 SI 단위계로는 파스칼(Pascal, Pa)로 표시한다. 단위 Pa은 N/m^2과 같다.

압력은 그 물체가 닿는 면에 같은 세기로 수직하게 작용하며 배관 내에 냉매액, 또는 냉매 증기의 형태로 냉매가 채워져 흐르는 경우에는 동일한 배관 구간에서 모든 지점에서 작용하는 압력의 세기는 같다.

냉동 계통에서는 차후에 설명하는 냉매 물성표나 선도 그리고 냉동 장비 등에서 압력의 단위를 원칙적으로 SI 단위계로 표시하고 있지만 미터 단위계나 인치 단위계도 여전히 많이 혼용되고 있다. 단위계 간의 압력 관계는 표 1-1과 같다.

압력은 대기압을 기준으로 대기압보다 높은 압력을 정(+)의 압력이라고 하고 대기압보다 낮은 압력을 부(−)의 압력이라고 한다.

일반적으로 특별한 표시가 없는 경우에는 정의 압력을 나타내며 부의 압력은 대기압 이하의 진공 압력을 나타낸다.

표 1-1 **압력의 단위 환산**

SI 단위계	미터 단위계			인치 단위계	
kPa	kgf/cm^2	atm	mmHg	lb/in^2	in.Hg
1	0.01020	0.009869	7.501	0.1450	0.2953
98.07	1	0.9678	735.6	14.22	28.96
101.3	1.033	1	760	14.70	29.92
0.1333	0.001360	0.001316	1	0.01934	0.03937
6.895	0.07031	0.06805	51.71	1	2.036
3.368	0.03453	0.03342	25.40	0.4912	1

인치 단위계 압력(psi)

압력 게이지나 압력 스위치, 매니폴드 게이지를 비롯한 냉동 부품, 냉동기용 공구 등에서 'kgf/cm^2(bar)' 단위와 함께 'psi'라는 단위를 흔히 볼 수 있다. 여기서 'psi'는 lb/in^2(pound per square inch)를 의미한다.

가로와 세로의 길이가 각각 60 cm와 80 cm인 직사각형 패널에 150 kgf의 냉동기가 놓여 있을 때, 이 패널에 작용하는 압력은?

풀이 먼저 패널의 면적(A)을 구하면 $A = 60\,\text{cm} \times 80\,\text{cm} = 0.6\,\text{m} \times 0.8\,\text{m} = 0.48\,\text{m}^2$이다.
냉동기의 무게를 SI 단위로 환산하면 $150\,\text{kgf} \times 9.8\,\text{m/s}^2 = 1470\,\text{N}$이다.
따라서 압력(P)은 식 (1.5)에 따라 다음과 같다.

$$P = \frac{F}{A} = \frac{1470}{0.48} = 3062.5\,\text{Pa}$$

압력의 또 다른 의미, 응력

어느 재료가 힘을 받고 있을 때 그 재료의 (단)면적에 작용하는 힘을 응력(stress)이라고 한다. 예를 들어, 같은 두께의 동관(copper tube)과 강관(steel pipe)으로 배관되어 있는 장치에 압력을 계속 증가시키면 재료 역학적으로 허용 응력이 작은 동관의 어느 부분이 먼저 파괴될 것이다. 응력은 압력과 같은 차원의 단위로 표시하며 재료와 작용 하중에 따라 견딜 수 있는지를 판단하는 데 중요하다. 관과 관 재료, 지지 기구, 냉동기 제어 부품을 제작할 때에는 허용 압력(응력)이 시스템에 대하여 충분한지를 반드시 검토해야 한다.

(2) 절대 압력과 게이지 압력

게이지 압력(gauge pressure, P_g)은 압력 게이지가 가리키는 압력으로 대기압에서는 '0'을 지시한다. 절대 압력(absolute pressure, P_a 또는 P_{abs})은 유체에 작용하는 실제 압력으로서 대기압(P_o)의 작용을 보상해 준 압력이다. 절대 압력(P_a)과 게이지 압력(P_g) 사이에는 대기압을 P_o라 할 때 다음의 관계가 있다.

$$P_a = P_o + P_g \tag{1.6}$$

실제 냉동기에서 압력값은 게이지를 통하여 읽게 되지만 냉매 압력 선도나 냉매표에서는 절대 압력으로 나타내는 경우가 많으므로 주의할 필요가 있다.

다음의 경우에 대응하는 절대 압력을 구하여라.

① 압축기 토출 측 압력계가 1.5 MPa를 지시할 때
② 저압측 압력 게이지가 2.2 kgf/cm^{2}를 지시할 때
③ 시스템에 부착된 진공 펌프의 게이지가 250 mmHg를 지시할 때
④ 고압 측 게이지의 압력이 16 kg/cm^{2}이라고 할 때

풀이 표준 대기압(atm)이 101.3 kPa, 760 mmHg, 1.033 kgf/cm^{2}이므로 게이지의 단위계에 맞춰 식 (1.6)을 적용하면 절대 압력을 구할 수 있다.

① 대기압 101.3 kPa은 0.1013 MPa이므로

$$P_a = 0.1013 + 1.5 = 1.6013\ \text{MPa}$$

② 대기압이 1.033 kgf/cm^{2}이므로

$$P_a = 1.033 + 2.2 = 3.233\ \text{kgf/cm}^2$$

③ 250 mmHg은 수은주로 나타내는 대기압 760 mmHg 보다 낮은 압력이므로 진공 압력임을 알 수 있다. 진공 압력은 부(−)의 압력이므로

$$P_a = 760 - 250 = 510\ \text{mmHg}$$

④ 대기압이 1.033 kgf/cm^{2}이므로

$$P_a = 1.033 + 16 = 17.033\ \text{kgf/cm}^2$$

단위계의 접두어

단위의 값이 너무 큰 경우 또는 너무 작은 경우에는 이를 간략하게 하기 위하여 기본 단위 앞에 표 1-2와 같이 접두어를 붙여 사용한다.

표 1-2 **단위계의 접두어**

값	10^{-12}	10^{-9}	10^{-6}	10^{-3}	10^{-2}	10^{-1}	10^{1}	10^{2}	10^{3}	10^{6}	10^{9}	10^{12}
접두어	p (pico)	n (nano)	μ (micro)	m (milli)	c (centi)	d (deci)	da (deka)	h (hecto)	k (killo)	M (Mega)	G (Giga)	T (Tera)

보 기 예를 들어, 압력 1기압은 $1\,kgf/cm^2$로서 SI 단위로는 약 98000 Pa이다. 이 값은 98 kPa이고, 0.098 MPa과 같이 접두어를 붙여 간략하게 쓸 수 있다.

주 의 접두어 표기에서 메가(Mega) 이상은 대문자로, 킬로(killo) 이하는 소문자로 표기한다.

다음 물리량을 (　　)에서 요구하는 단위로 변환하여라.

① 압력 144200 Pa (MPa)
② 일 4250 J (kJ)
③ 냉동기 출력 0.255 kW (W)
④ 면적 $250\,cm^2$ (m^2)
⑤ 체적 $10\,m^3$ (cm^3)
⑥ 엔탈피 0.2 MJ/kg (kJ/kg)
⑦ 체적 25000 L (m^3)

풀이

① 0.1442 MPa

② 4.25 kJ

③ 255 W

④ $250\,cm^2 \times \left(\frac{0.01\,m}{1\,cm}\right)^2 = 0.025\,m^2$

⑤ $10\,m^3 \times \left(\frac{100\,cm}{1\,m}\right)^3 = 10 \times 10^6\,cm^3 = 10^7\,cm^3$

⑥ 200 kJ/kg

⑦ $25000\,L \times \left(\frac{1\,m^3}{1000\,L}\right) = 25\,m^3$

02 열

2-1 온 도

(1) 온도의 정의

온도(temperature)는 물질의 뜨겁고 찬 정도를 나타내는 물리량이다. 더 뜨거운 물질은 더 높은 온도를 가진다.

온도는 열역학을 기술하는 기본적인 양의 하나로서 계를 구성하는 입자들의 평균적인 운동 에너지의 정도에 따라 결정된다.

절대 온도는 SI 단위계의 온도로서 이상 기체의 체적이 0이 되어 분자의 운동이 정지되는 온도를 절대 0도로 정의한다. 물이 어는 온도인 0℃는 273.15K이다. 절대 온도 T[K]와 섭씨온도 t[℃] 사이에는 다음의 관계가 성립한다.

$$T = t + 237.15 \text{ [K]} \tag{1.7}$$

절대 온도

① 절대 온도를 제안자의 이름을 따서 켈빈(Kelvin) 온도라고도 하며, K로 표시한다.
② 절대 온도 단위는 섭씨온도(℃)나 화씨온도(°F) 단위처럼 °를 쓰지 않고 K만으로 표시한다.
③ 섭씨온도나 절대 온도나 단위 온도 눈금의 크기는 서로 같다. 즉, 섭씨온도가 1℃ 상승한다면 절대 온도도 1K 상승한다.

보 기 어느 시스템의 온도가 20℃ 상승하였다면 절대 온도도 20K 상승한 결과와 같다.

(2) 공기의 온도

우리는 일반적으로 건구 온도의 개념으로 온도를 다루지만 공기조화 냉동 분야에서는 공기 중 습도의 영향을 반영한 습구 온도와 노점 온도가 매우 중요하다.

① 건구 온도

공기의 온도를 측정할 때 온도계의 감열부가 건조된 상태에서 측정한 온도로서 t [℃]로 나타낸다.

② 습구 온도

습구 온도는 감열부를 젖은 헝겊으로 감싼 후 측정하는 온도로서 t'[℃]로 나타내면, 젖은 헝겊의 물이 증발하면서 증발 잠열로 열을 빼앗기기 때문에 건구 온도보다 낮다.

③ 노점 온도

습공기를 어느 한계까지 냉각하면 그 속에 있던 수증기가 이슬방울로 응축되기 시작하는 이른바 결로(結露) 현상이 생긴다. 이때의 온도를 노점 온도라고 하고, t''[℃]로 표기한다. 노점 온도는 공기를 냉각시켜 얻은 온도이므로 건구 온도나 습구 온도보다 낮다.

2-2 열

(1) 비 열

비열(specific heat, C)은 단위 질량(1 kg)의 물질을 단위 온도(1 K)만큼 높이는 데 필요한 열량으로 정의한다. 비열은 온도와 압력의 함수이기 때문에 압력이 일정한 상태에서 가열하는 경우의 정압 비열(C_p)과 체적이 일정한 상태에서 가열하는 경우의 정적 비열(C_v) 사이에는 값의 차이가 크다. 비열의 단위는 kJ/kg·K(공학 단위로는 kcal/kg·℃)이다.

예제 1-6 **어느 물질 5 kg의 온도를 25 ℃에서 60 ℃로 높이는 데 108.85 kJ의 열량이 가해졌다면, 이 물질의 비열은?**

풀이 $C = \dfrac{Q}{m\,\Delta t} = \dfrac{108.85}{5 \times (60-25)} = 0.622\,\text{kJ/kg}\cdot\text{K}$

(2) 열과 동력

냉동기와 같이 열에너지를 다루는 기계 설계에서 시스템에 가하거나 시스템으로부터 제거된 열에너지를 구할 때에는 열량을 사용한다. 열량의 단위는 SI 단위계로는 줄(Joule, J)로서 일의 단위와 같이 사용한다. 공학 단위로는 칼로리(cal)로 표시하며 단위 J와 cal 간에는 다음의 관계가 있다.

$$1\,\mathrm{J} = 1\,\mathrm{N \cdot m} = 0.2388\,\mathrm{cal} \qquad (1.8)$$

$$1\,\mathrm{kJ} = 0.2388\,\mathrm{kcal} = 238.8\,\mathrm{cal} \qquad (1.8-1)$$

동력(power)은 단위 시간 동안 한 일의 양으로서 일률이라고도 한다. 또한, 열에너지인 경우에는 단위 시간 동안 투입되거나 제거된 열량으로 나타낸다. 동력의 단위계 간의 관계는 표 1-3과 같다.

$$1\,\mathrm{W} = 1\,\mathrm{J/s} = 0.8598\,\mathrm{cal/h} \qquad (1.9)$$

$$1\,\mathrm{kW} = 0.8598\,\mathrm{kcal/h} = 859.8\,\mathrm{cal/h} \qquad (1.9-1)$$

표 1-3 **동력의 단위 환산**

SI 단위계	미터 단위계			영국(인치) 단위계		
kW	kgf·m/s	PS	kcal/s	ft·lbf/s	HP	BTU/s
1	102	1.36	0.2388	737.6	1.34	0.918

마력(馬力)

단위 시간당의 일의 크기로 정의되는 일률의 한 단위로서 마력(horse power)을 종종 사용하고 있다. 미터 단위로서의 1마력(PS)은 약 75 kgf·m/s에 해당하고, 영국 단위계로서의 1마력(HP)은 약 76 kgf·m/s에 해당한다. SI 단위로서 1 kW는 약 102 kgf·m/s의 값을 갖는다.

어느 두 펌프의 정격 출력이 각각 2 PS과 1.7 kW로 표시되어 있다. 두 개의 펌프 모두 동일한 효율로 운전된다고 가정할 때, 각각의 일률을 비교해 보자.

풀이 ① 2 PS 펌프의 일률

$$2\,\mathrm{PS} = 2 \times 75 = 150\,\mathrm{kgf \cdot m/s}$$

② 1.7 kW 펌프의 일률

$1.7\,kW = 1.7 \times 102 = 173.4\,kgf \cdot m/s$

③ 따라서 두 기계가 같은 효율로 운전된다고 하므로 1.7 kW인 펌프가 2 PS인 펌프보다 약 1.16배 정도 일률이 우수하다고 볼 수 있다. 일률이 우수하다는 뜻은 같은 시간 동안 일을 더 많이 할 수 있는 능력이 있다는 의미와 같다.

(3) 열전달

열은 온도가 높은 곳에서 낮은 곳으로 이동하여 전도, 대류, 복사의 3가지 방법에 의하여 전달된다.

① 전 도

전도(conduction)는 고체에서 직접 접촉에 의하여 그것을 매체로 이동하는 열전달 방법이다.

재질에 따라 금속류와 같이 열을 잘 전달하는 물질과 보온재나 단열재처럼 열을 잘 전달하지 못하는 물질이 있으며, 이와 같은 물성을 열전도율이라고 한다. 냉장고의 벽체를 통해 열이 고내로 침투하는 경우가 전도의 예이다.

그림 1-1과 같이 전도에 의한 이동 열량(Q[W])은 재료의 열전도율(k[W/m·K])과 열이 통과하는 단면적(A[m^2]), 그리고 벽체 전후의 온도차(ΔT[K])에 비례하고, 물체의 두께(x[m])에 반비례한다.

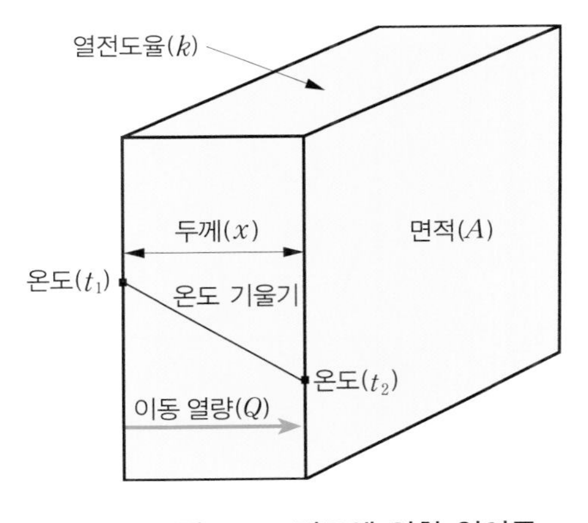

그림 1-1 전도에 의한 열이동

표 1-4 **주요 재료의 열전도율(W/m·K, 300 K 기준)**

재 료	구 리	알루미늄	탄소강	유 리	물	목 재	프레온(액)	공 기
열전도율	386	204	54	0.75	0.6	0.18	0.07	0.026

$$Q = kA\frac{\Delta T}{x}\,[\mathrm{W}] \tag{1.10}$$

벽체 전후의 온도차에 따라 온도 기울기가 결정되며 기울기가 클수록 열은 잘 이동하게 된다. 또한, 온도차가 음(−)의 값으로 표시되면 가정한 열이동의 방향과 반대 방향으로 열이 이동함을 의미한다.

$$\Delta T = t_1 - t_2\,[\mathrm{K}] \tag{1.11}$$

주요 재료의 열전도율은 표 1-4와 같다.

② 대 류

그림 1-2와 같이 공기나 물과 같은 유체의 내부 또는 그 유체와 인접하는 고체면 사이에 온도차가 생길 때 그 온도차에 의한 유동으로 열이 전달되는 것을 대류(convection)라고 한다. 실내에서 온도차에 의한 밀도의 차이로 더운 공기는 위로 올라가고, 차가운 공기는 밑으로 내려오며 공기의 유동이 일어나는 것도 자연 대류의 한 현상이다. 냉동기의 응축기나 증발기에서 외부와의 열교환에 의해 냉매가 응축되거나 증발하는 경우도 대류에 의한 열전달로 이루어진다.

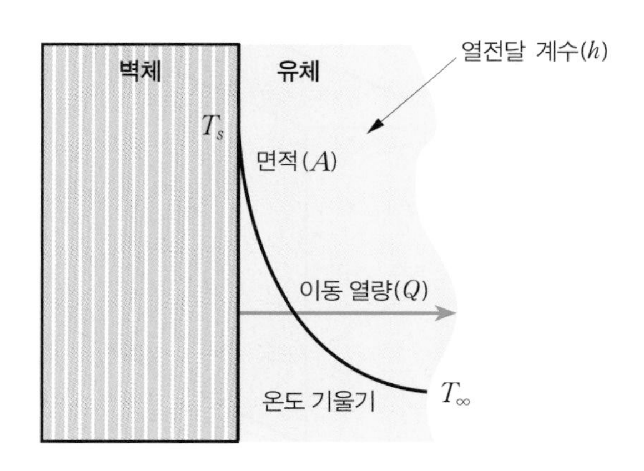

그림 1-2 **대류에 의한 열이동**

표 1-5 개략적인 대류 열전달 계수

대류 열전달 방법 및 유체	대류 열전달 계수(W/m^2·K)
자연 대류(공기)	5 ~ 25
자연 대류(물)	20 ~ 100
강제 대류(공기)	10 ~ 200
강제 대류(물)	50 ~ 10000
끓는 물	3000 ~ 100000

대류에 의한 열전달량(Q[W])은 대류 열전달 계수(h[W/m^2·K]), 유체와의 접촉 면적(A[m^2]), 표면 온도(T_s[K])와 유체 온도(T_∞)의 차이에 비례한다.

$$Q = hA(T_s - T_\infty)\,[\mathrm{W}] \tag{1.12}$$

대류 열전달이 이루어지는 방법과 유체의 종류에 따른 대류 열전달 계수는 표 1-5와 같다.

③ 복 사

복사(radiation)는 물체가 가지는 표면 온도로 인하여 빛의 파장 운동과 같이 전자기파의 형태로 열이 전달된다.

따라서 복사 에너지는 물체 표면의 물리적 성질에 의존도가 크며, 가장 이상적인 복사 에너지 방출 물체는 흑체(black body)이다.

햇볕을 받는 쪽과 받지 않는 쪽을 비교할 때, 기온은 같더라도 햇볕을 받는 쪽이 더 따뜻한 것은 태양으로부터 복사 에너지가 전달되었기 때문이다. 역이나 공항 대합실의 입체식 난방이나 반사식 전기히터에서 방출되는 열에너지는 복사에 의해 열이 전달되는 형태이다.

복사 열전달에서 단위 표면적당 흑체로부터 방출되는 복사 에너지(E_b)는 식 (1.13)과 같이 복사체의 온도가 높을수록 4제곱으로 급격하게 증가한다.

$$E_b = \sigma T^4\,[\mathrm{W/m^2}] \tag{1.13}$$

여기서 T는 복사체의 온도(K)이고, σ는 스테판–볼츠만 상수(Stefan–Boltzmann's constant)로서 5.669×10^{-8} W/m^2·K^{4}이다.

03 물질의 상태 변화

3-1 물질의 상태

자연계의 물질은 고체와 액체 그리고 기체의 상태로 존재하며, 온도나 압력과 같은 외부 조건에 의하여 그 상태가 결정된다.

(1) 고 체

고체(solid)는 그 구성 분자 간의 거리가 가장 짧고 크기나 형상이 가장 변화하기 어려운 물체의 상태를 말한다. 고체는 일정한 크기와 형태를 가지고 있다.

(2) 액 체

액체(liquid)는 분자 간의 인력이 강한 편이며 담는 용기에 따라 형상이 결정된다. 유동성이 있으며 온도가 상승하면 분자 운동이 활발해진다.

(3) 기 체

기체(gas)는 분자 간의 인력이 가장 약하고 그 물질을 담는 용기가 없으면 대기 속으로 날아간다. 기체에 열을 가하면 분자 운동이 촉진되어 용기의 벽 등에 수직으로 반발하는 힘을 가지고 있다.

3-2 물질의 상태 변화

고체 상태인 얼음에 열을 가하여 액체 상태인 물이 되고 여기에 계속하여 열을 가하여 수증기가 되는 과정을 생각해 보자.

고체 상태의 물질에 열을 가하여 액체 상태로 변화하는 과정을 융해라고 하고, 액체 상태의 물질에 열을 가하여 기체 상태로 변화하는 과정을 증발(또는 기화)이라고 한다.

기체 상태의 물질을 냉각시켜 액체 상태로 변화하는 과정을 응축(또는 액화)이라고 하고, 액체 상태의 물질을 더 냉각시켜 고체 상태로 변화하는 과정을 응고라고 한다.

한편, 드라이아이스(dry ice)와 같이 고체 상태의 물질이 바로 기체 상태로 변화하거나 반대로 기체 상태의 물질이 고체 상태로 변화하는 과정을 승화라고 한다.

그림 1-3은 고체, 액체, 기체 간의 상태 변화를 나타낸 것이다.

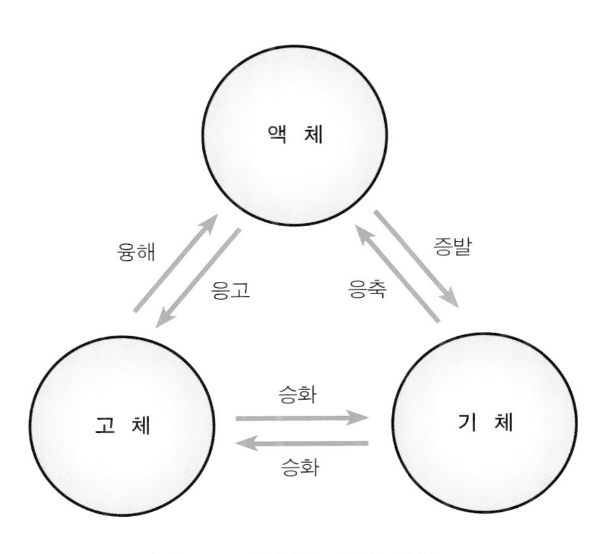

그림 1-3 **물질의 상태 변화**

상태 변화와 에너지

물질의 상태 변화는 반드시 열에너지를 흡수하거나 방출하는 원인에 의한 결과로서 일어난다.

① **열에너지를 흡수하는 상태 변화 :** 증발(기화), 융해, 승화

② **열에너지를 방출하는 상태 변화 :** 응축(액화), 응고, 승화

3-3 현열과 잠열

(1) 현 열

물질의 상태 변화 없이 가해지거나 제거된 열량을 현열(sensible heat)이라고 한다. 예를 들어, 20℃의 물에 열을 가하여 50℃로 온도를 상승시킨 경우는 물질의 상태가 가열 전후로 보아 액체 상태 그대로이므로 이때 시스템에 가해진 열량은 현열의 형태이다.

또 하나의 예로 120℃의 증기를 냉각시켜 110℃의 증기로 변화시킨 경우, 냉각 전후의 물질의 상태가 기체 상태이므로 이때 시스템으로부터 제거시킨 열량도 현열이라고 볼 수 있다.

현열량(Q)은 물질의 중량이 무거울수록, 비열(C)이 클수록, 그리고 가열 전후의 온도차(ΔT)가 클수록 많이 필요하며 수식으로 표현하면 식 (1.14)와 같다.

$$Q = mC\,\Delta T \ [\text{kJ 또는 kcal}] \tag{1.14}$$

25 ℃의 물 10 L로 채워진 수랭식 응축기의 온도가 68 ℃로 상승한 경우, 응축기의 물이 얻은 열량을 구하여라.

풀이 물은 비중이 1이므로 10L의 체적은 0.01 m^3이고, 무게는 10kg이다.
그리고 물의 비열은 SI 단위계로는 4.19kJ/kg·K, 공학 단위로는 1kcal/kg·℃이다. 가열 전후의 온도차는 68−25 = 43℃이므로 다음 식과 같다.

$$Q = mC\,\Delta T = 10 \times 4.19 \times 43 = 1801.7\,\text{kJ}$$

(2) 잠 열

잠열(latent heat)은 현열과 달리 온도의 상승이나 강하 없이 물질의 상태만 변화시키는데 가하거나 제거하는 열량을 말한다.

예를 들어, 0℃의 얼음이 0℃의 물로 변화하는 융해 과정이나 100℃의 물이 100℃의 증기로 변화하는 증발 과정의 경우는 열이 가해졌어도 온도의 변화는 없이 상태만 변화하였으므로 이때 가해진 열량은 잠열이 된다.

냉동기에서 시스템이 냉각되는 원리는 증발기에서 액체 상태의 냉매가 주변으로부터 잠열을 흡수하여 냉매 증기로 증발하기 때문이다. 이와 같이 물질의 상태가 변화하기 위해서는 주변으로부터 잠열을 흡수하거나 주변에 잠열을 방출하는 과정이 필요하다.

동일한 온도에서 가열이나 냉각을 통하여 상태를 변화시키는 데 필요한 열량은 서로 같다. 즉, 융해 잠열과 응고 잠열, 그리고 증발 잠열과 응축 잠열은 서로 같은 값이다. 물의 융해 잠열은 334.9 kJ/kg(공학 단위로는 79.6 kcal/kg), 증발 잠열은 2256 kJ/kg(공학 단위로는 539 kcal/kg)이다.

잠열량(Q)은 물질의 중량(G)과 잠열(γ)에 비례한다.

$$Q = G\gamma \text{ [kJ, 또는 kcal]} \quad (1.15)$$

0 ℃의 물 20 L를 모두 0 ℃의 얼음으로 만들기 위하여 제거해야 할 열량을 구하여라.

풀이 물의 무게가 20 kg, 응고 잠열이 334.9 kJ/kg이므로 다음 식과 같다.

$$Q = G\gamma = 20 \times 334.9 = 6698 \text{ kJ}$$

25 ℃의 물 1000 kg을 −10 ℃의 얼음으로 만들기 위해 필요한 열량을 구하여라. (단, 물의 비열은 4.19 kJ/kg·K, 얼음의 비열은 2.1 kJ/kg·K, 물의 응고 잠열은 334.9 kJ/kg이라고 한다.)

풀이 ① 25 ℃의 물을 0 ℃의 물로 냉각시키는 데 필요한 현열

$$Q_1 = mC\,\Delta t = 1000 \times 4.19 \times (25-0) = 104750 \text{ kJ}$$

② 0 ℃의 물을 0 ℃의 얼음으로 만드는 데 필요한 잠열

$$Q_2 = G\gamma = 1000 \times 334.9 = 334900 \text{ kJ}$$

③ 0 ℃의 얼음을 −10 ℃의 얼음으로 만드는 데 필요한 현열

$$Q_3 = mC\,\Delta t = 1000 \times 2.1 \times (0-(-10)) = 21000 \text{ kJ}$$

$$\therefore\ Q = Q_1 + Q_2 + Q_3 = 104750 + 334900 + 21000 = 460650 \text{ kJ}$$

4-1 열 부 하

냉동은 어느 공간이나 물질의 온도를 낮추거나 낮춰진 온도를 저온의 상태로 유지하기 위한 과정으로 정의한다. 냉동기는 가정에서 사용하는 냉장고와 에어컨디셔너(air conditioner)를 비롯하여 음료기, 식육점의 냉동기, 의약품 제조용 냉동기, 슈퍼마켓의 진열장(showcase), 제빙기, 자동차 등 수송기계의 냉방 및 산업용 냉동기 등에 이르기까지 폭넓게 이용되고 있다.

공기조화기는 취급하는 공기의 온도뿐만 아니고 습도, 청정도, 공기의 유동 등을 최적의 상태로 조절하는 기계로서 여기에도 냉동기가 필수적으로 설치되어 있다.

냉동기와 공기조화기의 제어 대상을 각각 표시하면 그림 1-4와 같다.

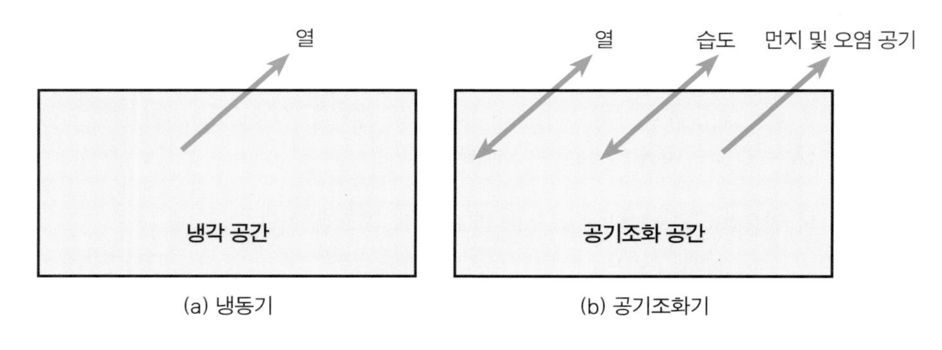

그림 1-4 냉동기와 공기조화기의 제어 대상

우리가 냉동기를 설계하거나 제작하기 위해서는 먼저 요구하는 온도 조건을 유지하기 위하여 물질이나 공간과 같이 시스템으로부터 제거해야 할 열부하(heat load)를 구해야 한다. 여기서 구한 열부하의 크기에 따라 압축기를 비롯하여 응축기와 증발기의 크기를 결정하고, 냉매량과 냉매 순환 배관의 관 지름도 결정할 수 있다.

또한, 열부하는 냉동기 운전할 때의 에너지 소비 비용과 직접적으로 관련이 있으므로 보온 단열재의 사용이나 경제적인 운전법 등 에너지를 절약하기 위한 여러 가지 방법을 강구해야 한다.

냉동기나 공기조화용 냉방에서의 열부하를 특히 냉동 부하라고도 하며, 냉동기가 목적하는 조건으로 작동하기 위하여 고내 또는 실내에서 제거해야 할 열량을 나타낸다. 냉동 부하를 계산할 때 고려해야 할 사항을 정리하면 다음과 같다.

(1) 벽체를 통한 열관류량

냉동고의 벽, 문, 천장, 바닥을 통하여 침입하는 열량을 열관류량이라고 한다. 열관류는 벽체 전후의 대류 열전달과 벽체를 통한 전도 열전달을 단위 시간당의 열량으로 계산한다.

$$Q_1 = KA\ \Delta T\ [\mathrm{kW}] \qquad (1.16)$$

여기서, Q_1 : 벽체를 통한 열관류량(kW)

K : 총합 열전달 계수(kJ/m^2·h·K)

A : 벽체의 면적(m^2)

ΔT : 외기와 고내의 온도차(K)

(2) 환기에 의한 침입 열량

냉동고의 문을 열고 닫을 때, 외기에 의해 침입하는 열량으로 환기 횟수와 환기할 때의 환기 체적이 중요한 변수가 된다.

$$Q_2 = EVn\ [\mathrm{kW}] \qquad (1.17)$$

여기서, Q_2 : 환기에 의한 침입 열량(kW)

E : 단위 체적당 환기 열량(kJ/m^3)

V : 냉동고 내 유효 체적(m^3)

n : 1일(24시간) 동안 환기 횟수(1/24h)

(3) 물품 냉각 열량

물품을 고내에 입고하여 유지 온도까지 냉각하기 위하여 물품으로 제거해야 할 열량으로 현열량과 잠열량으로 구한다.

① 현열량

$$Q_S = GC\,\Delta T \text{ [kW]} \tag{1.18}$$

여기서, Q_S : 물품 냉각에 필요한 현열량(kW)
G : 1일 물품 입고량(kg/24h)
C : 물품의 비열(kJ/kg·K)
ΔT : 입고할 때의 물품 온도와 고내 온도의 차(K)

② 잠열량

$$Q_L = G\gamma \text{ [kW]} \tag{1.19}$$

여기서, Q_L : 물품 냉각에 필요한 잠열량(kW)
G : 1일 물품 입고량(kg/24h)
γ : 물품의 잠열(kJ/kg)

(4) 기타 열원에 의한 발열량

냉장고나 냉동고가 아닌 건물의 냉방에 따른 냉동 부하를 구할 때에는 건물에서 사용하는 조명, 전기 기구 및 기계의 발열, 재실자의 인체로부터의 방열, 부엌에서 조리할 때 발생하는 방열량 등을 고려한다. 그리고 건물이 놓인 방위에 따라 부하를 할증해 주어야 한다.

(5) 냉동 시스템의 총합 열부하

냉동 시스템이 필요로 하는 총합 열부하(Q)는 기타 열원에 의한 방열량을 Q_3이라고 할 때 다음과 같이 표시된다.

$$Q = Q_1 + Q_2 + Q_3 + Q_S + Q_L \text{ [kW]} \tag{1.20}$$

4-2 냉동 방법

(1) 자연 냉동법

자연 냉동법은 별도의 기계 장치 없이 자연의 현상을 이용하여 아주 소극적으로 냉동하는 방법이다. 아마도 현재와 같은 냉동기가 개발되지 않았던 예전에는 이러한 방법으로 식품을 보존하거나 냉방을 하였을 것이다.

① 얼음을 이용한 냉동법

그림 1-5와 같이 얼음을 제어 체적에 놓으면 주변으로부터 잠열을 흡수하여 물로 융해하면서 제어 체적의 온도를 낮춘다. 0℃의 얼음 1kg이 물로 융해하는 데 필요한 융해열은 334.9kJ (약 79.6kcal)이다.

이 방법은 빙점 이하의 낮은 온도를 얻기가 불가능하고 지속적인 냉동을 위하여 자주 얼음을 공급해야 하며 원하는 온도로 조절하기가 어려운 점 등의 단점이 있다. 이와 비슷한 냉동법으로 얼음이 아닌 저온의 냉수를 이용해도 냉수의 온도보다는 높지만 주위의 온도를 열평형에 도달될 때까지 낮출 수 있다.

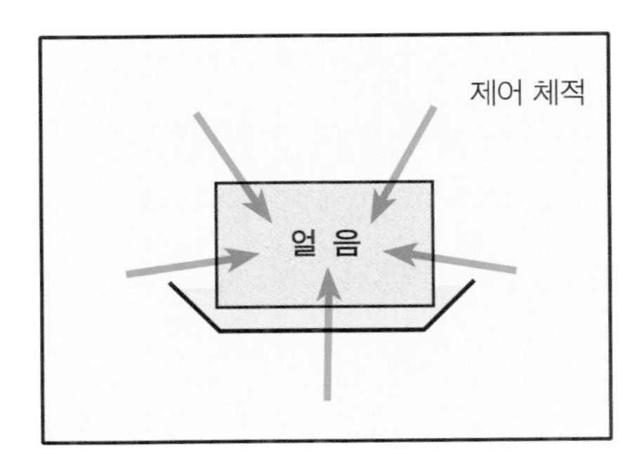

그림 1-5 얼음을 이용한 냉동

열평형

고열원과 저열원의 두 물체가 하나의 계(system)에 있을 때, 고열원의 물체는 열을 잃어 온도가 낮아지고 저열원의 물체는 열을 얻어 온도가 상승한다. 그러다가 두 물체의 온도가 같아지면 더 이상의 열이동은 일어나지 않는다. 이와 같은 상태를 열평형(heat equilibrium)이라고 한다.

기한제를 사용하는 냉동법

0 ℃의 얼음을 사용하더라도 0 ℃ 이하의 저온을 얻을 수 있다. 얼음을 잘게 부수고 여기에 소금을 가해 주면 빙점이 강하하여 소금물의 농도에 따라 -18～-20℃에서 융해한다. 이와 같은 혼합물을 기한제라고 하며 소규모 냉각제로 사용된다.

② 증발열을 이용하는 냉각법

물은 주변으로부터 증발열을 흡수하여 증발하며, 100 ℃의 물 1 kg의 증발열은 2256 kJ이다.

이 냉각법은 주변의 건조도와 물이 접촉하는 표면적에 밀접한 관계가 있다. 건조한 분위기에서는 증발이 잘 이루어지지만 습도가 높은 포화 상태의 분위기에서는 증발이 잘 이루어지지 않기 때문에 냉각 작용을 기대하기 어렵다. 또한, 공기와의 접촉 표면적이 넓을수록 증발이 촉진되어 냉각 효과를 크게 얻을 수 있다.

이 밖에도 드라이아이스의 승화열을 이용하는 냉각법이 있는데 드라이아이스의 승화 잠열은 −78.5 ℃에서 574 kJ/kg이다.

(2) 기계적 냉동법

기계적인 냉동법은 가정용 에어컨디셔너와 냉장고를 비롯하여 산업용 냉동기에 이르기까지 널리 사용되고 있다. 작동이 연속적이고 냉동 성능이 우수하며, 냉동 부하의 변동에 대응하여 효율적으로 운전할 수 있는 등의 장점이 있다.

일반 가정용 에어컨디셔너 및 냉장고, 제빙기 등에 널리 쓰이는 증기 압축식 냉동기와 공기조화용으로 널리 쓰이는 흡수식 냉동기 등이 대표적인 기계적 냉동기이다.

① 증기 압축식 냉동기

증기 압축식 냉동기는 그림 1-6과 같이 증발, 압축, 응축 및 팽창의 네 가지 과정이 하나의 사이클을 이루며 작동한다. 냉매는 증발기가 설치되어 있는 저온의 계에서 열량을 흡수하여 증발하며 계를 냉각시킨다. 저온 저압의 냉매 증기는 압축기에서 압축 과정을 거쳐 고온 고압의 냉매 증기로 변화한다.

냉매가 증발과 압축 과정에서 흡수한 열량은 응축기(고온 측)에서 방열하며 냉매액으로 응축되고, 이 냉매액은 팽창 밸브를 통하면서 다시 증발하기 좋은 저압의 포화액의 상태로 된다.

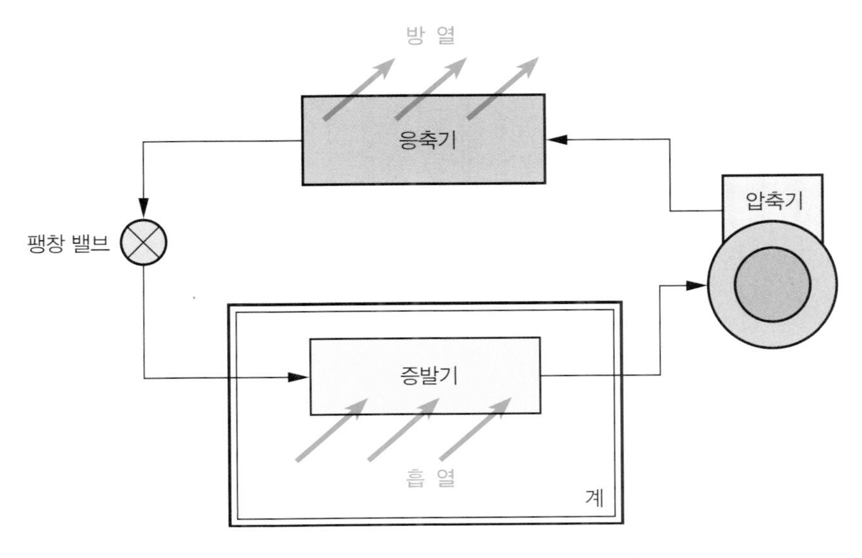

그림 1-6 **증기 압축식 냉동기의 구성**

• **압축 과정**

압축기는 그림 1-7에서 보는 바와 같이 외부의 전원을 공급받아 저압의 냉매 증기를 고압의 냉매 증기로 만드는 역할을 한다. 상온에서 냉매 증기를 냉매액으로 응축하기 위해서는 높은 압력으로의 압축이 요구된다. 이 과정은 열의 출입 과정에 따라 몇 가지로 생각할 수 있으나 일반적으로 단열 압축 과정이라 가정한다. 따라서 압축 과정은 등엔트로피선을 따라 응축 압력에 도달하게 된다.

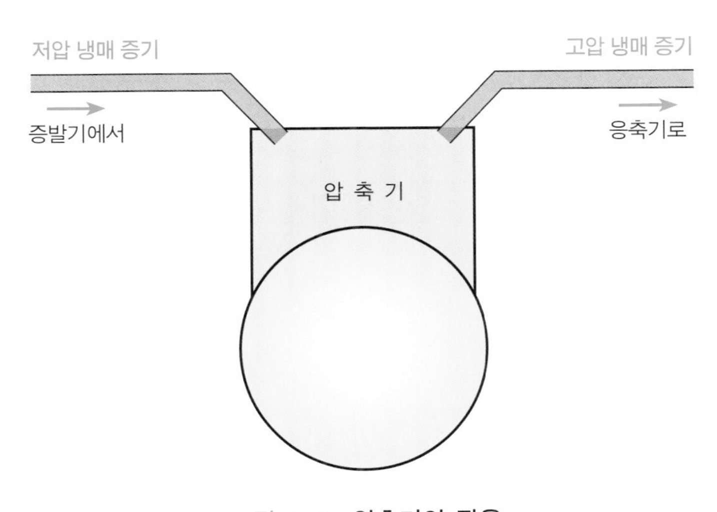

그림 1-7 **압축기의 작용**

여기서 압축기는 증발기 내부의 압력을 낮게 유지하여 냉매액의 증발을 촉진하고 토출되는 냉매 증기의 온도와 압력을 높여 응축기에서 응축이 잘 되도록 중요한 역할을 한다.

- **응축 과정**

그림 1-8과 같이 응축기 내에서 고압의 냉매 증기가 고압의 냉매액으로 응축되는 과정을 말하며 냉매는 응축기 외부의 물이나 공기에 의해 냉각되어 기체에서 액체로 변화한다. 압축기에서 나온 고압의 냉매 증기는 응축기를 통과하면서 상온의 냉각수나 공기에 방열하여 쉽게 액화할 수 있는 상태가 되며, 이때 냉각수나 공기로 방열된 열량을 응축 열량이라 한다. 이 응축 열량은 냉매가 증발기에서 흡수한 열과 압축기에서 압축에 가해진 열을 합한 열량과 같다.

응축기에서는 압력이 일정한 상태에서 냉매의 상태만 변화한다. 응축기 입구 측에서는 증기 상태이지만 방열을 하여 중간 정도 위치에서의 냉매는 증기와 액체가 공존하는 상태로 된다. 응축기 출구에서는 거의 액화가 다 이루어져 냉매액의 상태로 다음의 팽창 장치로 순환된다.

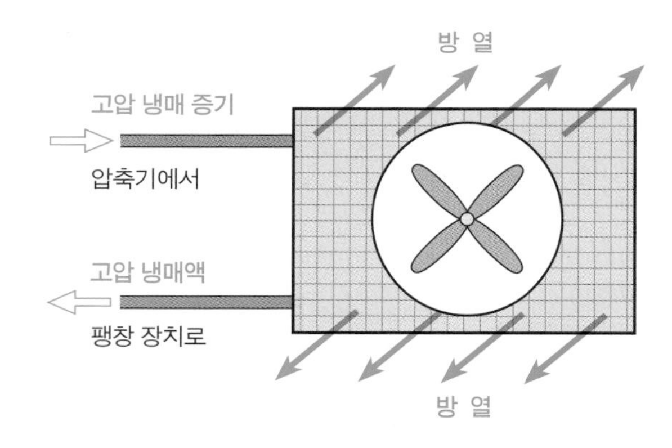

그림 1-8 **응축기의 작용**

- **팽창 과정**

팽창 과정은 그림 1-9에서 보는 바와 같이 냉매가 팽창 밸브나 모세관과 같은 팽창 장치를 통과하면서 고압의 냉매액이 포화 상태의 저압 냉매액으로 감압되는 과정이다. 이때에는 외부로부터 열의 출입이 없는 단열 팽창으로 이루어지고 엔탈피의 변화가 없다.

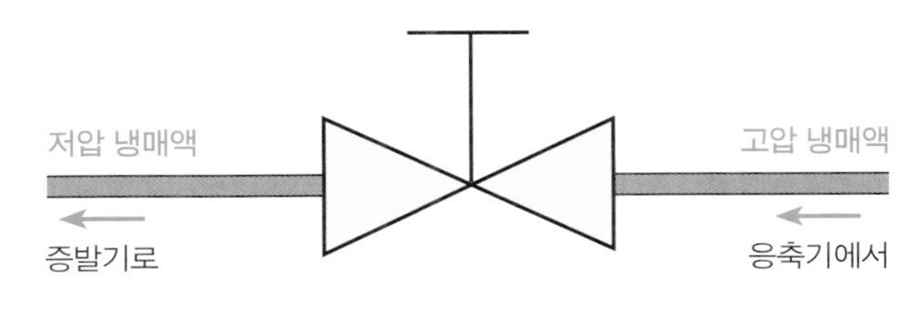

그림 1-9 **팽창 장치의 작용**

팽창 과정은 응축기에서 응축된 액체 냉매가 증발기에서 쉽게 증발할 수 있도록 압력을 강하시키며 팽창하는 과정 동안 온도도 저하하게 된다. 팽창 장치는 냉매의 팽창이 일어나는 곳으로 감압 작용과 함께 증발기로 유입되는 냉매 유량을 조절하는 역할을 한다.

- **증발 과정**

냉동 장치의 증발기는 그림 1-10과 같이 저압의 냉매액이 냉각관 주위로부터 증발에 필요한 증발 잠열을 흡수하며 증발 과정이 이루어진다. 냉매가 증발할 때 열을 빼앗긴 주위의 공기나 물질은 냉각되어 저온으로 유지되며 냉매가 액체에서 기체로 증발하는 과정의 냉매 온도와 압력은 이론적으로 일정하다.

증발기 입구 측에서는 포화 상태의 냉매액이 유입되지만 주변으로부터 흡열하여 점차 냉매 증기로 증발이 이루어진다. 증발기의 중간 위치에서는 냉매 증기와 냉매액이 공존하지만 계속적인 흡열로 인하여 점차 증기의 비중이 증가하여 출구 측에서는 거의 증기의 상태로 되어 압축기에 보내진다.

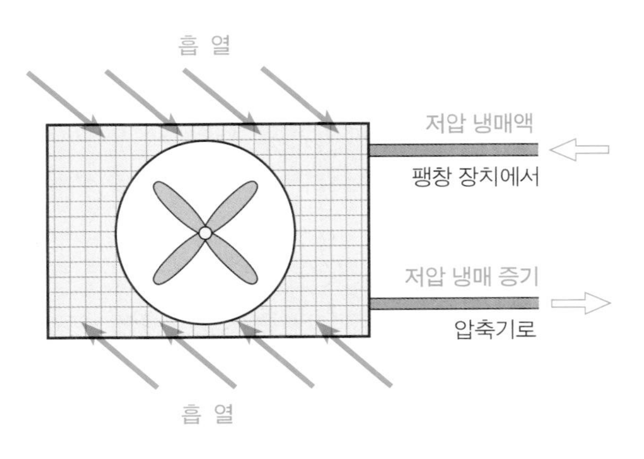

그림 1-10 **증발기의 작용**

② 흡수식 냉동기

증기 압축식 냉동기는 전동기의 회전력에 의하여 냉매를 압축하여 냉동하는 방식이지만 흡수식 냉동기는 증기를 운전 에너지로 사용한다. 경우에 따라서는 증기 대신 온수를 사용하거나 경유 및 가스를 연소시켜 얻은 열을 그대로 사용하기도 한다. 다시 말하면 흡수식 냉동기는 냉열원을 얻기 위하여 온열원을 필요로 하는 것이 특징이다. 그림 1-11은 흡수식 냉동기의 구조이다.

그림 1-11 **흡수식 냉동기의 구조**

> **냉동톤(RT)**
>
> 냉동기의 능력을 표시하는 단위의 하나로서 1냉동톤(ton of refrigeration, RT)이란 0 ℃의 물 1 t을 24시간 동안 0 ℃의 얼음으로 얼리는 능력을 말한다. 냉동기의 크기나 대략적인 냉동 능력을 표시할 때 자주 사용하고 있다.

우리나라에서의 흡수식 냉동기는 도시가스 보급의 확대와 심야 전력의 효율적 이용, 그리고 CFC 냉매에 의한 환경오염으로부터 비교적 자유로운 점 등의 이점 때문에 냉동 능력이 많이 요구되는 수백~수천 냉동톤(RT)급 대형 냉동기로서 보급이 확대되는 추세이다.

> **냉열원을 얻기 위해 온열원을 사용하는 흡수식 냉동기**
>
> 흡수식 냉동기의 가장 큰 특징은 냉열원을 얻기 위하여 온열원이 사용된다는 점이다. 흡수식 냉동기는 흡수, 응축, 재생, 증발의 과정으로 사이클을 이루며 작동한다. 이 중에서 재생 과정은 재생기에서 연속적인 사이클을 얻기 위하여 냉매(물)와 흡수제(리튬브로마이드)의 수용액을 다시 냉매와 흡수제로 분리하는 과정이다. 이 과정에서 수용액을 가열하는 데 온열원이 필요하다.

Chapter 1

연 습 문 제

1 어느 시스템의 게이지 압력이 다음과 같을 때, 절대 압력을 SI 단위로 구하여라.
(1) 12 MPa (2) 15.5 kgf/cm^2 (3) 160 mmHg

2 정격 소비 전력이 3.2 kW인 냉동기가 85 %의 효율로 운전되고 있다고 가정할 때, 이 냉동기가 1시간 동안 한 일은 얼마인가?

3 내벽의 온도가 −4 ℃, 외벽의 온도가 26 ℃인 냉동 캐비닛의 한 벽면을 통해 고내로 침투되는 열량을 구하여라. (단, 이 벽면의 크기는 가로 1 m, 세로 1.8 m이고, 두께가 90 mm이며, 벽체의 열전도율은 0.1 W/m·K라고 한다.)

4 2 ℃의 공기와 접하고 있는 가로 0.5 m, 세로 1 m의 코팅 철판이 있다. 코팅 철판 표면의 온도가 5 ℃라고 하면 코팅 철판에서 공기로 전달된 열량은 얼마인가? (단, 공기의 대류 열전달 계수는 25 W/m^2·K라고 한다.)

5 25 ℃의 물 4.5 L를 4 ℃로 냉각하고자 할 때 물로부터 제거해야 할 열량을 구하여라. (단, 물의 비열은 4.186 kJ/kg·K라고 한다.)

6 용적이 880 L의 단열이 잘 되어 있는 밀폐된 공간 내부 공기의 온도가 18 ℃라고 한다. 이 밀폐 공간에 −5 ℃의 금속 물체 10 kg을 넣고 일정 시간 경과 후 고내 공기의 온도가 3 ℃였다면 금속 물체의 온도는 몇 도인가? (단, 금속 물체의 비열은 1.15 kJ/kg·K이고, 공기의 비중과 비열은 각각 1.2 kg/m^3과 1.005 kJ/kg·K이다.)

7 0 ℃의 물 20 kg을 0 ℃의 얼음으로 만들기 위해 제거해야 할 총 열량은 얼마인가? (단, 물의 융해 잠열은 334.9 kJ/kg이다.)

8 증기 압축식 냉동기의 4대 사이클에 대하여 설명하여라.

9 냉동 방법으로 응용되는 펠티에 효과(Peltier's effect)에 대하여 설명하여라.

냉매와 냉동기유

냉동 시스템의 작동 유체로서 냉매는 갖추어야 할 여러 가지 성질이 있다. 이제까지 개발된 냉매의 종류는 무수히 많으나 그중 대부분은 환경 물질로서 지구 온난화의 주범으로 지목되고 있다. 이에 따라 세계 기구 차원에서 규제 대상 냉매를 정하여 사용을 제한하며 대체 냉매의 사용을 권장하고 있다.

열교환 시스템에서 간접 냉매로 사용되는 브라인의 종류와 조건을 살펴보고, 압축기를 사용하는 냉동기의 윤활유로서 냉동기유의 종류와 구비 조건, 특성 등을 알아보기로 한다.

2 냉매와 냉동기유

1-1 냉매란?

냉매(refrigerant)는 저온에서도 증발하기 쉬운 물질로서 그림 2-1에서 보는 바와 같이 저온체에서 냉매액이 흡열하여 냉매 증기로 변화하고, 고온체에서 냉매 증기는 발열하여 냉매액으로 된다. 즉, 냉매는 냉동기의 사이클을 순환하는 작동 유체(working fluid)로서 액체와 증기의 상태로 상변화를 거듭하며 흡열과 방열을 한다.

냉매는 크게 1차 냉매와 2차 냉매로 구분하는데, 우리가 보통 증기 압축식 냉동기에서 말하는 상변화를 수반하는 냉매를 1차 냉매라고 한다. 이에 대해 저열원에서 상변화를 하지 않고 열교환기로 냉열을 운반하는 냉매를 2차 냉매 또는 브라인(brine)이라고 한다.

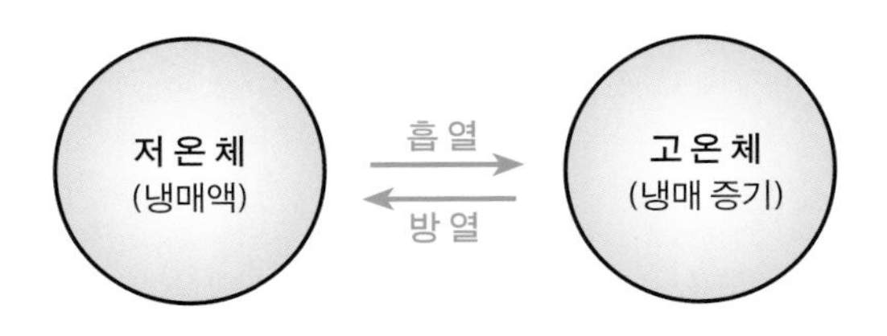

그림 2-1 **냉매의 작용**

알코올 약솜의 비밀

병원에서 우리가 주사를 맞을 때 처치부에 바르는 알코올 약솜은 소독 효과도 있지만 순간적으로 알코올이 증발하면서 피부를 냉각시키는 마취 효과도 있다. 그 때문에 주사 시의 고통을 좀 덜 느낄 수 있는 것이다.

1-2 냉매가 갖추어야 할 성질

우리가 냉동 사이클에서 사용하는 여러 가지 냉매는 열역학적, 물리적, 화학적으로 그 특성이 매우 다양하다. 따라서 사용할 냉매를 결정할 때에는 냉동 시스템의 목적과 종류, 그리고 사용 온도에 적합한지를 살펴보아야 한다. 일반적으로 냉매는 냉동 시스템의 성능을 향상시키고 경제적인 운전을 도모하며 취급에 있어 안전해야 하는 등의 성질을 갖추어야 한다.

(1) 열역학적 성질

① 증발 잠열이 클 것
② 증발 및 응축이 용이할 것
③ 어는점이 낮을 것
④ 임계 온도가 높을 것
⑤ 성능 계수가 클 것

(2) 물리적 성질

① 냉매액의 비열이 작을 것
② 열전달 특성이 좋을 것
③ 전기 저항이 클 것
④ 냉매 증기의 비체적이 작을 것
⑤ 점도가 작을 것
⑥ 흡습성이 낮을 것

(3) 화학 및 환경적 특성

① 화학적으로 안정할 것
② 부식성이 없을 것
③ 인화 및 폭발 위험이 없을 것
④ 독성이 없고 안전할 것
⑤ 환경에 대해 친화적일 것

Worldskills Standard

냉매는 열역학적으로 압력이 낮을수록 증발성이 좋아지지만 시스템적으로 증발 압력(저압 측)을 무한정으로 낮출 수 없다. 저압 측 압력이 대기압보다 낮아지면 외부 공기가 냉동 장치로 흡입될 가능성이 있으므로 이를 방지하기 위해 증발 압력은 대기압보다 다소 높게 설정한다.

02 냉매의 종류와 특성

2-1 냉매의 종류

냉매는 탄화수소계가 주종을 이루지만 냉동기에 따라서 암모니아, 이산화탄소, 물 등도 냉매로 사용하여 왔다. 증기 압축식 냉동기에서는 할로카본을 비롯한 탄화수소 화합물이 사용되고 있다.

(1) 단일 냉매

순수 냉매라고도 하며 한 가지 물질로 이루어진 냉매로서 일정 온도에서의 압력과 같은 물성이 일정하다. 무기 냉매나 할로카본 냉매가 단일 냉매에 속한다.

(2) 혼합 냉매

단일 냉매로는 시스템 운전에 필요한 냉매 특성을 얻을 수 없을 때 두 가지 이상의 냉매를 혼합한 혼합 냉매를 사용한다. 냉매 특성 개선을 목적으로 제조된 혼합물 냉매에는 공비 혼합 냉매(azeotrope refrigerant)와 비공비 혼합 냉매(non-azeotrope refrigerant)가 있다.

비공비 혼합 냉매는 일정 온도에서 냉매의 압력이 각각 다르나 공비 혼합 냉매는 일정한 온도에서 일정한 압력을 갖는 등 거의 단일 냉매와 같은 특성을 갖는다.

냉동기에서 냉매 누설 등으로 인하여 냉매를 충전할 때에는 단일 냉매나 공비 혼합 냉매는 누설량만큼 추가 주입이 가능하나 비공비 혼합 냉매의 경우에는 잔존 냉매를 제거한 후 새로운 냉매를 충전해야 한다.

(3) 할로카본 냉매

우리는 흔히 냉매라면 프레온(Freon)을 연상하지만 프레온은 미국의 냉매 제조업체인 듀폰(DuPont) 사의 상품명이다. 주로 할로카본 냉매로서 CFC와 HCFC, HFC로 분류된다.

초기 냉매의 주류를 이루던 CFC 냉매는 알칸계 탄소수소물 화합물에서 수소 대신 불소나 염소와 같은 할로겐족의 원소로 치환된 물질로 구성되어 있다. 냉매의 구비 조건을 잘 갖추고 있으며 화학적으로 안전할 뿐만 아니라 인체에도 무해하지만 대기 중에 방출되면 대부분이 분해되지 않은 채 성층권에 도달하여 자외선에 의해 분해된 염소 원자가 오존층을 파괴한다. 이와 같은 결과는 지구의 온실 효과를 초래하므로 세계적으로 환경 오염도가 낮은 대체 냉매 개발에 주력하고 있다.

HCFC는 폭넓은 적용성을 가지고 있으며 에어컨이나 냉동기에 많이 사용되고 있으나 여전히 염소를 함유하고 있어 규제 대상의 냉매로 분류된다. 이에 반하여 HFC는 염소 성분이 없는 대체 냉매로서 환경 측면에서 우월성을 가지고 있다.

표 2-1 **할로카본 냉매의 구분**

냉매 구분	구성 원소	주요 냉매	특 징
제1세대 CFC	염소(Cl) 불소(F) 탄소(C)	R-11 R-12 R-113 R-114 R-115	• 초기 냉매의 주종 • 오존 파괴 지수 및 지구 온난화 지수가 크므로 사용이 중단됨.
제2세대 HCFC	수소(H) 염소(Cl) 불소(F) 탄소(C)	R-22 R-123 R-124 R-141b R-142b	• 폭넓은 적용성을 가진 냉매 • 염소가 함유되어 오존 파괴 지수가 크고, 지구 온난화에도 영향 • 규제 대상
제3세대 HFC	수소(H) 불소(F) 탄소(C)	R-32 R-125 R-134a R-143a R-152a	• 탄소, 수소, 불소로만 구성 • 대체 냉매로 사용

2-2 냉매 명명법

냉매의 화학명을 그대로 표기하면 너무 복잡하여 오류가 발생하기 쉽기 때문에 국제 기구에서 정한 규격에 따라 번호와 기호로서 명명한다.

(1) 할로카본계 냉매

메테인(methane, 메탄), 에테인(ethane, 에탄), 프로페인(propane, 프로판), 뷰테인(butane, 부탄) 등의 탄화수소 분자 그 자체 또는 이 계열에서 수소 원소가 할로겐족의 원소(F, Cl, Br)로 치환되어 있는 경우에는 다음의 명명법에 따른다.

1) 기본 자릿수는 숫자 세 자리와 보충 기호로 구성한다.

R－①②③(Bx)(a, b, c)과 같이 표기한다. 'R'은 냉매(refrigerant)의 머리 문자이다.

2) 100단위 숫자(①)는 냉매 분자의 탄소 원자수에서 1을 뺀 값이다.

탄소 원자수가 C라면 C－1이고, 탄소 원자수가 1인 물질은 100단위 숫자가 0이므로 숫자를 쓰지 않는다.

3) 10단위 숫자(②)는 냉매 분자의 수소 원자수에 1을 더한 값이다.

수소 원자수가 H라면 H＋1이다.

4) 1단위 숫자(③)는 불소 원자수이다.

불소 원자수가 F이면 그대로 F이다.

5) 브롬이 치환된 경우에는 다음과 같이 표기한다.

브롬(Bromine)의 머리 문자 'B'를 쓰고, 그 원자의 수를 'x'에 기입한다. 가령 브롬 원자가 2개 있다면 B2이다. 불소(F)와 브롬(Br) 외의 치환 원소는 염소(Cl)이다. C가 1이면 메탄계로서 4개의 치환 원소가 있어야 하고, C가 2면 에탄계로서 6개의 치환 원소가 있어야 한다.

6) 수소 자리에 할로겐 원소가 치환된 경우에는 다음과 같이 표기한다.

에탄(C_2H_6)의 수소에 할로겐 원소가 치환되었을 때 이성체의 화학적 안정도에 따라 a, b, c의 기호를 붙인다.

다음의 냉매의 냉매명을 알아보자.

① CCl_2F_2 ② $CHClF_2$ ③ CH_2F-CF_3

풀이 ① CCl_2F_2

- 100자리 : 탄소 원자수가 1이므로, C−1 = 1−1 = 0 (맨 앞자리에 오는 숫자 '0'은 생략)
- 10자리 : 수소 원자수가 0이므로, H + 1 = 0 + 1 = 1
- 1자리 : 불소 원자수가 2이므로, F = 2
- 메탄(CH_4)계로서 Br 원소가 없으므로 이하 기호는 생략된다.

따라서 **R-12**이다.

② $CHClF_2$

- 100자리 : 탄소 원자수가 1이므로, C−1 = 1−1 = 0 (생략)
- 10자리 : 수소 원자수가 1이므로, H + 1 = 1 + 1 = 2
- 1자리 : 불소 원자수가 2이므로, F = 2
- 메탄(CH_4)계로서 Br 원소가 없으므로 이하 기호는 생략된다.

따라서 **R-22**이다.

③ CH_2F-CF_3

- 100자리 : 탄소 원자수가 2이므로, C−1 = 2−1 = 1
- 10자리 : 수소 원자수가 2이므로, H + 1 = 2 + 1 = 3
- 1자리 : 불소 원자수가 4이므로, F = 4
- Br 원소는 없으나 에탄(C_2H_6)계로서 안정성이 우수하다고 보므로 **R−134 a**이다.

다음의 냉매의 화학식을 알아보자.

① R−11 ② R−115 ③ R−123

풀이 ① R−11

- 100단위 숫자가 0, 즉 C−1 = 0이므로 탄소 원자수 C = 1
  메탄(CH_4)계이므로 4개의 수소나 그 치환 원소가 필요하다.
- 10단위 숫자가 1, 즉 H+1 = 1이므로 수소 원자수 H = 0
- 1단위 숫자가 1, 즉 불소 원자수 F = 1
- 4개의 치환 원소 중 F = 1을 제외한 3개의 원소는 염소이다. 즉, Cl = 3이므로 **CCl_3F**이다.

② R-115

- 100단위 숫자가 1, 즉 C−1=1이므로 탄소 원자수 C = 2

에탄(C_2H_6)계이므로 6개의 수소나 그 치환 원소가 필요하다.

- 10단위 숫자가 1, 즉 H+1 = 1이므로 수소 원자수 H = 0
- 1단위 숫자가 5, 즉 불소 원자수 F = 5
- 6개의 치환 원소 중에서 F = 5를 제외한 1개의 원소는 염소이다. 즉, Cl = 1이므로 $C_2ClF_5(CClF_2-CF_3)$이다.

③ R-123

- 100단위 숫자가 1, 즉 C-1 = 1이므로 탄소 원자수 C = 2
  에탄(C_2H_6)계이므로 6개의 수소나 그 치환 원소가 필요하다.
- 10단위 숫자가 2, 즉 H+1 = 2이므로 수소 원자수 H = 1
- 1단위 숫자가 3, 즉 불소 원자수 F = 3
- 6개의 치환 원소 중에서 H = 1과 F = 3을 제외한 2개의 원소는 염소이다. 즉, Cl = 2이므로 $C_2HCl_2F_3$이다.

(2) 비공비 혼합 냉매

기본적으로 세 자리의 숫자로 나타내며, 100단위 숫자는 4이다. R-4○○과 함께 구성 냉매의 번호와 중량 조성비를 명시한다. 표 2-2는 비공비 혼합 냉매의 조성과 그 혼합비(중량비, w%)를 나타낸 것이다. 특히, 비공비 혼합 냉매로서 R-404A, R-407C, R-410A는 적용성이 넓어 구냉매의 대체 냉매로 널리 사용되는 추세이다.

표 2-2 **비공비 혼합 냉매의 조성과 혼합비**

종류	혼합 냉매	혼합비(w%)	종류	혼합 냉매	혼합비(w%)
401A	R22/152a/124	53/13/34	407B	R32/125/134a	10/70/20
401B	R22/152a/124	61/11/28	407C	R32/125/134a	23/25/52
401C	R22/152a/124	33/15/52	407D	R32/125/134a	15/15/70
402A	R125/290/22	60/2/38	408A	R125/143a/22	7/46/47
402B	R125/290/22	38/2/60	409A	R22/124/142b	60/25/15
403A	R290/22/218	5/75/20	409B	R22/124/142b	65/25/10
403B	R290/22/218	5/56/39	410A	R32/125	50/50
404A	R125/143a/134a	44/52/4	410B	R32/125	45/55
405A	R22/152a/142b/C318	45/7/5.5/42.5	411A	R1270/22/152a	1.5/87.5/11
406A	R22/600a/142b	55/4/41	411B	R1270/22/152a	3/94/3
407A	R32/125/134a	20/40/40	412A	R22/218/142b	70/5/25

Worldskills Standard

최근 연도 국제기능올림픽대회 과제에서 사용되는 냉매도 거의 신(대체) 냉매로 바뀌어 가고 있다. 2007년 제39회 일본 시즈오카(Shizuoka, 静岡) 대회에서는 냉동기 조립 과제에서 R-407C를, 최신 기술 과제의 히트 펌프 냉동 시스템에서 R-404A를, 에어컨 설치 과제에서는 R-410C를 사용하였다.

향후 과제도 이와 같은 비공비 혼합 냉매의 활용이 증가할 것이므로 냉매의 성질은 물론 취급상의 주의점 등 이에 대한 준비가 필요하다.

(3) 공비 혼합 냉매

기본적으로 세 자리의 숫자로 나타내며 100단위 숫자는 5이다. R-5○○의 10단위와 1단위의 숫자는 냉매 개발 순서에 따라 01, 02, 03, … 등으로 표기한다.

표 2-3은 공비 혼합 냉매의 조성과 그 혼합비(중량비, w%)를 나타낸 것이다.

표 2-3 **공비 혼합 냉매의 조성과 혼합비**

종 류	혼합 냉매	혼합비(w%)	비등점(℃)
R-500	R-152/R-12	26.2/73.8	-33.3
R-501	R-152/R-12	25/75	-41
R-502	R-152/R-12	51.2/48.8	-46
R-503	R-152/R-12	40.1/59.9	-89.1

(4) 유기 화합물 냉매

세 자리의 숫자로 R-6○○과 같이 명명한다. 10단위의 숫자는 부탄계 화합물 0, 산소 화합물 1, 유기 화합물 2, 질소 화합물 3과 같이 쓰고 1단위 숫자는 개발 순서대로 번호를 붙인다.

(5) 무기 화합물 냉매

100단위의 숫자가 7로 시작하는 세 자리 숫자로 명명한다. 즉, R-7○○ 형식으로 나타내며 뒤의 두 자리에는 그 물질의 분자량을 넣는다.

다음 냉매의 냉매명을 알아보자.

① 물(H_2O) ② 암모니아(NH_3) ③ 이산화탄소(CO_2)

풀이 ① H_2O

무기 물질로서 수소(H)의 분자량 1, 산소(O)의 분자량 16이므로 물의 분자량은 $1\times2+16=18$이므로 **R-718**이다.

② NH_3

무기 물질로서 질소(N)의 분자량 14, 수소(H)의 분자량 1이므로 암모니아의 분자량은 $14+1\times3=17$이므로 **R-717**이다.

③ CO_2

무기 물질로서 탄소(C)의 분자량 12, 산소(O)의 분자량 16이므로 이산화탄소의 분자량은 $12+16\times2=44$이므로 **R-744**이다.

2-3 냉매의 특성

여러 가지 액체가 냉매로 사용될 수 있으나 냉매로서 가장 필요한 특성은 그다지 높지 않은 압력에서 쉽게 응축되어야 한다. 암모니아는 액의 온도가 30℃ 정도만 되어도 응축이 되며 그때의 압력이 $11.9\,kg/cm^2\cdot a$로서 비교적 높은 압력이 아니므로 압축기나 응축기 등의 제작에 특수한 재료를 사용하지 않아도 되고 기기의 가격도 비교적 비싸지 않은 이점이 있다. 그러나 암모니아에 비해 탄산가스는 $73.3\,kg/cm^2\cdot a$ 정도의 고압에서 응축되기 때문에 냉동 기기와 냉매 배관은 이 압력에 견딜 수 있도록 특수하게 제작해야 하므로 그만큼 가격도 비싸게 된다.

표 2-4는 주요 냉매의 특성을 나타낸 것이다.

표 2-4 **주요 냉매의 특성**

냉 매	R-717	R-12	R-22	R-113	R-114	R-500
화 학 식	NH_3	CCl_2F_2	$CHClF_2$	$C_2Cl_3F_3$	$C_2Cl_2F_4$	$C_2H_4F_2$
분 자 량	17.03	120.9	86.5	187.4	170.9	97.29

비등점(℃)	−33.3	−29.8	−40.8	47.6	3.6	−33.3
응고점(℃)	−77.7	−158.2	−160	−35	−93.9	−159
임계온도(℃)	133	111.5	96	214.1	145.7	−
임계 압력($kg/cm^2 \cdot a$)	116.5	40.9	50.3	34.8	33.33	44.4
증발 압력(−15℃에서)	2.41	1.86	3.025	0.0689	0.476	2.13
응축 압력(30℃에서)	11.9	7.59	12.27	0.552	2.58	8.73
압 축 비	4.94	4.08	4.06	8.02	5.42	4.10
증발 잠열(kcal/kg)	313.5	38.6	51.9	39.2	34.4	46.7
냉동 능력(kcal/kg)	269	29.6	40.2	30.9	25.1	34
냉매 순환량(kg/h)	12.34	112.3	82.7	107.4	132.1	98
포화증기 비체적(m^3/kg)	0.509	0.093	0.078	1.69	0.264	0.095
포화액의 비체적(m^3/kg)	1.66	0.764	0.838	0.64	0.688	0.86
토출 가스 온도(℃)	98	37.8	55.0	30.0	30.0	41.0
피스톤 압출량($m^3/h \cdot RT$)	6.28	10.8	6.42	171.4	34.8	9.25
성 능 계 수	4.8	4.7	4.87	5.09	4.90	4.6

또한, 냉매의 안전성은 냉매를 선택하거나 취급하는 데 있어서 중요한 요소이다. 냉동기에 쓰이는 냉매의 안전성을 가름하는 파라미터로는 인화성, 변질, 독성 등을 들 수 있다.

(1) 인화성

인화성은 내·외부적인 화염원에 의해 발화하는 성질을 말한다. 대부분의 냉매는 대기압 하에서 100℃ 이내에서는 거의 불연성이지만 할로카본계 냉매는 조건에 따라서 가연성으로 된다. 즉, 냉매 취급 및 사용이 적절하지 못하거나 냉매 조성 성분이 변질되는 등의 특이한 상황에서는 가연성으로 될 수도 있다.

일반적으로 냉매는 온도와 압력 그리고 공기의 농도에 따라 연소할 조건을 형성하는데, 일례로 농도가 짙은 공기가 혼합된 냉매는 고온 고압 하에서 화염원과 접촉하면 연소하기 쉽다.

(2) 변질

냉매가 화염이나 전기 히터와 같은 고온에 장시간 노출되면 성분이 변질되어 염화수소나 불화수소와 같은 독성 물질을 생성할 수 있다. 변질된 냉매는 육안으로 관찰하기는 어렵지만 강한 냄새를 가지고 있어 코와 목을 자극한다. 또한, 변질된 냉매는 산성 증기를 생성하여 인체에 유해하다.

(3) 독성

냉매는 제조사가 제시하는 방법으로 다루면 대부분 안전하지만 그렇지 않은 경우에는 인체에 노출되어 심각한 영향을 미칠 수도 있다. 냉매의 독성은 대부분 코나 입을 통해 인체로 침투한다.

특히 환기가 잘 안 되는 밀폐된 장소에서 고농도의 냉매 증기를 흡입하면 일시적으로 졸림과 무기력 증세가 나타나고, 심하면 혼수상태에 이를 수 있다. 이러한 증상이 나타나면 신선한 공기를 충분히 호흡하고 심한 경우에는 약물로 치료해야 한다.

냉매의 독성과 허용 노출 한계(AEL)

인체에 대한 냉매의 허용 노출 한계(acceptable exposure limit, AEL)는 노출 시간에 대한 평균적 허용량(ppm)으로 나타낸다. 보통 하루 30분 이상 냉매 작업을 하는 경우, 노출 한계를 1250ppm 이내로 허용할 것을 권장하고 있다. 냉매를 취급할 때에는 반드시 제조사가 정한 허용 노출 한계 내에서 작업해야 한다.

냉매 제조자는 냉매의 안전성에 대한 정보로서 국제 규격에 따른 보건, 화재, 반응, 개인 보호구 등의 지수를 취급자에게 제공해야 한다. 지수는 0부터 4까지의 5단계 숫자로 나타내며 그 구분은 표 2-5와 같다.

표 2-5 **냉매 안정성의 판정 지수**

지 수	0	1	2	3	4
안정성	유해하지 않음	약간 유해함	유해함	매우 유해함	치명적임

2-4 환경과 대체 냉매

(1) 냉매와 환경

최근 세계적으로 환경 보전에 대한 관심이 크게 대두되면서 국제 기구에서는 협정을 통해 오존 파괴 지수(Ozone Depletion Potential, ODP)나 지구 온난화 지수(Global Warming Potential, GWP)가 0인 냉매를 사용하도록 규제하고 있다.

국제 협약에 따라 오존 파괴와 지구 온난화에 영향을 미치는 제1세대 냉매(CFC) 및 제2세대 냉매(HCFC)에 대한 사용이 선진국은 2030년 1월부터, 개도국은 2040년 1월부터 전면 금지된다.

1992년 11월 코펜하겐에서 개최된 제4차 몬트리올 의정서 가입국 회의에서 최초로 선진국에 대하여 HCFC 냉매의 폐기 일정을 규정하였다. 이 일정에 따르면 1996년부터 1989년 HCFC 생산량에 1989년 ODP 환산 CFC 소비량의 3.1%를 더한 양을 기준량으로 정하여 사용하고, 점차 사용량을 줄여서 2020년부터는 유지 보수용으로 0.5%의 필요량만 사용하다 2030년에 완전히 폐기하기로 결정하였다.

또한, 1995년 12월 비엔나에서 개최된 제7차 몬트리올 의정서 가입국 회의에서 선진국에 대한 규제 방안을 더욱 강화하였다. 즉, 1996년부터 1989년 HCFC 소비량에 1989년도 CFC 소비량의 2.8%(기존 3.1%보다 더 감축)를 더한 양을 기준량으로 정하고 점차 사용량을 줄여서 2020년부터는 유지 보수용으로 0.5%의 필요량만 사용하다 2030년 완전히 폐기하기로 합의하였다.

비엔나 총회에서는 우리나라를 포함한 개발도상국에 대한 규제 방안도 제정하였다. 이 안에 따르면 2016년 1월부로 생산량을 동결 조치하고 점차 사용량 줄이다가 2040년 1월부터 완전히 폐기하기로 하였다.

(2) 대체 냉매 개발

기존 CFC계 및 HCFC계 냉매의 사용이 규제됨에 따라 이와 유사한 특성과 용도를 가지면서 오존층 파괴 및 온실 효과 등을 유발하지 않는 보다 안정된 냉매 개발에 많은 노력을 기울이고 있다.

냉동기 시스템적 측면에서는 냉동기 설계 및 공정 개선으로 누설이나 증발에 의한 손실량 감소를 도모하고, 제품을 폐기할 때 적극적으로 냉매를 회수하여 재생 처리하는 방안 그리고 CFC계 및 HCFC계 냉매를 사용하지 않는 공정이나 제품으로 교체하는 방안이 시도되고 있다. 그러나 이와 같은 방법은 근본적인 대책이 될 수 없으므로 보다 안정적인 냉매 개발이 필요하다. 규제 냉매는 보다 안정된 공비 혼합물질 개발로 대체되고 있으며 향후에는 비할로카본계 냉매가 실용화될 전망이다.

여러 가지 냉매의 주요 용도와 대체 냉매를 나타내면 표 2-6과 같다.

표 2-6 **여러 가지 냉매의 주요 용도**

냉매명	대체 구냉매	주요 용도
R-401A	R-12	주거용 냉장고, 음료 및 음식 판매용 냉장고
R-401B	R-12	상업용 냉동기, 이동식 냉동장비
R-402A	R-502	(동결 식품용)냉동기, 음료 자판기
R-402B	R-502	제빙기, 수냉식 콘덴싱 유닛 냉동기
R-408A	R-502	저압형 냉동기, 냉동기, 음료 자판기
R-407C	R-22	상업용 에어컨, 주거용 에어컨, 냉장고
R-410A	R-22	상업용 히트 펌프, 주거용 에어컨
R-417A	R-22	상업용 에어컨, 주거용 에어컨
R-422D	R-22	상업용 냉동기, 산업용 냉동기
R-438A	R-22	상업용 에어컨, 상업용 냉동기, 산업용 냉동기
R-23	R-13, R-503	냉동기, 제빙기
R-508B	R-13, R-503	냉동기, 제빙기
R-134a	R-12, R-409A	상업용 냉동기(칠러), 자동차용 에어컨
R-423A	R-12, R-409A	원심식 칠러
R-437A	R-12, R-409A	상업용 냉동기, 산업용 냉동기

한편, 구냉매로서 R-12를 기준으로 대체용 주요 비공비 혼합 냉매의 물리적 성질과 조성을 표시하면 표 2-7과 같다.

표 2-7 **주요 대체 냉매의 물리적 성질과 조성**

냉 매		R-12	R-401A	R-401B	R-402A	R-402B	R-408A	R-409A
비등점(°C, 1기압)		-30	-33	-34	-49	-47	-44	-34
밀도(kg/m^3, 25°C 포화액)		1309.6	1192.7	1192.7	1151.1	1154.3	1059.9	1218.4
밀도(kg/m^3, 25°C 포화증기)		37.1	29.0	30.7	19.9	16.8	58.1	2908
증기압(kPa, 25°C 포화액)		656	773	821	1339	1256	1173	814
ODP(R-11 대비)		1	0.03	0.035	0.02	0.03	0.026	0.05
GWP(R-11 대비)		3	0.22	0.24	0.63	0.52	0.75	0.3
조성 (무게, %)	R-12	100						
	R-22		53	61	38	60	47	60
	R-124		34	28				25
	R-125				60	38	7	
	R-142b							15
	R-143a						46	
	R-152a		13	11				
	R-290				2	2		

ODP와 GWP

① 오존 파괴 지수(ODP)

지구 지표면 상 20~40 km 구역의 성층권에 존재하는 오존(O_3)층은 거대한 햇빛 가리개로서 태양광선 중의 유해한 자외선을 흡수하여 이것이 지표면에 도달하는 것을 막아주는 역할을 한다. 그러나 냉매를 구성하는 성분 중 염소(Cl)는 오존과 반응하여 오존층을 파괴하고, 지구의 자연 생태계 변화 등 심각한 문제를 야기하게 되었다. 오존 파괴 지수는 냉매 물질의 오존 파괴 능력을 나타내는 지수로서 R-11(CFC-11)을 기준(1.0)으로 중량 비율로 표시한다.

② 지구 온난화 지수(GWP)

지구에 도달한 태양열 에너지의 일부는 복사로 외계에 방출되고, 일부는 대기에 흡수되어 온실 효과를 이루며 평형을 유지하고 있다. 그러나 대기 중에 흡수되는 열에너지의 비율이 증가하면 열에너지의 방출 통로를 닫아 온실 효과가 더욱 강해지므로 지구 온난화를 초래한다.
국제적으로 온실 가스 화합물의 발생을 억제하기 위하여 많은 노력을 하고 있으며, 이미 개발되어 사용하고 있는 냉매에도 지구 온난화 지수를 도입하여 비교 파라미터로 사용하고 있다.
지구 온난화 지수는 물질이 지구 온난화에 미치는 영향력을 나타내며, R-11(CFC-11)을 기준(1.0)으로 볼 때 R-12는 3.0, R-123은 0.018, R-134a는 0.27 정도의 GWP를 갖는다.

03 브라인

3-1 브라인의 구비 조건

간접 냉각식 냉동 장치에 사용하는 액상 냉각 열매체를 브라인(brine)이라 한다. 브라인은 일종의 부동액으로서 1차 냉매와 같이 냉매액과 냉매 증기로 상변화를 하지 않는다. 즉, 액체 상태로만 열교환기를 순환하며 일을 한다. 제빙 및 공기조화 등에 널리 쓰이고 있는 브라인은 넓게 염화나트륨과 염화칼슘 등의 무기질 브라인과 에틸렌글리콜 및 프로필렌글리콜 등의 유기질 브라인으로 구분한다.

브라인의 구비 조건은 다음과 같다.

① 비열 및 열전도율이 클 것
② 순환펌프 소비동력 절감을 위하여 점성이 적을 것
③ 동결 온도가 낮을 것
④ 부식성이 적고 불연성일 것
⑤ 악취 및 독성이 없고, 무해일 것

브라인의 부식 방지

브라인의 부식 방지를 위하여 수소 이온 지수값을 7.5~8.2 pH 정도로 유지한다. 방청을 위하여 산성인 경우에는 가성소다를, 알칼리성인 경우에는 염산을 첨가제로 사용하여 중화시킨다.

3-2 브라인의 종류

브라인에는 탄소(C) 성분을 포함하지 않는 무기질 브라인과 탄소 성분이 포함되어 있는 유기질 브라인으로 구분된다.

무기질 브라인은 염화칼슘($CaCl_2$) 수용액, 염화나트륨(NaCl) 수용액, 염화마그네슘($MgCl_2$) 수용액 등으로 금속의 부식력이 강하지만 가격이 저렴하다. 유기질 브라인은 에틸렌글리콜, 프로필렌글리콜, 메틸렌클로라이드 등으로 금속의 부식력은 약하지만 가격이 비싼 편이다.

(1) 무기질 브라인

① 염화칼슘 수용액

무기질 브라인으로서 염화칼슘 수용액은 현재 널리 사용되고 있으며 동결 온도(freezing point)도 매우 낮고(비중 1.286, −55℃), 부식성도 비교적 적으며 값이 싸다는 장점이 있다. 동결 온도를 −55℃까지 내릴 수 있기 때문에 제빙, 동결 및 냉장에 널리 이용되며 농도에 따라 적당한 동결 온도의 용액을 만들 수 있다. 그러나 쓴맛이 있기 때문에 식품 동결에 사용할 때에는 간접식 동결 방법을 사용해야 한다. 일반적으로 제빙 장치에서 사용되는 염화칼슘의 농도는 15℃에서 비중이 1.18 정도가 적당하다. 브라인은 온도가 낮은 상태에서는 공기 중의 수분을 응축시켜 흡수하여 농도가 점점 묽어지므로 비중을 측정해서 묽어진 브라인을 빼내고 염화칼슘을 추가해서 적절한 농도로 유지해야 한다.

브라인의 농도는 공업상의 단위로서 보메도(Baume degree, B)로 표시하는 데 염화칼슘 수용액 브라인의 보메도는 24~28° 정도이다. 브라인의 비중을 d라고 할 때 보메도는 다음과 같다.

- **물보다 무거운 수용액일 때**($d \geq 1$)

$$B = 144.3 - \frac{144.3}{d}\,[\,^\circ\,] \tag{2.1}$$

- **물보다 가벼운 수용액일 때**($d < 1$)

$$B = \frac{144.3}{d} - 144.3\,[\,^\circ\,] \tag{2.2}$$

각각 비중이 1.22와 1.15인 두 가지의 염화칼슘 수용액 무기질 브라인의 보메도를 구하고 비교해 보자.

풀이 두 브라인 모두 비중이 1 이상이므로 식 (2.1)을 적용한다.

① $B = 144.3 - \frac{144.3}{1.22} = 26.02°$

② $B = 144.3 - \frac{144.3}{1.15} = 18.82°$

염화칼슘 수용액 브라인의 적정 보메도는 24~28°이므로 비중 1.22인 수용액(①)의 농도는 적합하지만 비중 1.15인 수용액(②)의 농도는 너무 묽은 상태임을 알 수 있다.

② 염화나트륨 수용액

염화칼슘 수용액보다 동결 온도가 높으며(비중 1.17에서 −21℃) 금속 재료에 대한 부식성이 크다. 그러나 식품에 대해서 무해하기 때문에 식품용 침지 냉각 방식에 이용되고 있다. 보통 브라인으로서 염화나트륨 수용액의 비중은 1.15~1.18, 보메도는 19~22°이다.

(2) 유기질 브라인

무색, 무취의 액체이며 물로 희석하여 농도를 조절할 수 있다. 특히, 직접 식품에 닿아야 할 때 무기질 브라인은 독성이 있어 사용이 제한되므로 식염수나 에틸렌글리콜, 프로필렌글리콜, 글리세린 용액을 사용한다. 부식성이 약간 있기는 하지만 부식 방지제를 첨가해서 모든 금속 재료에 적용할 수 있다. 비점이 높고 독성이 적어서 식품 동결에 사용된다.

브라인의 종류와 용도

구 분	종 류	사용 온도(℃)	주요 용도
무기질 브라인	염화칼슘 수용액	−40	제빙, 냉장
	염화나트륨 수용액	−17	식품의 냉동 및 냉장
	염화마그네슘 수용액	−25	제빙, 냉장
유기질 브라인	에틸렌글리콜	−30	소형 냉동기, 냉장
	프로필렌글리콜	−20	식품의 냉동 및 냉장
	글리세린	−40	소형 냉동기, 냉장

4-1 냉동기유의 구비 조건

냉동용 압축기에 사용되는 윤활유를 대개 냉동기유(refrigerating machine oil)라고 한다. 냉동기유에는 일반적으로 광물유와 합성유가 사용된다. 냉동기유는 압축기의 베어링이나 실린더와 피스톤 사이에서의 마모를 감소시키는 윤활 작용을 하는 역할 이외에도 마찰에 의해서 발생하는 열을 흡수하는 냉각 작용, 축봉 장치나 피스톤링 등의 밀봉 작용, 부식 발생을 막는 방청 작용 등을 함으로써 압축기가 원활히 작동하게 하는 역할을 한다.

• 냉동기유의 4대 작용 •

① **윤활 작용** : 섭동부의 마찰 저항을 감소시켜 주고 마모를 억제한다.
② **냉각 작용** : 고온의 실린더 내부의 열에너지를 실린더 외부로 전열시켜 냉각한다.
③ **밀봉 작용** : 피스톤과 실린더 사이에 유막을 형성하여 누설을 막고 압축 효율을 향상시켜 준다.
④ **방청 작용** : 금속 표면에 유막을 형성하여 공기와의 접촉을 차단함으로써 부식되지 않도록 한다.

• 냉동기유의 유지 관리 •

압축기의 성능을 정상적으로 유지하며 냉동 시스템의 성능을 최적으로 향상시키기 위하여 제조사에서 추천하는 오일을 사용하고, 냉동기 운전 시 오일량을 정기적으로 점검한다. 오일이 부족하거나 정상적이지 않을 경우에는 보수 방법에 따라 보충하거나 교환해 주어야 한다.

(1) 냉동기유의 구비 조건

냉동기유는 온도 변화가 큰 환경에서 오일의 역할을 한다. 또한, 냉매가 냉동기유에 녹아 냉동기유의 성질이 변화하는 등 복잡한 현상이 있으므로 적절한 것을 선정하려면 실제의 기계에서 장시간의 운전 경험을 필요로 한다. 따라서 압축기 제조자가 지정하는 냉동기유를 사용하는 것이 좋다. 다음은 일반적으로 요구되는 냉동기유의 구비 조건이다.

① 응고점이 낮을 것

고온에서도 응고되면 윤활성이 떨어지므로 낮은 온도에서도 윤활성이 보장되도록 응고점이 낮을 것이 요구된다. 아울러 유동성이 좋아야 한다.

② 화학적으로 안정성이 좋을 것

냉동기유는 냉매에 용해되어 전 사이클을 냉매와 함께 순환하기 때문에 냉매의 상태 변화에 따라 그 온도가 크게 변화한다. 이때 화학적으로 성분이 분해되지 않아야 한다.

③ 전기 절연성이 좋을 것

특히, 밀폐형 압축기에 사용하는 냉동기유는 전기 전도로 인한 누전이 발생하지 않도록 절연성이 좋아야 한다.

④ 왁스 성분이 적을 것

저온으로 운전되는 경우에는 증발기 내의 냉동기유도 저온이 되므로 냉동기유 속에 포함되어 있던 왁스가 석출되어 증발기 내에서 유동하기 어렵게 될 수도 있으므로 사용하는 냉매나 장치 등에 따라 적절한 냉동기유를 선정하여야 한다.

⑤ 점도가 적당할 것

냉동기가 작동되는 전 온도 범위에서 점도의 변화가 적고, 압축기가 고온으로 작동될 때 점도가 저하되지 않도록 한다.

⑥ 냉매와 분리성이 좋고 화학적 반응을 일으키지 않을 것

냉동기유가 냉매에 용해되면 오일의 점도가 저하하여 윤활성이 나빠진다. 냉동기유가 오일에 용해되더라도 분리가 잘되는 성질이 요구되며 냉매 중에 용해되더라도 냉매와 화학적으로 반응을 일으키지 않아야 한다.

⑦ 인화점이 높을 것

냉동기유의 취급 및 냉동기 운전 중에 온도 상승이나 화염원에 의하여 인화되지 않도록 인화점이 충분히 높아야 한다.

(2) CFC계 냉매용 냉동기유

우리가 많이 사용해 오던 CFC계 냉동 장치에서 낮은 온도 구역인 팽창 밸브와 증발기에서 기름과 액체가 2상으로 분리되어 기름이 응고될 경우 냉동기유는 증발기 관 내벽에 응고하게 되어 열전달 효율이 떨어지는 경우가 많다.

이와 같은 현상을 방지하기 위하여 압축기에서 냉매-기름 혼합물이 토출될 때 유분리기 등을 이용해서 냉매에서 어느 정도 기름을 분리해야 할 필요성이 있다. 특히, CFC계 냉매의 경우 냉매가 냉동기유에 다량으로 용해되면 냉동기유의 점도가 낮아져서 윤활 불량 현상을 초래한다.

또한, 압축기를 기동시킬 때에 크랭크케이스 내의 압력이 급격하게 낮아져서 냉동기유 속에 남아 있던 냉매가 냉동기유 속에서 기포를 발생하는 오일 포밍(oil forming) 현상이 일어나 윤활 불량을 일으킬 수도 있다.

• 크랭크케이스 히터 •

오일 포밍이 일어나면 오일 펌프가 정상적으로 냉동기유를 압송할 수 없게 되므로 냉동기유에 냉매가 과다하게 용해되는 것을 방지하기 위해서 압축기 정지 중에 냉동기유의 온도를 높여 오일 중에 용해되어 있는 냉매를 분리시켜 주어야 한다.
이와 같은 목적으로 사용하는 히터가 크랭크케이스 내에 설치되어 있다 하여 크랭크케이스 히터(crankcase heater)라고 한다.

• 오일 포밍 현상 •

냉매가 냉동기유에 다량으로 용해되어 있으면 냉동기유의 점도가 낮아져서 윤활 불량 현상과 오일 포밍(oil forming) 현상의 원인이 된다. 오일 포밍은 압축기 기동 시 크랭크케이스 내의 급격한 압력 저하로 인하여 냉동기유에 용해되었던 냉매가 냉동기유 속에서 기포를 발생하는 현상으로 윤활이 불량해지고 압축기 수명을 단축시키게 된다. 이 현상을 방지하기 위하여 압축기가 정지하는 동안 크랭크케이스 히터를 사용하여 냉동기유의 온도를 상승시켜 그 속에 녹아 있던 냉매를 증발시켜 내보내도록 하고 있다.

4-2 냉동기유의 분류

냉동유는 그 기능이 매우 중요하기 때문에 사용 냉매에 따라 제조사에서 추천하는 제품을 선택하고 바르게 관리해야 한다.

냉동기유는 크게 광물유(mineral oil, MO)와 합성유(synthetic oil, SO)로 구분하고 있다. 광물유는 초기 냉동기부터 많이 사용되어 온 오일로서 가격이 저렴하고 쉽게 구할 수 있는 등의 장점이 있으나 HFC 계열 냉매로 R-134a, R-404A, R-407C 등과는 혼합성(miscibility)의 문제로 사용하기가 곤란하다.

합성유는 알킬벤젠(Alkylbenzene, AB)과 폴리올에스테르(Polyol Esters, POE)가 대표적이다.

알킬벤젠은 R-22나 R-502 같은 냉매와의 좋은 용해성을 가지고 있으며, 광물유에 비하여 고온에서의 안정성과 산화 안정성이 뛰어나고 가격이 그다지 비싸지 않은 장점이 있다. 또한, 폴리올에스테르는 거의 모든 종류의 압축기에 대하여 R-134a, R-404A, R-407C 등의 HFC 냉매들과 상업적으로 가장 널리 쓰이는 냉동유이다.

표 2-8은 여러 가지 냉매에 대한 냉동기유와의 용해도 관계를 나타낸 것이다.

표 2-8 **냉매와 냉동기유의 용해도 관계**

용해하기 쉬운 냉매	중간의 냉매	용해하기 어려운 냉매
R-11, R-12, R-21, R-13B1, R-500	R-22, R-114, R-115, R-152A	R-13, R-14, R-502, R-717, R-744

또한, 대체용 신냉매를 사용하는 냉동기에는 반드시 해당 냉매에 적합한 냉동기유를 선택하여 사용해야 한다.

주요 대체 냉매에 대해 사용이 권장되는 냉동기유를 표시하면 표 2-9와 같다.

표 2-9 **주요 대체 냉매와 사용 냉동기유**

냉매	냉동기유	냉매	냉동기유
R-438A	MO, AB, POE	R-437A	MO, AB, POE
R-417A	MO, AB, POE	R-423A	POE
R-422D	MO, AB, POE	R-134a	POE
R-407C	POE	R-508B	POE
R-410A	POE	R-23	POE

Chapter 2

연 습 문 제

1 냉매가 갖추어야 할 성질을 설명하여라.

2 다음 냉매의 냉매명을 적어 보라.
(1) $CHClF_2$ (2) $C_2Cl_2F_4$ (3) $C_2H_4F_2$ (4) NH_3
(5) H_2O

3 냉매에 관한 지수로서 오존 파괴 지수(ODP)와 지구 온난화 지수(GWP)에 대하여 설명하여라.

4 브라인(brine)이 갖추어야 할 성질을 설명하여라.

5 무기질 브라인과 유기질 브라인의 특징을 설명하고 예를 들어 보라.

6 냉동기유가 갖추어야 할 성질을 설명하여라.

7 냉동기유의 주요 작용을 설명하여라.

8 냉매와 냉동기유의 용해성에 대하여 용해성이 큰 냉매, 보통인 냉매, 작은 냉매로 분류하여 예를 들어 보라.

9 다음 신냉매에 적합한 냉동기유를 들어 보라.
(1) R-417A (2) R-407C (3) R-410A (4) R-508B

냉동 사이클

냉동기는 저열원에서 열을 빼앗아 고열원에서 그 열을 방출하는 과정으로 작동하며, 그 결과 저열원의 계(system)의 온도가 낮아진다. 이러한 냉동 과정이 연속적으로 이루어지는 것을 열역학적으로 냉동 사이클이라고 하며, 냉동기의 운전 상태와 성능을 판단하는 데 중요한 자료가 된다.

냉동 사이클의 동작 상태는 몰리에 선도 상에 표시할 수 있다. 이 선도에서 냉동기의 주요 구성 장치의 열출입을 알 수 있으며, 또한 전체적인 시스템의 효율을 평가할 수 있다.

3 냉동 사이클

01 몰리에 선도

1-1 기본적인 사항

우리는 종종 냉동기를 제작하거나 설치되어 있는 냉동기를 시험 점검할 때 냉동기의 상태를 해석할 필요가 많이 있다. 냉동기는 밀폐된 장치와 내부가 보이지 않는 배관으로 만들어져 있기 때문에 냉동기의 상태를 눈으로 보거나 손으로 만져서 작동 상태를 파악하기는 거의 불가능한 일이다. 다만, 관찰창(sight glass)으로 볼 수 있는 냉매 흐름 상태와 고압 및 저압 게이지의 지시 압력 그리고 각 부분의 온도 정도의 정보로 냉동기의 상태를 파악할 수 있을 뿐이다.

이와 같이 외부에서 알 수 있는 압력과 온도만으로 내부의 상태를 유추하고 냉동기의 현재의 성능을 평가하기 위하여 압력－엔탈피 선도를 사용한다. 본래는 압력－비엔탈피 선도라고 해야 하지만 관습적으로 압력－엔탈피 선도라고 부른다. 압력－엔탈피 선도는 개발자인 몰리에(R. Mollier, 1863~1935)의 이름을 따서 몰리에 선도(Mollier diagram), 또는 압력－엔탈피의 약어로서 $P-h$ 선도라고도 한다. 이 선도를 통하여 증기 압축 냉동기의 압축기가 소모한 일, 증발기의 냉동 능력, 응축기에서 제거한 열량, 팽창 밸브의 적정한 작동 여부, 증발기의 과열도와 응축기의 과냉각도 등을 알 수 있다.

그림 3-1은 R-22의 몰리에 선도로서 냉매액과 증기 상태에서의 압력과 엔탈피 등의 물성을 근사적으로 나타내었다.

압력-엔탈피 선도

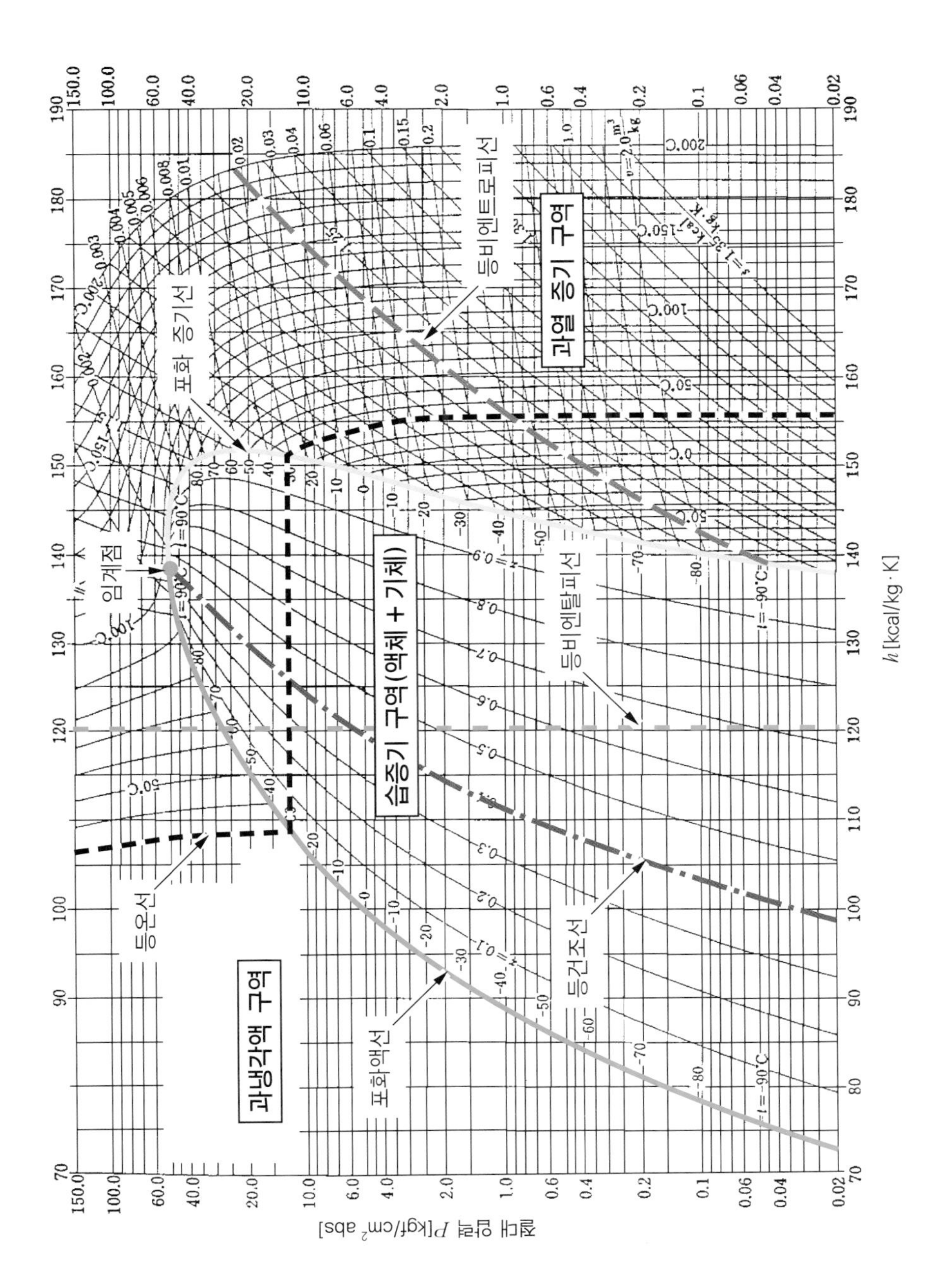

그림 3-1 몰리에 선도 상의 냉매 상태와 주요 선도(R-22)

압력-엔탈피 선도

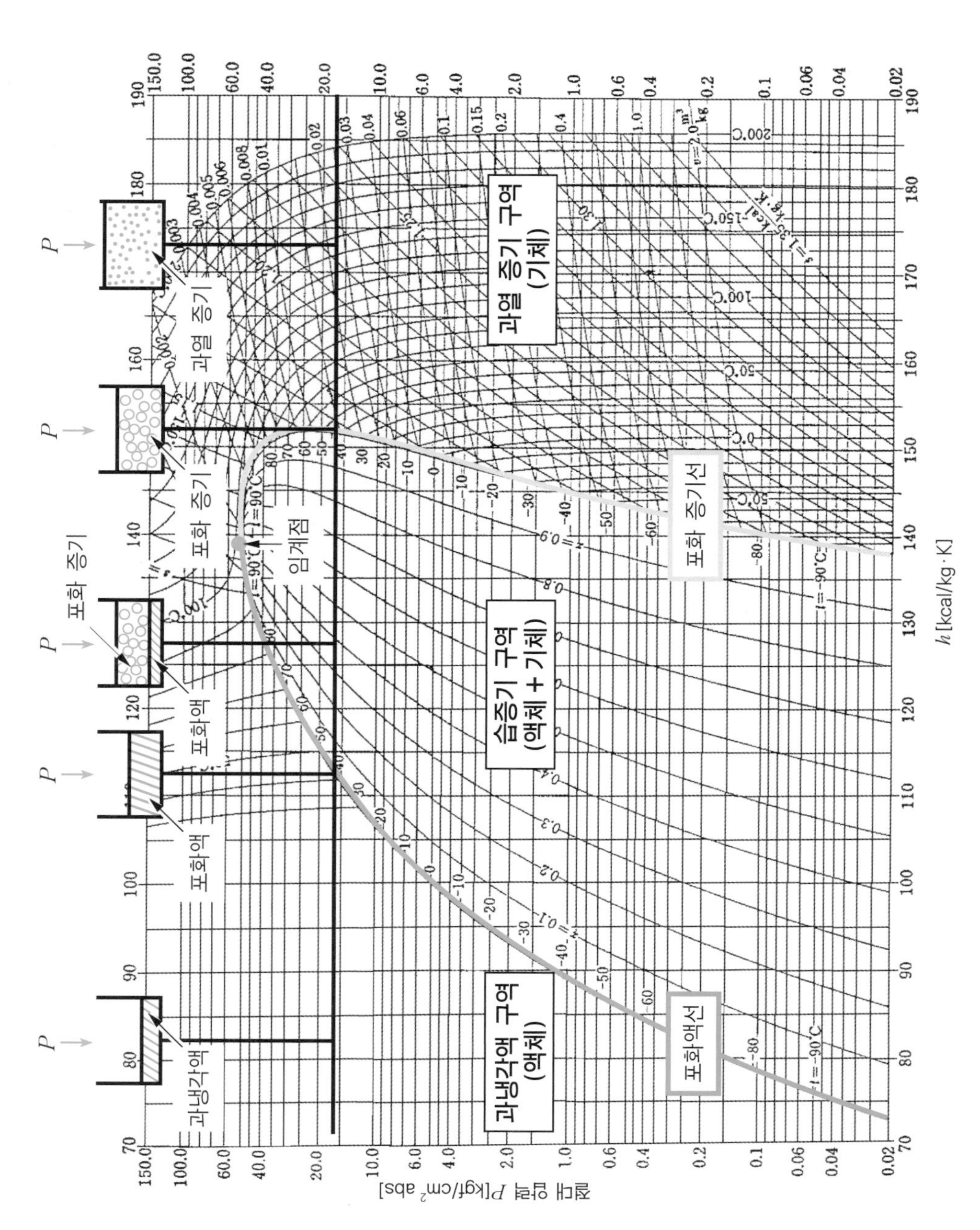

그림 3-2 몰리에 선도 상 냉매의 상태 변화 과정(R-22)

임계점을 중심으로 좌측의 포화액선 곡선과 우측의 포화 증기선 곡선이 있다. 포화액선 밖의 영역을 과냉각 구역이라 하고, 포화 증기선 밖의 영역을 과열 증기 영역이라고 한다. 그리고 이 2개의 곡선이 이루는 부분을 습증기 구역이라고 한다.

이 밖에 몰리에 선도에는 등온선, 등건조도선, 등비체적선 등이 나타나 있어 냉동기의 열역학적 특성을 파악하는 데 유용하게 사용할 수 있다.

그림 3-2는 몰리에 선도 상 냉매의 상태 변화를 나타낸 것으로 과냉각액 구역에는 과냉각된 응축액만 존재하며 과열 증기 구역에는 과열 증기만 존재한다. 그리고 습증기 구역에는 액체와 증기(기체)가 공존한다.

1-2 몰리에 선도의 이해

(1) 등압선과 등비엔탈피선

등압선은 선도 상의 수평선이며 대체로 절대 압력(P_{abs})을 대수(logarithmic) 눈금으로 나타낸다. 예를 들어, 종축에 표시된 압력값은 액체나 증기 또는 포화 상태 구별 없이 수평선 전체에 걸쳐서 균일하다.

수직선은 등비엔탈피선으로 수직선 상의 임의의 점에서의 비엔탈피 값은 그 점이 어느 상태에 있든지 동일하다. 엔탈피(enthalpy)는 총 열 또는 총 에너지로서 어느 상태점에서 그 물질에 의해 공급되는 에너지의 합이며 단위도 에너지(일)의 단위와 같다.

어느 상태점에서 그 물질이 갖는 비내부 에너지를 u[kJ/kg], 비체적을 v[m^3/kg], 압력을 P[kN/m^2, kPa]라고 하면 비엔탈피(h)는 다음과 같다.

$$h = u + Pv \text{ [kJ/kg]} \tag{3.1}$$

일반적으로 열역학적인 엔탈피라고 하면 물질의 전체 중량이 갖는 에너지, 즉 총합 엔탈피(H)를 의미한다.

그러나 몰리에 선도 상의 엔탈피는 단위 중량의 물질이 갖는 에너지로서 비엔탈피(specific enthalpy, h)로 나타낸다. 작동 유체(냉동에서는 냉매)의 중량을 G[kg]이라고 하면, 전체 열량으로서의 엔탈피(H)와 단위 중량당의 엔탈피, 즉 비엔탈피(h)와의 사이에는 다음의 관계가 성립한다.

$$H = Gh\,[\text{kJ}] \tag{3.2}$$

$$h = \frac{H}{G}\,[\text{kJ/kg}] \tag{3.3}$$

몰리에 선도 상의 엔탈피는 냉동 시스템의 출입 에너지(열량)를 계산할 때 중요한 자료가 된다.

엔탈피의 공학 단위

몰리에 선도는 SI 단위계 선도와 함께 아직도 많이 공학 단위계 선도를 혼용하여 사용하고 있다. 또한, 비엔탈피를 kcal/kg, 압력을 kg/cm^2, 내부 에너지를 kcal/kg, 비체적을 m^3/kg으로 나타내는 공학 단위를 흔히 사용하고 있다.

$$h = u + APv\ [\text{kcal/kg}] \tag{3.4}$$

여기서 A는 일의 열당량으로 1/427 kcal/kgf·m이다. 일의 열당량은 일을 열로 바꿀 때 사용한다. 이와 반대로 열을 일로 환산할 때에는 열의 일당량(J)을 사용한다. 열의 일당량은 일의 열당량의 역수로서 427 kgf·m/kcal 이다.

어느 냉동기의 증발과정에서 냉매 800 g이 증발하면서 초기 비엔탈피 480 kJ/kg에서 나중 비엔탈피 1100 kJ/kg으로 변화하였다고 한다. 이때 비엔탈피 변화량과 증발 열량은 얼마인가?

풀이 비엔탈피의 변화 h는 나중 비엔탈피(h_2)와 초기 비엔탈피(h_1)의 차이이므로

$h = h_2 - h_1 = 1100 - 480 = 620\,\text{kJ/kg}$ 이다.

또한, 냉매 중량(G)이 0.8kg이므로 이 과정에서 제거된 총 열량(H)은

$H = Gh = 0.8 \times 620 = 496\,\text{kJ}$ 이다.

열(heat)과 일(work)

열과 일은 물리적 의미로서는 다른 개념이지만 열역학적으로는 같은 의미로 사용한다. 열역학 제1법칙은 에너지 보존의 법칙으로 "열은 일로, 일은 열로 변환이 가능하다."로 정의하고, SI 단위계에서는 같은 단위 kJ로 취급한다. 다만, 공학 단위계에서는 열(kcal)과 일(kgf·m)의 단위가 다르므로 일을 열로 바꿀 때 일(w)에 일의 열당량(A)을 곱하여 표시한다.
국제 단위계(SI)에서는 원칙적으로 열(q)과 일(w)을 같은 개념으로 취급하고 있으나 공학(mks) 단위계의 적용에서 혼돈을 방지하기 위하여 일에 열당량(A)을 곱하여 Aw로 표시하고, 열과 같은 엔탈피 단위(kcal/kg)를 적용한다.

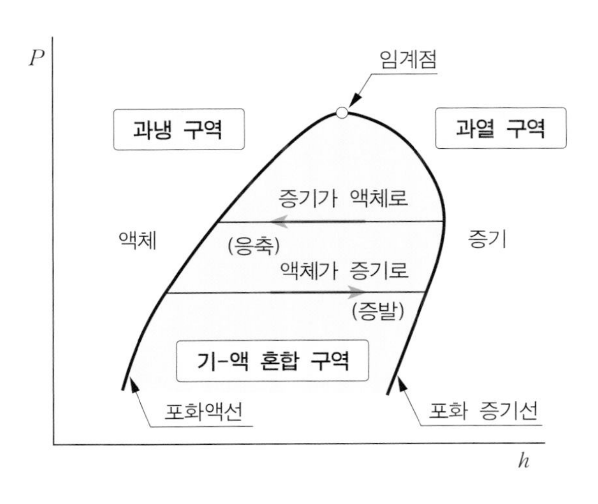

그림 3-3 몰리에 선도의 냉매 상태 구역

(2) 포화액선과 포화 증기선

포화액선은 냉매가 포화 액체의 상태로 존재하는 구간으로서 하나의 곡선으로 표시된다. 그림 3-3에서 보는 바와 같이 포화액은 흡열에 의해서 냉매가 기－액 혼합 구역으로 변화하거나 또는 방열에 의하여 과냉 구역으로 변화하기 쉽다.

한편, 포화 증기선은 냉매가 포화 증기의 상태로 존재하는 구간을 말하며 포화액선과 같이 하나의 자유 곡선으로 표시된다.

두 선의 정점은 증기와 액체가 공존하는 가장 높은 압력과 온도를 나타내며 임계점 또는 3중점이라고 한다.

과열 구역의 냉매 증기는 응축(발열) 과정에 의해 포화 증기, 기－액 혼합 구역, 포화액을 거쳐 과냉 구역의 냉매액으로 변화한다. 마찬가지로 과냉 구역의 냉매액은 증발(흡열) 과정에 의해 포화액, 기－액 혼합 구역, 포화 증기를 거쳐 과열 구역의 냉매 증기로 변화한다.

(3) 등건조도선

기－액 혼합 구역에서 임의 압력에 대한 전체 혼합기 중의 증기(기체)가 차지하는 비율을 건조도(dryness, x)라고 한다. 포화 증기선 근처는 증기의 양이 지배적으로 많으므로 건조도가 높고, 반대로 포화액선 근처에서는 증기가 거의 전부 응축되어 액체로 되므로 건조도가 낮다.

기-액 혼합 구역에서 포화 증기선은 증기만 존재하므로 건조도 $x=1$이며 100% 기체를 의미한다. 역으로 포화액선은 액체만 존재하므로 건조도 $x=0$ (0% 증기)이다. 기-액 혼합 구역에서 횡으로 여러 선으로 나눠 같은 건조도를 연결한 선을 등건조도선이라고 한다. 건조도를 건도라고도 한다.

(4) 등온도선

온도가 일정한 점을 이은 선으로 과냉각액 구역에서는 거의 수직으로 등엔탈피선과 같으나 기-액 혼합 구역에서는 등압선과 평행하게 표시된다. 과열 구역에서는 오른쪽 아래로 경사진 직선으로 된다. 온도가 높을수록 등온도선은 선도 상의 위쪽에 위치한다.

(5) 등비체적선

등비체적선은 과열 증기 구역에서 우측 상향으로 거의 직선으로 표시된다. 냉매 1kg이 차지하는 체적(m^3/kg)이 같은 점들을 이은 선으로 이 값들은 압축기의 압축비와 압축 효율을 구할 때 자주 사용된다.

(6) 등비엔트로피선

몰리에 선도의 과열 증기 구역에서 우측으로 상향으로 거의 직선으로 표시되며, 등비체적선보다 기울기가 크다.

냉매 단위 중량, 단위 온도에 대한 열량(kJ/kg·K, 또는 kcal/kg·°C)으로 표시하며, 냉동 사이클에서 압축 과정이 이 선을 따라 이루어진다.

몰리에 선도 상에 표시되는 냉매의 열역학적 물리량의 기호와 단위를 정리하면 표 3-1과 같다.

표 3-1 몰리에 선도 상에 나타내는 열역학적 물리량의 기호와 단위(SI)

물리량	기 호	단 위	물리량	기 호	단 위
압력	P	Pa, bar	비엔트로피	s	kJ/kg · K
온도	T	K	비체적	v	m^3/kg
비엔탈피	h 또는 i	kJ/kg	건(조)도	x	-

02 냉동 사이클

2-1 냉동 사이클과 몰리에 선도

단순 증기 압축 냉동 사이클은 증발, 압축, 응축, 팽창 과정으로 이루어진다. 이 사이클을 몰리에 선도에 도시하면 시스템의 압축기의 작동 상태와 압축기가 사이클을 작동시키는 데 소비한 일량, 증발기가 냉동을 한 일량을 비롯하여 냉동기의 종합적 작동 상태 등 냉동기 운전 및 수리에 필요한 중요한 데이터와 정보들을 얻을 수 있다.

여기서는 냉동 사이클을 몰리에 선도에 표시하는 이론적인 방법을 알아보기로 한다.

2-2 냉동 사이클의 표시 방법

증기 압축식 냉동 사이클은 작동 유체로서 냉매가 고압 측과 저압 측 사이를 오가고, 냉매액과 냉매 증기로 상태가 변화하면서 작동한다.

그림 3-4는 몰리에 선도 상에 냉동 사이클의 고압(high pressure, P_1)과 저압(low pressure, P_2)을 표시한 것으로 등압(정압)선으로 나타낸다. 등압선은 냉매 상태가 액체이거나 증기이거나에 관계없이 비엔탈피 축과 평행한 직선으로 나타낸다.

P_1과 P_2는 압력으로 보아 고압과 저압을 의미하지만 온도로 볼 때 첨자 1과 2는 각각 고열원(T_1)으로서 응축 압력 및 저열원(T_2)으로서 증발 압력을 나타낸다.

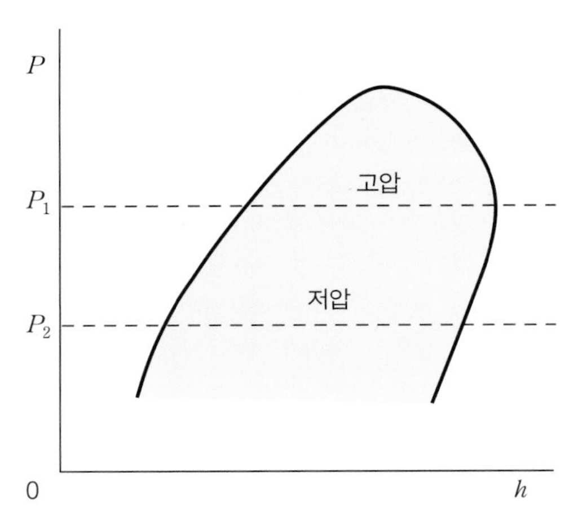

그림 3-4 **사이클의 고·저압 표시**

고열원과 저열원

냉동기는 열에너지를 저열원(증발기)에서 흡수하고, 고열원(응축기)에서 방출하며 사이클을 이룬다. 고열원은 첨자 '1'로 표시하고, 저열원은 첨자 '2'로 표시한다. 즉, P_1은 고압을 의미하고, P_2는 저압을 의미한다. 그리고 q_2와 q_1은 각각 저열원에서 흡수한 열량과 고열원에서 방출한 열량을 나타낸다.

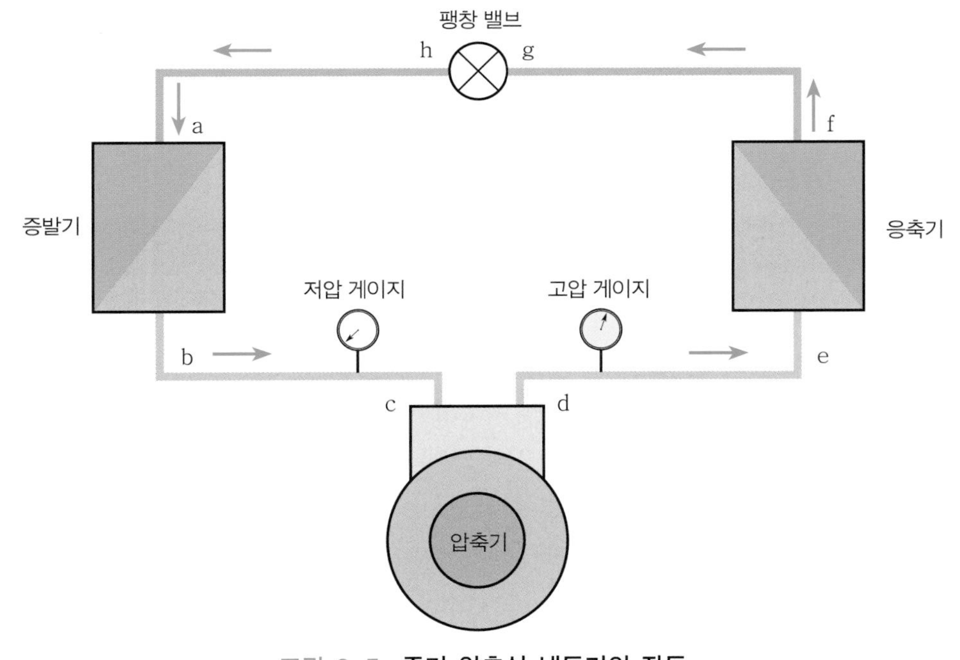

그림 3-5 **증기 압축식 냉동기의 작동**

그림 3-5를 보면 압축기의 토출 측(d)으로부터 팽창 밸브의 입구(g)까지를 고압 측이라고 하고, 팽창 밸브의 출구(h)부터 압축기의 입구(c)까지를 저압 측이라고 한다.

그리고 증발기와 응축기를 잇는 수평선을 기준으로 팽창 밸브가 있는 상부 측은 액체 상태의 냉매가 순환하고, 압축기가 있는 하부 측은 기체 상태인 냉매 증기가 순환한다.

Worldskills Standard

배관 계통도로 보면 응축기의 출구(f)부터 증발기의 입구(a)까지를 (냉매)액관이라고 하고, 증발기의 출구(b)부터 압축기의 입구(c)까지를 흡입관이라고 한다. 액관과 흡입관에 관한 용어는 압력 시험, 열교환, 보온 및 보냉 등의 작업에서 자주 사용한다.

(1) 증발 과정(a－b－c)

증발 과정은 팽창 밸브에서 공급된 포화 냉매액이 증발할 때 필요한 증발 잠열을 외부(고내)로부터 빼앗으며 냉각 작용을 한다. 이 과정을 그림으로 나타내면 그림 3-6과 같이 표시할 수 있다.

점 a는 증발기 입구로서 냉매의 상태가 포화액에 가깝다. 계속해서 증발이 이루어지면 포화 증기(점 b) 상태로 되어 증발기 출구로 나간다. 점 b에서 점 c까지는 증발기를 나와 압축기 입구까지 이르는 흡입관 내의 과정으로서 열교환 등의 방법으로 과열 증기가 되는 구간이다.

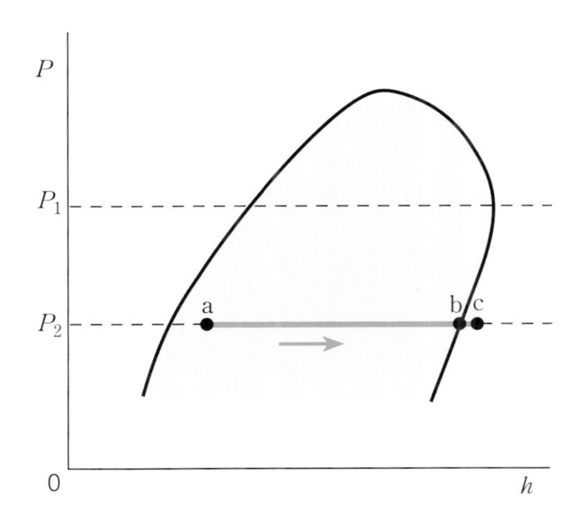

그림 3-6 **냉동 사이클의 증발 과정**

증발기 입·출구의 비엔탈피 차이, 즉 $h_c - h_a$가 이 사이클로 작동되는 냉동기의 실제 냉동일이 되며 냉동 효과(q_2)라고 한다.

$$q_2 = h_c - h_a \,[\mathrm{kJ/kg}] \quad (3.5)$$

증발 과정의 말기 점의 위치는 다음의 두 가지 측면에서 매우 중요한 의미를 갖는다. 하나는 냉동기의 성능을 결정하는 매개 변수(parameter)가 된다는 점이고, 다른 하나는 그 다음 과정인 압축 과정에서 압축기에 흡입되는 냉매의 상태가 액체 상태인지 또는 기체(또는 포화 증기) 상태인지를 판단하는 근거가 된다는 점이다.

Worldskills Standard

① **증발 온도**(evaporating temperature)
저압(P_2)에 해당하는 포화 증기의 온도를 의미한다.

② **응축 온도**(condensing temperature)
고압(P_1)에 해당하는 포화액의 온도를 의미한다.
이 온도들은 몰리에 선도($P-h$ 선도)나 냉매 증기 압력표로부터 구할 수 있다.

(2) 압축 과정(c－d)

그림 3-7에서 보는 바와 같이 냉매는 점 c의 과열 증기 상태에서 압축기로 흡입된다. 냉매는 단열 압축 과정을 거쳐 고압(P_2)의 냉매 증기로 된다.

이 과정은 열역학적으로 단열 과정이므로 등비엔트로피선을 따라 이루어진다. 압축 말기의 점 d는 사이클 중에서 압력이 가장 높을 뿐만 아니라 온도도 사이클 중 가장 높은 상태이다.

압축 과정 동안 압축기가 한 일은 압축기 전후의 비엔탈피 차이로 구할 수 있다. 압축일을 SI 단위와 공학 단위로 표시하면 각각 식 (3.6) 및 식 (3.6-1)과 같다.

$$w = h_d - h_c \,[\mathrm{kJ/kg}] \quad (3.6)$$

$$Aw = h_d - h_c \,[\mathrm{kcal/kg}] \quad (3.6\text{–}1)$$

압축기가 한 일은 냉동기를 운전하는 데 소요되는 비용으로서 같은 냉동 효과를 얻는 데 대하여 그 크기가 크면 클수록 냉동기의 성능은 떨어진다고 볼 수 있다.

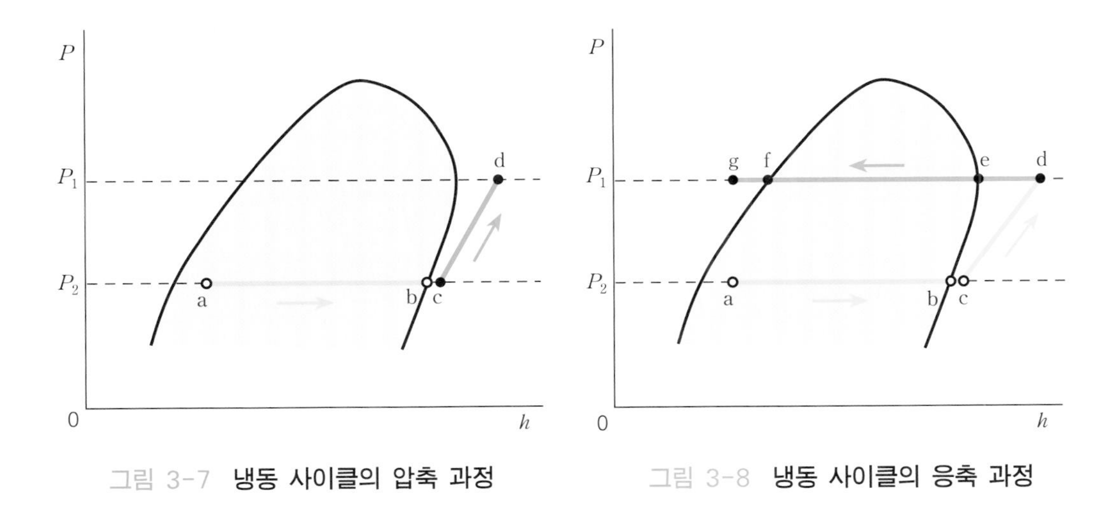

그림 3-7 **냉동 사이클의 압축 과정**

그림 3-8 **냉동 사이클의 응축 과정**

(3) 응축 과정(d-e-f-g)

응축기는 냉동기 시스템 작동 과정에서 얻은 증발열이나 압축열을 냉각을 통해 외부로 배출하는 역할을 한다. 즉, 냉동기가 증발 과정의 저열원에서 얻은 열량을 q_2라고 하고 압축기에서 가해진 열량을 w라고 하면 고열원인 응축 과정에서 제거된 열량을 q_1이라고 할 때 에너지 보존의 법칙에 의하여 다음의 관계가 성립한다.

$$q_1 = q_2 + w\,[\text{kJ/kg}] \tag{3.7}$$

몰리에 선도 상에서의 응축 과정은 그림 3-8과 같이 과열 증기로서의 냉각(d-e), 기-액 혼합 구역에서의 습증기로서의 냉각(e-f) 그리고 과냉각액으로서의 냉각(f-g)으로 이루어진다.

(4) 팽창 과정(g-h)

팽창 장치는 고압의 냉매액을 저압의 냉매 포화액으로 감압해 주는 역할과 냉매 순환 유량을 조절해 주는 역할을 한다. 이 과정은 그림 3-9와 같이 등엔탈피선과 평행하게 이루어지며 팽창 과정의 말기(점 h)부터 증발기의 입구(점 a)까지는 압력 손실을 무시해도 좋을 만큼 작으므로 h와 a는 같은 지점으로 다루어도 된다.

팽창 과정은 등비엔탈피 과정이므로 비엔탈피의 변화가 없으며, 따라서 이 과정 동안 시스템에 주거나 시스템으로부터 받는 일은 없다.

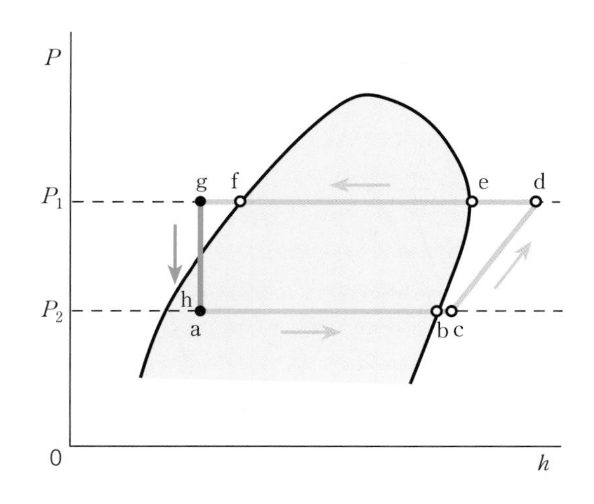

그림 3-9 **냉동 사이클의 팽창 과정**

실제 냉동 사이클의 비교

이론적으로는 등압 증발, 단열 압축, 등압 응축, 등비엔탈피 팽창 등으로 가정하지만 실제로는 과정 중 상태의 변화와 관마찰 손실 등에 따라 달라질 수 있다.
따라서 냉동기가 정상 작동할 때 각 지점의 온도와 압력을 측정하여 실제 냉동 사이클을 알아보는 것이 중요하다. (p.83 참고)

03 냉동기의 성능

3-1 냉동기의 열출입

증기 압축 냉동 사이클을 적용한 냉동기의 성능을 알아보기 위하여 열출입 관계를 살펴볼 필요가 있다.

그림 3-10에서 보면 냉동기가 공급받은 일은 SI 단위계로서 압축기가 한 일(w)이고, 냉동기가 한 일은 증발기에서의 냉동 효과(q_2)이다. 여기서 압축기가 한 일은 냉동기를 구동하기 위해 들여야 하는 비용이고 증발기의 냉동 효과는 냉동기를 구동시켜 얻은 효용이다. 냉동기의 비용과 효용에 대하여는 앞으로 자주 언급될 것이다.

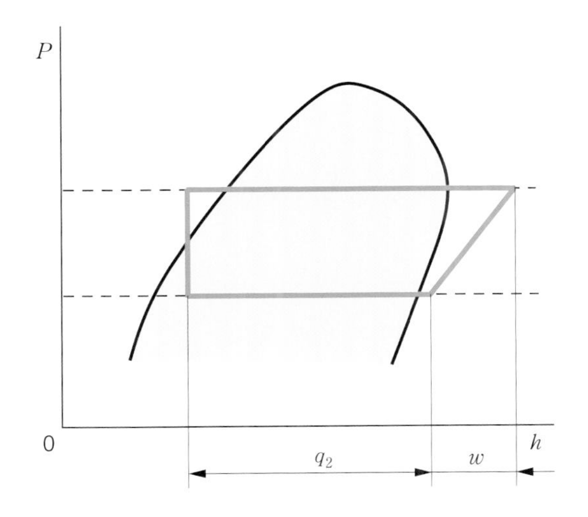

그림 3-10 **냉동기의 비용과 효용의 크기**

3-2 냉동기의 성능

(1) 냉동 효과(q_2)

냉동기의 저열원(증발기)에서 얻은 열량으로 성능을 표시하는 방법이다. 증발기 입구의 비엔탈피를 h_1이라 하고 증발기 출구(압축기 입구)의 비엔탈피를 h_2라고 하면 냉동 효과는 SI 단위계로 다음과 같다.

$$q_2 = h_2 - h_1 [\mathrm{kJ/kg}] \tag{3.8}$$

식 (3.8)은 단위 중량의 냉매에 대한 열량이며 냉동기의 냉매 유량이 G[kg/s]라면 이 냉동기의 냉동 능력 Q_2는 다음과 같이 표시된다.

$$Q_2 = Gq_2 = G(h_2 - h_1)\,[\mathrm{kW}] \tag{3.9}$$

R-22를 이용하는 증기 압축 사이클이 응축 온도 30℃, 증발 온도 −15℃로 작동하는 냉동기에 냉매 유량계를 설치하여 유량을 측정하였더니 0.35 kg/s라고 한다. 이 냉동기의 냉동 능력은 얼마인가?

풀이 R-22의 냉매 물성표와 $P-h$ 선도에서 30℃ 포화액의 비엔탈피를 찾으면 236.7 kJ/kg이다. 또, −15℃ 포화 증기의 비엔탈피를 찾으면 399.5 kJ/kg이다.
냉동 효과(q_2)는 식 (3.8)로부터

$$q_2 = h_2 - h_1 = 399.5 - 236.7 = 162.8\,\mathrm{kJ/kg}$$

냉동 능력(Q_2)는 식 (3.9)로부터

$$Q_2 = G(h_2 - h_1) = 0.35(162.8) = 56.98\,\mathrm{kW}$$

냉매 유량

냉동기의 냉동 능력이나 압축일을 구할 때 냉매 유량을 알고 있어야 한다. 만약 냉동기의 냉동 능력이 주어지고 증발기나 압축기의 입구 및 출구 비엔탈피를 알고 있다면 식 (3.9)로부터 다음과 같이 냉매 유량을 구할 수 있다.

$$G = \frac{Q_2}{h_2 - h_1}\,[\mathrm{kg/s}] \tag{3.10}$$

(2) 성능 계수(*COP*)

냉동기를 설계하거나 운전할 때 열역학적으로 경제성을 고려한다면 당연히 비용을 줄이고 효용을 증대시키는 방법으로 설계하고 운전해야 할 것이다. 이 개념은 냉동기의 효율을 의미하며 냉동기의 성능 계수(coefficient of performance, *COP*) 또는 성적 계수로서 식 (3.11)과 같이 정의하여 사용하고 있다.

$$COP = \frac{q_2}{w} = \frac{Q_2}{W} \tag{3.11}$$

식 (3.11)에서 알 수 있듯이 동일한 냉동 효과에 대하여 압축일에 해당하는 비용(w)을 줄여도 성능 계수가 향상되고, 또한 동일한 압축일에 대하여 냉동 효과(q_2)를 높여도 성능 계수가 향상된다. 식에서 w는 단위 중량의 냉매가 한 일이고, W는 냉매 유량 G가 한 일이다.

성능 계수(*COP*)의 표시

냉동기의 성능 계수는 특별한 표시가 없는 한 냉동 사이클 냉동기의 성능 계수를 의미하며, 히트 펌프 냉동 사이클과 구분하기 위해 냉동 사이클의 성능 계수와 히트 펌프의 성능 계수를 각각 COP_R과 COP_H로 표기하기로 한다.

어느 냉동기가 압축기에서 48 kJ/kg의 일을 공급받아 증발기에서 195 kJ/kg의 냉동 효과를 얻었다고 한다. 이 냉동기의 성능 계수는 얼마인가?

풀이 압축일(w)이 48 kJ/kg이고 증발기에서의 냉동 효과(q_2)가 195 kJ/kg이므로 식 (3.11)에 의하여 다음과 같이 구한다.

$$COP_R = \frac{q_2}{w} = \frac{195}{48} = 4.06$$

(3) 냉동톤(RT)

냉동기의 크기나 능력을 나타내는 유용한 방법으로 냉동톤(ton of refrigeration, RT)을 사용하고 있다. 하루(24시간) 동안에 0 ℃의 물 1 t (1000 kg)을 0 ℃의 얼음으로 만드는 데 필요한 열량을 1냉동톤(1 RT)이라고 정의한다.

얼음의 융해 잠열이 79.68 kcal/kg이므로 1 RT에 해당하는 열량은 다음과 같이 구할 수 있다.

$$1\,\text{RT} = \frac{1000\,\text{kg} \times 79.68\,\text{kcal/kg}}{24\,\text{h}} = 3320\,\text{kcal/h} \quad (3.12)$$

1 RT의 열량은 공학 단위로는 3320 kcal/h이고, SI 단위로는 약 3.86 kW에 해당한다.

한편, 영미계 나라에서는 0 ℃ 물 1 t (2000 lb로 정함)을 0 ℃ 얼음으로 만드는 데 필요한 열량을 1냉동톤이라고 정하고 있다. 이를 미국 냉동톤(USRT)이라고 하며 다음과 같이 구한다.

$$1\,\text{USRT} = \frac{2000\,\text{1b} \times 144\,\text{Btu/lb}}{24\,\text{h}} = 12000\,\text{BTU/h} \quad (3.13)$$

열량 1 BTU/h는 0.252 kcal/h에 해당하므로 1 USRT는 3024 kcal/h에 해당한다.

25 ℃의 물 2200 kg을 4시간 동안 6.5 ℃로 냉각시키는 냉동기의 냉동톤(RT)은 얼마인가?

풀이 물의 비열을 1 kcal/kg·℃라고 하면 냉동 과정에서 제거된 시간당 열량(R)은 다음과 같이 구할 수 있다.

$$R = \frac{2200 \times 1 \times (25 - 6.5)}{4} = 10175\,\text{kcal/h}$$

1 RT = 3320 kcal/h이므로,

$$RT = \frac{10175}{3320} = 3.06\,\text{RT}이다.$$

냉동 능력 45 kW라고 표시되어 있는 냉동기의 냉동 능력으로서 냉동톤(RT)은 얼마인가?

풀이 1 kW는 공학 단위로 약 860 kcal/h의 단위 시간당의 열량을 가지므로 이 45 kW급 냉동기의 능력은 38700 kcal/h이다.

또, 1 RT = 3320 kcal/h이므로 냉동톤으로는 11.6 RT가 된다.

3-3 냉동 성능에 영향을 미치는 주요 변수

(1) 압축 조건

압축기 입구에서의 냉매 상태에 따라 습압축, 건압축, 과열 압축으로 구분한다.

① 습압축

압축기 입구에서의 냉매가 그림 3-11의 $x-x'$와 같이 습증기의 상태일 때를 말한다. 이때에는 압축 말기의 상태도 거의 포화 증기이므로 압축기의 온도가 그다지 높게 상승하지 않는다.

그러나 습증기는 압축성이 떨어져 압축기의 체적 효율 측면에서 볼 때 매우 효율적이지 못한 단점이 있다.

② 건압축

그림 3-11에서 $y-y'$의 과정으로 압축되는 경우로서 압축기의 입구 상태는 건포화 증기이고 출구 상태는 과열 증기의 상태이다. 습압축 방식과는 달리 체적 효율의 감소가 거의 없어 일반적인 냉동기에서 자주 사용되고 있다.

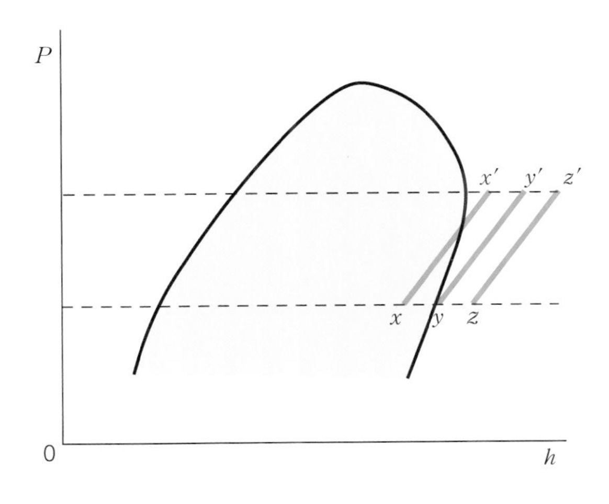

그림 3-11 압축기의 압축 조건

③ 과열 압축

그림 3-11의 $z-z'$ 과정으로 압축되며, 압축 말기 냉매 온도가 급격히 상승하므로 응축기의 용량이 커져야 하는 단점이 있으나 습압축의 경우에는 간혹 발생될지도 모르는 습압축의 우려가 거의 없다.

과열 압축은 증발기에서 나온 냉매 증기가 압축기까지 오는 과정에서 대기 및 외부 환경으로부터 열을 교환하여 과열이 되는 경우도 있지만 대개는 증발 과정을 증대시켜 성능 계수를 향상시킬 목적으로 채택하고 있다.

(2) 과냉각도

과냉각도(Sub-Cooling Degree, *SCD*)는 응축기에서 냉매 증기를 냉각시켜 응축하다 포화액선을 지나 과냉각액 상태로 냉각될 때, 그 온도와 포화액의 온도와의 차이로서 과냉도라고도 한다. 그림 3-12에서 보면 고압에 해당하는 포화액의 온도(T_a)에서 응축 말기의 과냉각액의 온도(T_b)를 빼준 값이다.

$$SCD = T_a - T_b \tag{3.14}$$

과냉각도가 없는 경우의 냉동 효과($q_{2)a}$)보다 과냉각도가 있는 경우의 냉동 효과($q_{2)b}$)가 더 크므로 동일한 압축일에 대하여 과열도를 둔 냉동기의 성능 계수가 향상됨을 알 수 있다.

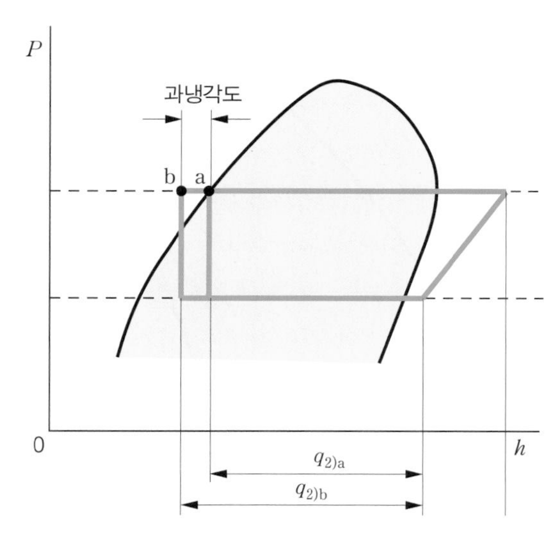

그림 3-12 **과냉각도와 냉동 효과**

과냉각도를 크게 하기 위해서는 응축기에서 과냉된 부분은 이미 액체 냉매로 되어 있어, 액체 상태의 냉매가 차지하고 있는 응축기 부분은 응축기로서의 역할을 충분히 하지 못 한다. 이와 같은 이유로 미리 이 부분 만큼을 고려하여 응축기의 크기를 크게 제작하여야 한다.

그러나 지나치게 과냉각도가 크면 증발기에서 미처 증발하지 못한 냉매액이 압축기로 유입되는 액백(liquid back) 현상이 발생하여 냉동기의 성능 저하 및 압축기의 수명 단축을 초래할 수 있다. 일반적으로 과냉각도는 5K 정도로 설정한다.

플래시 가스(flash gas)

응축 과정에서 냉매가 과냉각되지 않거나 과냉각도가 작으면 냉매는 포화액의 상태로 팽창 밸브로 보내진다. 이때 팽창 밸브로 가는 배관 도중에서 냉매가 일부 증발하면서 기체 상태로 되는 이른바 플래시 가스가 생성된다. 즉, 기체 상태의 냉매가 섞인 포화 냉매가 팽창 밸브로 들어가면 팽창 밸브의 정상적인 작동을 방해하여 냉동 능력이 급감되고 냉동기의 성능도 저하된다. 일반적으로 플래시 가스의 발생을 줄이기 위해서 적절한 과냉각도를 주고 흡입관과 액관을 열교환시켜 액관에서의 증발을 억제시키는 방법을 채택하고 있다.

(3) 과열도

과열도(Super Heat Degree, *SHD*)는 증발 과정에서 증발기 출구의 온도와 저압 측 압력에 해당하는 포화 증기의 냉매 온도와의 차로 정의한다. 과열도는 냉매가 증발기에서 압축기로 가는 압축기의 흡입관에서 일어나도록 한다.

$$SHD = T_d - T_c \tag{3.15}$$

그림 3-13에서 보면 과열도는 증발기의 냉동 효과뿐만 아니라 압축기에 흡입되는 냉매의 상태를 결정하므로 냉동 사이클에서는 매우 중요한 의미를 갖는다. 냉동 효과는 과열도를 둔 경우($q_{2)d}$)가 과열도가 없는 경우($q_{2)c}$)보다 크므로 일단은 효율이 높을 것이다. 압축일의 측면에서 보면 과열도가 없이 점 c에서 압축이 이루어지는 건압축과 과열도를 가지고 점 d에서 압축되는 과열 압축의 경우를 비교해 볼 수 있다.

건압축인 경우에는 냉매액이 흡입되는 액백으로 인하여 압축기의 압축 효율이 저하할 수 있으나 냉동기가 비교적 낮은 온도로 작동이 가능하다. 그러나 과열 압축의 경우는 압축기 액압축의 우려는 거의 없으나 압축기의 온도가 높아져서 시스템의 부조화가 일어날 수 있다.

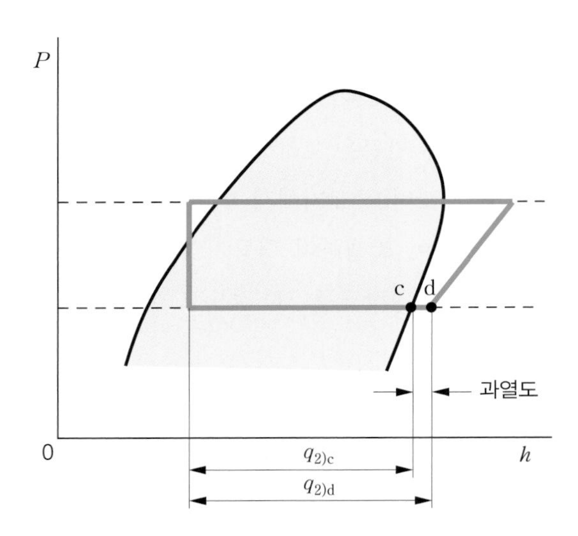

그림 3-13 **과열도와 냉동 효과**

따라서 과열도는 너무 높지 않게 어느 정도는 두는 것이 바람직하다. 일반적으로 5K 정도의 과열도를 두는데 너무 높으면 기체 냉매의 체적이 늘어나므로 압축기가 순환시키는 냉매량이 줄어 전체 냉동 능력은 저하된다. 또한, 압축기가 더 높은 온도에서 운전을 하게 되므로 압축기의 효율도 저하된다.

과냉각도와 과냉도는 냉동기의 수명과 성능 측면에서 매우 중요하지만 적절한 양의 냉매를 주입하여도 증발기나 응축기에 있는 냉매는 실내 온도와 외기 변화에 따라 그 상태가 달라진다. 즉, 주위 상태에 따라 증발기나 응축기에 들어 있는 포화 액체 냉매나 포화 증기 냉매의 양이 많아질 수도 있고 적어질 수도 있다.

R-22로 운전되는 냉동기의 저압 게이지가 2.2 bar를 가리키고 있다. 증발기 출구 온도가 −10℃라면 과열도는 얼마인가?

풀이 R-22 냉매의 $P-h$ 선도나 포화액 및 증기 물성표를 활용하여 게이지 압력 2.2bar에 대한 온도를 구한다. 즉, 게이지 압력(P_g)이 2.2bar이므로 절대 압력(P_a)은 약 3.2bar이고, 이 포화 압력에 해당하는 냉매의 온도는 −13.5℃이다.
따라서 과열도(*SHD*)는

$$SHD = -10 - (-13.5)$$

이므로 3.5℃이다.

Worldskills Standard

과열도는 냉동기의 고내 온도나 외기 온도 등 운전 조건에 따라 변화하지만 열동형 자동 팽창 밸브를 사용하면 어느 정도 일정한 값으로 유지할 수 있다. 그리고 팽창 밸브의 개도 조정으로 적절한 과열도를 설정하는 방법은 냉동기의 성능 향상을 위하여 매우 중요하다.

3-4 표준 냉동 사이클

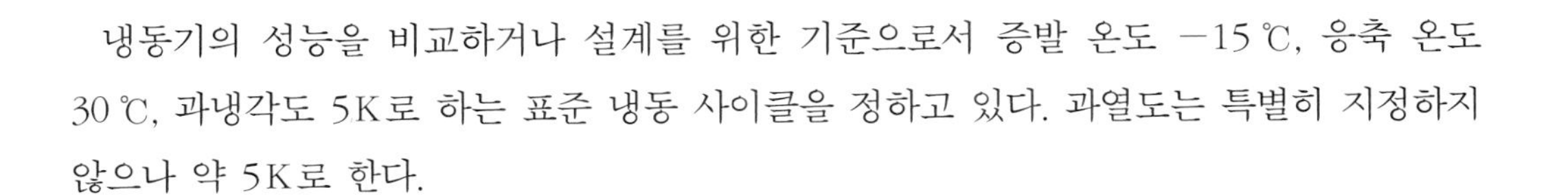

냉동기의 성능을 비교하거나 설계를 위한 기준으로서 증발 온도 −15℃, 응축 온도 30℃, 과냉각도 5K로 하는 표준 냉동 사이클을 정하고 있다. 과열도는 특별히 지정하지 않으나 약 5K로 한다.

이론 냉동 사이클과 실제 냉동 사이클의 비교

실제로 냉동기가 작동하는 상태를 몰리에 선도 상에 나타내면 앞에서 논의한 이론 냉동 사이클과 상당 부분 달라질 수 있다. 사이클 과정별로 원인을 요약하면 다음과 같다.

① 압축 과정

- 압축 초기에 냉매 가스가 흡입되며 압축기 헤드나 실린더 벽의 고온체로부터 열교환을 하여 이론적인 사이클보다 온도가 상승한다.
- 이론적인 사이클은 압축이 등엔트로피 과정으로 이루어지나 실제로는 폴리트로픽 과정으로 압축되며, 엔탈피와 엔트로피 모두 상승하여 압축 말기의 온도나 압력도 실제 사이클보다 높게 나타난다.

② 응축 과정

- 이론적인 사이클에서의 응축 과정은 정압 과정으로 이루어지지만 실제로는 응축기의 코일을 통과하며 관 마찰 저항으로 인하여 압력이 강하한다.

③ 팽창 과정

- 이론적으로는 등엔탈피 과정으로 팽창 과정이 이루어지지만 실제로는 엔탈피가 증가하며 이루어진다.

④ 증발 과정

- 이론적으로는 정압 과정으로 증발이 이루어지지만 실제로는 냉매가 증발기 코일을 통과하며 관 마찰이 발생하므로 증발 말기의 압력이 낮아진다.

04 히트 펌프

흔히 냉동기라고 하면 냉방이나 냉동과 같이 온도를 낮추는 목적으로 사용되는 기계로 이해되지만, 난방과 같이 일정 공간의 온도를 높이는 목적으로 이용되는 것도 있다. 이와 같이 온도를 높이는 목적으로 이용되는 냉동기를 히트 펌프(heat pump)라고 한다.

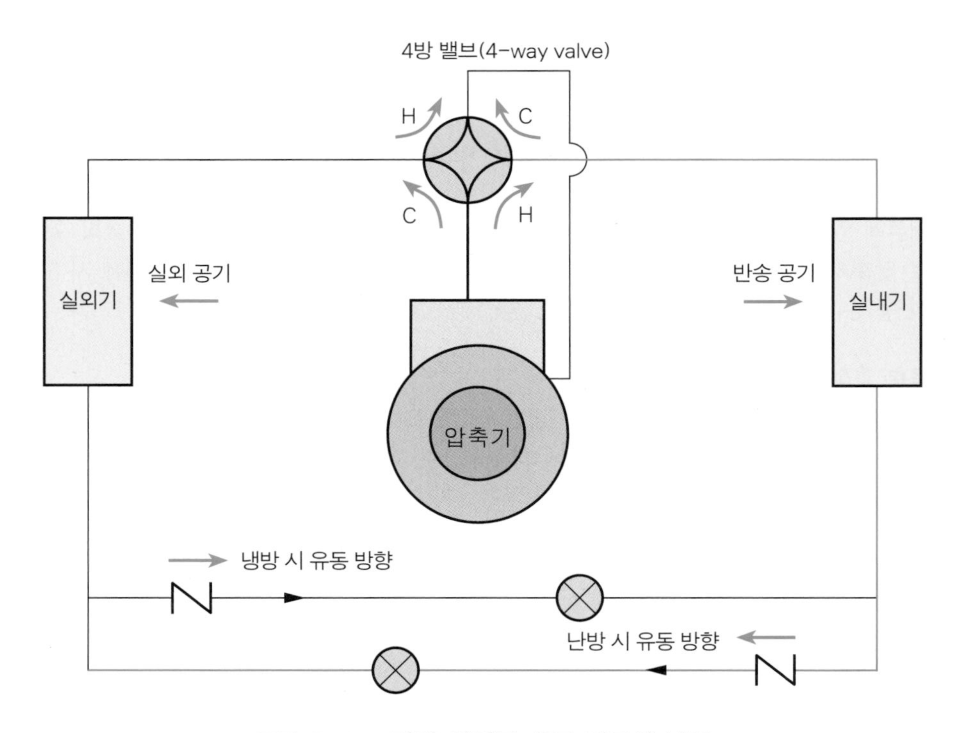

그림 3-14 **가역 사이클 히트 펌프의 작동**

실내기와 실외기를 이동하지 않고 하나의 시스템으로 냉방과 난방을 하기 때문에 4방 밸브(4-way valve, 4WV)가 설치되어 사이클을 전환에 따라 냉매 순환 유로를 개폐시켜 주는 중요한 기능을 한다.

그림 3-14는 공기를 열원으로 하는 가역 사이클 히트 펌프 작동으로 4방 밸브의 작동 위치에 따라 냉방(cooling, C)과 난방(heating, H) 사이클이 가역적으로 이루어진다.

사이클로 보면 냉동기는 역카르노 사이클로서 압축일에 대하여 증발기가 하는 일(냉동)을 이용하기 때문에 증발기에 관심을 두지만 같은 시스템으로 작동되더라도 히트 펌프는 응축기가 하는 일(난방)을 이용하기 때문에 응축기에 관심을 둔다.

따라서 성능 계수도 냉동기는 압축일(w)에 대한 냉동 효과(q_2)의 비로 나타내지만, 히트 펌프는 압축일에 대한 응축기의 방열량(q_1)의 비로 나타낸다.

히트 펌프의 성능 계수를 COP_H라고 하고 냉동기의 성능 계수를 COP_R라고 하면 COP_H와 COP_R은 각각 다음과 같이 표시된다.

$$COP_H = \frac{q_1}{w} = \frac{q_1}{q_1 - q_2} \tag{3.16}$$

$$COP_R = \frac{q_2}{w} = \frac{q_2}{q_1 - q_2} \tag{3.17}$$

그리고 냉동기의 성능 계수(COP_R)와 히트 펌프의 성능 계수(COP_H) 사이에는 다음과 같이 일정한 관계가 있다. 식 (3.16)을 적용하여 식 (3.17)을 정리하면 다음과 같은 관계를 얻을 수 있다.

$$COP_R = \frac{q_2}{w} = \frac{q_2 + w - w}{w} = \frac{q_1}{w} - 1 = COP_H - 1 \tag{3.18}$$

성능 계수가 3.06인 냉동기의 가역 사이클로 작동하는 히트 펌프가 있다. 이 히트 펌프의 성능 계수는 얼마인가?

풀이 냉동기와 히트 펌프의 성능 계수를 각각 COP_R과 COP_H라고 하면 식 (3.18)에서 $COP_R = COP_H - 1$의 관계가 있다. 따라서

$$COP_H = COP_R + 1 = 3.06 + 1 = 4.06$$

이 된다.

열기관과 냉동기의 효율

자동차 기관과 같이 열기관은 고열원에서 열에너지를 얻어 저열원에 방출하며 일을 한다. 열기관 중 가장 효율이 좋은(100 %) 사이클을 제안자인 카르노(S. Carnot, 1796~1832)의 이름을 따서 카르노 사이클(Carnot cycle)이라고 한다. 이 사이클은 자동차와 같이 얼마만큼의 열에너지(Q_1, 연료)로 얼마만큼의 일(W, 주행)을 하는지에 관심이 있다. 즉, 카르노 사이클의 효율(η_c)은 다음과 같다.

$$\eta_c = \frac{W}{Q_1} = \frac{Q_1 - Q_2}{Q_1} = 1 - \frac{T_2}{T_1} \tag{3.19}$$

한편 냉동기는 외부(압축기)에서 일(W)을 공급받아 열에너지를 저열원(증발기)에서 흡수하고, 고열원(응축기)에서 방출하지만 특히 저열원에서 흡수하는 열량(Q_2, 냉동)에 관심을 두는 사이클이다. 열기관과 반대로 작동하므로 역카르노 사이클(reversed Carnot cycle)이라고 하며, 그 효율(ϕ_c)은 다음과 같다.

$$\phi_c = \frac{Q_2}{W} = \frac{Q_2}{Q_1 - Q_2} = \frac{T_2}{T_1 - T_2} \tag{3.20}$$

Worldskills Standard

포화 상태에서의 냉매의 성질을 나타내는 온도로서 포화액 온도, 포화 증기 온도, 평균 코일 온도 등 세 가지가 있는데 그 정의는 다음과 같다.

① **포화액 온도** : 응축기에서 응축 말기에 미량의 냉매 증기까지 모두 응축될 때, 즉 버블점(Bubble Point, BP) 압력에 해당하는 온도로서 이 온도 이하에서 냉매는 과냉각액이 된다.

② **포화 증기 온도** : 증발기에서 냉매액의 마지막 한 방울까지 모두 증발할 때, 즉 이슬점(Dew Point, DP) 압력에 해당하는 온도로서 이 온도 이상에서 냉매는 과열 증기로 된다.

③ **평균 코일 온도**(Average Coil Temperature, ACT) : 증발기나 응축기는 일정한 평균 코일 온도에서 작동하며 역할을 수행한다. 증발기의 평균 코일 온도는 사이클의 저압에 해당하는 온도이고, 응축기의 평균 코일 온도는 사이클의 고압에 해당하는 온도이다. 여기서 코일이란 증발기나 응축기와 같은 열교환기를 통과하는 긴 관(pipe)을 의미한다.

05 흡수식 냉동기

5-1 흡수식 냉동기의 작동 원리와 작동 과정

(1) 작동 원리

대표적인 물(H_2O)-리튬브로마이드(LiBr)식 흡수식 냉동기에서는 냉매로 물을 사용하고 흡수제로 리튬브로마이드 수용액을 사용한다. 물이 들어 있는 증발기의 압력을 낮추어 저온에서도 물이 증발할 수 있도록 한다. 이때 물이 증발하면서 증발 잠열에 해당하는 열량을 주변에서 빼앗기 때문에 주변은 열을 잃고 냉각되는 원리를 이용한 것이다. 연속적인 증발을 위해 냉매 증기를 흡수하는 흡수기가 설치되어 있다.

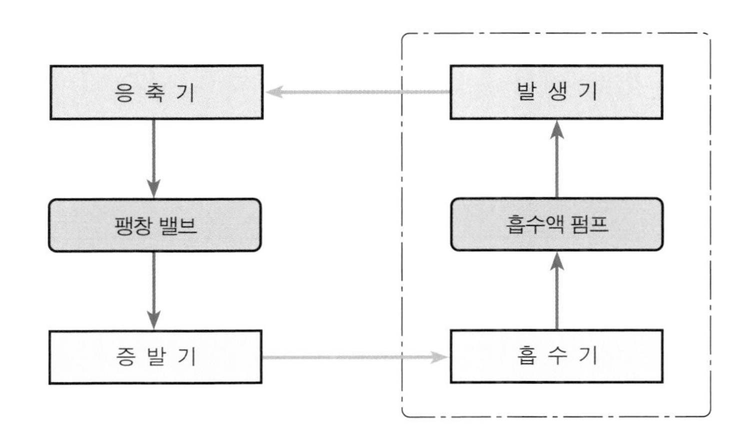

그림 3-15 **흡수식 냉동 사이클**

앞의 그림 3-15는 흡수식 냉동 사이클로서 증발기, 흡수기, 발생기, 응축기 등의 4대 장치로 구성되어 있으며 이들 장치는 모두 열교환기의 기능을 하며 작동한다.

증기 압축식 사이클과 비교하면 흡수기와 흡수액 펌프, 재생기가 증기 압축식 냉동기의 압축기에 해당하는 일을 한다. 흡수기에서 흡수제가 냉매를 흡입하고, 재생기에서 냉매를 토출한다.

(2) 작동 과정

증발기 내의 냉매(물)는 냉각관의 냉수와 열교환을 하고, 이때 취득한 열로 증발한다. 진공 압력 6.5 mmHg에서 냉매(물)는 약 5 ℃ 전후에서 증발하며 냉각관 냉수의 입구 온도는 12 ℃, 출구 온도는 7 ℃로 냉각된다. 증발된 냉매(수증기)는 흡수기로 보내진다.

흡수기는 리튬브로마이드 수용액에 연속적으로 수증기를 흡수하는 역할을 하며 수용액은 물로 희석되어 농도가 낮아진다. 이 과정에서 발생하는 흡수열은 냉각수와 열교환하여 냉각되고 흡수액 펌프와 열교환기를 거쳐 발생기로 보내진다.

발생기는 흡수기의 희석된 용액을 증기, 온수, 또는 폐가스 등을 가열원으로 가열하여 수용액 중의 냉매(물)를 증발시킨다. 여기서 기화된 냉매는 응축기로 보내지고, 냉매의 증발로 생성된 진한 리튬브로마이드 수용액은 흡수기로 돌려 보내진다.

응축기에서는 발생기에서 기화된 냉매(수증기)가 냉각수관의 냉각수와 열교환하여 냉각 응축되고 응축된 냉매(물)는 팽창 밸브를 거쳐 증발기로 순환된다. 흡수식 냉동기는 작동상 증발기와 흡수기가 하나의 조합으로 되어 있고 재생기와 응축기가 또 하나의 조합으로 되어 있다.

흡수식 냉동기는 사용되는 냉매와 흡수제에 따라 여러 종류가 있다. 표 3-1은 이제까지 개발된 흡수식 냉동기의 냉매와 흡수제를 나타낸 것이다.

표 3-2 **흡수식 냉동기의 냉매와 흡수제**

냉 매	흡 수 제
물	리튬브로마이드
암모니아	물
메 탄 올	리튬브로마이드, 메탄올 용액
톨 루 엔	파라핀유

5-2 흡수식 냉동기의 종류

흡수식 냉동기는 가열원으로서 증기를 사용하는 경우와 온수를 사용하는 경우로 구분된다. 증기를 사용하는 경우는 사용 증기의 압력에 따라 저압 증기(50~150 kPa) 방식과 고압 증기(20~800 kPa) 방식이 있다. 보통 저압 증기 방식은 1중 효용 증기 흡수식 냉동기에, 고압 증기 방식은 2중 효용 증기 흡수식 냉동기에 적용된다.

또한, 가열원으로 온수를 사용하는 경우는 사용 온수의 온도에 따라 저온수(70~95 ℃) 방식과 중고온수(110~150 ℃) 방식, 그리고 고온수(180~200 ℃) 방식이 있다. 일반적으로 저온수 가열원은 1중 효용 저온수 흡수식 냉동기에 적용되고, 중고온수는 1중 효용 고온수 흡수식 냉동기에 적용되며 고온수는 2중 효용 흡수식 냉동기에 적용된다.

1중 효용과 2중 효용 흡수식 냉동기

① 1중 효용 흡수식 냉동기

흡수식 냉동기의 성적 계수를 향상시키기 위하여 흡수기와 발생기 사이에 열교환기를 설치하여 발생기에서 소요되는 가열원의 비용을 저감하는 방식을 채택하고 있다. 이와 같이 하나의 발생기와 열교환기를 사용하는 방식을 1중 효용 흡수식 냉동기라고 한다.

② 2중 효용 흡수식 냉동기

이 냉동기는 1중 효용 냉동기 장치에 고온 고압 발생기와 고온 열교환기를 추가하여 배관한 것으로 고온 발생기에서 발생한 냉매 증기의 잠열을 저온 발생기의 흡수 용액 가열에 이용하는 방식이다. 2중 효용 방식은 1중 효용 방식에 비해 가열원 비용이 줄어 연료 소모량이 절감되고(65% 정도), 냉각탑의 크기도 작게(75% 정도) 설계할 수 있다.

5-3 흡수식 냉동기의 효율

흡수식 냉동기의 전체적인 열평형을 보면 발생기와 증발기는 그를 통하여 시스템에 열량이 가해지고, 흡수기와 응축기는 그를 통하여 시스템으로부터 열량이 제거되는 열교환기임을 알 수 있다.

그림 3-16은 흡수식 냉동기의 열평형을 나타낸 것으로 응축기와 흡수기에서 시스템으로부터 제거된 열량을 각각 Q_C와 Q_A라고 하고 증발기와 발생기에서 각각 시스템에

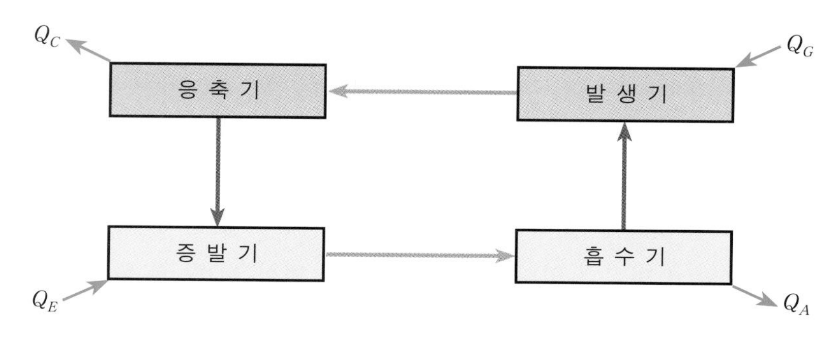

그림 3-16 **흡수식 냉동기의 열평형**

가해진 열량을 Q_E와 Q_G라고 하면 열평형 관계는 다음과 같다.

$$Q_E + Q_G = Q_A + Q_C \tag{3.21}$$

한편, 흡수식 냉동 사이클의 성능 계수(COP_A)는 가열원으로서 공급된 열량에 대한 냉동 효과의 비율로서 다음과 같이 표시할 수 있다.

$$COP_A = \frac{Q_E}{Q_G} \tag{3.22}$$

증기 압축식 냉동 사이클의 종류

① 1단 압축 1단 팽창 냉동 사이클

하나의 압축기와 하나의 팽창 밸브로 구성된 사이클로서 일반적으로 널리 사용되고 있다.

② 2단 압축 1단 팽창 냉동 사이클

저단과 고단의 2개의 압축기와 중간 냉각기(inter cooler)가 있으며 주 팽창 밸브에 의해 피냉각물을 냉각하는 사이클이다. 이 사이클은 용량이 큰 냉동 시스템에서 응축 효과를 높이고 저온 냉동을 얻기 위하여 사용되며, 보조 팽창 밸브를 설치하여 중간 냉각기에서 열교환이 이루어지도록 구성되어 있다.

③ 2단 압축 2단 팽창 냉동 사이클

저단과 고단의 2개의 압축기와 중간 냉각기가 있으며 응축된 냉매액은 중간 냉각기에서 모두 팽창된다. 중간 냉각기에서 냉매 가스는 고단 측 압축기로 흡입되고 냉매액만 증발기 입구에서 설치된 팽창 밸브에서 팽창된다. 냉동실과 냉장실을 동시에 갖는 시스템에 적용이 가능하다.

④ 2원 및 3원 냉동 사이클

2원 냉동 사이클은 고온 및 저온용의 두 가지 냉매로 각각의 사이클을 구성하며, 고온 측 냉동 사이클의 증발기로 저온 측 냉동 사이클의 응축열을 제거시켜 매우 낮은 온도를 얻을 수 있다. 3원 냉동 사이클은 3개의 냉동 회로를 가진다.

Chapter 3

연 습 문 제

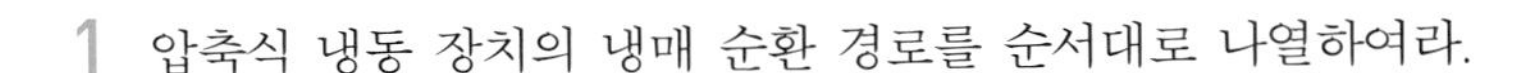

1 압축식 냉동 장치의 냉매 순환 경로를 순서대로 나열하여라.

2 냉동 능력이 82450 kJ/h인 증기 압축식 냉동기를 운전하기 위하여 압축기에 10 kW의 전동기를 사용하였다면 실제 성능 계수는 얼마인가?

3 1분 동안 25 ℃의 물 20 L를 5 ℃로 냉각하고자 할 때, 필요한 냉동기의 냉동 능력을 냉동톤(RT)으로 구하여라.

4 12 RT의 냉동 능력을 갖는 역카르노 사이클의 방열 온도가 30 ℃, 흡입 온도가 −15 ℃일 때, 냉동기 운전을 위하여 필요한 동력은 얼마인가?

5 증기 압축식 냉동기에서 실제 냉동 사이클을 압력−엔탈피 선도(몰리에 선도)에 도시하면 이론적인 냉동 사이클과 상당 부분 다르게 나타난다. 그 이유를 사이클의 과정별로 설명하여라.

6 건압축 냉동 사이클에서 증발 온도를 일정하게 유지하고 응축 온도를 상승시킬 때 나타나는 현상을 설명하여라.

7 다음 조건에서 운전되는 냉동 사이클에 대하여 다음 물음에 답하여라.

- 냉동 능력 : 20 RT
- 증발기 입구(응축기 출구) 비엔탈피(h_1) : 537.6 kJ/kg
- 증발기 출구(압축기 입구) 비엔탈피(h_2) : 1667.4 kJ/kg
- 압축기 출구(응축기 입구) 비엔탈피(h_3) : 1902.6 kJ/kg

(1) 냉동 효과
(2) 압축일
(3) 성능 계수
(4) 압축기 소요 동력
(5) 냉매 순환량

8 성능 계수가 4.2로 운전되는 냉동기를 동일한 조건에서 히트 펌프로 운전할 때, 히트 펌프의 성능 계수는 얼마인가?

9 흡수식 냉동기 구성 4대 장치에서의 열의 출입 관계를 설명하여라.

10 흡수식 냉동기의 냉매와 그에 대응하여 사용하는 흡수제 종류를 설명하여라.

냉동기의 구성 장치

증기 압축식 냉동기는 압축기, 응축기, 증발기, 팽창 장치, 조절 장치, 안전 장치 등으로 구성되어 있다. 냉동 장치를 설계하거나 제작하기 위해서는 각 장치의 기능과 역할, 종류와 특징, 그리고 규격 등에 대한 지식이 필요하다. 아울러 냉동기 운전에 있어 효율을 제고하고 수명을 연장시키기 위하여 올바른 설치 방법과 설치상의 유의점 등에 대하여도 충분한 지식을 갖추어야 한다.

4 냉동기의 구성 장치

1. 압축기
2. 응축기
3. 증발기
4. 팽창 장치
5. 조절 장치
6. 안전 장치

01 압축기

1-1 압축기의 종류

압축기(compressor)는 냉동기를 구동하는 동력원으로서 냉동 사이클의 냉매를 순환시키는 중요한 역할을 한다. 증발기로부터 저온 저압의 냉매 증기를 흡입하여 응축기에서 응축에 적합한 압력까지 냉매를 압축한다. 압축기는 냉동기의 냉동 방식, 냉동 용량, 사용 냉매의 종류 등에 따라 선택하며 압축 방법에 따라 용적식과 원심식으로 구분한다.

(1) 용적식 압축기

용적식 압축기(volumetric compressor)는 용적의 변화를 이용하여 압력을 상승시키는 유형으로서 체적식이라고도 한다. 용적식 압축기는 작동 방법에 따라 크게 왕복식과 회전식으로 구분하며, 회전식은 다시 로터리식, 스크롤식, 스크루식으로 나누어진다.

① 왕복식 압축기

왕복식 압축기(reciprocating compressor)는 왕복동식이라고도 하며 용량이 비교적 적은 중소형 냉동기에 사용된다. 냉매 누설이 거의 없고 소음과 진동도 적으며 가격이 비교적 저렴한 편이어서 냉동용 냉동기와 패키지형 에어컨디셔너 등에 폭넓게 사용되고 있다. 그러나 액압축에 따른 기계의 무리, 지나친 과열에 따른 압축기 부품의 변형과 소손이 우려되는 등의 단점이 있다. 왕복식 압축기는 일반적으로 피스톤 크랭크식 압축기가 주종을 차지하지만 자동차 공조 시스템에서는 사판식 피스톤의 압축기가 많이 쓰인다.

② 로터리 압축기

고정 실린더 내에서 편심으로 된 회전자(rotor)가 회전하며 용적의 변화로 흡입된 냉매 증기를 압축하며 토출한다. 로터리 압축기(rotary compressor)는 회전식의 대표적인 압축기로 냉동 및 공기조화용 기기에서 많이 사용되고 체적 효율이 우수하다. 회전부 실(seal)에서 누설이 생기거나 회전자나 고정 깃이 마모되기 쉽다.

③ 스크롤 압축기

스크롤 압축기(scroll compressor)는 대부분 하나의 고정 스크롤과 하나의 회전 스크롤로 구성되어 있어 와형식 압축기라고도 한다. 케이싱의 흡입구로부터 냉매 증기를 흡입하여 회전 스크롤이 궤도를 따라 회전하면서 중심부의 축소된 공간으로 가스를 압축하여 배출한다. 스크롤식 압축기는 체적 효율이 우수하고 소음과 진동이 작은 편이다. 그러나 가격이 비싸고 회전부에서 누설이 생기기 쉽다. 주로 냉동 및 공기조화용 냉동기에서 사용된다.

④ 스크루 압축기

스크루 압축기(screw compressor)는 나선형으로 되어 있는 한 조의 회전자와 토출량을 조절하는 슬라이드식 용량 조절 밸브, 그리고 흡입구(상부)와 토출구(하부)가 설치되어 있는 케이싱 등으로 구성되어 있다. 스크루 압축기는 용적형이면서 회전형이기도 하며, 비교적 소형으로 큰 냉동 능력을 얻을 수 있다. 원심형 압축기에 비하여 높은 압축비를 얻을 수 있기 때문에 공조냉동 및 히트 펌프 냉동기에 많이 사용된다. 그러나 소형의 경우에는 왕복동식에 비해 가격이 비싼 단점이 있다.

(2) 원심식 압축기

원심식 압축기(centrifugal compressor)의 대표적인 압축기는 터보 압축기(turbo compressor)이다. 터보 압축기는 케이싱 내에서 임펠러가 10000 rpm 정도로 고속 회전하며 원심력에 의해 냉매 가스를 압축에 필요한 압력 에너지로 변환시켜 토출한다.

터보 압축기는 용량이 88~7000 RT으로서 중·대형 냉동기나 공기조화용으로 사용된다. 이 밖에 마모 부분이 거의 없고 오랜 시간 동안 연속 운전이 가능하며 광범위한 용량 제어가 가능하다. 또한, 용량에 비하여 설치 면적이 그다지 넓지 않은 점 등의 장점이 있다. 그러나 단단에서 높은 압축비를 얻기 어려우므로 저압축비에만 사용되고, 저온 장치에 사용할 경우에는 단수가 많아져 효율이 저하되는 단점이 있다.

1-2 왕복식 압축기의 종류

증기 압축식 냉동기에서 용량이 큰 냉동기에서는 스크루식 압축기나 원심식 터보 압축기를 많이 사용하지만, 3~4RT 정도의 용량을 갖는 소형 냉동기에서는 거의 왕복식 압축기를 사용하고 있다. 왕복식 압축기는 구조에 따라 개방형 압축기, 밀폐형 압축기, 반밀폐형 압축기로 구분한다.

(1) 개방형 압축기

개방형(open type) 압축기는 검사나 수리를 위해 분해가 가능하고 부품 교환도 할 수 있다. 구동 형식으로는 전동기 축과 압축기 축을 풀리와 V벨트로 연결하여 구동하거나 또는 커플링에 의해 직접 구동하는 유형이 있다. 압축기 하우징과 구동축 사이의 틈새로 가스가 누설되는 것을 막기 위해 축봉(shaft seal) 장치가 필요하다. 개방형 압축기는 선박용 냉동기와 같이 대형의 저온형 냉동기에서 주로 사용하고 있다.

(2) 밀폐형 압축기

밀폐형(hermetic type) 압축기는 전동기와 압축기가 한 축으로 연결된 채 밀폐된 용기에 밀봉되어 있어 내부의 가스나 오일이 누출될 가능성이 거의 없고 소음도 적은 특징이 있다. 또한, 소용량으로 크기가 작고 가벼우나 분해할 수 없는 구조이기 때문에 고장이 나면 수리를 할 수 없는 단점이 있다. 주로 소형 냉동기, 패키지형 에어컨디셔너, 가정용 냉장고 등에 많이 사용된다. 그림 4-1은 1hp 용량의 증기 압축식 밀폐형 압축기이다.

그림 4-1 **밀폐형 압축기**

(3) 반밀폐형 압축기

반밀폐형(semi-hermetic type) 압축기는 전동기와 압축기 축이 연결되어 같은 하우징에 설치되어 있다. 크랭크 실이나 실린더 헤드의 밸브 덮개가 볼트로 체결되어 있어 분해 조립이 가능하다. 섭동 부품이 노출되어 있지 않고 운전 소음도 개방형보다는 크지 않다. 가스의 누출이 거의 없고 축봉 장치도 필요하지 않다. 그림 4-2는 반밀폐형 압축기이다.

그림 4-2 **반밀폐형 압축기**

1-3 압축기의 성능

냉동기에서 압축기의 외부로부터 에너지를 공급받아 냉동 효과를 일으키는 장치로서 압축기의 성능에 따라 에너지 소비가 달라지고 또한 냉동 능력도 현저한 차이를 보인다. 여기서는 용적식 압축기로서 왕복식 압축기의 성능 표시하는 매개 변수에 대하여 알아보기로 한다.

(1) 체적 효율

체적 효율(volumetric efficiency, η_v)은 식 (4.1)과 같이 실린더의 행정 체적(volume of stroke, V_s)에 대한 실제 압축기가 흡입하는 냉매 가스의 체적(volume of intake gas, V_i)의 비율을 백분율(%)로 나타낸다.

$$\eta_v = \frac{V_i}{V_s} \times 100\% \tag{4.1}$$

체적 효율이 높으면 그만큼 많은 단위 시간, 즉 단위 사이클마다 냉매 가스의 흡입량이 많으므로 냉동 효과가 향상된다. 보통 왕복식 압축기의 체적 효율은 약 60~70% 정도이다.

(2) 피스톤의 토출 용량

왕복식 압축기가 단위 시간 동안 피스톤의 왕복으로 실린더로부터 토출된 가스의 체적을 피스톤의 토출 용량(piston displacement, V_d)이라고 한다.

$$V_d = 60 \times n \times z \times V_s = 60 \times n \times z \times \frac{\pi d^2}{4} \times S\,[\mathrm{m^3/h}] \tag{4.2}$$

여기서, n : 압축기 회전수(rpm)
z : 실린더 수
V_s : 실린더 행정 체적($\mathrm{m^3}$)
d : 실린더 안지름(m)
S : 피스톤 행정(m)

이론 피스톤의 토출 용량(V_d)과 체적 효율(η_v)과의 곱을 실토출 용량(actual piston displacement, V_a)이라고 하며, 압축기가 실제로 토출하는 가스 용량을 나타낸다.

$$V_a = \eta_v \times V_d\,[\mathrm{m^3/h}] \tag{4.3}$$

한편, 압축기의 토출 용량은 냉동 시스템의 냉매 순환량과 직접적인 관계가 있다. 즉, 냉매 중량 유량을 G[kg/h]라고 하고 압축기 입구 측에서의 냉매 밀도를 $\rho\,[\mathrm{kg/m^3}]$라고 하면

$$G = \rho \times V_d\,[\mathrm{kg/h}] \tag{4.4}$$

이고, $\rho = 1/v$이므로

$$G = V_d / v\,[\mathrm{kg/h}] \tag{4.5}$$

의 관계가 성립한다.

실린더 안지름 65 mm, 피스톤의 행정이 75 mm, 실린더 수가 4개인 왕복식 압축기가 회전수 1250 rpm으로 작동하고 있다. 이 압축기의 행정 체적과 이론 토출 용량은 얼마인가?

풀이 ① 행정 체적(V_s)은 실린더 안지름을 d, 피스톤의 행정을 S라고 하면 다음과 같다.

$$V_s = \frac{\pi d^2}{4} \times S = \frac{\pi (0.065)^2}{4} \times 0.075$$
$$= 0.0002487\,\mathrm{m^3}$$

② 압축기 토출 용량(V_d)은 행정 체적(V_s)이 0.0002487, 실린더 수(z)가 4, 회전수(n)가 1250이므로 식 (4.2)로부터 다음과 같이 구한다.

$$V_d = 60 \times n \times z \times V_s = 60 \times 1250 \times 4 \times 0.0002487$$
$$= 74.61\,\mathrm{m^3/h}$$

• 행정 체적의 단위 •

압축기 토출 용량의 계산에서 단위를 $\mathrm{m^3/h}$로 하기 때문에 행정 체적의 단위도 실린더 안지름과 행정의 단위를 m로 환산하여 $\mathrm{m^3}$으로 계산해야 한다.
예제 4-1에서 구한 행정 체적은 0.0002487 $\mathrm{m^3}$은 248.7 $\mathrm{cm^3}$이고 0.2487 L와 같다.

참고 체적의 단위 $\mathrm{cm^3}$은 cubic centimeter로서 cc라고 표시한다. 1000 cc는 1 L이다.

• 압축기의 용량 제어 •

냉각 부하의 변동에 따라 압축기 작동을 제어하면 보다 경제적이고 효율적으로 운전할 수 있다.

① 용적식 압축기의 용량 제어

- 회전수 제어 : 전동기의 극수나 주파수를 바꿔 회전 속도를 제어하는 방법
- 압축 기구 제어 : 다기통 압축기에서 일부 기통의 작동을 멈추거나 압축 가스를 흡입 측으로 되돌려 주는 바이패스 방법

② 원심식 압축기의 용량 제어

- 속도 제어 : 개방형 압축기에서 회전 속도를 제어하는 방법
- 임펠러 베인 제어 : 임펠러 입구에 여러 매(枚)의 베인을 설치하여 응답성을 개선시킨 방법
- 그 밖의 제어 : 입구 댐퍼 제어, 냉각수 교축 제어, 고압 가스 바이패스 제어 등의 방법이 있으나 제어성 및 효율성이 낮아 그다지 많이 사용되지 않는다.

2-1 응축기의 종류

응축기(condenser)는 압축기에서 발생한 냉매 증기를 증발기에서의 증발을 위하여 액체 냉매로 응축시키는 역할을 한다.

응축기에서 배제되어야 할 열량은 증발기와 압축기로부터 얻은 열량과 같으며, 압축기에서 발생한 냉매 상태가 고온 고압의 냉매 증기이므로 외부 공기나 물에 의해서 쉽게 응축된다.

외부 공기와의 접촉에 의하여 응축되는 공랭식 응축기와 물에 의하여 응축되는 수랭식 응축기가 있다. 응축기가 지나치게 작으면 응축 효율이 저하되고 지나치게 크면 팽창이 잘 안 되어 냉동 효율이 저하할 수 있으므로 냉동기 용량에 적합한 크기로 선택해야 한다.

열교환기(heat exchanger)

열교환기는 고온체의 열에너지를 저온체로 전달하는 장치로서 열교환 후에는 고온체의 출구 온도는 내려가고 저온체의 출구 온도는 올라간다. 냉동기의 응축기나 증발기도 외부의 공기나 물과 열을 교환하여 응축 과정이나 증발 과정이 이루어지므로 열교환기이다. 열교환기에서 열 전달량을 증가시키기 위해서는 열통과율이 우수하고, 전열 면적이 넓으며, 두 물체 간의 온도 차가 클 것 등이 요구된다.

(1) 공랭식 응축기

공랭식 응축기는 주로 열부하가 적은 소형 냉동기 및 에어컨디셔너의 유닛에서 많이 사용되고 있다. 냉각핀(cooling fin)이 부착된 관에 냉매 증기가 흐르고 팬 모터(fan motor)의 송풍에 의해 냉각되는 유형으로 구조가 간단하고 설치가 용이한 점 등의 장점이 있다.

공랭식 응축기는 대부분 그림 4-3과 같이 열교환 면적을 넓혀 주기 위하여 U자형 관으로 제작된 크로스 핀 코일(cross fin coil)형으로 제작되어 있다.

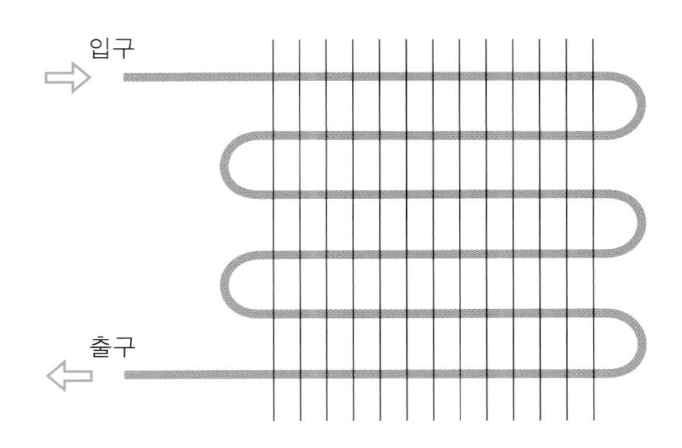

그림 4-3 **크로스 핀 코일형 응축기**

(2) 수랭식 응축기

수랭식 응축기는 응축기 유형에 따라 이중관식 응축기, 셸-튜브식 응축기, 증발식 응축기 등 여러 종류가 있다.

① 이중관식 응축기

이중관식 응축기(double tube water-cooled condenser)는 냉각수가 흐르는 내부관과 고온의 냉매 증기가 흐르는 외부관 등 이중관 구조로 되어 있다. 이 방식은 주로 180 kW급 이하의 중소형의 수랭식 냉동기나 에어컨디셔너에서 사용된다.

이중관의 냉매 증기와 냉각수의 방향은 그림 4-4에서 보는 바와 같이 서로 반대 방향으로 흐른다. 내부관과 외부관은 열교환 면적을 크게 하고 접촉 시간을 지연하기 위하여 나선(spiral)형의 홈이 파져 있는 것도 있다.

이 유형은 대향류로 두 유체가 열교환을 하므로 전열 효과가 뛰어나고 냉각수량을 조절하여 그 양에 따라 과냉각 냉매액을 얻을 수 있다. 그러나 이중관의 구조상 보수가 어렵고 대용량으로 제작하기가 어려운 점 등의 단점이 있다.

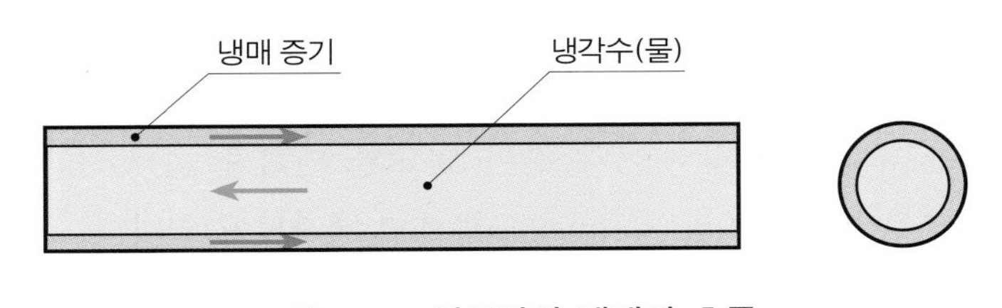

그림 4-4 **이중관식 냉매의 흐름**

② 셸-튜브식 응축기

셸-튜브식 응축기(shell and tube condenser)는 비교적 규모가 큰 냉동기나 에어컨에서 사용되고 있다. 셸의 설치 방향에 따라 횡형(horizontal type)과 입형(vertical type)의 두 가지가 있다.

응축기의 물은 관내에서 순환되고 냉매 가스는 냉각핀(cooling fin)과 함께 냉각관의 표면 위에서 응축이 이루어진다. 응축기 내부에는 알루미늄 냉각핀으로 둘러싸인 여러 가닥의 구리 냉각관(cooling tube)으로 구성되어 있고, 각각의 끝에서 엔드 플레이트(end plate)에 고정되어 있다. 유형에 따라 냉매 입구 및 출구 밸브를 비롯하여 여러 가지 안전 밸브 및 편의용 밸브가 설치되어 있다.

③ 증발식 응축기

증발식 응축기(evaporation condenser)는 수랭식 응축기와 공랭식 응축기가 하나로 조합된 응축기로서 냉각 매체로 물과 공기가 이용된다.

증발식 응축기는 이중관식 응축기나 셸-튜브식 응축기와 같이 밀폐형 구조가 아닌 외부 공기와 통하는 개방형 구조로 되어 있다. 응축기 내부에 설치되어 있는 분무기에서 물이 냉매관에 분무되고, 분무된 물이 냉매관 위에서 증발하며 잠열로서 냉매 증기가 갖고 있는 열을 빼앗아 냉각되도록 하는 원리를 이용한 것이다. 응축기 내부에는 냉각수가 증발된 증기가 형성되므로 이것을 팬에 의해서 외부로 방출한다. 이때 습공기만 제거되고 냉각수가 방출되는 것을 막기 위하여 송풍기 입구에 액 제거제(eliminator)를 설치한다.

액 제거제를 설치하더라도 냉각수의 손실이 생기므로 냉각수를 보충해 주는 설비가 필요하다.

2-2 응축기의 방열량

(1) 응축 열량

응축기에서의 이론 방열량은 그림 4-5에서 나타낸 바와 같이 증발 과정에서 냉매가 흡열한 열량(q_2)과 압축 과정에서 흡열한 열량(w)의 합이 된다. 응축기 방열량을 q_1이라고 하면 다음과 같다.

$$q_1 = q_2 + w \,[\text{kJ/kg}] \tag{4.6}$$

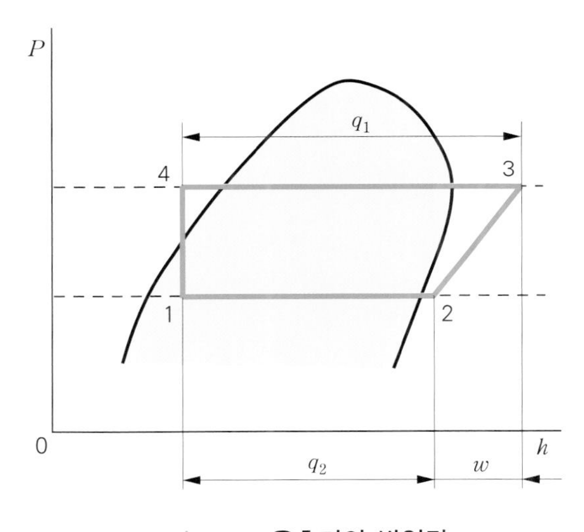

그림 4-5 **응축기의 방열량**

냉매 순환량이 G[kg/h]라면 응축기에서의 총 방열량 Q_1은 다음과 같다.

$$Q_1 = G(h_3 - h_4)\,[\text{kJ/h}] \tag{4.7}$$

1 h은 3600 s이므로 식 (4.7)은 다음과 같이 정리할 수 있다.

$$Q_1 = \frac{G(h_3 - h_4)}{3600}\,[\text{kW}] \tag{4.8}$$

한편, 수랭식 응축기에서 응축기에 일정량의 냉각수를 공급하여 냉각시킬 경우 냉각수의 순환 유량 G_w은 다음과 같이 구한다.

$$G_w = \frac{q_1}{C_p \times (t_o - t_i)} [\text{kg/h}] \tag{4.9}$$

여기서, q_1 : 응축 열량(kJ/kg)

C_p : 정압 비열(kJ/kg·K)

t_o : 냉각수 출구 온도(℃)

t_i : 냉각수 입구 온도(℃)

냉동 능력이 10 RT, 압축기 소요 동력이 12 kW인 냉동기에서 응축기가 제거해야 할 이론 열량은 얼마인가?

풀이 냉동 시스템이 얻은 열량은 저열원에서의 냉동 효과와 압축기에서의 압축일이며, 이 두 가지 열량은 고열원인 응축기에서 방열(냉각)해야 할 열량이다. SI 단위로 1 RT는 약 13900 kJ/h이므로 이 냉동기의 냉동 능력(Q_2)은 다음과 같다.

$$Q_2 = 10 \times 13900 = 139000 \text{ kJ/h}$$

압축기 소요 동력이 모두(100%) 일로 변환되었다고 가정하면 압축일(W)은 다음과 같다.

$$W = 12 \times 3600 = 43200 \text{ kJ/h}$$

따라서 응축기가 제거시켜야 할 열량(Q_1)은 두 열량의 합과 같다.

$$Q_1 = Q_2 + W = 139000 + 43200 = 182200 \text{ kJ/h}$$

압축일의 단위 변환

예제 4-2의 압축일과 같이 kW와 kJ/h 등의 단위 변환을 해야 하는 경우가 종종 있다. 단위 kW가 단위 kJ/h로의 변환 과정은 다음 보기와 같다.

보 기 W[kW]를 [kJ/h]로 변환하기

$$W[\text{kW}] = W\left[\frac{\text{kJ}}{\text{s}}\right] = W\left[\frac{\text{kJ}}{\text{s}}\right] \times \left[\frac{3600\text{s}}{\text{h}}\right] = W \times 3600 \ [\text{kJ/h}] \tag{4.10}$$

여기서 1 h은 3600 s이므로 단위 환산에만 적용될 뿐 등식에는 하등의 영향을 주지 않는다. 이와 같이 분모와 분자가 단위만 다르고 같은 값을 갖는 매개수를 사용하면 얼마든지 원하는 단위로 변환할 수 있다.

냉동 효과가 320 kJ/kg, 압축일이 110 kJ/kg인 냉동기에 수랭식 응축기를 사용하여 운전할 때, 응축기 냉각수의 입구 온도가 24 ℃, 출구 온도가 28 ℃라고 한다면 냉각수 순환 유량(kg/h)은 얼마인가? (단, 냉각수의 비열은 4.19 kJ/kg·K 이다.)

풀이 냉동 효과(q_2)가 320 kJ/kg이고 압축일(w)이 110 kJ/kg이므로 응축기가 이론적으로 제거해야 할 열량(q_1)은 360 + 110 = 470 kJ/kg이다. 냉각수 순환 유량(G_w)은 식 (4.9)에 따라 다음과 같이 구한다.

$$G_w = \frac{q_1}{C_p \times (t_o - t_i)} = \frac{470}{4.19 \times (28-24)} = 28.04\,\text{kg/h}$$

증발기 흡수 열량과 응축기 방열량

응축기가 방열해야 할 열량은 증발기가 흡수한 열량과 압축기가 한 일의 합과 같다. 시스템에서는 압축일이 반드시 존재하므로 응축기 방열량(q_1)은 증발기 흡수 열량(q_2)보다 항상 크다. 이와 같은 이유로 공랭식 응축기를 사용하는 경우에는 응축기가 증발기보다 더 큰 것을 사용해야 한다.

압축기의 운전 상태와 부하 정도에 따라 다르나 보통 응축기 방열량은 증발기 흡수 열량보다 25~30% 정도 더 많다.

(2) 전열 면적

응축기는 냉동 시스템 작동 과정에서 얻은 냉동 효과와 압축일에 해당하는 열량을 제거해야 하며 이를 위해서 적절한 크기의 전열 면적을 확보해야 한다. 관 내부를 흐르는 냉매 증기가 가지는 열량은 관 외부의 공기나 냉각수로 이동하며 응축된다. 관 내부로부터 외부로 전열되는 과정은 냉동유가 형성하는 유막(oil film)과 관(tube), 그리고 관 외벽에 부착되어 있는 물때(foul, 오염물)를 따라 전도의 형태로 열이 이동하고 관 내부와 관 외부에서는 대류에 의해 열이 이동한다. 즉, 전도와 대류 열전달에 의하여 열이 이동하며 여기서 이루어지는 전체적인 열의 통과 정도를 열관류율이라고 한다.

응축기의 배관에서의 열관류율(K)은 다음과 같이 표시된다.

$$K = \frac{1}{\dfrac{1}{\alpha_i} + \dfrac{l_o}{\lambda_o} + \dfrac{l_t}{\lambda_t} + \dfrac{l_f}{\lambda_f} + \dfrac{1}{\alpha_o}} \ [\text{kJ/m}^2\cdot\text{h}\cdot℃] \tag{4.11}$$

여기서, α_i : 관 내부, 냉매 측 열전달률(kJ/m^2·h·℃)

α_o : 관 외부, 냉각수(공기) 측 열전달률(kJ/m^2·h·℃)

λ_o : 유막의 열전도율(kJ/m·h·℃)

λ_t : 관 벽의 열전도율(kJ/m·h·℃)

λ_f : 물때의 열전도율(kJ/m·h·℃)

l_o : 유막의 두께(m)

l_t : 관 벽의 두께(m)

l_f : 물때의 두께(m)

따라서 응축기가 매 시간 제거해야 할 열량을 Q[kJ/h], 열관류율을 K[kJ/m^2·h·℃)], 평균 온도차를 Δt_m이라고 하면 응축기의 전열 면적(A)은 다음과 같이 구할 수 있다.

$$A = \frac{Q}{K\ \Delta t_m}\ [\mathrm{m}^2] \tag{4.12}$$

여기서 평균 온도차(Δt_m)는 응축기 내에서의 냉매와 냉각수(또는 공기)의 평균 온도차로서 그 차이가 작은 경우에는 산술 평균 온도차를 사용해도 무방하나 온도차가 큰 경우에는 그 값이 왜곡될 수 있으므로 대수 평균 온도차(Logarithmic Mean Temperature Difference, LMTD)를 사용한다.

산술 평균 온도차와 대수 평균 온도차는 다음과 같이 구한다.

① 산술 평균 온도차

$$\Delta t_m = \frac{\Delta t_1 + \Delta t_2}{2} \tag{4.13}$$

② 대수 평균 온도차

$$\Delta t_m = \frac{\Delta t_1 - \Delta t_2}{\ln \dfrac{\Delta t_1}{\Delta t_2}} \tag{4.14}$$

여기서, Δt_1 : 냉매와 냉각수(또는, 공기) 입구의 온도차(℃)

Δt_2 : 냉매와 냉각수(또는, 공기) 출구의 온도차(℃)

응축 온도가 30 ℃인 냉동기에서 수랭식 응축기의 냉각수 입구 온도가 21 ℃, 출구 온도가 26 ℃라고 할 때, 산술과 대수 평균 온도차는 각각 얼마인가?

풀이 응축기 입구 온도차(Δt_1)는 $30-21=9$ ℃이고 출구 온도차(Δt_2)는 $30-26=4$ ℃이다.

① **산술 평균 온도차** $\Delta t_m = \dfrac{\Delta t_1 + \Delta t_2}{2} = \dfrac{9+4}{2} = 6.5$ ℃

② **대수 평균 온도차** $\Delta t_m = \dfrac{\Delta t_1 - \Delta t_2}{\ln \dfrac{\Delta t_1}{\Delta t_2}} = \dfrac{9-4}{\ln\left(\dfrac{9}{4}\right)} = 6.17$ ℃

2-3 불응축 가스와 오염 계수

불응축 가스는 냉매 배관 중에 공기, 질소, 유증기 등이 포함되어 응축기에서 냉각을 해도 기체에서 액체로 상이 변화하지 않은 물질을 말한다. 대개 불응축 가스는 응축기의 상부에 모여 있으며 냉매와 같이 사이클을 순환하지 않는다. 이 가스의 양이 증가하면 열교환 유효 면적이 줄어 열교환 효율이 나빠지고 응축기 능력이 저하된다. 또한, 응축 압력을 높이고 토출 가스 온도를 상승시키며 압축기 축동력의 증가와 함께 냉동 능력이 감소하는 원인이 된다.

불응축 가스를 줄이기 위하여 냉매 충전 전에 계통 내의 진공을 충분히 하고, 냉동기를 수리할 때 개방하였던 냉매 계통의 공기를 충분히 배출하여야 한다. 그리고 흡입 가스 압력이 대기압 이하로 내려가 저압 측의 취약한 부분에서 유입되지 않도록 운전을 해야 한다.

오염 계수(fouling factor)는 응축기의 냉매관이나 냉각관 벽 또는 열교환기 등에 부착된 오염물에 의해서 열교환을 방해하는 성질을 수치로 표시한 것이다. 응축기나 증발기와 같이 대개 열교환기를 처음 설치하면 깨끗해서 열전달이 잘 되지만 시간이 지나 때가 끼게 되면 점점 열전달 능력이 저하한다. 냉매관에는 냉매 중의 오일이 배관 내의 이물질과 결합하여 오염물을 형성하고, 냉각관은 냉각수의 수질 오염이 주요 원인이다.

이러한 현상을 수치로 하여 열교환기를 설계할 때에는 응축기가 오염물에 오염되어도 원하는 만큼의 열교환이 이루어지도록 미리 여유값을 반영해 주어야 한다. 오염 계수가 클수록 오염 성향이 높은 물질이다.

3-1 증발기의 종류와 특징

증발기(evaporator)는 냉매의 증발에 의하여 공기나 물을 냉각시킨다. 팽창 장치에서 만들어진 포화 냉매액 또는 낮은 건도의 냉매 습증기는 증발기를 통과하면서 공기나 물로부터 열을 흡수하여 증발한다.

증발기는 냉동기에서 냉동의 목적인 냉동 효과를 일으키는 가장 중요한 장치로서 증발기 출구에서의 냉매는 저온 저압의 냉매 증기 상태로 되어 다시 압축기로 흡입된다.

표 4-1 **증발기의 종류**

구 분	종 류
열교환 매체	• 공랭식 • 수랭식
냉매액 공급 방식	• 건식 • 만액식 • 냉매액 강제 순환식 • 냉매 분사식
증발기 구조	• 나관 코일식 • 플레이트식 • 핀 코일식 • 셸 튜브식 • 셸 코일식

증발기는 표 4-1과 같이 열교환 매체와 냉매액 공급 방식, 증발기 구조 등에 따라 여러 가지 종류가 있다.

증발기 선택에서 고려해야 할 조건으로는 냉매와 피냉각물과의 온도차가 적고, 냉각 면적이 사용 목적에 맞도록 충분하게 커야 하며 증발기 입구와 출구 사이의 압력 강하가 가급적 크지 않아야 한다.

(1) 공랭식 증발기

공랭식 증발기(air-cooling type evaporator)는 공기와 접촉하는 열교환 면적을 크게 하기 위하여 U자형 구리관에 알루미늄 핀(aluminium fin)이 부착되어 있다. 이 유형은 거의 모든 에어컨 및 중·소형 냉동기에서 채택되고 있다.

최근에는 열교환 성능을 개선하기 위하여 격자형 루버 핀(waffle louver fin)이나 멀티 슬릿 핀(multi slit fin)형의 증발기가 개발되어 더욱 소형화가 가능하게 되었다.

(2) 수랭식 증발기

① 다중관식 증발기

다중관식 증발기(multiple tube type evaporator)는 그림 4-6과 같이 하나의 큰 외부관 내에 소구경의 여러 개의 냉매관이 설치되어 있다.

냉매가 흐르는 관 틈새로 냉각수가 흐르며 냉매와 냉각수의 흐름 방향은 서로 반대 방향이다.

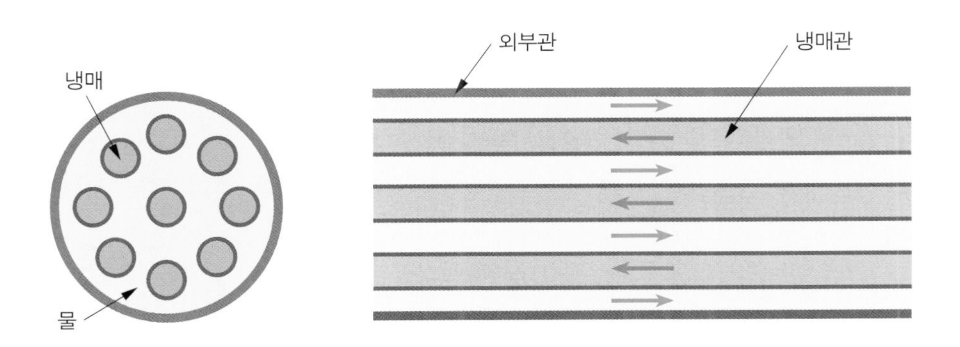

그림 4-6 **다중관식 증발기의 냉매 흐름**

② 건식 셸-튜브 방식

건식 셸-튜브 방식 증발기(dry shell and tube type evaporator)는 중·대형 냉동기에 이용되며, 냉각관이 엔드 플레이트(end plate)로 고정되고 강재로 만들어진 동체(shell)로 씌워져 있다. 냉매액은 냉각관과 접촉하며 물로부터 열을 얻으며 냉각관을 순환한다.

이 방식은 냉매 및 브라인의 관로 저항이 적고 온도 팽창 밸브의 사용으로 장치가 간단하다.

또한, 냉매 충전량이 적어도 되며 냉수가 동결하여도 위험성이 적다. 그러나 열관류율이 작고 내부 보수나 청소가 어려운 점 등의 단점이 있다.

유닛 쿨러(unit cooler)

유닛 쿨러는 그림 4-7과 같이 증발기(열교환기), 응축수 받이 및 배관, 팬 및 전동기, 팬 보호망, 제상 장치 등을 갖추고, 공기로부터 열을 흡수하여 냉매가 증발되도록 공기를 강제 순환시키는 송풍기를 가진 것을 말한다.

그림 4-7 **유닛 쿨러의 설치**

① 유닛 쿨러의 입구 건조 온도에 따른 종류

- 고온용 : 10 ℃
- 중온용 : 0 ℃
- 저온용 : −20 ℃
- 초저온용 : −35 ℃

② 유닛 쿨러의 정격 전압

단상 교류 220 V 또는 3상 교류 220 V, 220/380 V, 380 V로 규격화되어 있다.

③ 만액식 셸-튜브 방식

만액식 셸-튜브 방식 증발기(flooded shell and tube type evaporator)는 주로 원심식 냉동기에 사용되며 건식 셸-튜브 방식과 비교할 때 물이 관을 통해 흐르고 냉매는 그 관의 바깥쪽으로 흐르는 것이 차이점이다.

이 방식은 전열 면적이 작아져서 소형화가 가능하며 액백의 우려가 적다. 그러나 냉매의 충전량이 많아지고 수냉각식의 경우 물의 동결로 인한 위험이 따른다.

건식 증발기와 만액식 증발기의 비교

① **건식 증발기**(dry expansion type evaporator)

팽창 밸브에서 포화 냉매액이나 냉매 증기 상태로 증발기로 유입되는 유형으로 냉동 용량이 작은 소형 냉동기에 많이 적용된다.

② **만액식 증발기**(flooded expansion type evaporator)

팽창 밸브를 통과하는 냉매 중 냉매액만을 증발기로 보내므로 냉매액이 항상 충만한 유형이다. 만액식에서 증발된 냉매 증기는 집중기에 의해 냉매 증기만 분리시켜 다음 과정인 압축기로 보내준다.

건식 증발기와 만액식 증발기를 비교하면 표 4-2와 같다.

표 4-2 **건식 증발기와 만액식 증발기의 장단점 비교**

구 분	건식 증발기	만액식 증발기
장 점	• 소요 냉매량이 적으므로 경제적이다. • 냉동유가 냉매에 용해되는 냉매에 유용하다. • 팽창 밸브가 유량을 조절하므로 냉매 제어성이 좋다.	• 전열면이 냉매와 접촉하고 있으므로 열관류율이 좋다. • 냉장, 제빙, 화학 공업, 공기조화기 등 용량이 큰 냉동기에 유용하다.
단 점	• 냉매액과 전열면의 접촉면적이 작으므로 열관류율이 작다.	• 소요 냉매량이 많다. • 냉동유 회수가 곤란하다(프레온계 냉매의 경우 유회수 장치가 필요하다).

3-2 증발기의 흡열량

(1) 냉동 능력

증발기가 피냉각물로부터 빼앗은 열량을 냉동 효과라고 한다. 그림 4-8에 나타낸 바와 같이 증발 과정에서 냉매가 흡열한 열량(q_2)은 증발기 입구와 출구의 비엔탈피를 각각 h_1과 h_2라고 하면 다음과 같다.

$$q_2 = h_2 - h_1 \ \text{[kJ/kg]} \tag{4.15}$$

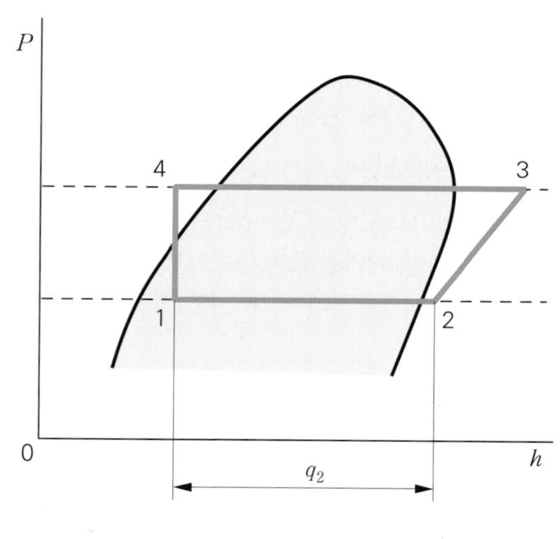

그림 4-8 **냉동 효과**

팽창 과정이 등비엔탈피 과정으로 이루어지므로 응축 말기의 비엔탈피와 증발 초기의 비엔탈피는 같다.

$$h_1 = h_4 \quad (4.16)$$

또, 냉매 순환량이 G[kg/h]라면 증발기에서 매시 흡열량 Q_2는 식 (4.17)과 같다.

$$Q_2 = G(h_2 - h_1)\,[\mathrm{kJ/h}] \quad (4.17)$$

한편, 1 h은 3600 s이므로 식 (4.17)은 다음과 같이 바꿔 쓸 수 있다.

$$Q_2 = \frac{G(h_2 - h_1)}{3600}\,[\mathrm{kW}] \quad (4.18)$$

증발기가 흡수한 열량 Q_2는 피냉각물이 빼앗긴 열량과 같다. 이를 수식으로 표시하면 다음과 같다.

$$Q_2 = WC(t_i - t_o)\,[\mathrm{kJ/h}] \quad (4.19)$$

여기서, W : 피냉각물(물 또는 공기 등)의 유량(kg/h)

C : 피냉각물의 비열(kJ/kg·K)

t_i : 고내 입구에서의 피냉각물 온도(℃)

t_o : 고내 출구에서의 피냉각물 온도(℃)

냉매 R-22를 사용하는 냉동기가 응축 온도 30 ℃, 증발 온도 −10 ℃로 작동할 때, 냉동 효과는 얼마인가? (단, 과냉각도와 과열도는 무시한다.)

풀이 증발기 입구의 비엔탈피는 30 ℃에서의 포화액의 비엔탈피와 같으므로 R-22 냉매의 포화 증기표로부터 30 ℃의 비엔탈피를 찾으면 236.7 kJ/kg이다. 증발기 출구에서의 비엔탈피는 −10 ℃에서 포화 증기의 비엔탈피이므로 표에서 찾으면 188.4 kJ/kg이다. 이 값을 식 (4.15)에 대입하면 냉동 효과는 다음과 같다.

$$q_2 = h_2 - h_1 = 236.7 - 188.4 = 48.3\,\mathrm{kJ/kg}$$

25 ℃의 물 1.8 m³을 2시간 동안 6 ℃로 냉각하는 데 필요한 냉동기의 냉동 능력은 얼마인가? (단, 물의 비열은 4.19 kJ/kg·℃이다.)

풀이 운전 시간을 H[h]라고 하면, 열량 계산식으로부터 다음과 같이 구할 수 있다.

$$Q = \frac{WC\,\Delta t}{H} = \frac{1800 \times 4.19 \times (25-6)}{2} = 71649\,\mathrm{kJ/h}$$

또, 식 (4.18)을 적용하면

$$Q = \frac{71649}{3600} = 19.9\,\mathrm{kW}$$이다.

(2) 전열 면적

증발기는 냉동 시스템 작동 과정에서 고내의 공기나 물과 같은 피냉각물과 접촉하여 냉동 효과를 일으키는 기능을 한다. 따라서 냉매의 증발 온도에 따라 피냉각물로부터 열량을 제거하기 위하여 적절한 크기의 전열 면적을 확보해야 한다. 전열 면적(A)은 열을 통과하는 정도로서 냉동 부하(L[kJ/h])에 비례하고, 열관류율(K[kJ/m²·h·℃])과 증발 평균 온도차(Δt_m[℃])에 반비례한다.

$$A = \frac{L}{K\,\Delta t_m}\,[\mathrm{m^2}] \tag{4.20}$$

평균 온도차(Δt_m)는 피냉각물의 입구 측 및 출구 측 온도와 증발 온도와의 온도차에 대한 평균값으로 산술 평균 온도차나 대수 평균 온도차를 구하여 적용한다.

증발기의 냉각관 외부로부터 내부로 전열되는 과정을 보면 관 외벽에 부착되어 있는 성에나 물때(foul, 오염물), 관(tube) 벽, 그리고 냉동유가 형성하는 유막(oil film)을 따라 전도의 형태로 열이 이동하고, 관 외부에서의 피냉각물과 관 내부에서의 냉매에서는 대류에 의해 열이 이동한다. 즉 냉각관은 전도와 대류 열전달에 의하여 열이 이동하며, 여기서 이루어지는 전체적인 열의 통과 정도를 열관류율이라고 한다. 열관류율은 열저항(thermal resistance)의 역수로서 열저항이 크면 열관류율은 감소한다.

응축기의 배관에서의 열관류율(K)은 다음과 같이 표시된다.

$$K = \frac{1}{\dfrac{1}{\alpha_c} + \dfrac{l_o}{\lambda_o} + \dfrac{l_t}{\lambda_t} + \dfrac{l_f}{\lambda_f} + \dfrac{1}{\alpha_R}} \ [\text{kJ/m}^2 \cdot \text{h} \cdot ℃] \qquad (4.21)$$

여기서, α_c : 관 외부, 피냉각물(공기 또는 물 등)의 열전달률(kJ/m^2·h·℃)

α_R : 관 내부, 냉매의 열전달률(kJ/m^2·h·℃)

λ_f : 착상된 성에, 물때 등의 열전도율(kJ/m·h·℃)

λ_t : 관 벽의 열전도율(kJ/m·h·℃)

λ_o : 유막의 열전도율(kJ/m·h·℃)

l_f : 착상된 성에, 물때 등의 두께(m)

l_t : 관 벽의 두께(m)

l_o : 유막의 두께(m)

'100 m×1'과 '25m×4'의 비교

전열 면적으로부터 환산하여 구한 증발기 관의 길이가 100 m라면, 100 m짜리 한 본으로 제작된 증발기를 선택해야 할지 또는 같은 면적의 25 m짜리 4본으로 제작된 증발기를 선택해야 할지 생각해 볼 필요가 있다. 물론 답은 '25 m×4' 증발기가 효율적이다. 왜 그럴까?

① 길이가 길어지면 증발관 내의 저항이 증가하고 압력 강하도 증가하게 된다.

② 그 결과 증발 압력이 상승하여 원하는 냉동 효과를 얻을 수 없다.

③ 증발기 입·출구 사이의 거리가 멀어져 균압식 팽창 밸브를 설치하는 경우 작업성이 매우 나빠진다.

④ 또한, 팽창 밸브 감온통에서 얻은 냉매 정보가 왜곡되어 정확한 팽창 밸브의 작동을 기대하기 어렵다.

따라서 증발관의 소요 길이가 그다지 길지 않은 경우에는 한 본으로 제작이 가능하나 길이가 긴 경우에는 분할하여 제작하는 것이 바람직하다.

냉동 능력이 3 RT인 냉동기의 증발기를 설계하고자 한다. 증발 온도 −15℃에서 피냉각물로서 −4 ℃인 브라인의 온도를 −6.5 ℃로 냉각시키고자 한다. 증발기의 열관류율을 2500 kJ/m^2·h·℃라고 할 때, 증발기 냉각관의 전열 면적은 얼마로 하면 되는가?

풀이 냉동 부하(L)는 냉동 능력이므로

$$L = 3\,\text{RT} = 3\,\text{RT} \times 13900 \left[\frac{\text{kJ/h}}{\text{RT}}\right] = 41700\,\text{kJ/h}$$

증발기 입구 온도차(Δt_1)는 $-4-(-15)=11$ ℃

증발기 출구 온도차(Δt_2)는 $-6.5-(-15)=8.5$ ℃

두 온도차가 그다지 크지 않으므로 산술 평균 온도차를 적용한다.

$$\Delta t_m = \frac{\Delta t_1 + \Delta t_2}{2} = \frac{11+8.5}{2} = 9.75\ ℃$$

식 (4.20)에 대입하면 전열 면적은 다음과 같다.

$$A = \frac{L}{K\ \Delta t_m} = \frac{41700}{2500 \times 9.75} = 1.71\,\text{m}^2$$

증발기 냉각관의 전열 면적과 길이와의 관계

실제 현장에서는 전열 면적(A)보다는 관 지름(D)과 길이(l)를 더 흔하게 사용하기 때문에 관 길이를 구할 필요가 있다. 관 길이는 다음 식을 이용하여 근사적으로 구한다.

$$l = \frac{A}{\pi D}\,[\text{m}] \tag{4.22}$$

보 기 예제 4-7에서 구한 전열 면적 1.71 m^{2}은 냉각관을 3/8 B 관으로 한다면 이 관의 바깥지름이 9.52 mm(0.00952 m)이므로 관 길이 l은 다음과 같이 구할 수 있다.

$$l = \frac{A}{\pi D} = \frac{1.71}{3.14 \times 0.00952} = 57.2\,\text{m}$$

3-3 증발기의 제상

(1) 착상과 제상

공기 중에 포화되어 있는 수분이 공랭식 증발기의 냉각관 표면에 붙어 응축 동결되는 것을 착상(frost)이라고 한다. 착상의 초기는 성에가 끼는 정도이지만 냉동기 운전 시간이 길어지면 착상 두께가 두꺼워지고 심한 경우에는 얼음 덩어리처럼 크게 성장한다. 착상은 주위 공기로부터 냉각관으로의 열통과율을 급격히 감소시켜 냉동기의 냉동 능력을 크게 저하시킨다.

따라서 열교환이 잘 이루어짐으로써 냉동 능력을 향상시키기 위해서 착상을 제거해야 하는데 이와 같은 과정을 제상(defrost)이라고 한다.

착상이 냉동 장치에 미치는 영향은 다음과 같다.

① 냉동 능력 저하로 인한 고내의 온도 상승
② 냉동 능력 대비 소요 동력(비용)의 증대
③ 토출 냉매 가스의 온도 상승 및 압축비 증가
④ 냉동 능력 및 성능 계수 저하
⑤ 증발 온도 및 증발 압력의 강하
⑥ 액압축 위험성 증가

(2) 제상 방법

대표적인 제상 방법으로 핫 가스 제상, 전열 제상, 물 분무 제상, 그리고 압축기 정지에 의한 제상 등이 있다.

① 핫 가스 제상

핫 가스 제상(hot gas defrost)은 압축기 토출 가스의 고온, 고압 에너지를 직접 증발기로 보내 증발기 착상을 제거하는 방법이다. 이 방법은 핫 가스를 바이패스(bypass) 방식으로 통과시켜 주는 솔레노이드 밸브가 설치되어 있어야 한다.

제상하는 동안에는 고온, 고압 에너지의 핫 가스 냉매가 필요하므로 압축기는 계속해서 운전되어야 한다.

핫 가스 제상은 먼저 수액기 출구 밸브를 닫고 저압 측 냉매를 흡입시키고, 압축기에서 나온 고온 가스를 응축기와 팽창 밸브를 거치지 않고 직접 증발기로 보내는 방법으로 운전한다.

타이머를 사용하여 자동적으로 제상할 수도 있고 수동으로 스위치를 조작하여 제상할 수도 있다.

② 전열 제상

전열 제상(electric heat defrost)은 증발기의 증발관 근처에 설치된 전기 히터에서 발생한 열량으로 착상을 제거하는 방법이다. 전기 히터의 작동은 타이머에 의해 조절되며 제상 온도 조절기를 부착하여 히터의 과열을 방지할 수 있도록 되어 있다. 이 방식은 주로 소형 냉동 장치나 유닛 쿨러에 많이 사용되며 히터 제작 및 설치상의 문제점 등으로 대형 냉동기에서는 사용이 제한적이다.

전열 제상은 압축기가 정지하고 미리 정해 놓은 타이머에 의하여 전열 히터에 전원을 공급하여 제상이 이루어지는 방법으로 운전한다. 제상이 끝나면 압축기를 먼저 작동시키고 증발기 팬이 작동하도록 운전한다.

③ 물 분무 제상

물 분무 제상(water spray defrost)은 10~25℃ 정도의 물을 직접 증발기에 뿌려 착상을 제거하는 방법으로 중·대형 냉동기에 적용하고 있다. 물 분무 제상은 물을 사용하는 방법이라 하여 물 제상이라고도 하며 압축기와 증발기 팬을 정지시키고 제상용 물 밸브를 열어 제상한다.

④ 압축기 정지 제상

압축기 정지 제상(off cycle defrost)은 별도의 제상 장치 없이 전기적으로 압축기를 정지시키고 증발기 팬만 작동시켜 고내의 온도 상승으로 제상을 하는 소극적인 방법이다. 냉장실 온도 2~5℃ 정도에서도 냉장품에 피해가 없는 경우에 사용할 수 있다.

증발기 팬에 의해 제상을 한다고 하여 팬 제상이라고도 한다.

04 팽창 장치

4-1 팽창 장치의 기능

팽창 장치는 냉동 시스템의 응축기에서 공급되는 고온 고압의 과냉각 냉매액을 저온 저압의 포화액이나 습증기로 감압하고 냉동 부하에 대응하는 냉매 유량을 조절하는 역할을 한다. 팽창 장치에서의 냉매 유량 제어는 매우 중요하다. 냉동 부하에 비하여 냉매 유량이 많으면 증발기에서 미처 증발하지 못한 냉매액이 압축기로 들어가는 액백(liquid back) 현상을 초래하여 압축기에 무리가 가고 수명이 단축된다. 또한, 냉동 부하에 비하여 냉매 유량이 지나치게 적으면 냉동 효과가 제대로 일어나지 못하고 증발기 출구에서 이미 과열 증기 상태로 되어 압축기를 과열시키고 에너지 비용이 많이 들게 된다.

따라서 냉동 부하의 변동에 따라 유연하게 냉매 유량을 조절해 주는 기능이 필요하다. 이론적인 팽창 과정은 등비엔탈피 과정으로 이루어지므로 팽창 과정 전후의 비엔탈피는 같다.

4-2 팽창 장치의 종류

팽창 장치에는 수동 팽창 밸브와 자동 팽창 밸브, 모세관 등이 있다. 자동 팽창 밸브는 다시 정압식 자동 팽창 밸브, 온도식 자동 팽창 밸브, 전자식 자동 팽창 밸브, 열전식 팽창 밸브 등으로 구분된다.

여기서는 대표적으로 많이 쓰이는 모세관과 온도식 자동 팽창 밸브에 대해서 알아보기로 한다.

(1) 모세관

모세관(capillary tube)은 그림 4-9와 같이 응축기의 고압(P_H)의 액체 냉매가 지름이 작고 길이가 긴 관을 통과하면서 관 마찰로 인해 압력이 강하되어 저압(P_L) 상태로 증발기로 들어가는 통로의 역할을 한다. 압력이 포화 압력 이하로 감압되면 냉매액의 일부는 기화하여 습증기로 되어 증발기에서 증발하기 좋은 조건을 갖추게 된다. 모세관은 안지름이 0.5~2 mm, 길이는 1~6 m 정도인데 냉매의 종류, 냉동기의 용량, 증발 온도 등의 가동 조건 등에 따라 이상적인 지름과 길이를 실험적으로 결정한다.

모세관은 구조가 간단하고 값이 싸며 설치에 특별한 기술이 필요하지 않다. 그러나 이상적인 지름과 길이 산정이 어렵고 유량 조절을 할 수 없으며 수분이나 이물질에 의하여 막히기 쉬운 점 등의 단점이 있다.

팽창 장치로서 모세관은 동일한 용량이나 규격으로 다량 생산을 하는 가정용 냉장고, 에어컨디셔너, 쇼케이스, 소형 냉동기 등의 소용량 냉동 장치에 많이 사용된다.

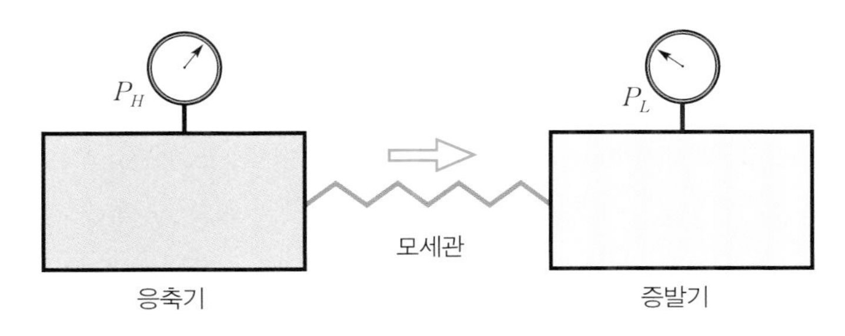

그림 4-9 **모세관의 기능**

(2) 팽창 밸브

팽창 밸브(expansion valve)는 수동식 팽창 밸브와 자동식 팽창 밸브로 구분된다. 수동식 팽창 밸브는 밸브의 개도를 사람이 하므로 정확한 냉매 용량 제어가 어렵다. 수동식 팽창 밸브가 쓰이는 용도는 한정적이므로 여기서는 자동식 팽창 밸브에 대하여 알아보기로 한다.

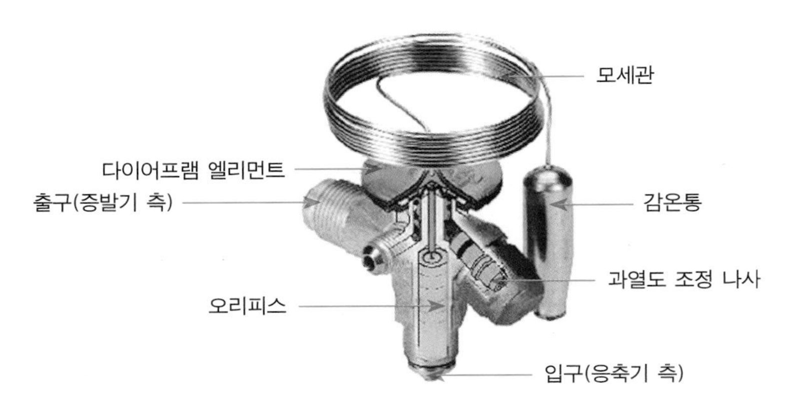

그림 4-10 **온도식 팽창 밸브의 구조**

자동식 팽창 밸브는 작동 방식에 따라 온도식 팽창 밸브와 정압식 팽창 밸브로 구분된다.

온도식 팽창 밸브(Thermostatic Expansion Valve, TEV)는 비교적 정확하게 냉매 유량을 제어하고 증발기 출구에서의 과열도(super heat degree)를 적정하게 유지할 수 있도록 제작되어 있다. 냉매가 흐르는 통로가 되는 밸브 시트(valve seat)와 밸브 니들(valve needle) 사이의 틈새 간극은 압력차에 의해 결정되며 그 개도에 따라 냉매 유량이 조절된다.

온도식 팽창 밸브의 상용 냉동 용량은 R-22 냉매의 경우 0.5 kW(0.14 RT)~1890 kW (540 RT) 정도로 다양한 범위에서 적용되고 있다. 온도식 팽창 밸브는 그림 4-10과 같이 입출구 연결구와 오리피스(orifice), 다이어프램 엘리먼트(diaphragm elements)로 구성되는 본체와 감온통 그리고 감온통과 본체를 연결하는 모세관 등으로 구성되어 있다. 이 밸브의 열림 정도, 즉 개도는 다이어프램 상부와 하부 사이에서의 압력 균형을 유지하는 방향으로 작동을 하며 여기에 작용하는 압력 방식에 따라 내부 균압형 온도식 팽창 밸브와 외부 균압형 온도식 팽창 밸브가 있다.

① 내부 균압형 온도식 팽창 밸브

내부 균압형 온도식 팽창 밸브(internal equalizing thermostatic expansion valve)의 개도는 부하 변동에 따라 자동적으로 변화한다. 냉매의 양을 적절하게 조절하여 지나친 습압축 및 과열 압축을 방지하는 기능이 있다.

밸브의 개도는 그림 4-11에서 나타낸 바와 같이 니들 밸브(needle valve)를 움직이는 다이어프램에 작용하는 압력들 간의 평형 조건에 따라 결정된다.

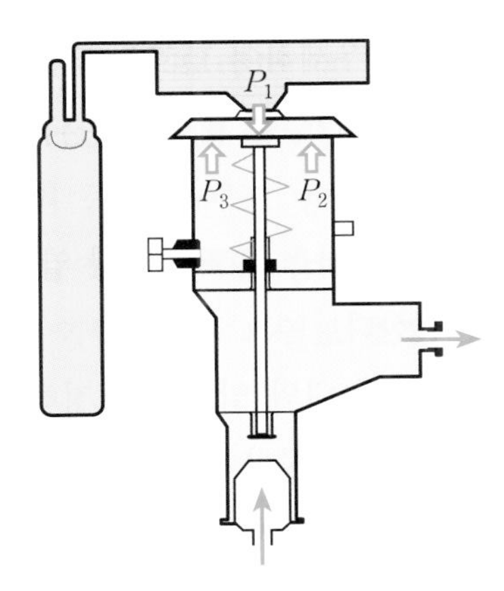

그림 4-11 **내부 균압형 온도식 팽창 밸브의 작동**

이들 압력은 다음과 같이 세 가지로 나누어진다.

- P_1

  감온통(thermo sensing bulb) 내에 봉입된 가스의 압력으로 다이어프램을 아래쪽으로 밀어 밸브를 여는 방향으로 작용하는 압력이다.

- P_2

  증발기에서의 증발 압력으로 다이어프램을 위쪽으로 밀어 밸브를 닫는 방향으로 작용하는 압력이다.

- P_3

  과열도 조절에 따른 스프링 압력으로 다이어프램을 위쪽으로 밀어 밸브를 닫는 방향으로 작용하는 압력이다.

  팽창 밸브를 열려는 압력과 밸브를 닫으려는 압력이 냉동 부하에 따라 평형을 유지하며 유량을 조절한다. 여기서 평형 조건은 식 (4.23)과 같다.

$$P_1 = P_2 + P_3 \tag{4.23}$$

만약 냉동기의 냉동 부하가 증가하여 증발기 출구에 설치된 감온통이 높은 온도를 감지하여 봉입 가스의 압력이 상승하면 식 (4.23)의 압력 평형 관계가 $P_1 > P_2 + P_3$로 되므로 과열 압축을 방지하기 위하여 밸브가 열리고 냉매 유량이 증가한다.
계속하여 냉매 유량을 증가시켜 냉동기를 운전하면 증발기 출구 온도가 낮아져서 식 (4.23)의 평형은 $P_1 < P_2 + P_3$으로 바뀐다.

05 조절 장치

앞서 살펴본 압축기, 응축기, 증발기 및 팽창 장치를 증기 압축식 냉동기의 주요 구성 4요소라고 한다. 그러나 실제 냉동기에는 이상의 4요소 외에도 여러 가지 조절 장치(control device)나 안전 장치(safety device)를 설치하여 냉동기가 최적의 조건으로 효율적인 작동을 하도록 하고 있다.

조절 장치의 설치 목적은 기본 구성 4요소의 최적 조건 유지, 장치의 효율성 제고, 운전 비용의 저감 및 장치의 수명 연장 등이다.

5-1 수액기

수액기(liquid receiver)는 그림 4-12와 같이 응축기와 팽창 밸브 사이에 설치되며 보통 그림 4-13과 같이 콘덴싱 유닛(condensing unit) 구성 장치에 포함되어 있다. 수액기는 냉동기에서 다음 세 가지의 주요 기능을 한다.

첫째, 순수한 응축 냉매액만 팽창 밸브로 보내주는 역할을 한다. 냉동의 원리를 보면 냉매액이 증발하면서 냉동 효과를 일으키는데, 혹시 냉매액 중에 일부 기화된 냉매 증기가 혼재한 채로 팽창 밸브로 보내지면 그만큼 냉동 효과는 떨어지기 때문이다. 그래서 수액기의 내부 구조는 입구관은 위쪽에 위치하고 있으나 팽창 밸브로 가는 출구관의 수액기의 바닥 쪽에서 나가도록 되어 있다. 특히, 출구관 입구에는 팽창 밸브로 이물질이 유입되는 것을 방지하기 위하여 그물망식 여과기를 부착하고 있다.

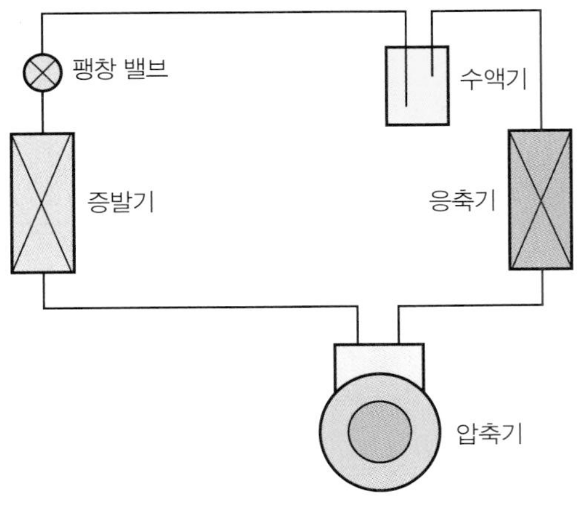

그림 4-12 **수액기의 설치 위치**

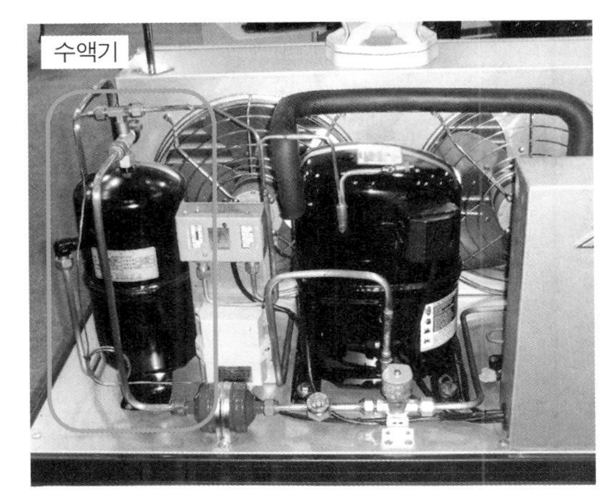

그림 4-13 **수액기가 설치된 콘덴싱 유닛**

둘째, 냉동 사이클 중에 순환 냉매의 양이 변화할 때 여분의 냉매를 저장하는 용기의 역할을 한다. 또한, 펌프 다운(pump down)으로 운전되는 냉동기에서 냉동기 정지 시 냉매를 모아 두는 저장소의 역할을 한다.

셋째, 서비스 밸브가 마련되어 있는 수액기의 경우에는 고압(액관) 측 배관 연결이나 압력 게이지 등의 설치를 겸용할 수 있다.

• 모세관식 팽창 장치와 수액기 •

수액기는 팽창 장치로서 모세관을 사용하는 시스템에서는 사용하지 않는다. 사이클이 정지하는 동안 냉매액이 모세관을 지나 증발기로 흘러 냉동기를 재시동할 때 액이 압축기로 흡입되는 액압축의 염려가 있기 때문이다.

• 펌프 다운 운전 •

냉동기를 정지시키는 방법의 하나이다. 이 방식으로 냉동기를 정지시키면 냉동기의 모든 장치가 그대로 멈추지 않고 일정 기간 압축기가 계속 작동한다. 이때 수액기 토출 측 밸브를 잠그면 응축액은 수액기로 모이게 된다.
한편, 수액기 출구가 잠겨 있으므로 압축기 흡입 측의 압력은 계속 떨어지고, 그 값이 저압 스위치의 설정 압력에 도달하면 압축기를 정지시켜 비로소 모든 냉동기 작동이 정지된다.

펌프 다운 방식은 다음과 같은 이점이 있다.
① 압축기 시동할 때 냉매액이 압축기로 유입되는 액압축을 막을 수 있다.
② 압축기 재시동할 때 큰 동력이 소요되지 않는다.
③ 냉매가 수액기로 모아지므로 압축기를 비롯한 시스템의 점검 및 보수가 용이하다.

5-2 필터 드라이어

필터 드라이어(filter dryer)는 냉동, 냉장, 공조 장치 내의 냉매 중에 포함되어 있는 이물질을 걸러주고 산이나 수분을 제거시켜 주는 역할을 하며 팽창 밸브를 보호해 준다. 필터 드라이어는 그림 4-14와 같이 응축기와 팽창 장치 사이의 액관에 설치되며 관과의 접속 방법에 따라 용접형과 플레어형이 있다. 액관의 냉매 이동 속도가 저속일 때는 냉매가 드라이어의 건조 물질과 충분히 접촉할 수 있으므로 성능이 우수하고 드라이어 전후의 압력 강하도 적다.

필터 드라이어는 관 지름에 따라 여러 가지 종류가 있으며, 특히 방향 구분이 있어 냉동기 제작이나 드라이어를 보수할 때에는 반드시 유동 표시 방향에 맞추어 설치해야 한다. 그림 4-15는 용접형 필터 드라이어와 플레어형 필터 드라이어를 나타낸 것이다. 필터 드라이어에는 이물질을 걸러주기 위한 그물망식 여과기가 부착되어 있고 내부에 제습제가 채워져 있다. 필터 드라이어는 냉동기에 사용되는 냉매 오일에 따라 제조사에서 권장하는 제습제(eliminator) 종류를 선택해야 한다. HFC나 R-22 냉매에 폴리올에스테르(POE) 오일(POE) 또는 폴리알킬렌글리콜(PAG)을 사용하는 장치에는 고수분 흡착을 필요로 하므로 몰레큘라시브스(molecularsiebs) 100%인 제습제를 사용한다. 또 HCFC나 CFC 냉매에 광물유(MO)나 알킬벤젠 오일을 사용하는 장치에는 몰레큘라시브스 80%와 활성알루미나 20%를 합성하여 제조된 제습제를 사용한다.

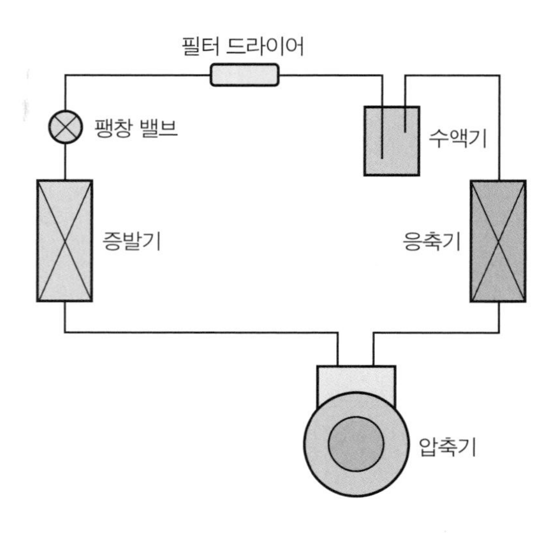

그림 4-14 **필터 드라이어의 설치 위치**

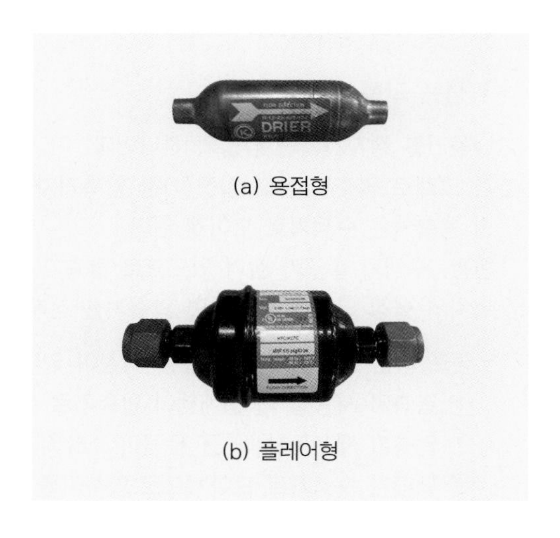

그림 4-15 **필터 드라이어**

표 4-3 필터 드라이어의 교환 기준 압력 강하 기준값

시스템	압력 강하(bar)
에어컨	0.50
냉 동	0.25
제빙 및 냉각	0.15

필터 드라이어를 오랫동안 사용하여 막힘으로 인한 압력 강하가 표 4-3의 기준값을 초과하면 교환해야 한다.

냉동기 시스템으로 수분이 유입되었을 때 나타나는 현상

① 팽창 밸브 오리피스 통로에서 결빙되어 관을 막는 현상
② 금속제 부품의 부식
③ 밀폐형, 또는 반밀폐형 압축기 절연부의 화학적 손상
④ 오일 산화로 인한 윤활, 냉각, 기밀 등의 작용 둔화

5-3 어큐뮬레이터

어큐뮬레이터(accumulator)는 그림 4-16과 4-17에서 보는 바와 같이 증발기와 압축기 사이에 설치되고 냉매액이 압축기로 들어가 액압축이 일어나는 것을 방지하는 역할을 한다.

냉동 부하가 작고, 이에 비하여 냉매 순환량이 많은 경우에는 증발기 출구에서 냉매가 완전하게 증발하지 못하여 생긴 일부 액냉매를 2차적으로 증발시키는 용기로서의 기능을 한다.

또한, 어큐뮬레이터는 압축기의 밸브가 열리고 닫히는 동안 흡입 배관에서 발생하는 맥동을 흡수하는 서지 탱크(surge tank)로서의 기능을 한다. 따라서 냉매 증기는 안정된 압력과 유동으로 압축기로 흡입될 수 있다. 어큐뮬레이터도 수액기와 같이 방향 구분이 있다.

증발기 측과 연결되는 입구(in)와 압축기 측과 연결되는 출구(out) 구분이 있으므로 주의하여 설치해야 한다.

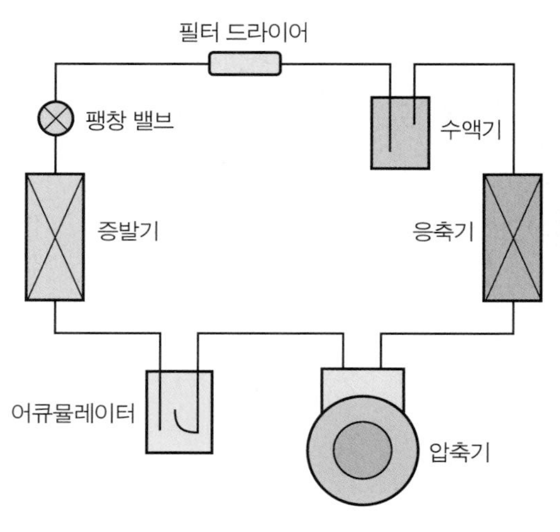

그림 4-16 **어큐뮬레이터의 설치 위치**

그림 4-17 **어큐뮬레이터가 설치된 콘덴싱 유닛**

5-4 열교환기

열교환기(heat exchanger)는 고온체가 가지고 있는 열에너지를 저온체에 전달시키는 역할을 한다. 열교환의 결과 고온체는 열에너지를 잃어 온도가 떨어지고 저온체는 열에너지를 얻어 온도가 상승한다. 이론적으로는 고온체가 잃은 에너지와 저온체가 얻은 에너지는 서로 같다.

그림 4-18은 고온 액냉매와 저온 가스 냉매 사이의 열교환을 나타낸 것이다. 저온 가스 냉매의 입구 및 출구 온도를 각각 t_{c1}과 t_{c2}라고 하고 고온 액냉매의 입출구 온도를 각각 t_{h1}과 t_{h2}라고 하면 고온 액냉매가 잃은 열량(Q_h)과 저온 가스 냉매가 얻은 열량(Q_c)은 다음과 같다.

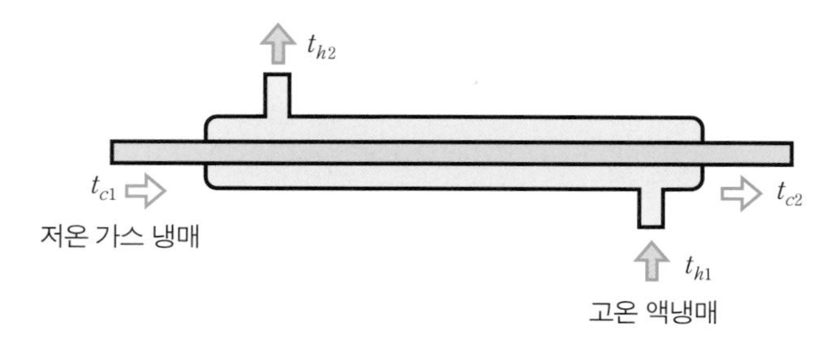

그림 4-18 **열교환 냉매의 흐름 방향**

$$Q_h = m_h C_h (t_{h1} - t_{h2}) \text{ [kcal/h]} \quad (4.24)$$

$$Q_c = m_c C_c (t_{c2} - t_{c1}) \text{ [kcal/h]} \quad (4.25)$$

여기서 m_h와 m_c는 각각 고온 액냉매와 저온 가스 냉매의 질량 유량(kg/h)이고 C_h와 C_c는 각각의 비열이다.

에너지 보존의 법칙에 의해 식 (4.24)와 (4.25)는 서로 같다.

$$Q_h = Q_c \quad (4.26)$$

실제로 냉동 장치에서는 열교환기를 적용하는 경우가 많다. 팽창 밸브 입구의 고온 액냉매와 압축기 입구의 저온 가스 냉매가 액－가스 열교환기에서 열을 교환하는 과정이 대표적인 예이다.

고온의 액관과 저온의 흡입관이 열교환되어 액관은 온도가 저하하고 흡입관은 온도가 상승한다.

그 결과 다음과 같은 이점을 얻을 수 있다.

① 팽창 밸브 입구의 냉매가 과냉각되어 액냉매의 양이 증가한다. 이로 인해 팽창 밸브로 가기 전에 냉매가 증발하여 생긴 가스, 즉 플래시 가스의 생성을 방지하여 냉동기의 성능이 향상된다.

② 몰리에 선도 상으로 보아 증발 과정이 길어지므로 단위 사이클 당의 냉동 효과가 증가한다.

③ 증발기 출구 측 냉매 가스로 보아서는 열을 얻기 때문에 과열도가 증가하고 습압축을 방지할 수 있다.

5-5 예냉각기

예냉각기(pre-cooler)는 압축기 토출관에서 나온 고온의 냉매 증기를 예냉각기에서 미리 냉각을 시키고, 이 냉각된 가스를 압축기로 다시 한 번 더 거쳐 응축기 쪽으로 보내준다.

일반적으로 예냉각기를 사용하는 목적은 사이클에서 압축기 모터의 과열을 방지하고 소비 동력을 줄이는 데 있다.

5-6 솔레노이드 밸브

솔레노이드 밸브(solenoid valve, 전자(電磁) 밸브)는 냉동기에서 냉매의 순환 유로를 전기적으로 개폐하는 작용을 한다.

그림 4-19는 콘덴싱 유닛의 액관에 설치된 솔레노이드 밸브의 장착 예이다. 솔레노이드 밸브는 보통 황동제 몸체에 스테인리스강(stainless steel)으로 만들어진 플런저(plunger)와 이를 당겨 주는 전자력을 발생시키는 코일(솔레노이드)이 한 세트로 되어 있다.

솔레노이드 밸브는 밸브의 작동 방식에 따라 상시 닫힘 구조(normal closed construction)와 상시 열림 구조(normal opened construction)가 있다. 상시 닫힘 구조는 평상시에는 밸브가 닫혀 있다가 전자에 전류가 흐르면 밸브 유로가 열리는 유형이고, 상시 열림 구조는 이와 반대로 평상시에는 열려 있다가 전류가 인가되면 밸브 유로가 닫히는 유형이다.

솔레노이드 밸브를 선택할 때에는 사용 냉매의 종류, 작동력과 열림 압력, 연결구의 지름 및 연결 방법 등을 고려하여 제조사의 규격에 따라 결정한다.

그림 4-19 **액관에 설치된 솔레노이드 밸브**

솔레노이드 밸브의 최대 열림 압력

솔레노이드 밸브의 작동 압력을 나타내는 제원으로서 흔히 최대 작동 압력차(Maximum Operating Pressure Differential, MOPD)를 사용한다. 최대 작동 압력차는 솔레노이드가 안전하게 밸브를 작동시킬 수 있는 입·출구 사이의 최대 압력차로서 반드시 최대 작동 압력차 이하의 압력에서 사용하여야 한다.

5-7 체크 밸브

체크 밸브(check valve)는 냉매 배관에서 역류를 방지하여 유동을 한쪽 방향으로 유지시켜 주는 역할을 한다. 그림 4-20과 같이 화살표 방향으로 유동이 이루어지면 볼(ball)이 유로를 열어 주지만 반대로 유동이 화살표 반대 방향으로 흐르려 하면 볼이 유로를 막아 더 이상 흐를 수 없다.

따라서 체크 밸브는 반드시 밸브에 표시된 화살표 방향을 맞추어 설치하여야 한다.

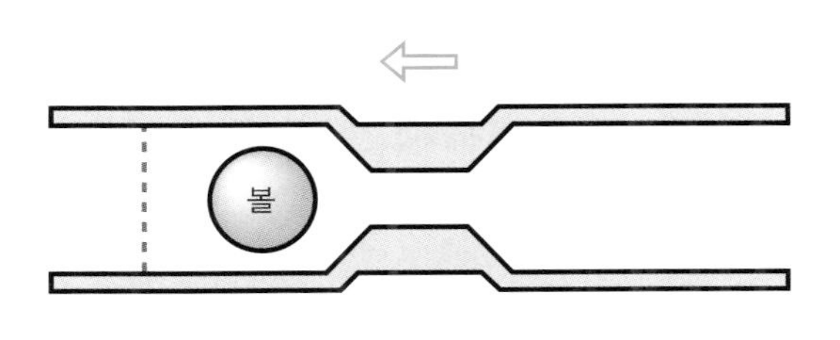

그림 4-20 **체크 밸브의 작동 원리**

저온 증발기의 체크 밸브 기능

여러 개의 증발기를 사용하는 시스템의 경우, 저온 증발기 출구에는 체크 밸브를 부착하여 장치 정지 시에 고온 증발기에서 나온 냉매 가스가 역류되어 응축되는 것을 방지한다.
만약 체크 밸브를 설치하지 않으면 냉동기 정지 중에 역류된 냉매 가스가 응축되어 액압축의 원인이 된다.

5-8 압력 및 용량 조절 밸브

(1) 증발 압력 조절 밸브

1대의 압축기로 고온 증발기와 저온 증발기 등 2대 이상의 증발기를 사용하는 경우, 증발 압력을 흡입 압력보다 높게 유지해야 하는 고온 증발기에 증발 압력 조절 밸브(Evaporation Pressure Regulating Valve, EPR)를 부착한다.

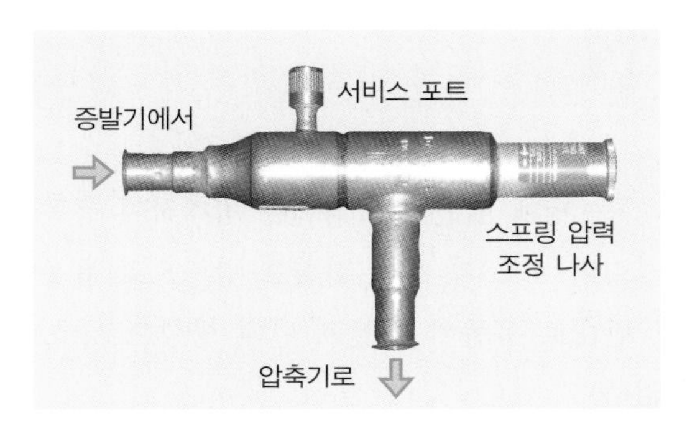

그림 4-21 **증발 압력 조절 밸브의 구조**

증발 압력 조절 밸브는 그림 4-21과 같은 구조로 되어 있으며 증발 압력이 어느 특정 압력, 즉 희망하는 압력(온도) 아래로 떨어지는 것을 방지하고 또는 여러 개의 증발기로 구성된 시스템에서 증발기마다 각각 다른 온도를 유지시킬 수 있도록 한다.

증발기에서 나온 냉매 압력은 입구 측에서 압력 조정부의 벨로스(bellows)에 걸리게 되며, 조정 나사로서 조정한 스프링의 반항력보다 벨로스의 '유효 면적×증발 압력' 쪽이 커지면 증발기 내 압력이 벨로스를 밀어 올려서 밸브가 열린다. 따라서 밸브는 항상 조정된 압력보다 증발 압력이 높을 때는 열리고 반대로 낮을 때는 닫히게 된다.

증발 압력 조절 밸브의 조정 방법은 제조사와 제품에 따라 다소의 차이는 있지만 일반적으로 조정 나사를 시계 방향으로 회전시켜 스프링 압력을 세게 하면 증발 압력 설정값이 높게 유지된다. 그리고 반시계 방향으로 회전시키면 스프링의 힘이 풀어져 증발 압력 설정값이 낮게 유지된다. 보통 스프링 압력 조정 나사 1회전에 증감되는 압력은 0.3~0.45 bar 정도이다.

(2) 흡입 압력 조절 밸브

흡입 압력 조절 밸브(Suction Pressure Regulating valve, SPR)는 냉동기 흡입 압력이 정상보다 상당히 높을 경우, 압축기가 과부하로 인하여 손상되거나 시스템 효율이 저하되는 것을 방지하는 역할을 한다. 특히 냉동 장치의 기동 초기와 제상 중 또는 제상이 끝난 직후에는 증발 부하가 커지므로 흡입 압력을 어느 일정 압력 이하로 유지하여 압축기를 과부하로부터 보호할 필요가 있다.

흡입 압력 조절 밸브는 압축기 직전의 흡입 배관에 설치하며 사이클 운전 중에 압축기가 최대로 흡입할 수 있는 압력을 세팅 압력으로 한다. 세팅 압력이 낮으면 냉매 순환량이 감소하기 때문에 냉동 효과가 떨어지므로 압축기에 무리가 가지 않는 한 높게 세팅한다. 보통 흡입 압력의 조정 범위는 0.2～6 bar 정도이다.

(3) 응축 압력 조절 밸브

응축 압력 조절 밸브(Condensing Pressure Regulating valve, CPR)는 응축기 출구 측에 설치되며 응축기 및 수액기 압력을 일정한 압력으로 유지시켜 주는 역할을 한다.

응축 압력이 적당히 낮은 것은 그만큼 냉동 효과를 크게 하지만 지나치게 낮으면 팽창 밸브에서 충분한 냉매액을 확보하지 못하므로 결과적으로 냉동 능력이 저하된다. 공랭식 응축기를 동절기에 운전하는 경우에는 팬의 회전수를 조절하든지 응축 압력 조절 밸브를 설치하여 응축 압력을 어느 정도 높게 유지할 필요가 있다. 또한, 수랭식 응축기를 동절기에 운전하는 경우에는 냉각탑을 순환하는 냉각수의 온도 관리가 필요하다.

일반적인 응축 압력 조절 밸브의 최고 사용 압력은 28 bar 정도이고 밸브가 열리기 시작하는 조정 범위는 5～17.5 bar 정도이다. 적당한 응축 압력을 얻기 위해 냉각수량 및 수온 점검, 냉각 장치의 청결을 유지하는 것이 중요하다. 냉각관의 냉매 측 표면에 윤활유가 부착되면 전열 작용을 방해하므로 유분리기의 점검도 필요하다.

(4) 용량 조절 밸브

용량 조절 밸브(capacity regulating valve)는 압축기의 용량과 실제의 증발기 부하를 적합하게 조절해 주는 역할을 한다. 압축기 토출 측 배관은 응축기로 가는 주 배관과 용량 조절 밸브를 통해 압축기 흡입 측으로 통하는 바이패스(by-pass) 배관으로 분기하여 배관한다. 냉동 장치의 토출 측과 흡입 측을 잇는 고저압 바이패스 배관에 부착되어 고압 측에서 저압 측으로 핫 가스(hot gas) 또는 쿨 가스(cool gas)를 공급함으로써 압축기 흡입 압력 하한계값을 보증한다.

용량 조절 밸브는 다음과 같은 특징이 있다.

① 압축기의 빈번한 ON/OFF를 방지할 수 있다.

② 압축기의 오일 해머(oil hammer)를 방지하고 흡입 압력을 안정하게 유지한다.

③ 핫 가스를 바이패스 함으로써 증발기의 적상을 방지할 수 있다.

④ 장치의 큰 부하 변동에 대해 정밀 제어가 가능하고 작은 부하에 대하여도 대응이 가능하므로 연속적으로 운전을 할 수 있다.

06 안전 장치

냉동 장치에서 압력이 비정상적으로 높아지면 폭발할 위험이 있으며 이를 방지하기 위해서 압축기, 응축기 및 수액기 등에 안전 장치를 설치한다. 이상 고압에 대응하기 위한 안전 장치로는 고압 차단 스위치, 안전 밸브, 가용전 등이 있으며 그 밖의 기능을 갖는 안전 장치로는 저압 차단 스위치, 유압 보호 압력 스위치, 관찰창 등이 있다.

6-1 고압 차단 스위치

그림 4-22 **압력 스위치의 설치 예**

냉동기의 안전 장치로서 고압 차단 스위치(High Pressure Switch, HPS)는 고압 스위치라고도 하며 냉동기의 고압 측 배관(액관)에 설치하여 감지한 압력에 따라 접점을 개폐하는 역할을 한다. 냉동기의 고압부에 배관이나 팽창 밸브 막힘 등으로 인하여 고압 측 압력이 상승하면 이 배관과 연결된 고압 스위치의 벨로스(bellows)에 가해지는 압력이 미리 조정된 설정 압력보다 높아져 접점이 끊어진다. 이 접점에 의하여 압축기에 공급되는 전원이 차단되어 액관의 압력 상승을 막고 기기를 보호할 수 있다.

그림 4-22는 압력 스위치가 설치된 예이다. 고압 스위치는 저압 스위치, 차압 스위치와 함께 냉동기의 자동 제어에 중요한 역할을 한다.

(1) 단절점(cut-out)

고압 측 세팅 압력으로 평시 닫힘 회로가 이 압력에서 열림으로 전환된다. 압력 조정 나사로 단절점을 맞출 수 있다.

(2) 단입점(cut-in)

자동 복귀형 고압 스위치에서 단절점에서 차단된 접점이 시스템의 압력이 서서히 강하하다가 다시 닫히는 압력이다. 리셋 버튼(reset button)이 있는 수동 복귀형 고압 스위치에서는 단입점이 없다. 단입점은 작동 압력차에 의해서 세팅할 수 있다.

(3) 작동 압력차(differential)

보통 편차(diff.)라고 하며 압력차를 작게 설정할수록 압력의 제어를 정밀하게 할 수 있다. 그러나 고압 차단 장치와 같이 적당한 압력차가 필요한 경우가 있으며, 제어의 안정에도 필요하다. 또한, 접점 기구에는 스냅 액션(snap action)이 필요한데 접점이 ON(또는 OFF)의 위치에 좀 더 가까이 오면 ON 또는 OFF로 되는 동작을 한다. 만일 이것이 아니고 벨로스나 바이메탈의 움직임과 같이 천천히 접점이 가까이 가는 경우에는 양쪽의 접점이 아주 가까운 거리로서 접촉하지 않은 상태가 되는데, 이때에는 그 사이에서 방전이 일어나서 접점이 손상되고 용착을 일으키기 쉽다.

이와 같이 스냅 액션은 설정점보다도 지나쳐간 만큼의 에너지를 스프링에 저장해서 한꺼번에 동작시키는데 이 때문에 작동 압력차는 꼭 필요하다. 압력 스위치에서는 작동 압력차의 폭을 스프링의 힘을 변화시켜 조합할 수 있는 것과 고정한 것이 있다.

압력 스위치

압력 스위치는 냉동 장치 내의 압력 상태를 감지하여 스위치 접점을 ON-OFF시키는 역할을 한다. 냉동 설비에 설치되는 압력 스위치는 직접적으로 냉매나 냉동유의 압력을 감지하고, 그 압력의 세기에 따라 접점을 열거나 닫아 압축기 운전의 자동 제어가 가능하다.
압력 스위치는 기능에 따라 고압 차단 스위치(HPS), 저압 차단 스위치(LPS), 유압 보호용 압력 스위치(OPS) 등의 종류가 있다.

6-2 저압 차단 스위치

저압 차단 스위치(Low Pressure Switch, LPS)는 냉매 누설 및 배관 계통의 막힘 또는 외기 온도 하강에 의해서 사이클 내의 압력이 저하할 때 스위치의 다이어프램 수축으로 인하여 스위치 접점이 열린다. 저압 스위치와 고압 스위치의 부착 위치와 설치 목적을 비교하면 표 4-4와 같다.

표 4-4 **저압 스위치와 고압 스위치의 비교**

구 분	저압 스위치	고압 스위치
부착 위치	압축기 흡입 측 배관	압축기 토출 측 배관
설치 목적	저압 측의 압력 저하할 때 이를 감지하여 스위치를 열어 압축기 소손을 방지	시스템 고압 측 압력 상승할 때 설정 압력 이상의 압력 상승을 감지하여 스위치를 열어 압축기 소손을 방지

6-3 유압 보호 압력 스위치

유압 보호 압력 스위치(Oil Pressure Switch, OPS)는 주로 반밀폐형 압축기를 사용하는 중·대형 냉동기에서 오일 윤활 부족 상태를 압력으로 감지하여 압축기 부품의 소손을 방지하는 기능을 한다.

운전 개시 후 일정 시간(1~2분) 동안 유압이 안전 압력(설정 압력)에 미치지 못하면 강제로 압축기를 정지시켜 보호한다.

유압 보호 압력 스위치는 압력 검출부가 2개 있어 양쪽의 압력을 검출하여 그 압력차에 의해 작동하고 타이머 기구를 갖고 있어 일정 시간 후 작동하는 점이 일반 압력 스위치와의 차이점이다.

압력 스위치의 고장 현상

압력 스위치에서의 고장 현상은 압력 조절 스프링의 열화 및 탄성 한계 초월로 인한 조절이 불가능한 고장 또는 벨로스 부분의 파손, 이물질 부착, 탄성 저하 등으로 인한 고장, 그리고 접속부에서 플레어 부분의 손상, 플레어 너트의 헐거움으로 인한 누설 등의 고장 현상이 있다.

6-4 안전 밸브

안전 밸브(safety valve 또는 relief valve)는 응축 압력이 세팅값보다 높은 경우 냉매를 외부로 분출시켜 시스템을 보호하는 기능을 한다.

안전 밸브의 동작 압력은 냉매별로 정해진 내압 시험 압력의 80% 이하이며, 설치 위치는 압축기 토출 측 스톱 밸브 직전으로 고압 차단 스위치와 동일 위치로 하고 있다.

안전 밸브의 최소 지름(d)은 압축기 토출량을 Q[m^3/h]라고 할 때, 식 (4.27)과 같이 정한다.

$$d = k\sqrt{Q} \quad [\text{mm}] \tag{4.27}$$

여기서 k는 냉매의 종류에 따라 정해진 상수로서 표 4-5와 같다.

표 4-5 **안전 밸브 설계용 냉매 상수(k)**

냉 매 명	상 수	냉 매 명	상 수
암모니아	0.9	R-114	1.4
R-21	1.2	R-22	1.6
R-12	1.5	프로판	1.4

압축기용 안전 밸브

압축기용 안전 밸브는 스톱 밸브가 잠겨 있는 동안 압축기가 동작하거나 고압 측 배관의 갑작스럽게 막혀져 있는 동안 압축기가 동작하는 등 시스템에 이상 고압이 형성될 때, 압축기를 보호하기 위해 압출 가스를 분출하는 기능을 한다. 그러므로 압축기용 안전 밸브의 지름은 압축기에서 토출되는 가스를 충분히 분출시킬 수 있는 크기로 설치하여야 한다.

6-5 관 찰 창

관찰창(sight glass)은 액관의 필터 드라이어와 팽창 밸브 사이에 설치되어 시스템 내의 냉매액의 상태를 표시한다. 관찰창으로부터 시스템에 냉매가 적정량 충전되었는지 여부와 냉매 중의 수분 포함 여부를 알 수 있다.

냉매 충전량이 부족하거나 배관 중에 냉매가 고였다가 일시적으로 방출되는 경우에는 냉매 흐름이 연속적이지 못하고, 응축기에서 과냉각 상태로 충분히 응축되지 않을 경우에는 기포가 관찰된다.

또한, 냉매 중의 수분을 감지하여 색깔의 변화로 냉매의 건조 상태를 나타내는 데 녹색의 경우는 냉매에 수분이 없는 상태(건조 상태)를 나타내고 황색의 경우는 냉매 중에 수분이 있음을 표시한다. 관찰창으로 보아 녹색에서 황색으로 변화하면 필터 드라이어를 교환해야 한다.

6-6 가 용 전

가용전(fusible plug)은 화재가 일어나거나 고압 스위치가 정상적으로 작동하지 않을 때 사고로부터 냉동 장비를 안전하게 보호해 주는 역할을 한다. 가용전은 소형 냉동 장치에서 응축기 또는 응축기와 제어 장치 사이의 액배관에 설치한다. 응축 온도가 온도 설정값(약 70~75 ℃)보다 높게 되면 냉매를 방출하여 시스템을 보호한다.

가용전은 비스무드(Bi), 카드늄(Cd), 납(Pb), 주석(Sn) 등 저용융 금속의 합금으로 만들며, 독성이 있거나 가연성의 냉매를 사용하는 시스템에서는 설치하지 않는다.

Chapter 4

연 습 문 제

1 용적식 압축기의 종류를 설명하여라.

2 실린더 안지름과 행정이 각각 110 mm와 90 mm인 2실린더형 왕복동 압축기가 300 rpm으로 작동할 때, 이론 토출량을 구하여라.

3 수랭식 응축기 입구와 출구에서의 냉매의 비엔탈피가 각각 1520 kJ/kg과 455 kJ/kg이고, 냉각수 입구와 출구 온도가 각각 25 ℃와 27.5 ℃라고 한다. 냉각수의 비열을 4.19 kJ/kg·K라고 할 때, 다음 물음에 답하여라.

(1) 응축 열량

(2) 냉각수 순환 유량

4 냉동기 시스템에서 발생하는 불응축 가스를 줄이기 위한 방법을 설명하여라.

5 응축 온도가 25 ℃인 수랭식 응축기에서 냉각수 입구와 출구의 온도가 각각 20.5 ℃와 22.8 ℃일 때, 산술 평균 온도차와 대수 평균 온도차를 구하여라.

6 건식 증발기와 만액식 증발기의 특징을 비교 설명하여라.

7 증발기의 적상(frost)이 냉동 시스템에 미치는 영향을 설명하여라.

8 대표적으로 적용되고 있는 증발기 제상 방법을 설명하여라.

9 증발 압력 조절 밸브(EPR)의 역할과 기능을 설명하여라.

전기 제어

냉동기는 기계적 장치 외에 운전 및 제어를 위한 전기 장치를 필요로 한다. 전기 제어 장치는 온도와 압력 제어 장치를 비롯하여 냉동기 운전의 편의성과 효율 제고 그리고 예상되는 이상 현상을 방지하기 위한 여러 가지 장치가 있다. 전기 제어 장치 방식에 따라 냉동기의 성능, 운전 에너지 비용 등이 결정되기도 하므로 시스템의 운전 목적에 따른 제어 회로의 이해가 필요하다. 냉동 기술 엔지니어는 기계 장치는 물론 제어 회로에 사용되는 부품의 특징과 회로 구성의 기본을 이해하고 냉동기에 적용되는 제어 시스템에 대한 응용력을 갖추어야 한다.

5 전기 제어

01 전기 제어의 기초

1-1 전기 회로

냉동기를 사용 목적에 맞게 설계하고 정확하게 제작하기 위해서는 시스템에 알맞은 기계적인 부품의 선정 및 구성과 더불어 전기적인 제어 장치 구성 부품의 선택과 그것을 구성하는 회로의 응용도 매우 중요하다. 전기 회로는 용도와 목적에 맞는 여러 가지 전기 부품을 사용하여 냉동기를 효율적으로 운전하고 장비를 안전하게 유지할 수 있도록 설계하고 구성하여야 한다.

냉동기를 구성하는 압축기와 팬(증발기 및 응축기)은 그 구동 회로에 의해 전동기에 전류가 공급되면서 작동한다. 또한, 고내의 온도나 압력을 제어하는 장치와 과전류를 차단하거나 증발기에 적상된 성에를 제거하는 제상 등을 목적으로 하는 안전 장치도 그 구성 부품에 전류를 공급하거나 차단함으로써 목적하는 대로 동작하도록 회로가 구성되어 있다.

전류의 공급과 차단은 회로의 구성 방법에 따라 수동적인 방법으로도 할 수 있고 계전기나 마이콤 등의 소자를 사용하여 논리적으로도 할 수 있다.

자동 제어

자동 제어(automatic control)는 크게 구분하여 시퀀스 제어(sequence control)와 되먹임 제어(feedback control)로 나뉜다. 시퀀스 제어는 미리 정해진 순서에 따라 단계적으로 제어가 이루어지는 제어이고, 되먹임 제어는 피드백에 의해 제어량을 목표값과 비교하여 일치시키도록 정정 동작을 하는 제어이다. 대부분의 냉동 시스템은 시퀀스 제어로 작동된다.

특히, 논리적으로 제어하는 방법을 자동 제어라고 하며 대개의 에어컨디셔너와 냉동기는 자동 제어 회로에 의해 작동한다.

냉동 공조 시스템에서 자동 제어를 사용하는 목적은 유지 보수비와 에너지 소비를 최소화하고 부하 변동에 따른 실(고)내 온도 유지, 그리고 시스템을 최적 상태로 유지하여 효율적 운전을 도모하는 데 있다.

자동 제어를 시스템에 적용하여 얻을 수 있는 이점은 다음과 같다.

① 기기의 작동이 정확하고 균일하다.
② 원자재 및 에너지 등의 비용을 절감할 수 있다.
③ 연속 작업이 가능하고 반복 작업 시 재현성이 우수하다.
④ 시스템을 사고의 위험으로부터 보호할 수 있다.
⑤ 운전에 필요한 유지비와 노력을 줄일 수 있다.
⑥ 신속한 처리로 시간을 절약할 수 있다.

제어 시스템의 구성

제어 시스템의 제어계는 검출기, 제어기, 조작기로 구성되어 있다.

① 검출기

센서의 기능을 하며 제어 대상의 물리량을 검출하고 검출값을 압력, 전압, 전류 등으로 변환하여 제어기로 보낸다. 냉동 장치에 쓰이는 검출기로는 온도 검출기, 습도 검출기, 압력 검출기 등이 있다.

② 제어기

제어기는 이미 설정된 목표값과 검출기에서 검출된 측정값을 비교하여 조작기를 제어한다. 온도 조절기, 전기 및 전자 제어기, 디지털 제어기 등이 있다.

③ 조작기

제어기로부터 출력된 제어 신호에 따라 제어 장치의 조작량을 변화시켜 출력을 결정하는 기능을 한다. 냉동 장치에서는 스위치나 모터를 ON/OFF 하거나 밸브류를 열고 닫는 조작이 많이 응용되고 있다.

1-2 배선용 기호

냉동기에서 취급하는 제어용 전기 부품은 상당히 많다. 제어 기기의 배선용 기호는 전기 장치 설계자와 작업자 또는 작업 관리자 간에 소통되는 약속이므로 회로도나 계통도에는 반드시 통일된 규격에따라 표기되어야 한다. 우리나라는 한국산업규격(KS)에서 전기용 기호(KSC 0102)와 시퀀스 제어 기호(KSC 0103)를 규격화하고 있다.

표 5-1은 기본적인 도형 기호를 나타낸 것이다. 그리고 냉동 시스템에서 자주 쓰이는 시퀀스 제어용 기기의 기호를 표 5-2에 나타내었다.

표 5-1 **기본적인 도형 기호**

명 칭	기 호	비 고	명 칭	기 호	비 고
전도체		도선 (옥내 배선)	전도체		도선 (옥외 배선)
전선의 교차		연결되지 않은 경우	전선의 교차		교차점 표시
전선의 분기		교차점 표시	연동의 표시		계전기 및 타이머 등과 연동
기기 연결	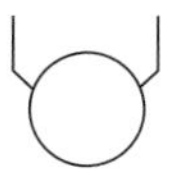	압축기, 팬 등 부하 연결	코 일	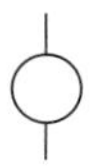	계전기 및 타이머 등의 코일
개폐기		스위치	표시등	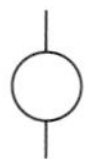	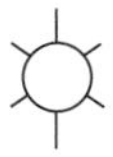 표시 가능

표 5-2 **시퀀스 제어용 기기의 기호**

명 칭	기 호	비 고	명 칭	기 호	비 고
나이프 스위치	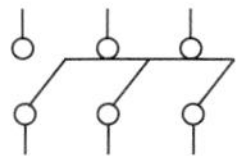	KS (커버나이프 스위치) CKS(JEM*)	한시 계전기 및 한시 동작 접점	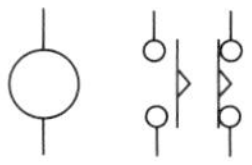	TLR
배선용 차단기	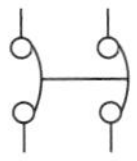	MCCB	열동 과전류 계전기의 히터	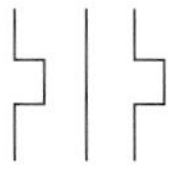	Th
퓨 즈	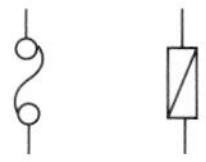 개방 봉입	F	표시등	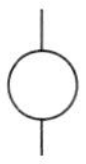	SL 적(R), 황(Y) 청(B), 녹(G) 백(W), 황적(O)
푸시 버튼 스위치	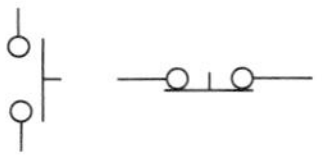	BS	단자대	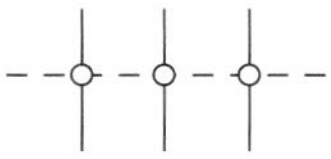	TB
전자 접촉기	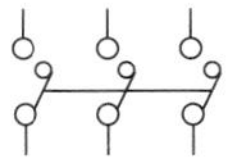	MC	압력 스위치	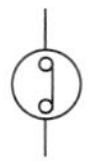	PRS
전자 코일	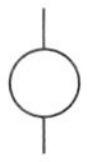	MC	절환 개폐기	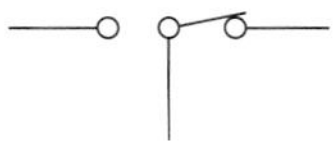	COS
보조 계전기 코일	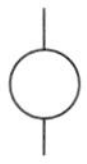	R(계전기) AUX-R(보조 계전기) AXR(JEM*)	제어기 접점 (드럼형, 또는 캠형)	 1 2	CTR CS(JEM*)

주* : JEM(Japan Electrical Manufacturers' Association(일본 전기 제조자 협회))

02 전기 제어용 부품

2-1 전자 접촉기

전자 접촉기(Magnetic Contactor, MC)는 압축기, 팬 모터, 히터 등의 전기 부하를 구동(ON)시키거나 정지(OFF)시키는 스위치이다. 특히, 전자 접촉기에 과부하 계전기를 부착하여 열동식 또는 전자식의 방법으로 접점을 열거나 닫는 스위치를 개폐기라고 한다.

전자 접촉기는 전자력을 발생하는 조작 코일, 주접점과 보조 접점의 고정 접점, 전자력에 의하여 전자 접촉기를 구동하는 고정 코어와 가동 코어 그리고 접점 복귀 스프링 등으로 구성되어 있다.

그림 5-1은 소형 냉동기 시스템에서 비교적 낮은 전류 제어용으로 많이 쓰이며 1a1b의 보조 접점을 갖는 전자 접촉기이다.

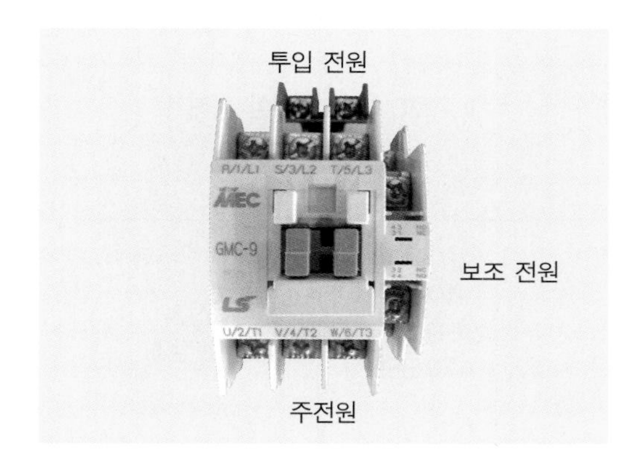

그림 5-1 **전자 접촉기**

투입 전원 측 단자는 3상의 경우 보통 R, S, T로 표시하고 부하 기기와 연결되는 주전원 단자는 u, v, w로 표시한다.

전자 접촉기에 전원이 투입되면 코일에 전류가 흘러 자화된 고정 코어가 접점과 한 축으로 연결된 가동 코어를 당겨 접점이 닫히게 된다. 전원을 차단하면 고정 코어를 당기는 자기력이 없어지므로 복귀 스프링에 의해 접점이 떨어진다. 전자 접촉기의 수명은 사용 조건과 방법에 따라 많은 영향을 받는다. 특히 과부하, 과전류, 용량 초과, 접점 소실 등으로 인한 고장이 발생하기 쉬우므로 제조사가 제시하는 용량과 사용 규격을 정확하게 따라야 한다.

2-2 스위치

(1) 푸시 버튼 스위치

푸시 버튼 스위치(push button switch)는 손으로 누르는 동안만 동작을 하고, 손을 놓으면 동작이 복귀되는 스위치로 a접점식과 b접점식의 두 가지가 있다. a접점(a contact 또는 make contact)은 누르고 있는 동안만 접점이 닫히는 것이고, 반대로 b접점(b contact 또는 break contact)은 누르고 있는 동안은 접점이 열리는 것이다. 접점의 구성은 하나의 접점만 사용하는 단일 접점식과 1a1b, 2a2b 등 그 접점이 여러 개인 다접점식이 있다. 단일 접점과 다접점 스위치는 보통 4개의 접점까지 사용한다.

그림 5-2는 푸시 버튼 스위치의 형상을 나타내고, 표 5-3은 스위치를 포함하여 전기 회로에서 많이 쓰이는 a접점과 b접점의 작동을 비교한 것이다.

그림 5-2 **푸시 버튼 스위치**

표 5-3 **a접점과 b접점의 비교**

구 분	a접점	b접점
기 호		
설 명	현재는 접점이 열려 전류를 통하지 못하나 스위치를 조작하면 접점이 닫혀 전류가 흐른다.	현재는 접점이 닫혀 전류가 통하지만 스위치를 조작하면 접점이 열려 전류가 흐르지 않는다.

(2) 유지형 수동 스위치

유지형 수동 스위치는 사람이 일단 수동 조작을 하면 반대로 조작할 때까지 접점의 개폐 상태가 유지된다. 종류에는 토글 스위치, 실렉터 스위치, 로터리 스위치 등이 있다.

그림 5-3의 토글 스위치(toggle switch 또는 snap switch)는 상하 또는 좌우로 움직여 ON/OFF할 수 있고, 실렉터 스위치(selector switch)는 손잡이를 좌우로 회전하여 ON/OFF할 수 있다. 로터리 스위치(rotary switch)는 손잡이를 회전하여 접점을 단속하는 것으로 적게는 수 개에서 많게는 10단 이상의 접점을 가지고 있는 것도 있다.

그림 5-4는 OFF, FAN, COOL의 3단으로 작동되는 로터리 스위치의 작동 예를 나타낸 것이다. 그림의 검은 점은 개폐기의 접속 상태를 나타낸 것으로 'OFF'에 있을 때에는 접점 1-4, 접점 2-5, 접점 3-6의 모든 접점이 열리게 된다. 다시 'FAN'에 놓으면 접점 1-4와 접점 2-5는 닫히고, 접점 3-6은 열리게 된다. 'COOL'의 위치에 놓으면 접점 1-4와 접점 3-6은 닫히고, 접점 2-5는 열린다.

그림 5-3 **토글 스위치**

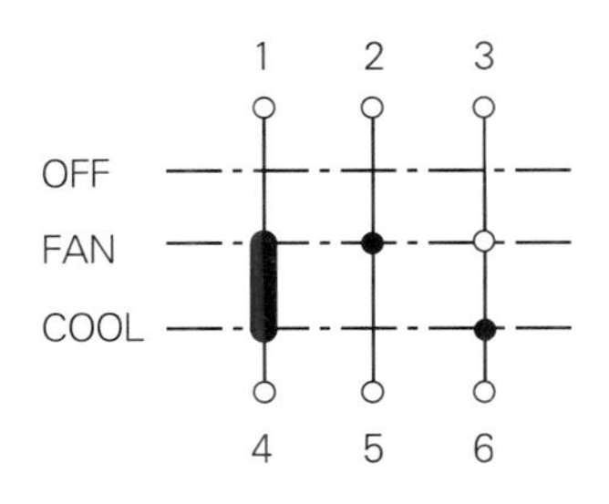

그림 5-4 로터리 스위치의 결선 예

2-3 온도 조절기

온도 조절기(thermostat 또는 thermal controller, TC)는 고내의 온도를 목표 온도로 제어하기 위한 일종의 검출 스위치의 역할을 한다.

작동 방식은 온도에 따라 서미스터(thermistor)의 저항 변화를 이용하는 전기식 온도 조절기와 감온통(feller tube)에서 감지한 온도를 압력으로 변환시켜 접점을 개폐하는 기계식 온도 조절기가 있다.

그림 5-5는 전기식 온도 조절기로서 감온부와 표시부, 그리고 표시부 이면의 접점부로 구성되어 있다. 감온부는 온도 변화에 대해서 전기적 특성이 변화하는 소자, 즉 열전대 등을 이용하며 감온부에 의해서 감지된 온도가 표시부에 나타난다. 접점부는 감지된 온도의 변화에 의해서 미리 설정된 온도를 검출하여 동작하는 스위치로서 공통 접점(common contact, c접점)과 a접점, b접점으로 구성되어 있다.

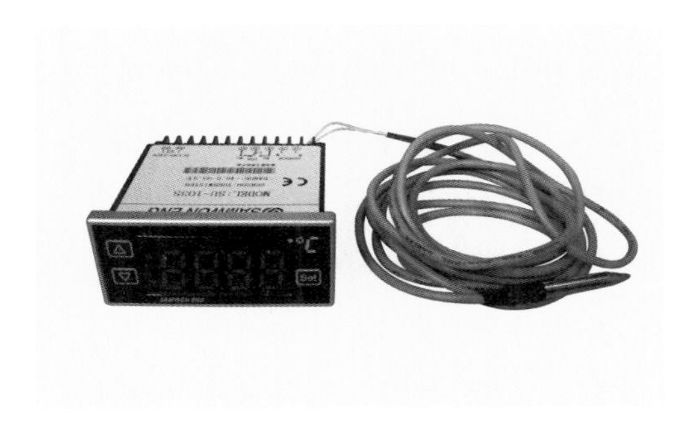

그림 5-5 온도 조절기

냉동기에서는 고내에 설치된 감온부의 감지 온도에 따라 압축기 및 팬을 제어하는 역할을 한다. 최근에는 냉동기 전용 온도 조절기로서 온도 조절기의 기능과 함께 팬 제어 및 압축기 구동 제어, 제상 제어 등의 기능을 갖춘 디지털 조절기(digital controller)가 많이 쓰이고 있다.

온도 조절기는 목표로 하는 고내(또는, 실내)의 온도를 단절점으로 설정한다. 냉동기가 작동하여 이 온도에 도달하면 압축기가 정지한다. 압축기가 정지하여 냉동이 이루어지지 않으면 고내의 온도는 상승하여 냉동기가 다시 작동해야 하는 온도값 설정이 필요하다. 이때의 온도가 단입점이다. 단입점과 단절점의 온도차를 편차라고 하는 데 편차가 너무 크면 고내를 일정한 온도로 유지하기가 어렵게 된다.

또한, 편차가 너무 작으면 일정한 온도를 유지할 수 있는 장점보다는 압축기의 빈번한 작동과 정지로 인한 접점의 과열과 소손, 그리고 압축기의 수명 단축 등 단점이 더 지배적이다. 일반적으로 편차는 1.5~3℃ 정도로 설정하고 있다.

온도 조절기를 설치할 때에는 외기 온도의 영향을 받기 쉬운 창이나 발열체 부근, 그리고 진동이 심한 장소 등은 피해야 한다.

2-4 압력 스위치

설정된 압력에 따라 접점이 열리거나 닫히는 안전 스위치로서 냉동기에서는 매우 중요한 역할을 한다.

(1) 고압 차단 스위치

고압 차단 스위치(High Pressure Switch, HPS)는 냉동기가 운전하는 동안 압축기 토출 압력의 이상 상승, 배관의 막힘이나 일그러짐 또는 팽창 밸브 니들(needle)과 오리피스(orifice) 사이 틈새의 동결 등으로 인하여 고압 배관의 압력이 설정값 이상으로 상승하면 접점을 열어 압축기 운전을 정지시킨다.

설정값에 도달하면 전원이 단절(cut out)되며 고장 원인을 제거한 후 운전 모드로 복귀시켜야 한다. 복귀 방법에 따라 수동으로 리셋(reset)하는 수동 복귀형과 차압에 의해 자동으로 전원이 공급(cut in)되는 자동 복귀형의 두 종류가 있다. 그림 5-6은 차압식 자동 복귀형 고압 스위치의 구조이다.

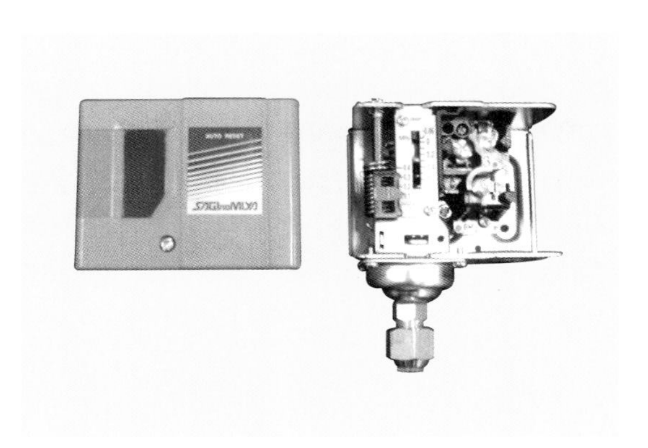

그림 5-6 **고압 차단 스위치의 구조**

고압 차단기 스위치를 1.62 MPa에서 접점이 떨어지고 1.43 MPa에서 붙도록 설정할 때, 다음 물음에 답하여라.

① 단절점(cut out)
② 단입점(cut in)
③ 작동 압력차(diff.)

풀이

① 1.62 MPa
② 1.43 MPa
③ 0.19 MPa

(2) 저압 차단 스위치

저압 차단 스위치(Low Pressure Switch, LPS)는 냉매 누설로 인한 압력 강하, 배관의 찌그러짐이나 막힘, 팽창 밸브의 막힘 그리고 의도적으로 솔레노이드 밸브(solenoid valve)를 막아 냉동기 흡입 측 배관의 압력이 지나치게 낮아질 때, 압축기를 보호하기 위하여 강제로 압축기를 정지시키는 역할을 한다.

저압 스위치가 끊어지는 점을 단절점이라고 한다. 이 점에서 압축기가 멈추면 잠시 후 고압 측 압력은 저하하고 저압 측 압력은 상승하게 된다. 압력이 상승하다 어느 값에 도달하면 전원이 연결되어 압축기가 다시 작동을 하게 되는데 이때의 압력값을 단입점이라고 한다. 단입점과 단절점의 차이를 편차(diff.)라고 한다.

압력 차단 스위치 작동 압력차

고압 및 저압 압력 차단 스위치의 작동 압력차(편차, diff.)는 접점의 연결과 분리 사이의 압력차로서 그 값이 작을수록 정밀한 압력 제어를 할 수 있다. 그러나 편차값이 너무 작으면 압축기가 빈번하게 운전과 정지를 반복하므로 압축기 수명 단축, 소음 발생, 운전 비용 증가 등을 초래할 수 있으므로 일정값 이상으로 설정해야 한다. 그리고 편차는 0으로 설정하면 안 된다.

2-5 계전기

계전기(relay)는 일반 스위치와는 달리 사람의 손으로 동작하지 않고 계전기 내의 전자석 코일에 전류가 흐르는 동안에만 접점이 동작하는 스위치의 일종이다. 계전기는 코일부와 접점부로 구성되어 있고 전원과 코일, 그리고 접점의 수에 따라 핀이 외부로 나와 있다. 배선의 편의를 위하여 소켓을 사용한다. 그림 5-7은 소켓에 체결되어 있는 8핀형 계전기이다.

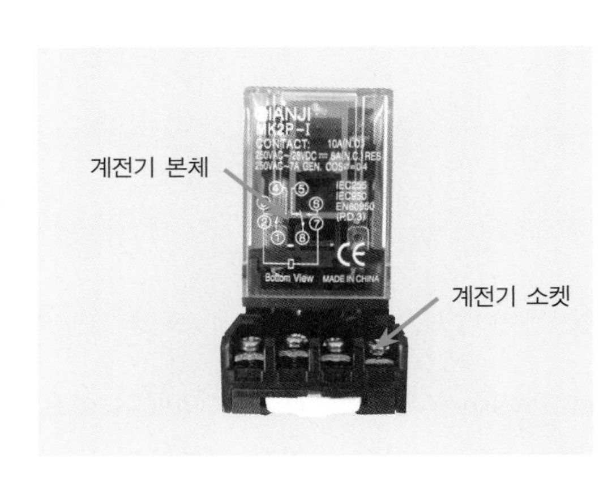

그림 5-7 **8핀형 계전기**

계전기는 다음과 같은 과정으로 동작한다.

① 구동 스위치에 의해 전원이 투입되면 계전기 코일에 전류가 흐른다.
② 철심이 자화되어 자력을 띤다.

③ 전자석의 힘이 스프링의 힘보다 세져서 떨어져 있던 이동 접촉면(contact plate)이 접점에 붙거나, 붙어 있던 접면이 떨어진다. 전자의 붙는 접점을 a접점이라고 하고 후자의 떨어지는 접점을 b접점이라고 한다.

④ 구동 스위치를 끄면 코일에 전자력이 소자되어 스프링 힘에 의해 a접점 측은 접점이 열리고, b접점 측은 접점이 닫힌다.

한편, 하나의 계전기에 코일은 1개지만 a접점과 b접점 등을 여러 개 공유하고 있다. 제어용 릴레이를 선택할 때에는 필요한 접점의 수, 조작 전원, 제어 전원의 용량 등을 고려하여야 한다.

2-6 과전류 계전기

과전류 계전기(Over Current Relay, OCR)는 일정한 값 이상의 전류가 흐르면 부하를 차단시켜 장비를 보호하는 역할을 한다. 냉동기에서는 주로 압축기나 팬 모터 등이 과전류에 의해서 소손되는 것을 방지할 목적으로 사용한다. 과전류 계전기는 개폐기에 부착되어 과전류에 의해 계전기가 작동하면 개폐기를 열어 회로를 차단한다. 작동 방식에 따라 전류의 열작용으로 작동되는 바이메탈이 접점을 단속하는 열동형 계전기(thermal relay, Th)와 전자식 계전기(electronic relay)의 두 종류가 있다.

과부하 계전기의 설정값

과부하 계전기의 설정값은 장비의 안전을 고려하여 각 장치마다 결정되는 값이므로 고장 수리 시 계전기를 교체하여도 이 값을 바꾸면 안 된다.

2-7 타 이 머

타이머(timer)는 입력 신호를 받아 설정된 시간이 경과한 후 동작이 되는 일종의 타임 스위치이다. 냉동기에서는 초기 기동 지연 시간을 주거나 제상 주기 및 기간을 설정하는 등의 목적으로 타이머를 사용한다.

그림 5-8 타이머

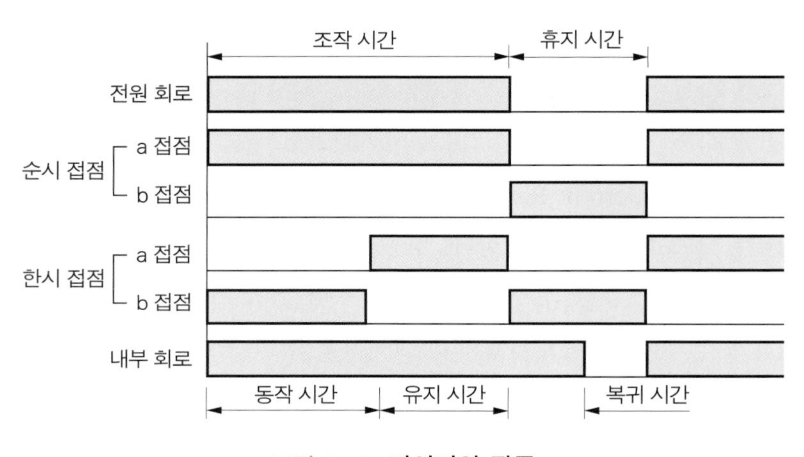

그림 5-9 타이머의 작동

그림 5-8은 60초 타이머의 외관이다. 타이머의 작동을 시간과의 관계로 나타내면 그림 5-9와 같다. 타이머에 규정된 전원이 가해지는 시간을 조작 시간이라고 하고, 조작 시간 종료 후 다시 전원 회로에 규정 전압이 가해질 때까지의 시간으로 복귀 시간보다 길다.

타이머의 접점은 크게 조작 시간에 따라 시간 지연 없이 동작하는 순시 접점과 설정 시간 동안 지연하다 작동하는 한시 접점으로 구분한다. 그리고 계전기와 같이 a접점은 조작 시간 동안 닫히는 접점이고, b접점은 열리는 접점이다. 동작 시간은 입력을 가한 후 한시 접점이 동작을 완료할 때까지의 시간이며, 유지 시간은 한시 동작 완료 후 복귀를 시작할 때까지의 시간이다. 전원 회로가 동작 중 또는 동작을 완료한 후 전원 회로의 전압이 차단되어 타이머가 사용 전의 상태로 되돌아갈 때까지의 시간을 복귀 시간이라고 한다.

2-8 퓨 즈

퓨즈(fuse)는 회로에 일정 전류 이상이 흐르면 줄(Joule)열의 발생으로 스스로 녹아서 끊어짐으로써 회로나 장비를 보호하는 기능을 한다. 보통 납(Pb), 주석(Sn), 안티몬(Sb) 등의 용융점이 낮은 금속의 합금으로 되어 있다.

2-9 배선용 차단기

배선용 차단기(MCCB)는 스위치를 ON, OFF시킴으로써 단자부에 배선된 전기 회로를 개폐할 수 있으며, 단락 보호와 과부하 보호의 목적으로 사용된다. 단락이나 과부하될 때 자동적으로 전원을 차단(trip)하여 회로를 보호하고 차단된 원인을 제거한 후 다시 스위치를 넣으면 정상적으로 동작한다.

회로 차단은 차단기 내에 있는 바이메탈의 열특성 원리를 이용한 것으로 과전류에 의해 발생된 열에 의해 동작한다.

단락이란 배선된 회로에 어떠한 도체가 접촉하여 정상적인 전류보다 수십 배 이상의 많은 전류가 흐르게 되는 상태를 말하고, 과부하란 회로에 정격을 초과하여 전류가 지속적으로 흘러 전선 등이 과열될 수 있는 상황으로 화재 및 부품 소손의 원인이 된다.

그림 5-10은 단상용으로 흔히 쓰이고 있는 배선용 차단기이다.

그림 5-10 **배선용 차단기**

03 기본 제어 회로

냉동기는 대부분 시퀀스 제어(sequence control)로 동작되는 여러 가지 기본 제어 회로가 조합되어 다시 전체적인 시퀀스 흐름에 따라 동작한다. 시퀀스 제어는 미리 정해진 순서에 따라 제어의 각 단계를 점차로 진행해 나가는 제어로서 스위치를 사용하여 전원을 투입하면 회로 내의 보조 계전기나 스위치의 조건에 따라 부하를 운전한다. 작동되는 시스템은 정지 스위치에 의해 정지시킬 수도 있고 미리 설정된 보조 계전기나 스위치의 조건에 따라 자동적으로 운전을 정지시킬 수도 있다.

시퀀스 제어는 부하의 운전 상태나 고장 상태를 알려 주기도 한다. 또한, 여러 가지 자동 제어 부품의 활용으로 제어 목적에 따라 다양한 제어 회로를 구성할 수 있는 점 등의 특징이 있다. 냉장고를 비롯하여 세탁기, 에어컨디셔너, 자동판매기, 엘리베이터 등의 전기 회로에서 이 제어 방식을 많이 응용하여 사용하고 있다.

시퀀스 회로를 시퀀스도라고도 하며 시퀀스 제어를 사용한 전기 장치 및 기기 기구의 동작을 기능 중심으로 전개하여 표시한 도면이다. 시퀀스 제어 기호를 사용하여 표시한다.

배선도

기구나 전선을 제어 목적에 따라 접속하는 방법을 나타내는 그림을 배선도(wiring diagram)라고 하며 다음과 같이 구분한다.

① **실제 배선도** : 기구와 배선 상태를 실제의 실물 또는 실물과 가깝게 나타내는 배선도로 비교적 간단한 회로에서 쓰인다.

② **전개 접속도** : 기구나 배선을 약속된 기호나 방법에 따라 전개하여 표시한 도면을 대부분의 시퀀스도에 쓰인다.

③ **배면 접속도** : 제어반의 뒷면이나 내부에 배선되는 스위치 및 기구의 전선 접속을 나타내는 도면으로 내부 접속도라고 한다.

냉동기나 에어컨의 제어 시스템은 크게 주회로(main circuit)와 보조 회로(auxiliary circuit)로 구분한다. 보조 회로는 다시 압축기 및 응축기 제어부, 증발기 제어부, 제상 장치 제어부, 안전 장치 제어부 등으로 구성되어 있다. 각각의 회로와 제어부를 구분하여 설계하고 배선하면 냉동기 제어 시스템에 고장이 생겼을 때, 고장부를 쉽게 찾아내고 부품 교환 등 수리를 정확하게 할 수 있다.

실제 배선도는 설계자의 의도와 목적에 따라 작동 방식과 사용 부품 등이 다를 수 있으므로 그 종류 또한 매우 다양하기 때문에 제조 회사에서 제시하는 배선도를 보고 제어 시스템을 이해할 수 있어야 한다.

3-1 제어 회로도

냉동 시스템에 사용되는 전기적인 장치나 부품을 선, 기호, 문자 등을 이용하여 규격에 맞도록 작성된 배선도를 제어 회로도라고 한다. 냉동 시스템을 설계하는 의도와 목적대로 제작하고 운전하기 위해서는 제어 회로도의 정확한 작성이 필요하다.

(1) 제어 회로도 작성 원칙

제어 회로도는 시스템의 목적과 구성 부품, 그리고 운전 조건 등에 따라 매우 다양하다. 또한, 도면 작성자에 따라 같은 동작을 하더라도 회로도 상의 위치와 모양이 다소 상이할 수도 있다. 풀이 과정이 다르더라도 정답이 같을 수 있는 것과 같은 이치이다.

제어 회로도는 다음과 같은 원칙에 따라 작성한다.

① 시스템의 목적을 효율적으로 충분히 충족할 것
② 시스템에 사용되는 구성 부품의 기능을 경제적으로 이용할 것
③ 주문자가 제안하는 운전 조건과 방법을 고려할 것
④ 작업 방법 및 조작과 점검이 용이할 것
⑤ 운전 및 조작 그리고 장비 유지상 안전성이 있을 것
⑥ 고장 발생 시 수리가 용이할 것
⑦ 소요 재료를 최소화하여 경제적일 것
⑧ 시스템의 충분한 수명을 보장할 수 있을 것
⑨ 운전 및 유지 비용이 저렴할 것

(2) 제어 회로도 작성 방법

그림 5-11은 실제의 제어 회로도의 보기로서 일반적으로 추천되는 작성 방법은 다음과 같다.

① 좌측에 주회로를 배치한다. 단상 전원인 경우에는 두 선(R, T), 3상 전원인 경우에는 세 선(R, S, T)을 종방향으로 표시한다. 배선을 나타내는 선은 실선으로 표시하고 가상 작동선은 은선으로 표시한다.

② 주회로로 작동하는 압축기, 팬 모터, 히터 코일 등 전력 기기를 종선의 하단에 표시한다. 전력 기기가 별개로 작동하는 때에는 주선에 각각의 기기를 제어하는 전자 접촉기의 접점을 표시한다. 만일 동일한 전자 접촉기의 접점으로 두 개의 기기를 동작시키는 경우에는 접점 하단에서 병렬로 분기하여 배선한다.

③ 주회로를 조작하거나 시스템 운전에 필요한 회로는 보조 회로로서 주회로에서 병렬로 분기된 두 개(R, T)의 횡방향 선에 표시한다. 두 개의 횡방향 선은 평행선으로 그 사이에 스위치, 계전기와 계전기에 의해 조작되는 접점, 램프, 경보 장치, 전자 밸브, 고압 및 저압 압력 스위치, 열동형 계전기, 휴즈 등 운전에 필요한 부품을 배열한다.

④ 논리적으로 상위와 하위 회로를 결정한다. 상위와 하위의 구분은 시퀀스 회로 상

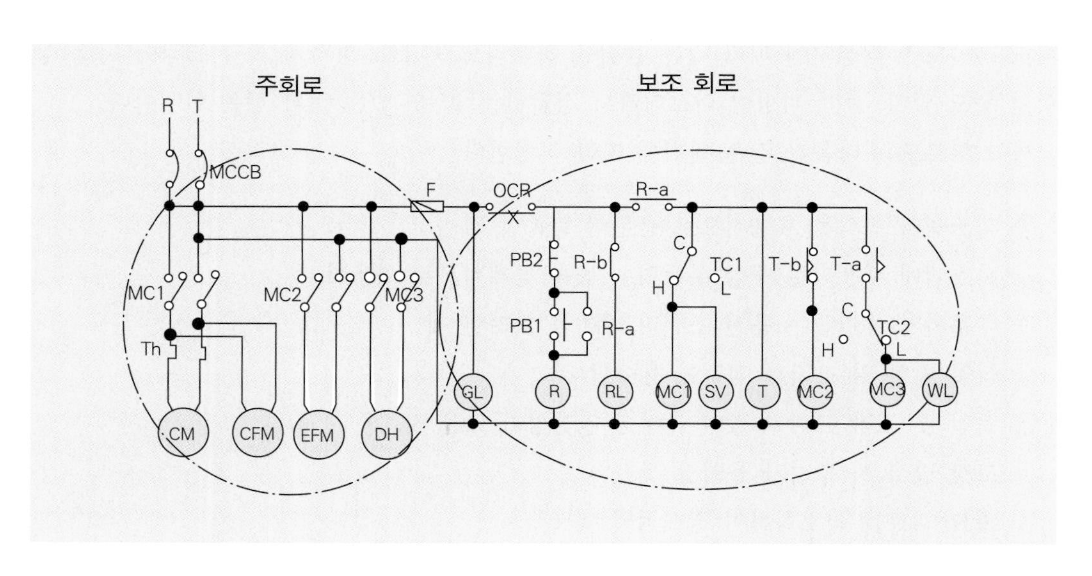

그림 5-11 **주회로와 보조 회로의 구조(전열 제상 냉동 시스템의 예)**

우선순위가 높고 낮음에 따른다. 즉 상위 회로를 주전원선과 가장 가까이 표시하고 다음 순위로 가면서 우측에 붙여 순서대로 배열한다.

⑤ 시퀀스에 따라 계전기, 타이머, 전자 접촉기, 전자 밸브, 표시 램프 등의 부품을 평행선의 아래 쪽 선 가까이에 일관성 있게 배열한다. 보조 회로의 선은 등간격으로 보기 좋게 배치한다.

⑥ 운전 조건과 방법에 따라 스위치와 접점을 부품 연결선 상에 표시한다. 이때 일반 계전기일 때는 a-접점과 b-접점, 압력 스위치나 온도 조절기일 때에는 높음(H)과 낮음(L) 표시에 유의한다. 스위치나 접점은 직렬이나 병렬로 연결하는데 직렬연결은 모든 스위치나 접점이 닫힌(ON) 경우에만 통전되고 병렬연결은 구성 스위치나 접점 중 하나만 닫혀도 통전된다. 직렬로 연결된 회로를 논리적으로 논리곱(and) 회로라고 하고 병렬로 연결된 회로를 논리합(or) 회로라고 한다.

⑦ 회로 보호를 위한 열동형 계전기나 휴즈를 설치한다. 이와 같은 부품은 보조 전원의 두 선(R, T) 중 한 선에만 표시하는데 일반적으로 위쪽 선(R선)에 나타낸다.

⑧ 장치나 부품의 기호, 접점 기호, 용량 및 규격 등을 기입한다.

⑨ 선이나 기호의 누락 여부를 살피고 주회로부터 시퀀스 논리에 따라 가상 작동을 시켜보며 수정할 부분을 수정한다.

3-2 주 회 로

주회로는 압축기 모터(Compressor Motor, CM)와 응축기 팬 모터(Condenser Fan Motor, CFM), 증발기 팬 모터(Evaporator Fan Motor, EFM), 제상용 히터(Dehumidity Heater, DH) 등을 직접 구동하는 회로이다. 보조 회로에서 스위치나 계전기 등의 작동에 따라 각 기기의 전자 접촉기(MC)가 여자됨으로써 작동한다.

그림 5-12는 압축기 모터와 응축기 팬 모터, 그리고 증발기 팬 모터를 각 개의 전자 접촉기(MC1, MC2, MC3)를 사용하여 구동하는 시스템이다. 개폐기(MCCB)를 닫으면 단상 전원(R, T)이 각 전자 접촉기의 입력 측 접점까지 공급된다.

보조 회로에서 스위치나 계전기 등에 의해서 전자 접촉기 코일이 여자되면 주회로 상에 열려 있던 접점이 닫히며 부하 기기가 동작한다.

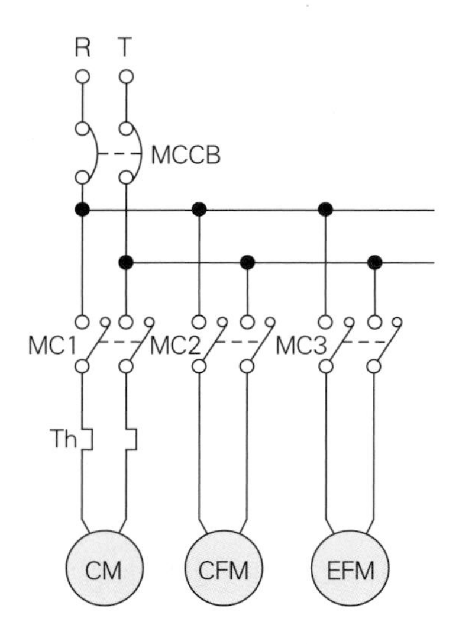

그림 5-12 **주회로의 구성**

주회로에 연결되는 부하는 대부분 소비 동력이 큰 기기이므로 전선의 굵기도 허용 전류에 알맞은 선으로 배선해야 한다. 압축기로 연결되는 선의 열동형 계전기(Th)는 안전장치 제어부로서 보조 회로 상의 과전류 계전기(OCR)과 연동하여 회로에 이상 과전류가 흐르면 전원을 차단시켜 주는 역할을 한다.

3-3 보조 회로

(1) 압축기 제어부

압축기 제어 회로는 기동 스위치와 계전기, 온도 조절기 및 압력 스위치 등으로 구성된다.

그림 5-13에서 전자 접촉기 코일(MC)에 의해 주회로의 압축기가 제어된다. 푸시 버튼 스위치(PB1)을 누르면 계전기 코일(R)에 전원(R, T)이 공급되어 떨어져 있던 접점(R−a)은 붙고, 붙어 있던 접점(R−b)은 떨어진다.

현재 온도 조절기가 감지하는 고내(또는, 실내)의 온도가 높아 냉동기 작동이 필요하면 온도 조절기(TC)의 공통 단자(Common, C)와 고온 단자(High, H)가 연결되어 전자 접촉기 코일(MC)을 여자시키고 동시에 솔레노이드 밸브(Solenoid Valve, SV)를 열어 냉동기 기동 조건을 갖춘다.

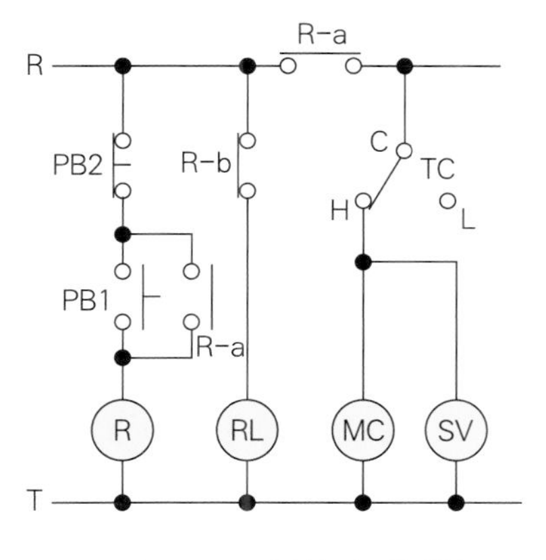

그림 5-13 **압축기 제어부**

실제로 압축기를 정지시키는 방법은 강제적인 운전 정지와 온도 조절기, 압력 스위치, 과전류 차단기 및 제상 회로 작동 등의 시스템적인 운전 정지가 있다.

그림 5-13과 같은 회로 조건이라면 운전 정지용 푸시 버튼 스위치(PB2)를 눌러 강제적으로 압축기를 정지시키는 경우와 온도 조절기가 설정된 온도만큼 충분히 냉각되었을 때, 스위치가 저온 단자(Low, L)로 전환되어 시스템적으로 압축기를 정지시키는 경우가 있음을 알 수 있다.

예외적인 경우를 제외하고는 일반적으로 콘덴싱 유닛을 구성하는 압축기와 응축기를 함께 제어하는 방식을 많이 채택하고 있는데, 이때에는 전자 접촉기(MC)에 의해 주회로에서 병렬로 연결되어 있는 압축기 모터와 응축기 팬 모터가 동시에 작동한다.

(2) 증발기 제어부

일반적인 시스템에서 증발기는 고내 온도 조절기나 제상용 타이머 등의 동작에 의해 제어된다.

그림 5-14는 증발기 제어 회로로서 전자 접촉기(MC)에 의해 주회로의 증발기 팬 모터(EFM)가 제어된다. 기동 스위치(PB1)에 의해 계전기(R)가 여자되고 떨어져 있는 접점(R—a)이 붙으면서 전자 접촉기 코일(MC)이 여자된다. MC 코일 여자와 함께 주회로 증발기가 동작한다.

만약 온도 조절기(TC)나 제상용 타이머(T)로 증발기 동작을 제어하려면 그림의 전자 접촉기(MC) 상부에 접점을 설치하여 회로를 구성할 수 있다.

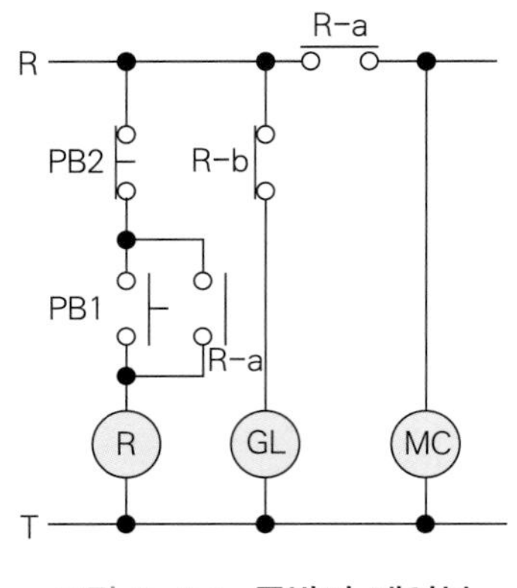

그림 5-14 **증발기 제어부**

이 회로에서 녹색 표시등(GL)은 계전기의 닫혀 있는 접점(R—b)을 이용하므로 기동 스위치 작동 전에는 점등되지만 계전기(R)가 여자되는 동안에는 소등된다.

(3) 제상 장치 제어부

제상 장치 제어는 타이머(T)와 온도 조절기(TC)에 의하여 증발기 팬 모터와 제상 히터를 동작시키는 전자 접촉기를 제어하며 이루어진다.

그림 5-15에서 기동 스위치(PB1)에 의하여 릴레이 코일(X)이 여자되면 열려 있던 접점(R—a)이 닫히면서 타이머(T)가 작동한다. 타이머에 설정해 놓은 제상 시간이 되면 타이머 코일이 여자되어 붙어 있던 접점(T—b)이 떨어져서 1번 전자 접촉기(MC1)가 소자된다. 이때 주회로에서는 MC1에 의해 동작하던 증발기 팬 모터가 정지한다.

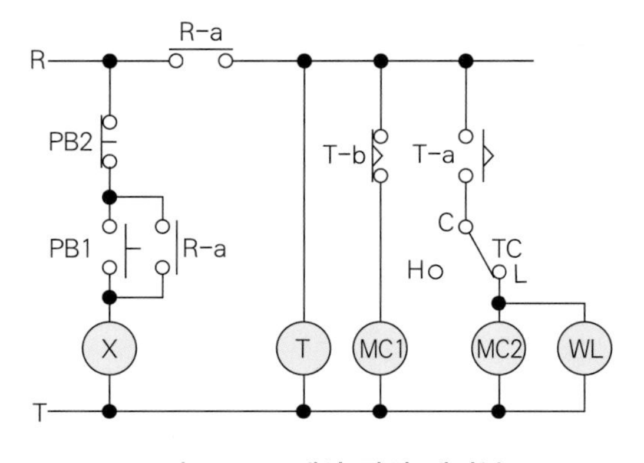

그림 5-15 **제상 장치 제어부**

또한, 타이머 코일이 여자되면 열려 있던 접점(T—a)은 붙게 되어 제상 히터(DH)가 동작하며 제상을 한다. 이때에는 제상 표시등(WL)이 점등된다. 제상은 타이머에 설정해 놓은 제상 기간 동안 이루어진다. 다만, 제상 히터의 과열로 인한 위험이 따를 수 있는 경우에는 온도 조절기(TC)가 이를 감지하여 접점을 고온(H) 측으로 붙여 제상을 멈출 수 있도록 한다.

(4) 안전 장치 제어부

냉동기의 안전 장치는 냉동 시스템의 성능을 최대로 유지하고 위험 요인으로부터 장비를 보호하는 역할을 한다. 대표적인 안전 장치로는 다음과 같은 종류가 있다.

① 과전류 차단

장비의 전기 장치에 과전류가 흐르면 장비 및 부품의 소손과 화재의 위험이 따른다. 과전류를 차단하는 안전 부품으로는 퓨즈(Fuse, F)와 과전류 차단 릴레이(OCR)가 대표적이다.

② 고압 차단

장비의 냉매가 규정값 이상의 고압으로 상승하면 운전이 순조롭지 못하고 투입 비용에 비하여 냉동 효율도 떨어진다. 고압 측 압력이 지나치게 상승하면 부품 손상 및 그로 인한 냉매 누설은 물론 배관 계통이 파괴될 수도 있다. 따라서 사용 냉매의 압력이 규정값을 초과하면 시스템 운전을 정지시키는 장치로서 고압 차단 스위치(HPS)가 필요하다.

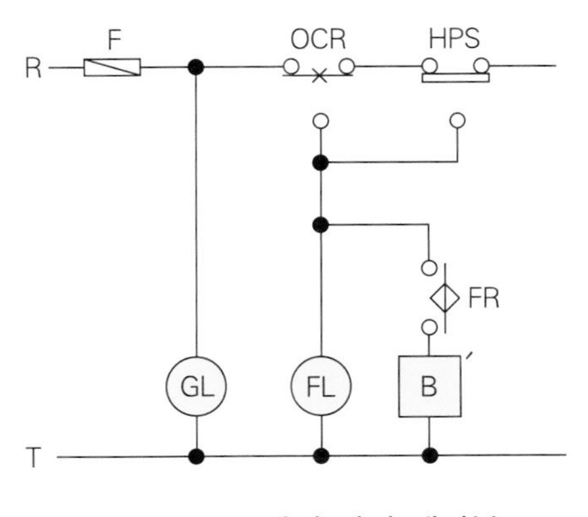

그림 5-16 **안전 장치 제어부**

일반적으로 OCR이나 HPS가 차단되면 이상 경보 장치(표시 램프 또는 버저)가 동작하여 이상을 알려 준다. 그림 5-16은 이상 경보 시 플리커 릴레이(FR)에 의해 경보음(B)이 작동되는 안전 장치 제어부의 예를 나타낸 것이다.

③ 저압 차단

냉동기 흡입관이 규정값 이하로 떨어지면 압축기의 압축 효율이 떨어지고 과열로 인하여 압축기에 손상을 줄 수 있으므로 설정 압력 이하에서는 압축기를 정지시킬 필요가 있다. 이와 같은 저압으로부터 장치를 보호하기 위하여 저압 차단 스위치(LPS)를 설치한다.

① 직렬 접속 회로

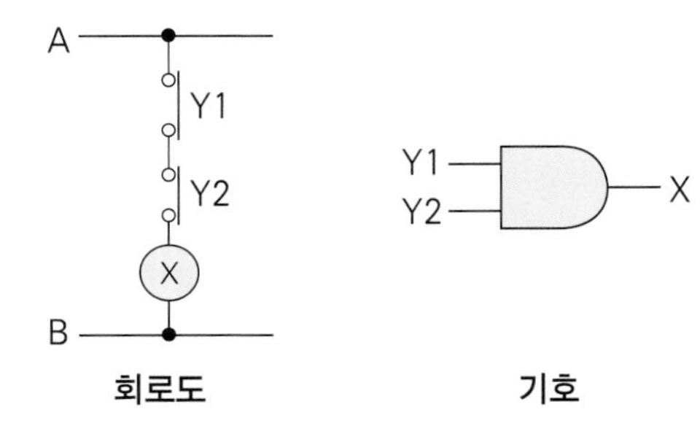

Y1	Y2	Y1 ∧ Y2
T	T	T
T	F	F
F	T	F
F	F	F

T : 참(닫힘) F : 거짓(열림)

회로도 기호 진리표

직렬 접속 회로는 논리적으로 논리곱(AND) 회로라고 하며, 전원A와 B가 접속되어 기구 X가 동작하기 위해서는 릴레이 접점 또는 스위치 Y1과 Y2가 모두 닫혀(T) 있어야 한다.

② 병렬 접속 회로

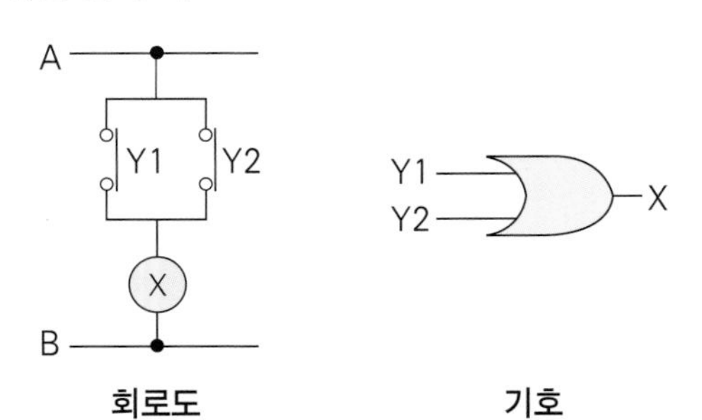

Y1	Y2	Y1 ∨ Y2
T	T	T
T	F	T
F	T	T
F	F	F

T : 참(닫힘) F : 거짓(열림)

회로도 기호 진리표

병렬 접속 회로는 논리적으로 논리합(OR) 회로라고 하며, 기구 X가 동작하기 위해서는 릴레이 접점 또는 스위치 Y1과 Y2 모두, 또는 어느 하나라도 닫혀져(T) 있으면 된다. 즉, 기구 X가 동작하지 않을 조건은 Y1과 Y2 모두 열려져(F) 있을 경우이다.

③ **부정 회로**

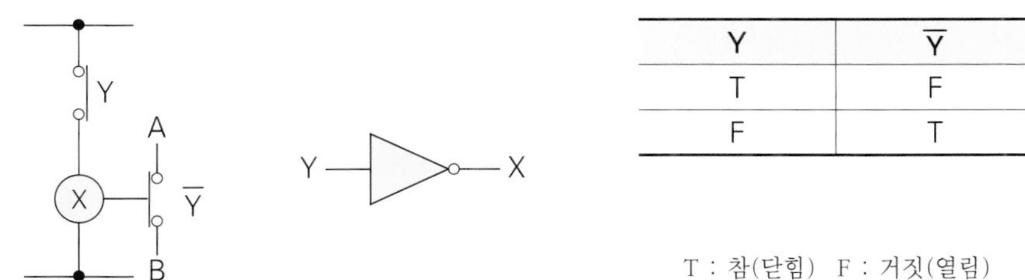

Y	$\overline{Y}$
T	F
F	T

T : 참(닫힘) F : 거짓(열림)

회로도 **기호** **진리표**

부정(NOT) 회로는 기구 X의 동작이 스위치 또는 릴레이 접점 Y와 반대로 이루어진다. 위 회로도에서 접점 Y가 열리면(F) 반대로 동작하는 접점 $\overline{Y}$(T)에 의해 X가 동작된다. 반대로 Y가 닫히면(T) $\overline{Y}$는 열리게(F) 되어 동작되지 않는다.

04 냉동기 제어 응용

4-1 자기 유지 회로

자기 유지 회로는 푸시 버튼 스위치 등의 순간 동작으로 만들어진 입력 신호가 계전기에 가해지면 입력 신호가 제거되어도 계전기의 동작을 계속적으로 지켜 주는 회로이다.

일반적으로 회로에 공급되는 전원이 무단으로 차단된 후 다시 전원을 공급하는 경우에 회로를 보호하기 위하여 유지형 스위치를 사용하지 않고 자기 유지 회로를 이용한다.

그림 5-17은 푸시 버튼 스위치와 전자 접촉기를 이용한 자기 유지 회로로 압축기를 구동하는 예로 다음 순서에 따라 동작한다.

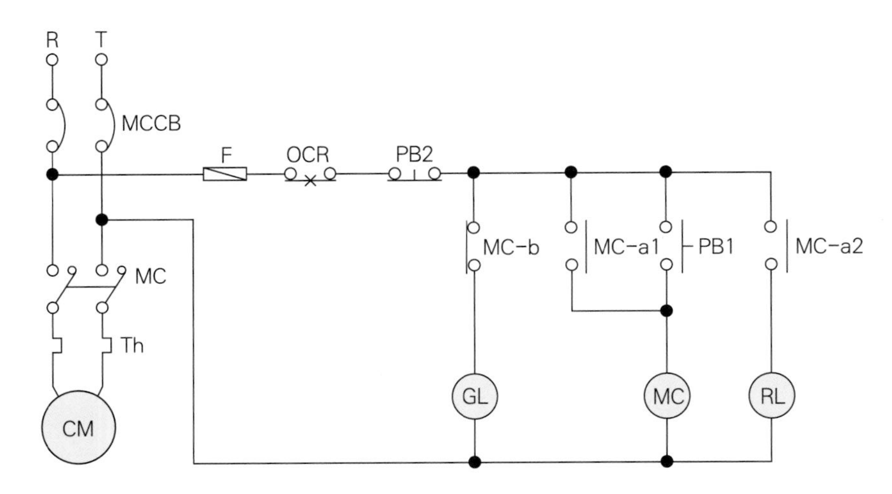

그림 5-17 **자기 유지 회로를 이용한 압축기 구동 회로**

【동작 과정】

① 먼저 배선용 차단기(MCCB)를 연결하면 회로에 전원(R, T)이 공급된다.

② 퓨즈(F)와 과전류 계전기(OCR)가 정상 상태라면 녹색 램프(GL)가 점등된다. 이때에는 녹색 램프 외에 아무 것도 작동되지 않는다. 이와 같이 전원 투입 시 점등되어 시스템에 전원이 공급되고 있음을 알려 주는 램프를 전원 표시등이라 한다.

③ a접점식 푸시 버튼 스위치(PB1)를 누르면 전자 접촉기(MC) 코일에 전류가 공급되어 여자되고, 접점 MC－a1이 붙어 푸시 버튼 스위치(PB1)를 놓아도 전자 접촉기에는 계속 전류가 흘러 여자 상태가 유지된다. 이 상태를 자기 유지 상태라 하고 이와 같은 회로를 자기 유지 회로라고 한다.

④ 앞서 ③에서 전자 접촉기(MC)가 여자됨과 동시에 자기 유지가 되며, 이와 함께 접점 MC－a2도 붙어 적색 램프(RL)가 점등한다. 또한, 압축기 전동기(CM)에 연결된접점(MC)이 연결되어 압축기가 작동한다. 여기서 적색 램프와 같이 주회로에 전원이 공급되어 기기를 작동할 때 표시되는 등을 운전 표시등이라고 한다. 한편 닫혀 있던 접점 MC－b는 열리므로 녹색 표시등은 소등된다.

⑤ 압축기 구동을 정지하려면 b접점식 푸시 버튼 스위치(PB2)를 누른다. PB2에 의하여 그 이후의 회로에 전원이 차단되어 전자 접촉기(MC) 코일이 소자되고 붙어 있던 접점 MC－a1이 떨어지며 자기 유지가 해제된다. 전자 접촉기 코일 소자와 동시에 압축기 전동기에 공급되는 전원이 차단되어 동작을 멈춘다. 여기서 압축기 구동을 정지하기 위하여 사용하는 스위치(PB2)를 정지용 스위치라고 한다.

• 스위치 및 계전기 등의 접점 표시 •

스위치류나 계전기(전자 접촉기, 릴레이, 타이머 등) 등에 의해 붙거나 떨어지는 회로의 접점은 그 접점을 동작시키는 스위치나 계전기의 명칭과 접점 기호를 병기하여 나타낸다. 즉, X1 릴레이의 a접점이라면 그 접점에 'X1－a'라고 표시한다. 그리고 X1 릴레이의 a접점을 2개 이상 사용할 때에는 X1－a1, X1－a2 등과 같이 번호를 병기한다.

• 계전기 코일의 여자와 소자 •

전자 접촉기, 릴레이, 타이머 등의 계전기 코일에 전류가 흘러 자화됨에 따라 접점을 붙이거나(a접점) 떨어지게(b접점) 한다. 이때 코일에 의해 철심이 자화되는 것을 여자(magnetized)되었다고 하고 반대로 전류가 차단되어 자력의 성질을 잃는 것을 소자(demagnetized)되었다고 한다.

4-2 한시 동작 회로

한시 동작 회로는 설정 시간 동안 기기를 작동시키거나 또는 일정 시간 기기 동작을 지연시키는 등의 목적으로 사용한다. 그림 5-18은 한시 계전기(timer, TLR)를 이용하여 압축기(CM)를 구동하는 응용 회로의 예로 작동은 다음 순서에 따른다.

【동작 과정】

① 배선용 차단기(MCCB) 연결에 의하여 회로에 전원(R, T)이 공급된다.

② 퓨즈(F)와 과전류 계전기(OCR)가 정상 상태라면 전원 표시등으로 녹색 램프(GL)가 점등된다.

③ 운전 스위치(PB1)를 누르면 타이머(TLR)가 여자되고, 이 순간 타이머 동작과 동시에순시 접점(T−a)이 닫히게 된다. 여기서 푸시 버튼 스위치(PB1)를 놓아도 자기 유지에 의해 타이머는 계속 작동된다.

④ 타이머가 작동하기 시작하여 미리 설정된 시간이 되면 한시 접점(T−a)이 붙어전자 접촉기(MC) 코일에 전류가 흘러 여자되고 동시에 주회로의 기기가 운전함을 표시하는 등으로서 적색 램프(RL)가 점등한다. 또한, 전자 접촉기 코일 여자로 인하여 압축기 전동기(CM)에 연결된 접점(MC)이 연결되어 압축기가 작동한다.

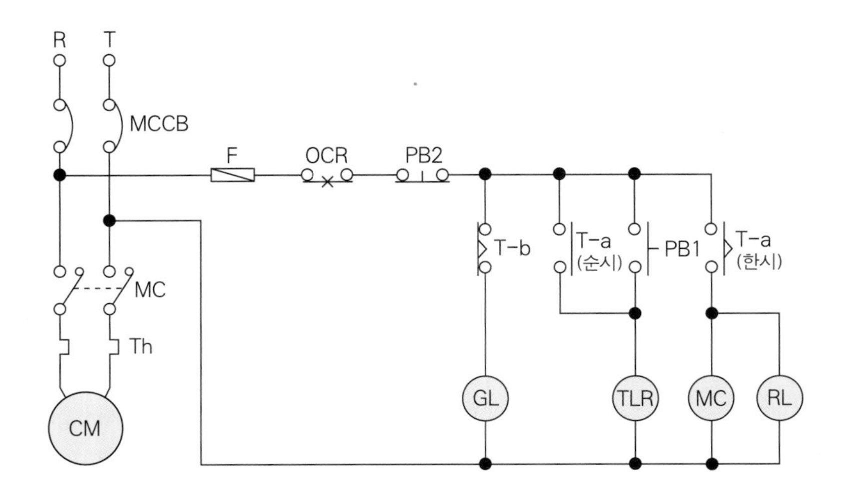

그림 5-18 **타이머를 응용한 압축기 구동 회로**

⑤ b접점식 정지용 스위치(PB2)를 누르면 그 이후의 회로에 전원이 차단되어 타이머(TLR)와 접자 접촉기(MC) 코일이 소자된다.
전자 접촉기 코일 소자와 동시에 압축기 전동기에 공급되는 전원이 차단되어 동작을 멈춘다.

4-3 온도 제어 회로

냉동기에서 피냉각물이 있는 냉동(장)고 내의 온도가 설정 온도에 도달되었는지 여부에 따라 온도 제어 회로가 작동한다.

즉, 고내에 설치되어 있는 온도 조절기(TC)의 온도 감지부가 감지하는 온도에 따라 공통 단자 C(Common)가 단자 H(High)에 붙기도 하고, 단자 L(Low)에 붙기도 한다. H 단자는 고내의 온도가 높아 냉각이 필요할 때 연결되는 접점이고 L 단자는 고내의 온도가 목표 온도에 도달되었을 때 연결되는 접점이다.

그림 5-19의 예를 보면 감지 온도가 높아 냉각이 요구되는 경우에는 온도 조절기의 C 단자가 H 단자와 연결되어 압축기 모터(CM)와 응축기 팬 모터(Condenser Fan Motor, CFM)가 동작한다.

고내의 온도가 목표 온도로 냉각되면 C 단자가 L 단자와 연결되어 압축기와 응축기는 동작을 멈추고 녹색 램프(GL)만 점등된다.

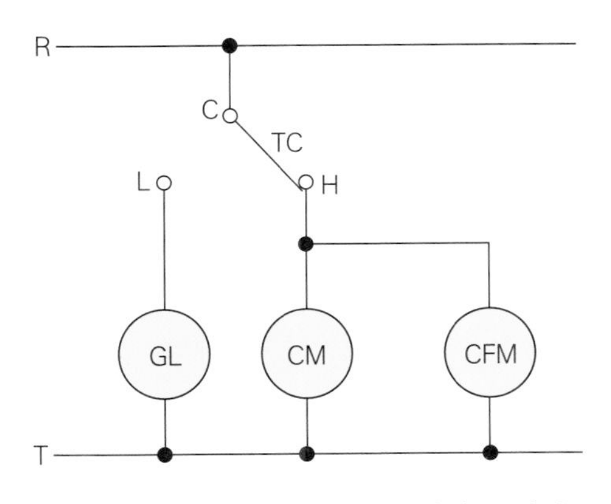

그림 5-19 **온도 조절기에 의한 스위칭**

온도 조절기에 의한 자동 운전 과정

① 먼저 고내의 목표 온도를 설정한 다음 그 온도를 단절점(cut out point)으로 하고, 적절한 온도에서 재기동할 수 있도록 단입점(cut in point)을 정하여 온도 조절기에 세팅한다.
② 목표 온도(단절점)에 도달되면 압축기와 응축기 팬 모터는 정지한다.
③ 냉동이 안 되므로 시간이 경과하면 고내의 온도가 상승하다 먼저 설정해 놓은 단입점에 도달하면 자동적으로 재기동하여 자동으로 온도를 조절할 수 있다.

주 의 단절점과 단입점의 차를 편차(diff.)라고 한다. 편차가 너무 크면 고내의 온도차가 커지며 너무 작으면 냉동기가 작동하다 멈추는 과정을 빈번하게 반복한다. 이른바 채터링(chattering) 현상이 생겨 과전류로 인한 접점의 소손, 압축기 고장 및 작동 부조화의 원인이 되므로 적당한 값을 택해야 한다.

4-4 압력 제어 회로

(1) 고압 제어 회로

냉동기 고압부에 이상 고압이 형성되는 경우 장비를 안전하게 유지하기 위해 고압 제어 회로가 필요하다.

그림 5-20은 고압 제어 회로의 예로 고압 차단 스위치(HPS)가 설정되어 있는 고압을 감지하면 공통 단자(C)와 H(High) 단자가 연결되어 솔레노이드 밸브(SV)가 열리고 플리커 릴레이(Flicker Relay, FR)가 동작하며 b접점(FR)이 닫혀 버저(B)가 작동된다. 동시에 단자 L과 분리되어 압축기(CM)는 동작하지 않는다.

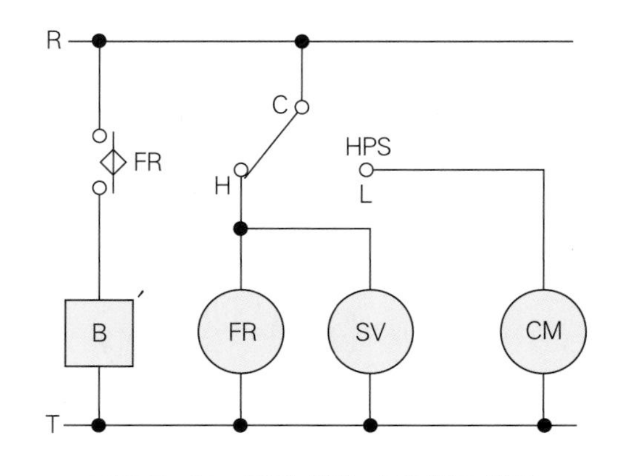

그림 5-20 **고압 차단 스위치의 작용**

고압 차단 원인을 찾아 해결한 후 수동 복귀형의 경우에는 리셋 버튼에 의해, 자동 복귀형의 경우에는 단입(cut in) 압력에 의해 단자 L로 복귀하여 압축기가 정상적으로 재기동한다.

이때에는 당연히 솔레노이드 밸브가 닫히고 플리커 릴레이도 소자되어 버저(buzzer)가 울리지 않는다.

> **플리커 릴레이(flicker relay)**
>
> 플리커 릴레이는 타이머의 한시 접점이 일정한 시간 간격으로 단속(ON/OFF)을 반복하는 계전기를 말한다. 예를 들면 자동차의 비상 램프는 인위적으로 스위치를 조작하지 않음에도 규칙적으로 램프를 켜고 끄기를 반복한다. 이와 같이 플리커 릴레이는 비상 램프나 경광 램프, 반복적인 버저음과 같이 비상 상태나 고장 상태임을 알리는 회로에 유용하게 쓰인다.

(2) 저압 제어 회로

저압 제어 회로는 시스템의 흡입 측 압력이 지나치게 저하할 때 압축기 과열을 방지하고 구성 장비를 보호하기 위하여 압력을 제어한다.

그림 5-21은 저압 차단 스위치(LPS)를 이용한 제어 회로로서 먼저 저압부의 압력이 저하하여 설정 압력(cut out)에 이르면 접점은 단자 C와 L에 붙는다. 이때에는 압축기(CM)와 응축기 팬 모터(CFM)는 정지하고 솔레노이드 밸브에만 통전되어 열리게 된다.

저압 측 압력이 점차 상승하여 일정 압력(cut in)에 도달하면 접점은 단자 C와 H에 붙어 압축기와 응축기 팬 모터를 동작시킨다. 이 회로도를 보면 증발기 팬 모터(Evaporator Fan Motor, EFM)는 저압 차단 스위치의 스위칭과 관계없이 항상 작동한다.

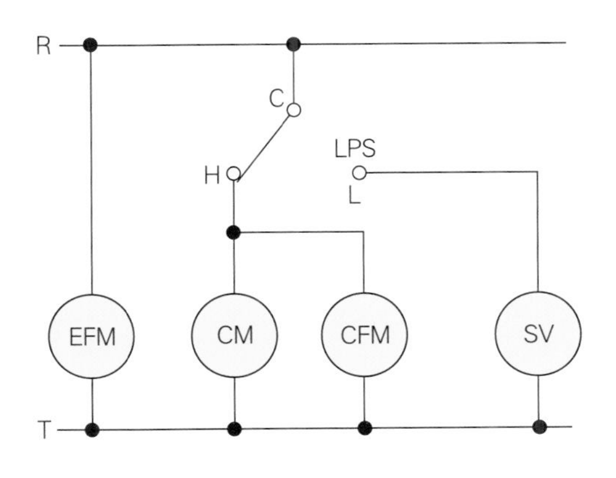

그림 5-21 **저압 차단 스위치의 작용**

펌프 다운을 이용한 자동 운전

펌프 다운(pump down)은 배관 계통의 냉매를 응축시켜 응축기나 수액기에 모아 두고 정지시키는 방법이다.

펌프 다운 운전법을 사용하는 목적은 냉동기가 정지하고 있는 동안 증발기나 흡입관에 남아 있던 냉매가 응축되어 있다가 냉동기를 재기동할 때 압축기로 냉매액이 흡입되는 액압축 현상을 방지하는 데 있다. 또한, 냉동기를 이전 설치할 때 냉매 손실 없이 실내기와 실외기를 분리하여 운반할 목적으로 이 방법을 사용한다.

펌프 다운 회로는 그림 5-22와 같이 구성하며 자동 운전은 다음과 같은 과정으로 이루어진다.

【동작 과정】

① 온도 조절기(TC)와 저압 차단 스위치(LPS) 압력을 설정하고 조정한다.
② 고내의 온도가 목표 온도(단절점)에 도달되어 고압 액관의 솔레노이드 밸브(SV)를 차단한다.
③ 저압 측의 냉매가 고압 측의 응축기에서 응축되어 수액기(liquid receiver)로 회수된다.
④ 이 과정 중에 저압 측의 압력이 계속 저하하여 LPS의 단절점(cut out point)에 도달하여 압축기와 응축기 팬 모터를 정지시켜 펌프 다운된다.
⑤ 냉동기가 오랫동안 정지하면 고내의 온도가 상승하여 온도 조절기에 미리 조정된 온도(단입점)에서 솔레노이드 밸브가 열린다.
⑥ 고압 측 압력이 저압 측으로 전달되어 고압 측의 압력은 저하하고 저압 측의 압력은 상승한다.
⑦ 저압 측 압력이 압력 편차(diff.)만큼 상승하면 LPS의 단입점(cut in point)에 도달되어 압축기와 응축기 팬 모터가 재기동하며 정상 운전을 한다.
⑧ TC와 LPS에 의해서 위의 과정을 반복하며 운전된다.

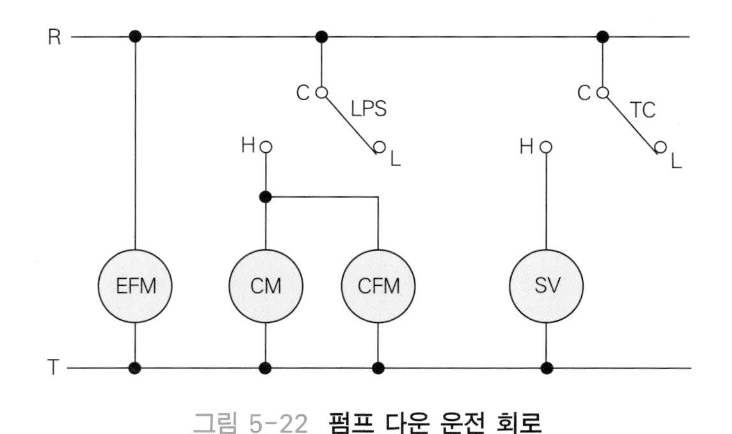

그림 5-22 **펌프 다운 운전 회로**

4-5 제상 회로

냉동기를 오랫동안 가동하면 증발기에 성에가 끼는 적상 현상이 생긴다. 성에는 고내 포화 공기 중의 수분이 응결되어 생기거나 식품이나 채소, 음료 등 저장물의 호흡열이 응결되어 생긴다.

이러한 성에는 녹았다가 응결되면 얼음이 되어 증발기의 관이나 냉각핀에 붙어 증발기의 열교환 효율을 크게 저하시킨다. 따라서 적당한 주기로 증발기에 붙어 있는 성에를 제거해야 한다.

성에를 제거하는 방법으로는 증발기에 전열 히터를 삽입하여 제상하는 전열 제상 방식과 압축기 출구의 고온 가스를 증발기에 통과시켜 제상하는 핫 가스 바이패스 방식, 그리고 물을 분사시켜 제상하는 물 분무 방식 등이 있다.

(1) 전열 제상 방식

증발기에 설치되는 제상용 전열 히터는 보통 24시간용 타이머에 의해 제상 주기와 제상 기간을 설정하여 작동한다.

그림 5-23은 전열 제상 방식을 이용한 제상 회로도이다.

기기가 연결된 주회로를 보면 1번 전자 접촉기(MC1)에 의하여 압축기 모터(CM)와 응축기 팬 모터(CFM)가 동작하고, 2번 전자 접촉기(MC2)에 의하여 증발기 팬 모터(EFM)

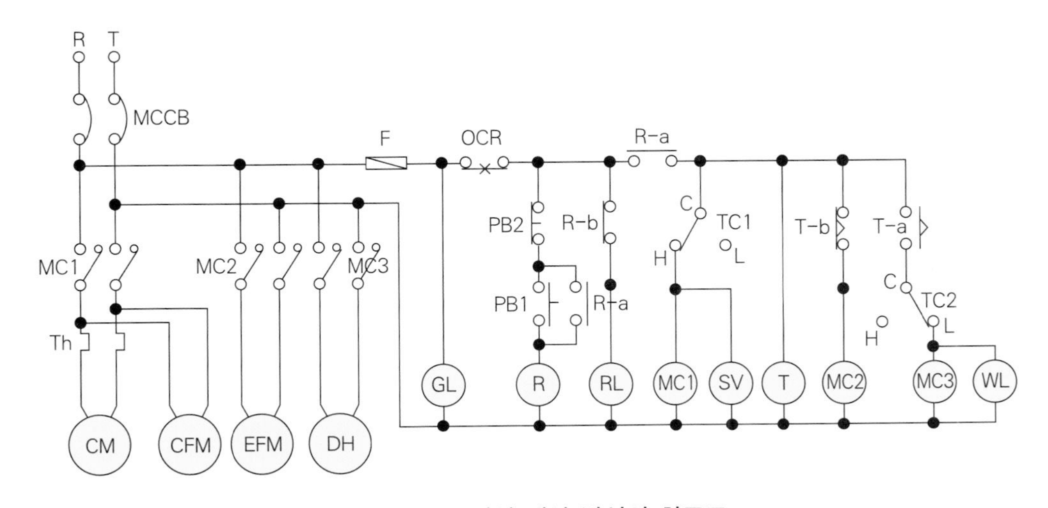

그림 5-23 **전열 제상 방식의 회로도**

가 동작한다. 제상용 히터(De-humidity Heater, DH)는 3번 전자 접촉기(MC3)에 의해 동작한다. 회로의 작동 방법(operating logic)은 다음과 같다.

먼저 기동 스위치(PB1)에 의해 계전기(R)가 여자되어 자기 유지가 된다. 아울러 전자 접촉기(MC) 측의 보조 전원을 개폐하는 접점(R−a)이 닫혀 전원이 공급되며 타이머(T)가 동작하기 시작한다.

물론 이때부터 온도 조절기(TC1)가 H(High) 단자와 연결되어 압축기 모터(CM)와 응축기 팬 모터(CFM)가 동작하며 냉동 사이클이 정상적으로 운전된다.

타이머는 미리 제상 주기와 기간이 설정되어 있어 초기 냉동 사이클이 운전 중일 때에는 타이머 b접점에 의해 증발기 팬 모터(EFM)도 정상적으로 동작한다. 그러다가 타이머가 제상 시간에 이르면 T−b접점이 떨어져 증발기 팬 모터(EFM)가 동작을 멈추고, T−a 접점이 붙어 3번 전자 접촉기(MC3)가 여자되어 제상 히터(DH)가 작동한다. 이때 백색 제상 표시등(WL)도 함께 점등된다. 제상 기간은 타이머에 설정된 기간 동안 지속한다. 다만, 제상 히터의 과열을 방지하기 위하여 제상부의 온도를 감지하는 2번 온도 조절기(TC2)가 고온을 감지하면 히터에 공급되는 전원을 차단하도록 되어 있다.

타이머에 설정된 제상 기간이 끝나면 초기 때와 같이 T−b접점은 붙고 T−a접점은 떨어져 냉동 사이클이 정상적으로 작동한다.

(2) 핫 가스 바이패스 방식

핫 가스 바이패스(hot gas by-pass) 방식은 핫 가스 통과 방식이라고도 하며, 대표적인 예는 솔레노이드 밸브(Solenoid Valve, SV)를 2개 사용하여 압축기 출구에서 나온 고온 고압의 냉매 가스를 직접 증발기로 보내서 제상하는 방식이다.

그림 5-24는 핫 가스 바이패스 제상 방식의 제어 회로도로 타이머에 의해 2개의 솔레노이드 밸브(SV1, SV2)가 제어되고 있다.

먼저 기동 스위치(PB1)에 의해 릴레이 여자와 함께 자기 유지가 된다. 릴레이 a접점에 의해 보조 전원 라인에 전원이 공급되고 온도 조절기(TC1과 TC2)가 고온(H)을 가리키면 전자 접촉기(MC1과 MC2)가 여자되어 주전원의 압축기 모터와 응축기 팬 모터가 동작한다.

동시에 타이머에 전원이 공급되어 타이머가 작동하고, 작동 초기에는 타이머 닫힌 접점(T−b)에 의해 1번 솔레노이드 밸브(SV1)가 열리고 3번 전자 접촉기(MC3)가 여자되어 증발기 팬 모터(EFM)가 동작한다.

타이머에 미리 설정한 제상 시간이 되면 타이머 코일이 여자되어 T－b접점이 열려 1번 솔레노이드 밸브가 액관을 막고, MC3가 소자되어 증발기 팬 모터가 정지한다.

동시에 붙는 접점(T－a)에 의해 압축기 출구에서 증발기로 바로 통하는 배관에 설치된 2번 솔레노이드 밸브(SV2)가 열려 제상이 이루어진다. 이때에는 제상 표시등(WL)이 점등된다.

타이머에 설정된 제상 기간이 종료되면 b접점(T－b)은 붙고 a접점(T－a)은 떨어진다. 그리고 제상 기간 동안 고내의 온도가 상승하여 온도 조절기는 고온을 감지할 것이므로 냉동기는 정상적으로 재기동된다.

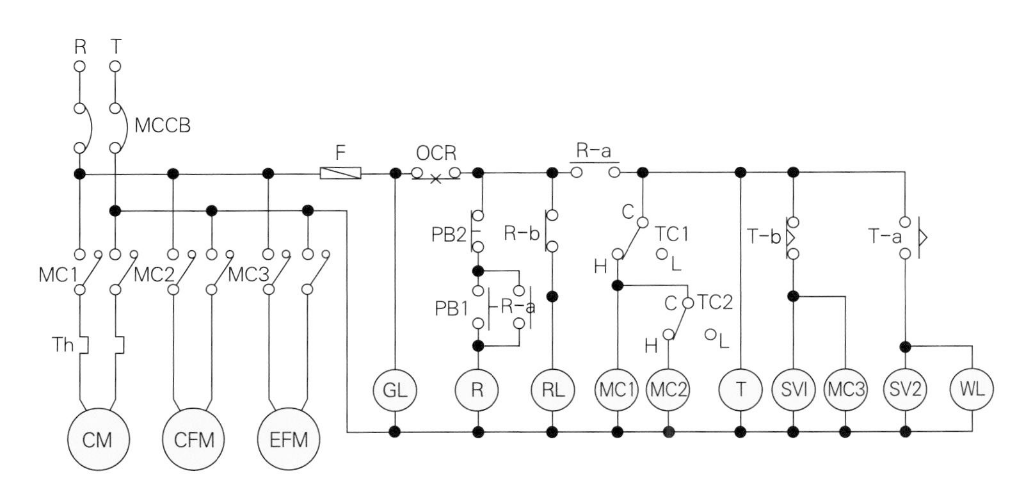

그림 5-24 **핫 가스 바이패스 제상 방식의 회로도**

Worldskills Standard

제상(defrost)은 냉동기 운전자가 조건에 맞게 설정하며, 제상에 관련된 주요 용어로는 제상 방법, 제상 주기, 제상 기간 등이 있다.

- **제상 방법**(defrost method) : 자연 제상, 전열 제상, 핫 가스 제상 등의 제상 방법을 결정한다.
- **제상 주기**(defrost frequency) : 하루(24 h) 동안 몇 회 제상을 하는지에 따라 결정된다. 예를 들어 하루 6회 제상을 한다면 제상 주기는 4시간이 된다.
- **제상 기간**(defrost duration) : 1회 제상할 때마다 얼마 동안 제상할 것인지를 결정한다. 제상 기간은 분(min)으로 표시한다.

4-6 히트 펌프 제어 회로

히트 펌프(heat pump)는 실내기를 여름철에는 냉방기로, 그리고 겨울철에는 난방기로 사용하는 냉동기를 말한다. 실내기와 실외기의 이동 없이 냉난방을 동시에 할 수 있는 것은 4방 밸브(4-way valve, 4WV)가 냉매 순환 경로를 바꾸어 주기 때문이다.

그림 5-25는 히트 펌프에 응용되는 회로의 예를 나타낸 것이다. 응축기와 증발기는 실렉터 스위치(Selector Switch, SS)로 히트 펌프 운전을 냉방(Cooling, C)으로 할 것인지 또는 난방(Heating, H)으로 할 것인지에 따라 그 역할이 바뀌므로 열교환기(Heat Exchanger, H)로 구분을 한다. 즉 냉방(C) 모드를 기준으로 1번 열교환기(HE1)는 응축기가 되고 2번 열교환기(HE2)는 증발기가 된다.

반대로 난방(H) 모드 시에는 1번 열교환기(HE1)는 증발기가 되고 2번 열교환기(HE2)는 응축기로 된다.

1번 열교환기는 콘덴싱 유닛에 설치되는 실외기이고 2번 열교환기는 실내 냉난방 제어 공간에 설치되는 실내기이다.

히트 펌프의 작동 과정을 살펴보자. 먼저 실렉터 스위치(SS)를 냉방(C)으로 선택하면 기동 스위치(PB1)에 의해 자기 유지가 되고 동시에 2개의 전자 접촉기(MC1과 MC2)가 여자되어 응축기 팬 모터(HE1)와 증발기 팬 모터(HE2)가 동작하며 정상적인 냉동 사이

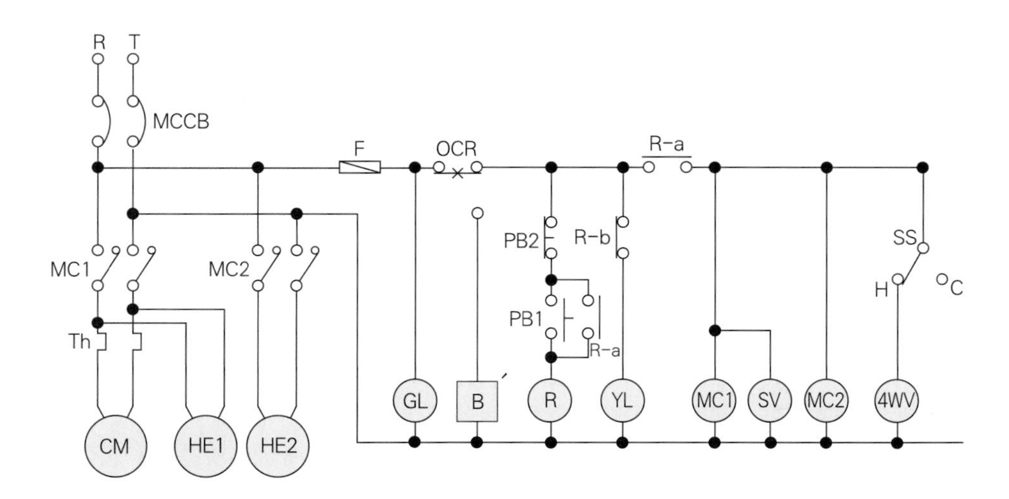

그림 5-25 히트 펌프 제어 회로도

클로 운전된다. 이때에는 4방 밸브의 전자 코일은 여자되지 않는다.

그러나 실렉터 스위치를 난방(H) 모드로 하면 4방 밸브가 여자되어 냉매 흐름 방향을 바꾸어 준다. 이때에는 압축기에서 나온 고온 고압의 냉매 가스가 실내에 설치되어 있는 열교환기(HE2)에서 응축되고 팽창 밸브를 거쳐 실외 열교환기(HE1)에서 증발하는 사이클로 운전된다.

이와 같이 히트 펌프는 운전 모드에 따라 냉매의 흐름 방향이 바뀌어야 하므로 배관 작업할 때 유로 개폐용 솔레노이드 밸브(SV) 또는 냉매의 역류를 방지하기 위하여 체크 밸브(check valve)를 적절한 위치에 설치한다. 그리고 4방 밸브 제조사가 제안하는 설치 방법에 따라 주의하여 배관하여야 한다.

Worldskills Standard

히트 펌프는 하나의 시스템으로 냉방(cooling)과 난방(heating)을 할 수 있는 이점 때문에 그 선호도가 점차 증가하는 추세이다. 국제기능올림픽대회에서도 최신 산업기술 과제에서 히트 펌프 제작 및 시운전을 시험하고 있다.

이 과제에서는 4방 밸브를 포함한 히트 펌프 배관 및 배선, 냉매 충전, 고장부 찾기 및 부품 교체, 시운전 등에 대한 충분한 지식이 요구된다.

히트 펌프 기술 동향

히트 펌프 사계절용 냉난방기로서 많은 제품이 개발되고 있으나 겨울철 실외 온도가 5~6℃ 이하로 내려가면 실외기(증발기)에 성에가 끼고, 냉매와 냉동기유에 무리가 따라 압축기 효율이 크게 저하되기 때문에 사용에 제한이 있다. 따라서 저온의 실외 온도에서도 시스템을 운전할 수 있는 기술과 난방 부하가 큰 경우, 목적하는 온도로 난방을 할 수 있도록 보조 열원을 이용하는 기술 개발이 활발하게 추진되고 있다.

05 디지털 컨트롤러

최근 냉동 시스템 회로에서 보다 편리하고 정확한 작동을 위하여 다양한 형식의 디지털 컨트롤러(digital controller)가 개발되어 널리 응용되고 있다.

디지털 컨트롤러는 고내의 목표 온도 조절, 압축기 구동, 제상, 압력 스위치 등의 제어를 비교적 간편하고 정확하게 설정 및 운전할 수 있다. 일반적인 냉동기를 비롯하여 공기 조화용 기기, 쇼케이스, 냉동 창고, 정밀 화학 및 의료 장비, 정육 및 식음료 저장고 등에 많이 사용된다.

5-1 디지털 컨트롤러의 특징

디지털 컨트롤러는 제품에 따라 냉동고 내 온도만 제어하는 온도 조절기부터 압축기, 팬, 제상, 증발 압력, 용량 제어, 증발기용 과열도 제어, 전자식 팽창 밸브 제어, 응축기 및 수액기 제어, 그리고 알람 및 보조 제어 등에 이르기까지 그 종류가 매우 다양하다. 디지털 컨트롤러의 일반적인 특징은 다음과 같다.

① 간단한 설치로 다양한 기기나 부품을 제어할 수 있다.
② 크기가 그다지 크지 않아 설치 위치에 제약을 받지 않는다. 그림 5-26과 같이 대개 컨트롤 박스 내에 설치한다.
③ 고내 및 실내 온도 설정이 간편하고 설정값 변경 조작이 용이하다.

④ 기기 배선이 아날로그 부품보다 단순하고 배선에 소요되는 비용과 시간을 절약할 수 있다.

⑤ 고장 시, 고장부가 표시창(screen)에 나타나므로 쉽게 고장 원인을 파악할 수 있다.

⑥ 리모컨(remote controller)을 사용할 수 있어 기기에서 떨어져있어도 시스템 조작을 할 수 있다.

그림 5-26 **컨트롤 박스 내에 설치된 디지털 컨트롤러**

5-2 디지털 컨트롤러의 구성

디지털 컨트롤러는 제조사 별로 다소 차이는 있지만 일반적으로 표시창(display screen), 회로 기판(printed circuit board, PCB)과 배선 연결 단자, 그리고 리모컨 등으로 구성되어 있다.

(1) 표시창

표시창에는 고내 온도, 시스템 운전 및 기능 상태, 세팅 조작용 누름식 키(key) 및 작동 표시용 램프 등으로 구성되어 있다. 그림 5-27은 디지털 컨트롤러의 표시창과 외형적 구조이다.

그림 5-27 **디지털 컨트롤러(D사 FX32J 시리즈)**

(2) 회로 기판

디지털 컨트롤러의 본체에 내장된 제어부로서 전자 회로와 외부 기기에 연결되는 배선용 단자가 설치되어 있다. 일반적으로 사용되는 컨트롤러에는 다음과 같은 연결용 단자가 설치되어 있다.

① 전자 접촉기와 과전류 계전기, 그리고 여기에 연결되는 압축기 모터 제어 단자
② 고내 흡입공기 온도, 충전 가스 온도, 제상 온도 등을 검지하거나 제어하기 위한 온도 조절기용 단자
③ 증발기 팬 모터, 응축기 팬 모터, 전자 밸브 등의 제어를 위한 연결 단자
④ 고압 조절 스위치를 제어하기 위한 단자
⑤ 보조 릴레이 연결을 위한 단자
⑥ 딥스위치(dip switch)나 로터리 스위치(rotary switch) 등의 스위치류 제어 조작을 위한 단자
⑦ 기타 외부 기기 연결용 터미널 보드(terminal board, TB)와 리모컨 스위치 연결용 단자

(3) 리모컨

리모컨은 LED 표시창과 조작키 컨트롤러 본체에 설치된 조작키 패널과 크게 다르지 않다.

① LED 표시창 표시 내용

- 온도 및 시간 표시
- 운전 표시 램프
- 제상 표시 램프

② 조작키의 종류

- 운전(start/stop) 키
- 강제 제상키: 프로그램 제상은 설정된 시간에 따라 자동으로 제상되지만 증발기 적상 정도가 심한 경우에는 이 키로 강제 제상을 할 수 있다.
- 운전 및 시간 조정용 업(up, ▲) 및 다운(down, ▼) 키
- 변경된 설정값 세팅을 위한 설정키

5-3 디지털 컨트롤러 조작 방법

제조사에 따라 기본값이 설정되어 있기도 하지만 무작위(default) 값으로 설정되어 있는 경우도 있으므로 디지털 컨트롤러를 설치한 후에는 반드시 냉동기 운전 조건에 맞춰 설정을 확인해야 한다.

설정 방법도 제조사에 따라 다소 차이가 있으므로 사전에 제조사가 제시하는 매뉴얼을 숙지하고 지정된 방법으로 설정한다. 그림 5-28은 공조 냉동용 컨트롤러에서 많이 쓰이는 일반적인 리모컨의 예이다.

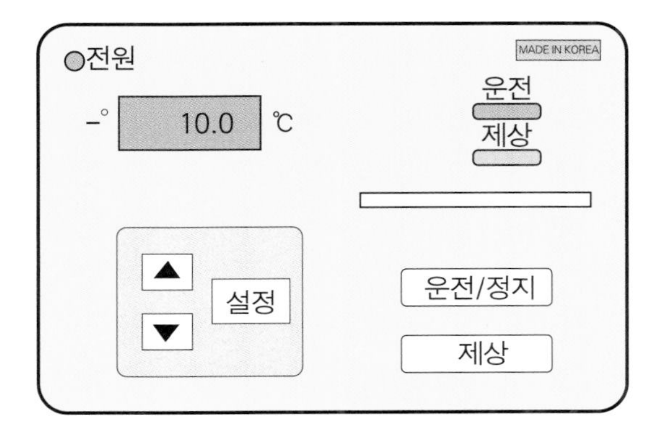

그림 5-28 **리모컨의 구조**

(1) 작동 전 설정 사항

① 설정 온도 및 시간
② 온도 센서의 표시값
③ 알람, 제상, 냉방 및 난방 등 보조 기능 상태
④ 기타 운전에 필요한 설정값

(2) 운전 중 점검 사항

① 온도 및 시간 등 작동 상태의 표시
② 시스템 제어의 적절성 여부
③ 에러(error) 표시 상태

디지털 컨트롤러의 에러 표시

디지털 컨트롤러는 자기 점검 기능으로 시스템의 에러를 감지하여 표시창에 나타낸다. 대부분 표시값이 코드(code)로 나타나는데 이때에는 제조사의 매뉴얼에 따라 해당 코드의 에러에 대한 적절한 조치를 한 후 다시 운전한다.

Chapter 5

연 습 문 제

1 자동 제어 방식으로 시퀀스 제어와 피드백 제어의 차이점을 설명하여라.

2 자동 제어 기기에서 사용되는 접점의 종류를 설명하여라.

3 계전기(relay)의 동작 원리를 설명하여라.

4 온도 조절기에 의한 자동 운전 과정을 설명하여라.

5 릴레이를 이용한 자기 유지 회로를 구성하기 위한 최소한의 접점과 스위치의 종류 및 수량을 설명하여라.

6 전열 제상 회로에서 제상용 히터(de-humidity heater)가 작동하는 조건을 설명하여라.

7 제상 주기를 4회와 6회로 설정할 때 각각의 시간 간격을 구하여라.

냉동기의 제작 및 설치

앞서 이론적으로 다룬 내용을 바탕으로 냉동기를 실무적으로 제작해 본다. 냉동기의 제작 과정은 작업장의 여건과 작업자의 습관에 따라 다소 차이가 있을 수 있지만 대개 기기 배치 및 배관 작업, 기밀 및 진공 작업, 전기 제어 배선, 냉매 주입 및 시운전의 순서로 이루어진다.
냉동기의 제작 방법과 수준에 따라 그 효율이 달라지므로 작업자는 반드시 작업에서 요구되는 작업 표준, 기기 설치와 배관 및 배선에서의 주의 사항, 공구 및 측정기 사용법, 기타 작업 안전에 대한 사항의 사전 숙지가 필요하다.

6 냉동기의 제작 및 설치

1-1 콘덴싱 유닛

(1) 콘덴싱 유닛의 구성

냉동기의 콘덴싱 유닛(condensing unit)은 대부분의 시스템에서 실외에 설치하여 운전하기 때문에 실외기(out door unit)라고도 한다. 압축기와 압축기의 구동 전원, 응축기와 응축기 팬 모터, 수액기, 어큐뮬레이터, 압력 스위치 및 게이지, 스톱 밸브, 전원 및 전기 장치 등으로 구성되어 있다.

콘덴싱 유닛은 사용 목적에 맞게 설계 · 제작하기도 하지만 대량으로 생산되는 냉동기의 경우에는 냉동 능력, 사용 냉매, 운전 조건 등에 따라 규격화된 것을 사용하고 있다.

① 압축기

압축기(compressor)는 사용 냉매와 시스템이 필요로 하는 냉동 효과에 맞는 용량의 것을 선택한다. 소형 시스템의 경우 밀폐형 왕복동 피스톤 압축기를 주로 사용하며 운전 및 기동 콘덴서를 포함하는 전원 장치를 갖추고 있다.

또한, 압축기에는 과전류나 과열로부터 모터를 보호하기 위한 장치(motor protector)가 설치되어 있어야 한다. 과전류나 과열이 감지되면 바이메탈식 스위치(bimetal switch)가 전원을 차단시켜 모터를 보호한다. 대개의 경우, 전원이 차단(trip)되는 원인을 제거하면 재기동이 가능하지만 원인을 제거하고 충분한 시간 경과 후에도 작동하지 않으면 모터 코일의 단선 및 단락 여부를 시험한다.

② 응축기 및 응축기 팬 모터

응축기는 주위 공기 온도 범위에서 충분히 냉매 가스를 응축시킬 수 있어야 하며 출력 용량에 따라 1개 또는 2개의 팬 모터를 가지고 있다.

응축기는 냉동 시스템의 용량에 맞도록 선택하여야 하며 특히 팬 모터는 내구력을 갖추어야 한다. 최근에는 보수 없이 수년을 사용할 수 있는 영구 윤활제를 팬 모터 섭동부에 사용하여 원활한 작동과 내구성을 도모하고 있다. 그리고 팬 속도 조절기(Fan Speed Controller, FSC (또는 regulator))를 설치하여 응축 압력을 양호하게 조절하고 소음을 감소시킬 수 있게 되었다.

③ 스톱 밸브

콘덴싱 유닛의 흡입관과 액관 측에는 스톱 밸브(stop valve)를 설치한다. 스톱 밸브는 압력 게이지 연결부와 플레어부 사이의 유로를 개폐한다. 스핀들(spindle)을 시계 방향으로 돌리면 잠기고 반시계 방향으로 돌리면 열린다.

④ 수액기

팽창 장치로서 팽창 밸브를 사용하는 냉동 시스템의 콘덴싱 유닛에서는 반드시 수액기(liquid receiver)를 갖추어야 한다. 팽창 밸브는 수액기 내부의 냉매의 증감에 따른 유량 변화를 조절한다.

⑤ 압력 지시계

콘덴싱 유닛에는 고압(액관)과 저압(흡입관) 측에 각각 고압과 저압 압력 스위치 및 게이지를 설치한다. 고압 및 저압 스위치의 압력은 사용 냉매에 따르며 대략적으로 표 6-1과 같이 설정한다.

표 6-1 **사용 냉매에 따른 고압 및 저압 스위치 설정 압력**

냉 매	고압 측(bar)		저압 측(bar)	
	단입(cut in)	단절(cut out)	단입(cut in)	단절(cut out)
R-134a	-	14	1.2	0.4
R-407	-	21	2	1
R-404A/R-507	-	24	1.2	0.5

⑥ 단자함

콘덴싱 유닛을 동작시키는 데 필요한 전원 장치 및 압축기, 팬, 압축기 보호 장치(PTC), 압력 스위치 등의 구성 기기 배선을 쉽게 할 수 있도록 단자함(terminal box)을 설치한다. 아울러 배선도를 단자함 커버에 부착하여 냉동기 운전 및 고장 수리 시 참고로 활용할 수 있도록 한다.

콘덴싱 유닛 제작 시 유의 사항

① 팬의 방향이 압축기로 바람이 통과하도록 응축기를 설치한다.
② 압축기 및 응축기는 진동 방지용 고무 방진구를 사용하여 고정한다.
③ 응축기 팬 모터와 압축기가 동시에 가동되도록 배선한다.
④ 응축기 설치 시 팬 블레이드와 냉각 핀이 충격에 의해 휘거나 변형되지 않도록 주의한다.
⑤ 배선은 배관과 교차하지 않도록 하고 보수가 용이하도록 작업한다.

(2) 콘덴싱 유닛의 설치

콘덴싱 유닛을 설치할 때에는 배관 길이가 가급적 짧고 동시에 완벽하도록 작업을 해야 한다. 특히, 아래쪽의 수평관에 오일이 축적되는 일이 없도록 오일 트랩(oil trap)을 주어야 한다.

콘덴싱 유닛의 설치 위치는 증발기가 놓이는 위치에 따라 같은 높이에 있는 경우, 콘덴싱 유닛이 높은 위치에 있는 경우, 그리고 콘덴싱 유닛이 낮은 위치에 있는 경우 등 세 가지 방법이 있다.

① 콘덴싱 유닛과 증발기가 같은 높이에 있을 때

콘덴싱 유닛과 증발기 간의 거리는 수평 거리로 최대 30 m를 초과하지 않도록 한다. 증발기에서 콘덴싱 유닛으로 이어지는 흡입관은 약간의 하향 구배를 준다. 흡입관과 액관은 제조사에서 제시하는 관 지름으로 하는데, 일반적으로 액관은 6.52 mm, 흡입관은 9.75 mm 관으로 배관한다.

② 콘덴싱 유닛이 증발기 위쪽에 있을 때

콘덴싱 유닛과 증발기의 최대 높이차는 5 m 이내로 하고 동관의 길이는 30 m를 초과하지 않도록 한다.

오일 회수를 위하여 증발기 출구 입상관 바로 전에 U자형 오일 트랩을 설치하고, 흡입관의 수직 높이 5~10m마다 S자형 트랩을 설치한다. 흡입관 최상부에는 P자형 트랩(또는 루프)을 설치한다.

③ 콘덴싱 유닛이 증발기 아래쪽에 있을 때

콘덴싱 유닛과 증발기의 높이차는 최대 5m로 하고, 콘덴싱 유닛과 증발기를 잇는 동관의 길이는 최장 30m를 초과하지 않도록 설치한다. 오일 회수를 돕기 위하여 액관의 수직 높이 1~1.5m마다 S자형 트랩을 설치하고 흡입관의 최상부는 증발기 최상부보다 높은 위치에서 P자형 트랩을 거쳐 완만한 하향 구배로 압축기 흡입 측으로 연결되도록 설치한다.

④ 콘덴싱 유닛을 설치할 때 유의 사항

콘덴싱 유닛의 주요 장치인 압축기는 고온 고압으로 운전되고 응축기는 증발기에서 흡열한 열량을 지속적으로 방열하므로 설치할 때 다음 사항에 유의해야 한다.

- 직사광선을 피하고 환기 및 통풍이 잘되는 장소에 설치한다.
- 오염되지 않은 신선한 공기가 응축기의 흡입 공기 측으로 유입되도록 한다. 특히, 응축기에서 열교환하고 나온 공기가 다시 응축기로 유입되지 않도록 유의한다.
- 응축기 팬 모터의 공기 취출부는 압축기 방향으로 향하도록 설치하여 압축기를 냉각시킬 수 있도록 한다.
- 부득이하게 직사광선에 노출되는 경우나 설치 환경이 열악한 경우 등 하우징이 필요할 때에는 보호용 하우징을 설치한다.
- 콘덴싱 유닛의 가장 적합한 작동 조건을 유지하기 위하여 정기적으로 청소 및 점검 이용이하도록 설치한다.

Worldskills Standard

압축기가 증발기 위쪽에 설치되는 경우에는 오일 회수를 위한 트랩을 설치해야 한다. 그 위치는 저압, 저속 시스템의 경우 증발기 뒤에 설치한다.
만약 압축기가 증발기 아래에 있다면 흡입관이 압축기 방향으로 자연스럽게 경사를 주어 오일 회수가 잘되도록 한다. 그리고 추가적인 오일 트랩은 매 3m 상승할 때마다 설치하도록 권장한다.

1-2 장치 설치 일반

보다 효율적이고 체계적인 장치 제작을 위하여 계획, 주요 장치의 설치, 냉동기의 조립 및 설치 작업, 배관 작업 및 안전 장치의 설치 등의 순서에 따라 진행한다.

(1) 계 획

구성 부품을 잘 파악하고 그 위치를 결정하며 작업 순서와 방법 등 배관 계획을 세운다. 모든 구성 부품은 그 부품의 기능이 충분히 보장되도록 결정해야 하며 이에 따라 재료 목록(material list)을 작성한다.

압축기나 응축기, 그리고 증발기의 위치는 충분한 공기 유동이 필요하므로 위치 결정을 잘 해야 한다. 배관의 길이가 길어지면 배관의 유동 저항이 증가하고 비용도 비싸지므로 냉동기의 기능을 저해하지 않는 한 가급적 짧게 되도록 계획한다. 그리고 실내기와 실외기를 연결하는 배관이나 배선으로 인한 냉동 캐비닛(에어컨의 경우는 건물)의 손상을 최소로 하여야 한다.

Worldskills Standard

계획 단계에서 제품 제작에 필요한 재료 목록(material list)을 작성한다. 단순 소모품과 공구 외에 장치, 제어, 부품, 조립 재료 등의 명칭과 수량을 기입한다.

수 량	재 료

(2) 주요 장치의 설치

압축기, 응축기, 증발기 등 주요 장치는 제조 회사에서 제시하는 작업 방법에 따라 장착될 위치에 견고하게 고정하여야 한다.

압축기는 수평을 맞추어 설치하고, 특히 압축기 자체의 흔들림이나 흡입관과 토출관으로의 진동 전파를 흡수할 수 있도록 방진고무 등의 댐퍼(damper)를 사용하여 견고하게 고정한다.

응축기나 증발기는 필요한 경우 브래킷(bracket) 등을 사용하여 무게를 견딜 수 있도록 설치하여야 한다.

(3) 냉동기의 설치 작업

냉동기 조립 및 설치 작업은 작업 계획에 따라 가급적 신속하게 한다. 냉동 시스템이나 배관이 오랫동안 공기와 접하면 공기 중의 수분이나 이물질이 침투할 가능성이 높아진다. 그 때문에 압축기나 필터 드라이어는 시스템을 진공하고 충전하기 바로 직전에, 즉 설치 작업의 마지막 단계에서 조립한다.

냉동기 설치 작업 중에는 냉매와 접촉하는 모든 부품이나 배관은 공기나 수증기와의 접촉이 안 되도록 밀봉을 잘 해야 한다.

(4) 배관 작업

배관은 거의 수직관과 수평관으로 구분하여 작업한다. 압축기로 향하는 흡입 배관과 압축기에서 나온 토출관에 완만한 하향 구배를 주는 경우를 제외하고는 수직한 배관은 수직하게 하고 횡으로 놓인 배관은 수평하게 한다.

배관의 무게를 지지하고 관의 흐트러짐을 방지하기 위하여 배관 지름에 맞는 브래킷(bracket), 클립(clip), 새들(saddle) 등을 사용하여 일정한 간격으로 배관을 고정한다. 수직한 흡입관에는 오일 회수를 위한 트랩을 1.5m마다 1개소씩 설치한다.

(5) 안전 장치의 설치

모든 구성 부품은 운전이 용이한 위치에 설치한다. 특히, 고압 및 저압 차단 스위치, 온도조절기, 증발 압력 조절기, 전기 제어함 등은 조작과 조절이 쉽고 수리가 필요한 경우에 공구 사용 및 작업이 용이한 위치에 장착한다.

Worldskills Standard

냉동기를 제작하고 시험하기 위해서는 여러 가지 공구 및 측정기가 필요하다. 국제 대회에서 제시하는 작업자 개인이 지참해야 할 공구 목록은 다음과 같다.

품　명	규 격	품　명	규 격
플레어툴	18 mm	해머	
튜브 커터	28 mm	강철자	300 mm
확관기	20 mm	줄 세트(평, 반원, 원형)	
래칫 키		쇠톱	
밸브 키		칼	
매니폴드 게이지 세트	사용 냉매	삼각자	
전자식 냉매 누설 탐지기	HFC, HCFC	전기 플라이어	
거울	용접 검사용	니퍼	
스패너 세트(양구, 컴비)	25 mm	멀티 클립	
렌치 세트	25 mm	드라이버 세트	
조정 스패너/렌치		알렌 키	
정		멀티미터	
스프링 튜브 벤더	16 mm	암페어미터	
기계식 튜브 벤더(180°)	16 mm	메가옴미터	
줄자	5 m	디지털 온도계	2포트 이상
센터 펀치		클램핑 툴	
파이프 리머		드릴 세트	1~10 mm
진공 게이지	50 Pa 이내	수준기	분리형
토크 플레어 렌치		롱 노즈 플라이어	
와이어 스트리퍼		전등	

※ 기타 지참 공구 : 윤활유 그릇, 스틸울, 샌드페이퍼, 전기 절연 테이프, 필기도구(연필, 색연필), 메모지 등

02 배관 작업

2-1 배관도

(1) 배관도 작성 원칙

배관은 냉매의 이동 통로로서 냉동기 구성 장치와 부품 그리고 동관으로 접속하는데 이와 같은 접속 상황을 기호, 선, 문자 등으로 도면 표시 방법에 따라 나타낸 도면을 배관도라고 한다. 배관도는 다음과 같은 원칙에 따라 작성한다.

① 시스템에 쓰이는 장치나 부품이 기능에 알맞게 배치되어 있을 것
② 시스템 사용 목적에 적합한 크기 및 용량의 장치나 부품을 사용할 것
③ 장치와 부품의 규격 그리고 냉매 유량에 적합한 지름의 동관을 사용할 것
④ 용접형 또는 플레어형 등 이음 방법이 적절할 것
⑤ 장치나 부품이 서로 간섭을 주거나 시스템 작동에 영향을 주지 않을 것
⑥ 운전 및 조작 그리고 장비 유지 상 안전성이 있을 것
⑦ 조작 및 점검이 용이하고 고장 발생 시 수리가 용이할 것
⑧ 작업이 용이하고 경제적일 것

(2) 배관도 작성 방법

그림 6-1은 실제의 냉동 시스템 배관도로서 다음과 같은 방법으로 작성한다.

① 압축기, 증발기 및 응축기 등의 주요 구성 장치를 도면에 적절히 배치한다. 냉장고나 냉동고 등의 증발기는 고내에 설치되므로 냉동 캐비닛의 위치를 정하고 그 내부에 표시한다. 특별히 지정 위치를 정할 필요가 있을 때에는 그 배치 위치의 치수를 상세도로 표시한다.

② 주요 장치 배치와 함께 구성 부품을 배치한다. 기본 시스템의 부품 배치는 압축기 출구, 응축기, 수액기, 관찰창, 필터 드라이어, 팽창 밸브, 증발기, 어큐뮬레이터, 압축기 입구 순서로 이어지도록 한다.

③ 목적 상 이 외의 장치나 부품이 사용되는 시스템에서는 제조사가 권장하는 위치에 표시한다.

④ 배치된 장치나 부품을 배관으로 연결한다. 배관은 굵은 실선으로 표시한다.

⑤ 품명, 기호, 규격 등을 기입한다.

⑥ 작성된 도면을 검도하고 가상으로 시험 작동을 해 본다.

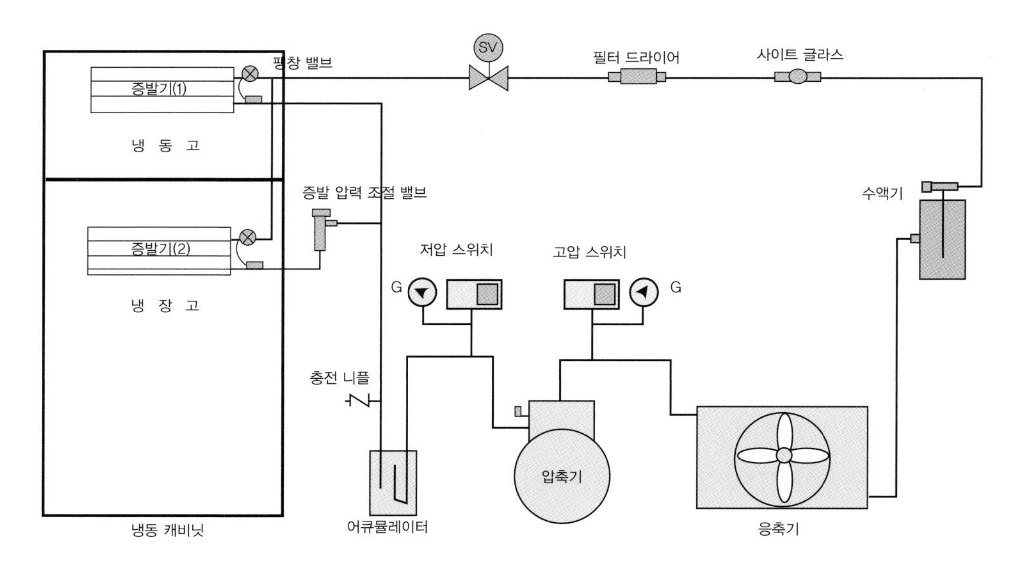

그림 6-1 **냉동 배관도 작성의 예**

배관도 작성 순서

주요 기기 배치 → 부품 배치 → 배관선 연결 → 명칭 및 기호 기입 → 관경 표시(필요시) → 부품관 작성(필요시).

2-2 배관 일반

(1) 동관의 특징

냉동기 제작 및 설치에 사용되는 관은 냉매와의 화학적 반응을 하지 않는 동관(copper tube)을 많이 사용한다.

동관의 특징은 다음과 같다.

① 연성과 전성이 풍부하여 절단 및 굽힘 등의 가공이 용이하다.
② 열전달 특성이 우수하여 열교환기 재료로 적합하다.
③ 연납 및 경납 등의 용접성이 우수하다.
④ 내식성이 강하다.
⑤ 강관에 비해 단위 체적당의 무게가 가볍고 강도가 약하다.

(2) 동관의 종류와 호칭

동관은 K형, L형, M형의 3가지 종류로 구분한다. 동관이 견딜 수 있는 압력(내압)은 두께가 가장 두꺼운 K형이 가장 세고 L형은 보통 정도이며 M형은 두께가 가장 얇고 내압력도 가장 약하여 외력에 관이 일그러지거나 변형되기 쉬운 단점이 있다.

따라서 K형은 주로 고압 배관용으로 사용되고, M형은 냉온수 배관, 가스 배관, 상수도 및 급탕 배관, 소화 배관 등에 사용된다. 그리고 L형은 비교적 압력이 낮은 냉온수 배관, 가스 및 일반 배관용으로 사용된다. 이 밖에도 단단한 정도에 따라 연질과 경질로 구분하기도 한다.

관 지름은 규격에 따라 A(mm)와 B(in) 계열로 호칭해야 하지만 통상적으로 지름을 약화하여 표 6-2와 같이 수치로서 직접 표기하는 경우도 있다.

표 6-2 **동관의 규격과 호칭 지름**

규격 호칭	A(mm)	8	10	15	-	20
	B(in)	1/4	3/8	1/2	5/8	3/4
실제 바깥지름	mm	6.35	9.52	12.7	15.88	19.05
바깥지름 약칭	mm	6.4	9.5	12.7	15.9	19.1
	mm	6	9	12	16	19

2-3 관 작업

(1) 관 작업 일반

관 작업은 절단, 벤딩, 플레어링 및 스웨이징, 납땜 접합 등 그 작업에 적합한 공구를 사용법에 맞게 사용하되 신속하고 안전하게 한다.

관 작업 도중에 냉동 시스템으로 수분이나 이물질이 침투하기 쉽기 때문에 특별히 더 주의하여야 한다. 특히, 수분은 진공 작업을 해도 완벽한 제거가 어렵고 나중에 시스템 운전 시 팽창 밸브의 오리피스에서 얼어붙어 냉매 순환을 막는 결과를 초래한다.

일반적으로 관 내부의 세정은 드라이어를 통과한 압축 공기나 질소 가스로 불어낸다. 드라이어가 갖춰지지 않은 일반 압축 공기나 입으로 불어내는 방법은 수분이 과다하게 함유되어 있으므로 매우 좋지 않은 방법이다. 부분적으로 관 작업을 끝낸 경우에는 일반 부품과 마찬가지로 끝단 부분을 밀봉하여 보관해야 한다.

(2) 관 절단(pipe cutting)

튜브 커터(tube cutter/pipe cutter)는 쇠톱으로 자를 때와 비교하여 절단 길이가 정확하고 쇳밥이 생기지 않으며 절단면이 깨끗한 특징이 있다.

그림 6-2와 같이 관 지름에 알맞은 튜브 커터를 사용하여 날의 역할을 하는 커팅 휠(cutting wheel)을 절단면에 위치시키고 커터를 회전시키며 절단한다. 동관에 커팅 휠을 너무 세게 밀면 잘 절단되지도 않고 오히려 동관이 일그러지고 휠의 마모가 촉진될 수 있으므로 적당한 힘과 깊이로 절단해야 한다. 절단 후에는 리머(reamer)로 절단면 내·외

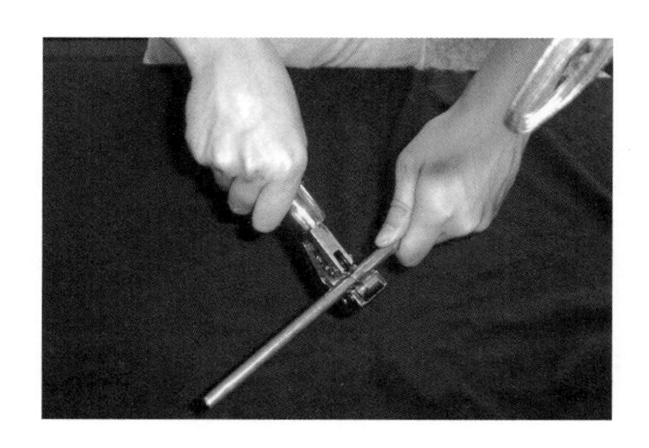

그림 6-2 **관 절단 작업**

부에 생긴 거스러미(burrs)를 제거한다. 절단면 관 지름이 균일하지 않을 때에는 사이징 툴(sizing tool)을 이용하여 지름이 일정한 진원으로 정형한다.

(3) 벤딩(bending)

관을 임의의 각도로 굽히는 작업으로 롤 벤더(roll bender)나 스프링 벤더(spring bender)를 이용하여 작업한다. 벤더는 관 지름과 굽힘 반지름에 따라 종류가 다양하다.

롤 벤더는 그림 6-3과 같이 한 가지 반지름만으로 굽힘이 가능하고 벤더의 포밍 휠에 각도가 표시되어 있어 임의의 각도로 굽힘 작업을 할 수 있다. 파이프를 포밍 휠(forming wheel)과 포밍 슈(forming shoe) 사이에 넣고 홀딩 후크(holding hook)로 고정시킨다. 포밍 휠의 손잡이를 고정하고 포밍 슈의 핸들을 돌려 굽힘 작업을 한다.

스프링 벤더는 작업자의 숙련도에 따라 정도의 차이는 있지만 매끄러운 굽힘 반지름을 얻기 어려우나 임의의 반지름이나 임의의 각도 또는 원호로 벤딩이 가능하다.

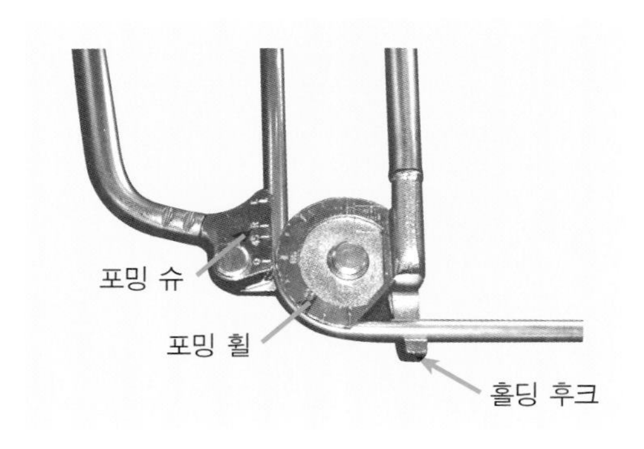

그림 6-3 **벤딩 작업**

Worldskills Standard

굽힘(bending) 반지름이 지나치게 작으면 관이 납작해지기 쉽고 또한 유동 저항도 증가한다. 그리고 굽힘 반지름이 지나치게 크면 굽힘부가 많은 공간을 차지하고 시스템적으로도 효율성이 떨어진다.

일반적으로 굽힘 최소 반지름을 관 지름의 5배 이상으로, 최대 반지름을 관 지름의 10배 이내로 정하고 있다. 즉, 6 mm 관의 굽힘 반지름은 30~60 mm로, 9 mm 관은 45~90 mm로, 12 mm 관은 60~120 mm 범위로 한다. 그리고 관 굽힘부가 심하게 납작해지면 유동 저항이 증가하므로 최소 관 줄임부 두께를 관 지름의 90 % 이상으로 작업하도록 제시하고 있다.

(4) 플레어링(flaring)

냉동기의 부품 연결 방법으로 용접 접합형과 플레어 접합형이 있다. 특히, 플레어 접합은 작업이 간단하고 분해 조립이 가능하기 때문에 서비스 밸브, 팽창 밸브, 고압 및 저압 차단 압력 스위치, 수액기, 필터 드라이어, 솔레노이드 밸브 등의 배관에서 많이 사용한다.

플레어 공구는 관을 고정시키는 클램프(clamp)와 플레어링할 관 끝에 삽입될 콘(cone), 콘과 연결된 요크(yoke)와 핸들, 그리고 이를 구성하는 프레임(frame) 등으로 구성되어 있다. 그림 6-4는 냉동기 배관 작업에서 많이 쓰이는 플레어링 공구를 나타낸 것이다.

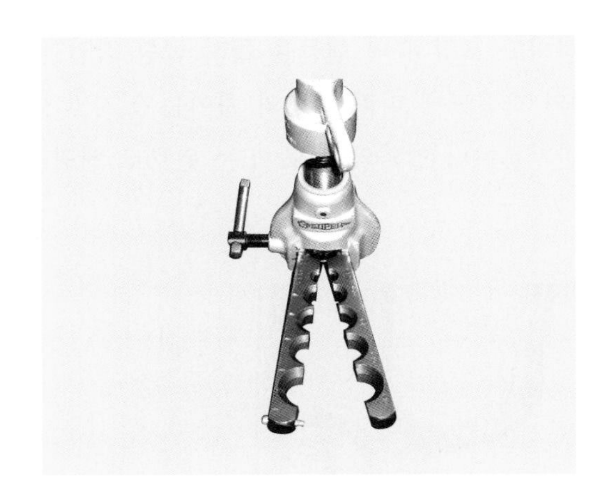

그림 6-4 **플레어 공구**

플레어링 작업 순서는 다음과 같다.

① 동관을 절단하고 리머를 사용하여 거스러미를 제거한다. 절단면이 정원이 아닌 경우에는 사이징 툴(sizing tool)로 진원을 만든다.

② 관에 플레어 너트를 끼우고, 관 지름에 맞는 클램프에 관을 물리고 고정 너트를 조인다.

그림 6-5는 동관을 플레어링하기 위해서 관을 클램핑하는 방법을 나타낸 것이다. 여기서 물림 깊이, 즉 클램핑 치수(그림 6-5의 C)가 너무 크면 나팔면의 길이가 길어 플레어 너트 체결이 어려워지고, 너무 짧으면 나팔면의 접촉이 불량하여 누설의 원인이 될 수 있으므로 적절한 길이로 해야 한다. 표 6-3은 관 지름에 따른 클램핑

치수를 나타낸 것이다. 클램핑 치수에서 R_1은 R-410A용 전용 공구를 사용하는 경우이고, R_2는 R-22용 전용 공구를 사용하는 경우이다.

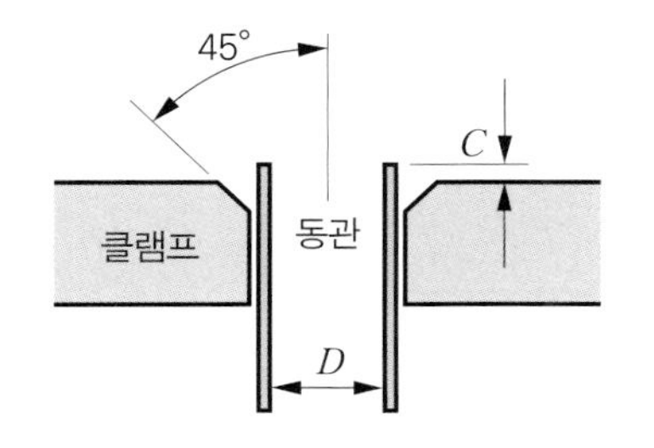

그림 6-5 플레어링 클램핑 치수

표 6-3 관 지름에 따른 클램핑 치수

관 지름 (*D*)	A(mm)	6	8	15	-	20
	B(in)	1/4	3/8	1/2	5/8	3/4
클램핑 치수 *C*[mm]	R_1	0.5	0.5	0.5	0.5	1
	R_2	1	1	1	1	1.5

③ 핸들을 돌려 플레어 콘을 자연스럽게 동관의 중심에 삽입하고 조인다. 깨끗한 플레어면을 얻기 위하여 시스템에서 사용하는 냉동 오일을 콘과 관의 접촉면에 소량 급유하여도 좋다.

④ 핸들을 풀어 관을 꺼내어 플레어부의 두께와 나팔 끝부분의 지름이 적정한지 여부, 균열 여부, 나팔 너비가 균일한지 여부 등을 검사하고, 결합될 니플(nipple) 면에 맞추어 본다. 그림 6-6은 플레어부의 단면으로 여기서 관 지름(*D*)에 따른 플레어부의 지름(*F*)은 표 6-4와 같다.

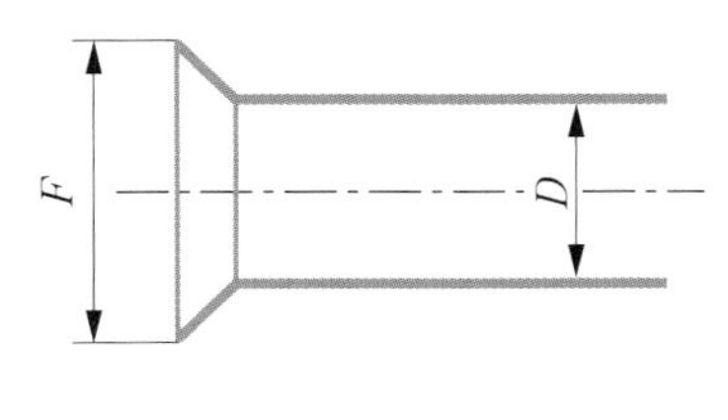

그림 6-6 플레어부의 지름

표 6-4 관 지름에 따른 플레어부의 지름

관 지름 (*D*)	A(mm)	6	8	15	-	20
	B(in)	1/4	3/8	1/2	5/8	3/4
플레이부 지름 *F*[mm]		8.3 ~ 8.7	12.0 ~ 12.4	15.4 ~ 15.8	18.6 ~ 19.0	22.9 ~ 23.3

한편 플레어 너트를 체결할 때에는 2개의 스패너로 고른 힘을 가하여 체결한다. 스패너로 볼트 또는 너트를 체결할 때 가해지는 에너지를 토크(torque)라고 하며, 설정된 토크로 체결하는 데 사용하는 전용 공구를 토크 렌치(torque wrench)라고 한다.

규정 토크보다 약하게 조이면 누설이 발생하기 쉽고, 보다 큰 토크를 가하면 플레어부가 변형되거나 찢어져서 역시 누설의 원인이 된다. 표 6-5는 배관 지름에 따른 플레어 너트 체결 토크를 나타낸 것이다.

표 6-5 **플레어 너트 체결 토크**

관 지름(mm)	N-m (kgf-cm)
6.35 (1/4 B)	13.7 ~ 18.6 (140 ~ 190)
9.52 (3/8 B)	34.3 ~ 44.1 (350 ~ 450)

Worldskills Standard

흡입관 및 액관에 설치되는 부품의 플레어 너트 체결 시 토크 렌치를 사용하여 규정 토크로 설치해야 한다. 규정 토크는 제조사가 제시하는 토크로 하고, 제시값이 없는 경우는 표 6-5를 참고한다.

(5) 스웨이징(swaging)

동관 이음법의 하나로 같은 지름의 관을 슬리브(sleeve)나 소켓(socket) 없이 확관하여 연결할 수 있다. 플레어링 공구와 마찬가지로 스웨이징 공구(swaging tool)를 사용하여 작업한다. 클램프에 동관을 물리고 요크 핸들(yoke handle)을 돌려 조이면 스웨이징 콘이 동관의 끝부분부터 일정한 깊이까지 지름을 확관할 수 있다. 동관은 늘어나는 성질, 즉 전성이 풍부하여 잘 찢어지지 않고 확관이 가능하다.

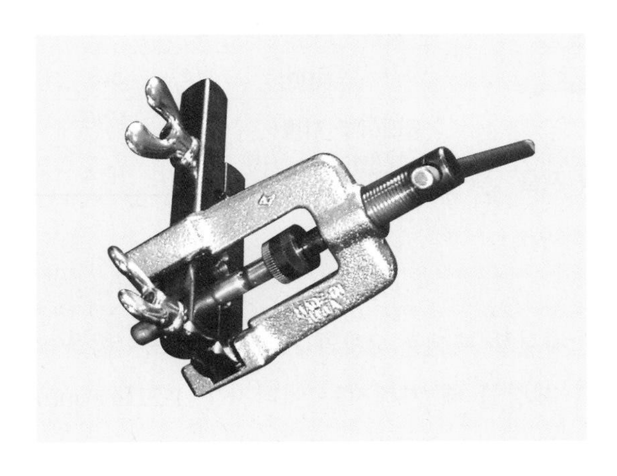

그림 6-7 **스웨이징**

클램핑할 때 관이 돌출되어 나오는 치수는 9~11 mm 정도로 하며 관이 굵을수록 돌출부 치수도 크게 하여 물리도록 한다. 매끄러운 면을 얻기 위하여 절단과 리밍을 깨끗이 하고 스웨이징 툴과 관 사이의 마찰 부분에 냉동 오일을 소량 급유하여도 좋다. 그림 6-7은 스웨이징 공구를 이용한 스웨이징 공작의 예를 나타낸다.

Worldskills Standard

관 작업에서 리머를 사용하여 거스러미를 제거하는 작업을 리밍(reaming)이라고 한다. 관 절단, 줄이나 연마지(sandpaper)를 이용한 다듬질, 확관 및 플레어 등의 작업을 하면 가공 면에 거스러미나 이물질이 발생하여 팽창 밸브의 막힘 등 고장을 초래할 수 있다. 따라서 위와 같은 작업을 한 후에는 반드시 리망을 하고 질소 가스를 이용하여 깨끗하게 청소를 해야 한다.

2-4 납 땜

공학적 용어의 정의로 보면, 용접(welding)은 모재와 용접봉이 함께 용융 접합되는데 땜(brazing/soldering)은 모재를 용융시키지 않고 모재보다 용융 온도가 낮은 용융재(solders 또는 filler metal)만 용융시켜 접합하는 방법이다. 이것은 보통 지름이 1~4 mm의 봉(wire)으로 제조되어 있어 용접봉이라고도 불리고 있으나 엄밀한 의미에서는 용접봉이 아닌 용융재라 하여야 한다.

납땜은 다시 용융재의 용융 온도가 450 ℃ 이상인 경납땜(brazing)과 450 ℃ 이하의 연납땜(soldering)으로 구분한다. 냉동기의 배관 접합 공작에서 많이 사용하는 은납땜은 경납땜으로서 이음 강도와 내열성이 우수하고 내산성이 강한 특징이 있다. 경납땜은 사용 용융재의 주성분에 따라 황동 납땜(brass brazing)과 은납땜(silver brazing)으로 구분된다.

황동 납땜은 주로 동과 아연의 합금, 또는 미량의 니켈, 주석, 안티몬이 첨가된 용융재를 사용한다. 이음 강도와 내산성이 우수하고 색상이 미려하며 황동 납땜은 동과 동, 동과 강, 강과 강의 접합이 가능하다.

은납땜은 600~800 ℃에서 용융되는 은, 동, 아연 등의 합금 용융재를 사용한다. 유동성이 우수하여 좁은 틈새에 용융 금속을 채워 기밀 유지가 잘 되기 때문에 냉동기 배관에서 널리 사용된다.

경납땜은 발생 열량이 높고 불꽃 조정과 취급이 용이한 산소–아세틸렌 용접기를 사용하여 작업을 한다.

주석과 납을 기본 금속으로 하는 합금 용융재는 접합 강도와 내열 온도에 미치지 못하여 냉동 시스템의 용융재로 적합하지 않다.

(1) 산소 – 아세틸렌 용접기

산소–아세틸렌 용접기는 산소, 아세틸렌, 질소 등의 가스와 이들 가스 압력을 조절하는 압력 조정기, 토치 등으로 구성되어 있다. 그림 6-8은 산소–아세틸렌 용접기 세트이다.

그림 6-8 **산소 – 아세틸렌 용접기 세트**

① 산 소

산소(oxygen, O_2)는 무색, 무미, 무취이다. 산소는 직접 연소하지는 않으나 연소를 도와주는 성질, 즉 조연성을 갖고 있다.

산소의 비중은 1.105로 공기보다 무겁고 35 ℃에서 150 kg/cm^{2}의 액화 산소 상태로 녹색 용기에 충전되어 있다.

② 아세틸렌

아세틸렌(acetylene, C_2H_2)은 무색이고 공기보다 가볍다. 강한 가연성 가스로서 연소 속도가 빠르고 발열량이 높다.

충전 용기의 압력이 너무 높으면 폭발의 위험이 있으므로 석면, 규조토, 목탄, 석회 등의 다공성 물질에 아세톤을 흡수시켜 용해된 아세틸렌으로 충전한다. 액화 아세틸렌으로 노란색 용기에 충전되어 있다.

③ 압력 조정기

압력 조정기(pressure regulator)는 그림 6-9와 같이 산소 및 아세틸렌 용기의 밸브에 각각 설치되어 용기의 압력을 사용 압력으로 감압하여 설정하는 역할을 한다.

압력 조정기는 압력 게이지와 한 몸체로 되어 있어 압력 게이지를 보며 압력을 조절한다. 용기 가까운 쪽의 게이지는 잔류 용량을 표시하고 토치 쪽의 게이지는 사용하는 양을 가리킨다. 압력 조정기에는 기름이나 윤활유가 묻지 않도록 주의한다.

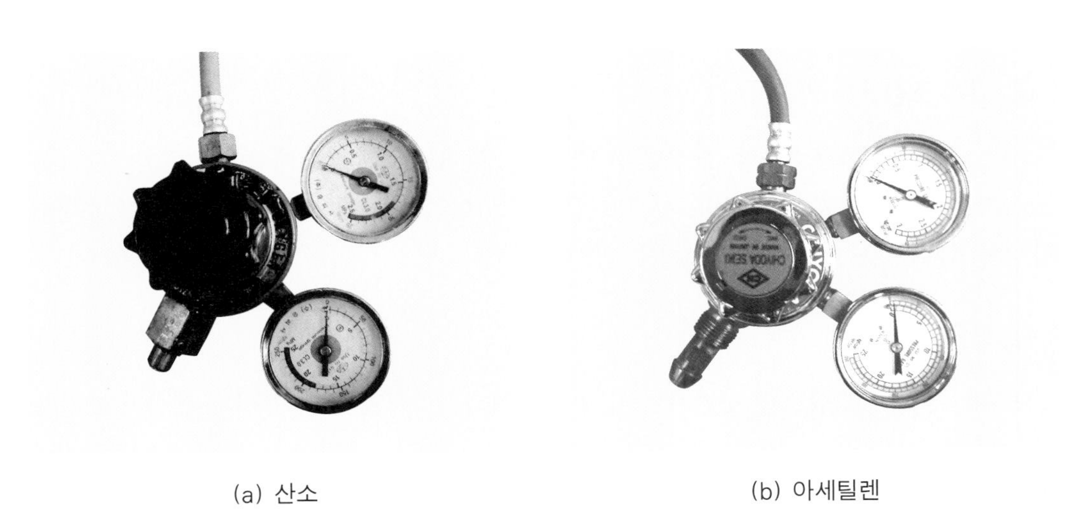

(a) 산소　　　(b) 아세틸렌

그림 6-9 **압력 조정기의 구조**

④ 토 치

토치(torch)는 산소와 아세틸렌을 혼합시켜 주며 용접할 때에는 손잡이의 역할을 한다. 산소와 아세틸렌의 양을 조절하는 각각의 밸브가 있어 불꽃의 세기를 조절할 수 있다. 토치에는 용접 팁(tip)을 부착하는 데 용접 부재와 용도에 알맞은 팁을 선택하여야 한다. 팁의 번호는 아세틸렌의 유량을 표시하며 번호가 클수록 아세틸렌 소모가 많고 열량이 높다.

(2) 용접기의 사용 방법

① 용접 장비 점검

작업장 주변을 정리하고 인화성 물질의 유무를 확인한다. 가스 용기와 압력 조정기 연결부, 호스, 토치와 팁 부분 등 용접 장비를 점검한다. 특히, 연결부에서 가스의 누설이 없도록 규정대로 체결되었는지 확인하고 비눗물을 이용하여 누설 여부를 검사한다.

먼저 산소와 아세틸렌 조정기가 정상적으로 닫혀 있는가를 확인하고 산소와 아세틸렌 용기의 고압 밸브를 열어 압력으로 가스량을 확인한다. 산소 용기의 고압 밸브를 천천히 1/4~1/2회전 정도 열고 아세틸렌 용기의 고압 밸브는 1회전 이상 돌리지 않는다. 고압 밸브를 열 때 밸브 출구 쪽에 서지 않도록 주의한다.

② 압력 조정

압력 조정기를 돌려 압력을 조정한다. 보통 산소는 3~5kg/cm^2, 아세틸렌은 0.3~0.5kg/cm^2 정도의 압력으로 조정한다. 아세틸렌의 사용 압력은 토치 밸브를 열어 압력 조정기의 저압 게이지를 보면서 조정한다.

③ 불꽃 조정

토치를 점화하고 산소를 증가시키면 날개 모양의 긴 백열 화염이 차차 짧아지고 불꽃심이 청백색의 바깥쪽 불꽃으로 둘러싸이는 불꽃이 만들어진다. 이 불꽃을 중성 불꽃이라고 하며, 가스 혼합비는 아세틸렌 1kg에 대하여 산소의 중량이 1.04~1.14kg 정도이다.

중성 불꽃보다 아세틸렌의 중량비가 더 큰 불꽃을 탄화 불꽃이라 하고, 겉불꽃은 담백색을 띤다. 중성 불꽃의 가스 혼합비는 아세틸렌 1kg에 대하여 산소의 중량이 0.85~0.95kg 정도이다.

산화 불꽃은 산소가 과잉 공급된 가스로 가스 혼합비는 아세틸렌 1kg에 대하여 산소의 중량이 1.15~1.70kg 정도이다.

용접 토치 불꽃은 그림 6-10에 나타낸 바와 같이 백색 불꽃심, 속불꽃, 겉불꽃으로 구성되어 있다. 속불꽃은 3000℃ 내외로 온도가 가장 높아 용접부 가열 및 용융에 이용한다. 동관 경납땜은 중성 또는 약간의 탄화 불꽃으로 속불꽃의 길이를 약 50mm 정도로 조정하여 사용한다.

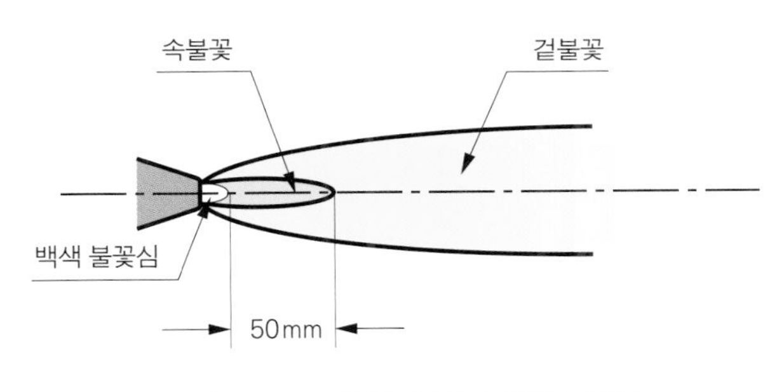

그림 6-10 **용접 토치 불꽃의 구조**

Worldskills Standard

경납땜을 비롯하여 가스 용접기를 사용하는 작업 중에는 유해한 적외선과 자외선으로부터 피해를 방지하기 위해서 반드시 차광 안경(shield goggles)을 착용하여야 한다. 용접부 정면뿐만 아니라 측면 광선을 받을 수 있으므로 측면 차광(side shield)도 가능한 아이컵(eye cup)형의 안경을 착용한다. 그리고 안전 장구로서 가죽 제품의 장갑과 앞치마, 목이 긴 신발과 긴 소매의 옷, 발목까지 내려오는 바지를 착용하여야 한다.

(3) 은납땜

① 접합부 세정

은납땜은 은납 용융재가 용융되었을 때, 그 유동성에 의하여 접합부 표면 사이에 채워져 접합되므로 접합부 표면의 산화물이나 이물질을 깨끗이 닦아야 한다. 동관이나 부품의 납땜 바로 직전에 사용이 적합한 플럭스(flux)와 함께 재질이 부드러운 브러시(brush)로 세정한다. 플럭스는 접합부 산화 피막을 제거하고, 용융재의 유동성을 좋게 하며 모재와의 친화력이 좋아야 한다. 은납땜에 적합한 플럭스로 붕사 성분의 용제를 사용한다.

② 불활성 가스의 통기

고온으로 은납땜을 하는 동안 납땜부가 대기 중의 공기와 접촉하면 산화물이 생성되기 쉽다. 관 외부에 생성된 산화물은 제거가 용이하지만 관 내부에 생성된 산화물의 제거는 거의 불가능하다. 따라서 관 내부 산화를 방지하기 위하여 용접부가 있는 관 내부로 불활성 가스를 통기하여 준다. 보통 불황성 가스로서 그림 6-11과 같이 건 질소(dry nitrogen)를 가볍게 통기하여 공기와의 접촉을 차단하도록 한다.

냉동 시스템 내로 불활성 가스를 통기하더라도 공기가 잔류하고 있는 상황에서는 땜 접합을 시작하면 안 되며 불활성 가스가 충분히 통기되고 있을 때 작업을 시작해야 한다. 또한, 질소가 통기되더라도 질소와 함께 공기가 시스템 내로 유입되지 않도록 입구 쪽의 기밀에 주의하여야 한다.

접합할 관이나 부품을 충분히 가열하여 접합부의 온도가 용융재의 용융 온도에 도달하였을 때 접합을 시작한다.

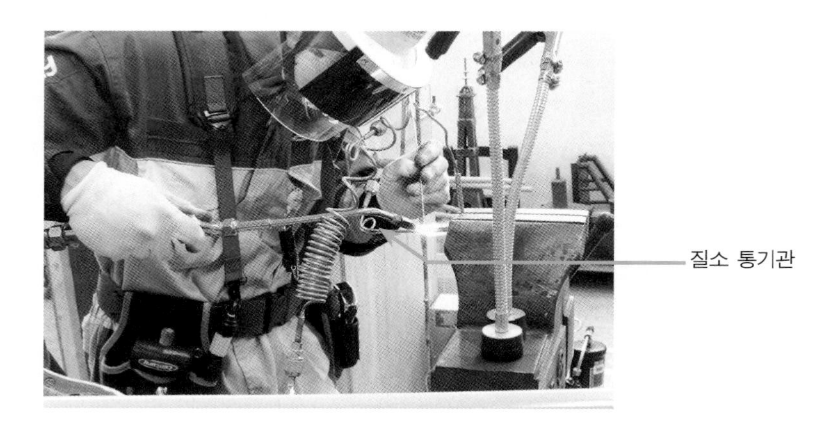

그림 6-11 **질소 가스 통기하며 은납땜하기**

③ 경제적인 납땜법

- 접합이 충분히 보장되는 정도 이상의 용융재를 사용하지 않는다. 모세관에 의하여 침투되는 용융재의 양이 중요하지 접합부 바깥쪽으로 불필요하게 넘쳐흐르는 용융재는 비용의 낭비뿐만 아니라 미관을 손상시키고 제거하는 데 시간만 소비된다.
- 접합은 가급적 신속하게 한다. 용접부에 장시간 토치로 열을 가하면 플럭스의 성질이 상실되어 오히려 접합 효율이 떨어진다. 가열부터 접합까지 15초 이내에 완료할 것을 권장한다.

④ 온도 조절

토치의 화염 온도를 적절하게 조절한다. 온도가 용융재의 용융 온도에 미치지 못하면 유동성 저하로 인하여 용착이 불량하고 기공이 생기는 등의 용접 결함이 발생한다. 또한, 용융 온도 이상으로 높으면 용융재가 끓어 넘치거나 용융재가 타버려 접합 효율이 저하되며 이때에는 용융재와 가스의 소비량도 증가하여 경제적이지 못하다.

접합부를 예열하여 용융 온도 근처에 이르면 토치를 신속하게 뒤쪽으로 후퇴시켜야 한다. 표 6-6은 납땜용 용융재에 따른 토치의 작업 온도를 나타낸 것이다.

표 6-6 **납땜용 용융재에 따른 토치의 작업 온도**

구 분	연 납	경 납				
		알루미늄납	은 납	인동납	황동납	니켈납
온도(℃)	430	500~700	610~900	700~900	820~1000	920~1200

납땜 작업할 때 안전상 유의 사항

납땜에 사용되는 용융재는 여러 금속이 합금되어 있어 용융 시 해로운 가스를 생성한다. 특히, 냉매가 잔존해 있는 시스템에서의 납땜 작업은 포스겐을 비롯한 유해 가스의 생성량이 급증한다. 작업장은 환기가 잘 되어야 하고, 작업자는 납땜 시 연기로부터 멀리한다. 경우에 따라서는 가스가 시스템에 축적되어 다이어프램과 같은 밸브의 취약부를 손상시키기도 하므로 주의해야 한다.

Worldskills Standard

국제기능올림픽대회에서는 냉동기 제작 및 설치뿐만 아니고, 그림 6-12와 같이 '구성 부품 조립 및 용접(Component Fabrication and Brazing)' 과제가 있다. 밸브, 압력 게이지, 차징 니플 등의 부품을 사용하는 이 과제는 100점 만점에 8~10%의 비중을 차지한다. 관 작업 태도, 치수 정밀도 개념, 용접 기능, 기밀 및 압력 유지, 관 청소 및 외관 등을 평가한다.

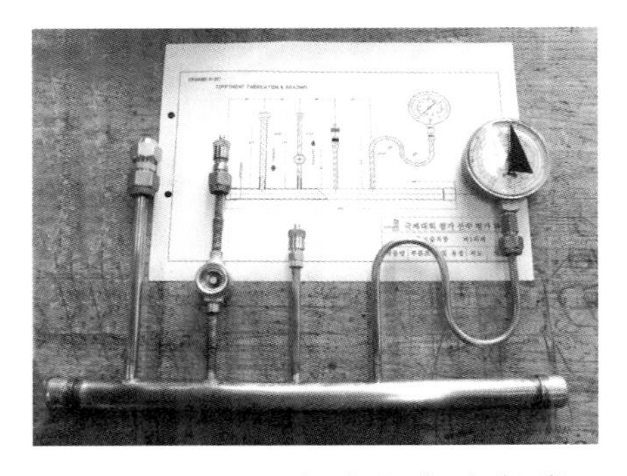

그림 6-12 **조립 및 용접 과제(예)**

2-5 냉동기의 조립 실무

냉동기의 조립 준비가 끝나면 다음 주의 사항에 따라 실무 작업을 수행한다. 한 번 잘못 조립되면 수정 및 재조립이 까다롭고 그만큼 시간과 비용이 많이 소요되기 때문에 작업 표준에 따라 원칙적으로 작업하려는 노력이 필요하다.

(1) 냉동기의 조립 작업 3가지 원칙

① 건조 상태 유지

물을 포함한 수분이나 공기가 배관이나 부품에 들어가지 않도록 주의한다.

- 배관이나 부품에 공기가 침입하지 못하도록 캡이나 마개를 씌운다.
- 배관과 부품의 경납땜 접합 시 젖은 헝겊을 싸주는 경우, 젖은 헝겊으로부터 물이 흘러 배관이나 부품으로 침투하지 않도록 주의한다.
- 밀봉되어 있는 새 부품은 접합 작업 바로 전에 개봉하여 사용한다.
- 진공 작업 시 충분하게 진공하여 시스템 내의 공기를 완전히 방출한다.
- 연속하여 배관 작업을 할 때에는 관 내부를 압축 건 질소를 통과시켜 내부 오물을 청소한다. 압축 공기는 수분을 함유하고 있으므로 사용해서는 안 된다.

② 청결 유지

- 배관 끝을 아래로 향하도록 잡고 리머나 사이징 툴 등으로 거스러미 제거 작업을 한다.
- 다음 작업을 하는 동안 미리 제작한 동관 또는 부품을 보관할 때에는 공기나 공기 중의 먼지 등 이물질이 들어가지 못하도록 덮개를 꼭 씌어 둔다.

③ 기밀 유지

- 플레어링 및 경납 접합은 작업 표준에 따라 정확하게 작업한다.
- 플레어 너트 등 나사로 체결되는 부품은 규정된 토크로 조인다.
- O-링이나 그랜드 패킹이 삽입되어 있는 부품은 패킹에 손상이 가지 않도록 주의하고, O-링이나 패킹은 재사용하지 않는다.
- 규정 압력으로 기밀시험을 하여 누설부를 점검하고 보완한다.

(2) 팽창 밸브

팽창 밸브는 증발기 입구에서 가장 가까운 곳에 설치하고 감온통은 증발기 출구 측 흡입관에 설치하되 증발기 쪽으로 가장 가까운 곳에 부착한다.

외부 균압식 팽창 밸브의 경우는 균압관이 그림 6-13과 같이 감온통이 부착된 곳을 지나 바로 설치한다.

감온통은 수평한 흡입관에 1시부터 4시 방향에 부착하며 스트랩(strap)을 사용하여 확실하게 고정한다.

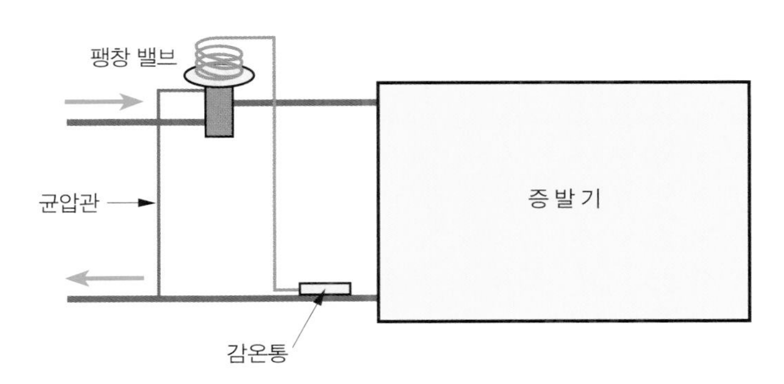

그림 6-13 **팽창 밸브 주변의 배관**

다음의 위치는 정확한 냉매 가스의 온도를 감지하기 어려운 곳이므로 감온통의 설치 위치로 적합하지 않다.

① 흡입관의 바닥(5시부터 7시까지)

수평관의 바닥은 오일이 고일 수 있으므로 정확한 가스의 온도를 감지할 수 없다.

② 수직한 흡입관

수직관의 중앙 통로로 냉매 가스가 흐르므로 관 표면에서는 정확한 냉매 가스의 온도를 측정하기 어렵다.

③ 오일 트랩 뒤쪽

흡입관이 증발기 위치보다 높아 증발기 출구에 오일 트랩을 설치한 때에는 온도가 변화하므로 반드시 트랩 앞쪽에 감온통과 균압관을 설치하여야 한다.

Worldskills Standard

팽창 밸브는 액관의 증발기 전의 증발기 케이싱 내부 공간 또는 증발기와 가장 가까운 곳에 설치하여야 한다.
외부 균압식 팽창 밸브의 균압관은 감온통을 지나면서 가장 가까운 곳에 설치한다. 감온통은 증발기를 지나자마자 수평한 흡입관에 1시부터 4시 사이에 방향을 맞추어 설치한다.
감온통은 열교환기 후나 중량이 큰 부품 가까운 곳에는 설치하지 않는다.

그림 6-14 **감온통의 단열 처리**

특히, 감온통은 증발기 출구의 흡입관 가스 온도를 감지하는 부분이므로 주위의 열이나 냉기로부터 영향을 받지 않도록 단열 처리를 해야 한다. 그림 6-14는 단열 처리된 감온통을 보여 주고 있다.

④ 열교환기 뒤쪽

증발기 출구에 열교환기를 설치하여 액관과 흡입관과의 열이 교환되는 시스템에서 열교환기 뒤쪽은 이미 열교환 후의 온도이므로 증발기 출구 온도와 차이가 생긴다.

외부 균압관의 배관

외부 균압관은 증발기 출구의 감온통을 바로 지나 설치하며 티(tee)를 사용하여 간편하게 접합 작업을 할 수 있다.
이때 냉동실 고내의 천장이나 내벽에 토치의 화염이 직접 닫지 않도록 하고 팽창 밸브에 열이 가해지지 않도록 젖은 헝겊으로 감싼 후 작업해야 한다.

(3) 솔레노이드 밸브

솔레노이드 밸브(solenoid valve)는 액관의 팽창 밸브 전에 설치하며 냉매의 유동 방향에 맞추어 설치한다. 납땜이나 용접형 솔레노이드 밸브는 코일 뭉치(armature)에 열이나 용접 불꽃(spatter)으로 인한 손상이 생기지 않도록 코일을 분리하고 접합하여야 한다. 플레어형 솔레노이드 밸브는 2개의 스패너를 사용하여 밸브의 양측 플레어 너트를 고르게 체결해야 한다.

Worldskills Standard

솔레노이드 밸브는 냉매 흐름 방향에 맞추어 설치한다. 액관용 솔레노이드 밸브는 팽창 밸브 앞쪽의 가능한 팽창 밸브 가까이에 설치한다.
습기로 인한 손상 및 오작동을 줄이도록 밸브 코일은 건조한 공기와 접촉 가능한 곳에 설치한다.

(4) 압력 스위치

압력 스위치(pressure controls)는 편평한 장소에 브래킷을 사용하여 견고하게 부착한다. 아울러 스위치 조작이 필요한 경우에는 조절을 용이하게 할 수 있도록 작업 공간이 있어야 한다. 오염 물질이나 물기가 있는 환경에서는 반드시 케이싱을 부착하여 스위치를 보호해야 한다.

배관의 고압 및 저압 라인의 적절한 위치에서 티(tee)를 사용하여 1/4B 관으로 압력 스위치와 연결한다. 압력 스위치와의 연결 전에 지름 약 50mm 정도의 루프를 설치하여 진동을 흡수하고 시스템 압력을 안전하게 전달할 수 있도록 한다.

그림 6-15는 콘덴싱 유닛에 구성되어 있는 압력 스위치 주변의 배관 예이다.

그림 6-15 **압력 스위치 주변의 배관**

(5) 압력 조절기

증발 압력 조절기(Evaporating Pressure Regulator, EPR), 응축 압력 조절기(Condensing Pressure Regulator, CPR), 크랭크케이스 압력 조절기(Crankcase Pressure Regulator, CPR*) 등 압력 조절기를 깨끗하고 안전하게 설치해야 한다.

특히 압력 조절기의 설치 방향에 주의하고 가급적 진동의 영향으로부터 보호를 받을 수 있도록 설치한다.

Worldskills Standard

- **증발 압력 조절기(EPR)** : 압력을 조절할 증발기 뒤의 흡입 라인에 설치한다. 증발 압력이 가장 높은 증발기에 설치한다.
- **응축 압력 조절기(CPR)** : 응축기 출구의 액관에 설치한다.
- **크랭크케이스 압력 조절기(CPR*)** : 압축기 바로 직전의 흡입 라인에 설치한다.

압력 조절기와 같은 밸브는 열에 매우 취약하므로 납땜할 때에는 밸브 주위를 젖은 헝겊으로 감고 접합한다.

은납땜의 경우에는 은(silver) 함유도가 높은(30~45% 정도의 은 함유) 용융재를 사용하면 좀 더 낮은 온도로 접합할 수 있다.

밸브로부터 토치 화염을 멀리하여 밸브에 직접적으로 열이 가해지지 않도록 하고, 납땜 중에는 밸브의 기능을 저해할 수 있는 땜납재가 남겨지지 않도록 한다.

압력 조절 밸브를 납땜할 때에는 건 질소와 같은 불활성 가스를 통기시키며 접합하여야 한다.

Worldskills Standard

압력 제어용 조절기의 설치 위치는 압축기를 기준으로 한다. 즉, 저압 측은 흡입 측 서비스 밸브나 압축기의 크랭크케이스로 한다. 흡입 측 서비스 밸브가 없으면 압축기로 들어가는 흡입관으로 정한다. 고압 지점은 토출 측 서비스 밸브로 한다. 서비스 밸브가 없다면 액관에 설치된 다른 밸브를 이용한다. 만약 고압 측 서비스 밸브가 없는 경우에는 압축기와 응축기 사이의 토출관으로 정한다.

(6) 필터 드라이어

필터 드라이어(filter drier)는 반드시 제품에 표시되어 있는 방향에 맞추어 설치해야 한다. 수직 하향으로 설치하면 시스템의 진공이 신속하게 이루어지고 수직 상향으로 설치하면 냉매가 필터 드라이어 밖에서 증발해야 하기 때문에 진공에 시간이 많이 소요된다.

필터 드라이어의 배관에는 플레어형과 납땜형이 있다. 배관 자체로 드라이어를 지지할 수도 있으나 중량이 무겁거나 진동이 있는 경우에는 드라이어의 외형에 적합한 밴드형 클램프를 사용하여 고정하는 방법도 있다.

필터 드라이어는 냉동기 조립의 마지막 단계에 부착하고 포장도 작업 직전에 개봉하는 것이 신뢰성을 높이는 방법이다.

필터 드라이어를 납땜 접합할 때에는 젖은 걸레로 감싸주어 열에 의한 손상을 방지하고, 질소 가스를 통기시켜 관 내부 용접부의 산화를 방지한다. 이때에도 드라이어의 설치 방향을 표시하는 화살표에 맞춰 통기한다.

냉동 시스템으로 수분이 유입되는 경로는 주로 다음과 같으므로 작업할 때 각별한 주의가 필요하다.

① 냉동 시스템이 조립되는 동안
② 냉동기 고장 수리로 시스템을 분해할 때
③ 흡입 측에 누설이 생겨 진공 압력으로 되었을 때
④ 수분이 포함되어 있는 오일이나 냉매를 사용하였을 때
⑤ 수랭식 응축기에서 누설이 생겼을 때

그리고 다음 현상이 생기면 필터 드라이어를 교환하여야 한다.

① 냉매 중에 수분이 많이 포함되어 관찰창(sight glass)이 노란색으로 변해 있을 때
② 필터 드라이어의 전후 압력 강하가 너무 클 때
③ 냉동기의 주요 장치(압축기, 응축기, 증발기, 팽창 밸브 등)를 교체하거나 개방하였을 때

Worldskills Standard

필터 드라이어는 액관의 팽창 밸브 앞에 냉매의 유동과 같은 방향으로 설치한다. 필터 드라이어 바로 직후에는 관찰창을 접속한다.

2-6 냉동기 설치 배관

(1) 냉동 캐비닛 설치

냉동 캐비닛을 설치하고 다음 사항에 따라 지정 위치에 증발기 또는 유닛 쿨러를 부착한다.

① 냉동 시스템이 고온부(냉장실)와 저온부(냉동실)로 나눠지는 경우에는 각각의 고내에 적합한 증발기나 유닛 쿨러를 설치한다.
② 증발기 입구 및 출구 배관이 용이하도록 최소한의 작업 공간을 확보한다.
③ 팽창 밸브가 고내에 설치되는 경우에는 팽창 밸브 설치 및 조정 등의 공간이 있어야 한다.
④ 증발기나 유닛 쿨러는 견고하고 확실하게 부착한다. 견고하지 못한 설치는 냉동기 작동 시 소음과 진동의 원인이 될 수 있다.

그림 6-16은 냉동용 저온 증발기와 냉장용 고온 증발기를 가지는 2실형 캐비닛 설치 작업 모습이다.

그림 6-16 **캐비닛 설치 작업**

(2) 콘덴싱 유닛 제작

콘덴싱 유닛은 실외기로서 압축기, 응축기, 수액기, 어큐뮬레이터, 고압 및 저압 스위치와 게이지, 서비스 밸브 등으로 구성되어 있으며 그림 6-17과 같이 설치한다.

그림 6-17 **콘덴싱 유닛 설치 작업**

① 구성 부품을 배관이 꼬이거나 교차하지 않고 배관 작업이 용이하도록 배치한다.
② 압축기 냉각을 위하여 공랭식 응축기의 토출 공기가 압축기로 향하도록 한다.
③ 증발기나 유닛 쿨러와 같은 실내기와 배관 접속이 용이하도록 설치 방향에 유의한다.
④ 압력 스위치나 게이지는 관찰 및 설정이 용이하도록 설치한다.

(3) 기기 배관

도면에 따라 부품을 배치하고 동관을 이용하여 각 부품을 접속한다. 기기와 부품의 모양에 따라 플레어 이음이나 은납 용접 이음으로 접속한다. 배관 작업 시의 주의 사항은 다음과 같다. 그림 6-18 및 6-19는 기기 배관의 설치 예이다.

그림 6-18 **콘덴싱 유닛 배관**

그림 6-19 **캐비닛 연결 배관**

① 배관은 수직한 곳에는 수직하게, 수평한 곳에는 수평하게 곧게 설치한다.

② 배관이 일그러지거나 꺾이는 등 모양이 변형되지 않도록 주의한다.

③ 배관은 기능에 지장을 주지 않는 한 최단 거리로 설치한다. 불필요한 배관은 냉매 흐름의 저항의 증가와 비용의 상승 요인이 된다.

④ 수평 배관에서는 냉매 흐름 저항을 줄이고 원활한 오일 회수를 위하여 1/100 정도의 하향 구배를 준다.

⑤ 압축기가 증발기보다 위쪽에 설치되어 있는 시스템에서는 오일 회수를 위하여 흡입측 수직 배관에 트랩을 설치한다.

⑥ 배관 절단 후, 리머로 거스러미를 충분히 제거하고 질소를 통기시키면서 용접한다.

⑦ 전자 밸브나 사방 밸브와 같이 고열에 민감한 부품을 용접으로 접합할 때에는 젖은 헝겊을 이용하여 냉각시키면서 가급적 짧은 시간 내에 용접한다.

⑧ 냉동 캐비닛에서 현장 용접을 하는 경우에는 용접 토치의 화염에 의해 캐비닛 본체에 손상이 가지 않도록 주의한다.

⑨ 배관 작업 중에는 규정에 맞는 작업복, 헬멧, 안전화, 보안경, 마스크 등을 착용하여야 한다.

03 기밀 및 진공 시험

3-1 기밀 시험

배관 작업 후에는 배관, 부품, 게이지, 안전 장치 등의 시스템 연결부 전 라인에 대하여 누설이 없는지를 시험한다. 기밀 시험 방법은 규정 압력으로 가압한 후 연결부마다 비눗물로 검사하고 일정 시간이 경과하는 동안 압력 게이지의 압력 강하가 없어야 한다.

기밀 시험은 단열 작업에 앞서 다음의 절차에 따라 수행한다.

① 배관 중에 조립되어 있는 솔레노이드 밸브, 체크 밸브, 수동 밸브 등 전 밸브는 압력 시험을 하는 동안 열려 있어야 한다.

② 남겨진 배관이 있는 경우에는 관 끝에 관 막음 밸브를 설치하여 배관이 막혀진 상태에서 시험한다.

③ 기체 질소를 배관에 연결한다.

④ 시스템에 설치되어 있는 압력 게이지로 질소 가압력을 측정할 수 있도록 게이지를 보정한다.

⑤ 질소 시험 압력은 천천히 조심스럽게 증가시켜 규정 압력까지 가압한다. 특별히 규정 압력이 제시되지 않은 경우에는 시스템 최대 사용 압력의 1.3배까지 가압한다.

⑥ 게이지 압력을 기록하고 요구 시간 동안 압력을 유지한다. 보통 최소 15분간 압력을 유지한다.

⑦ 압력이 유지되지 않으면 비눗물로 누설부를 찾아 조치하고 다시 시험한다.

⑧ 가압했던 질소 가스를 안전한 장소와 방향으로 분출하고 질소 용기를 시스템에서 분리한다.

⑨ 외부와 통하는 밸브 및 관 막음부 등의 이음부는 테이프로 밀봉한다.

⑩ 가압 시험을 완료하고 가압 시험을 확인 받는다.

Worldskills Standard

특별한 규격은 아니지만 일반적인 냉동 캐비닛 정도면 1500 kPa의 압력을 가하여 30분간 유지할 때 압력의 변화가 없을 것을 요구하고 있다.

3-2 진공 시험

(1) 진공에 필요한 장비

진공 작업에 필요한 장비로는 진공 펌프, 진공 게이지, 진공 호스 등이 있다.

① 진공 펌프

시스템의 진공은 냉매 충전 및 정상적인 냉동기 운전을 위해 반드시 필요한 작업이다. 진공 펌프(vacuum pump)는 냉동기로부터 장치 구성 요소와 배관 중에 잔류하고 있는 수분이나 공기, 불응축물 등을 제거하는 역할을 한다.

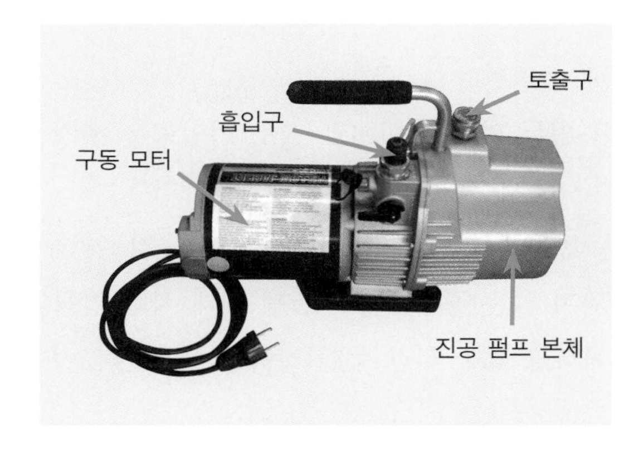

그림 6-20 **진공 펌프**

진공 펌프는 그림 6-20과 같이 진공 펌프 본체, 구동 모터, 흡입구와 토출구 등으로 구성되어 있다.

진공 펌프의 능력은 토출 용량(Cubic Feet per Minute, CFM, ft^3/min)으로 표시하는데 CFM이 큰 진공 펌프일수록 분당 토출하는 용량이 크므로 큰 용량일수록 진공 작업 시간을 줄일 수 있다. 단위를 환산하면 1 CFM은 1분에 28.3L를 토출하는 능력에 해당한다.

② 진공 게이지

진공 게이지(vacuum gauge)는 진공이 되는 시스템의 진공도를 표시해 준다. 공학적으로 완전 진공이라 함은 압력이 게이지 압력으로 −760 mmHg, 또는 −760 torr에 도달함을 의미한다. 물론 이와 같은 완전 진공을 얻는 것은 실제로 매우 어려운 작업이다. 진공 펌프와 호스, 밸브 등의 장비의 성능이 좋아야 하고 진공 방법도 시스템에 적합해야 하며 진공에 소요되는 시간도 충분해야 한다.

일반적인 냉동기에서는 보통 50 μ(micron)의 진공압을 요구하고 있는데, 이 정도의 진공 압력은 보통 우리가 사용하는 아날로그식 매니폴드 게이지로는 거의 식별이 불가능한 압력이다. 따라서 진공 작업을 하는 경우에는 반드시 0~50 μ까지의 진공도를 표시할 수 있는 디지털식 고정도 진공 게이지가 필요하다. 그림 6-21은 50 μ까지 진공압을 측정할 수 있는 진공 게이지이다.

그림 6-21 **진공 게이지**

③ 진공 호스

진공 호스(vacuum hoses)는 냉동기 시스템과 진공 펌프를 연결하는 통로로서 가능한 지름은 충분히 크고, 길이는 짧을 것이 요구된다. 통상 1/4B의 호스라면 길이는 1m를 초과하지 않도록 한다.

진공 펌프와 호스 점검 방법

① 충전 용기와 압축기 사이에 호스를 설치하고, 호스와 압축기 사이의 이음부 밸브를 잠근다.
② 진공 펌프를 작동시키고, 최대한 낮은 압력으로 빨아낸다.
③ 진공 펌프를 정지시킨다.
④ 진공 게이지의 표시값을 읽는다. 이때 압력은 0.05 mbar 이상이면 안 된다.
⑤ 이 상태에서 2~3분간 압력이 유지되는지를 관찰한다. 압력이 유지되지 않을 경우에는 진공 호스, 연결부 밸브, 진공 펌프 내의 진공 오일 등을 점검하고 필요할 때에는 정품으로 교환해야 한다.

(2) 진공 작업의 분류

냉동기의 진공을 보다 완벽하고 신속하게 하기 위해서는 성능이 우수하고 정비가 잘된 진공 펌프를 사용한다. 가급적 2대의 진공 펌프를 사용하면 콘덴싱 유닛의 흡입 측과 토출 측 밸브에 각각 연결하여 진공 작업을 보다 신속하게 할 수 있다.

진공 작업 방법에는 디프 진공법(deep evacuation method)과 트리플 진공법(triple evacuation method)의 두 가지 방법이 있다.

① 디프 진공법

이 방법을 사용하기 위해서는 1000μ(130 Pa)까지 진공할 수 있는 능력을 가진 진공 펌프와 그 진공도를 정확하게 나타낼 수 있는 게이지가 있어야 한다.

진공과 함께 시스템 내의 공기나 수분을 한꺼번에 제거하는 일반적인 방법으로 짧은 시간에 진공할 수 있는 이점이 있다. 그러나 시스템에 잔류 공기나 수분이 있으면 그 정도에 따라 진공 펌프를 꺼도 압력이 상승하는 단점이 있다.

② 트리플 진공법

이 방법은 최소한 50000μ(5.66 kPa)까지 진공할 수 있는 진공 펌프를 이용한다. 먼저 시스템을 754 mmHg (29.7 inHg) 정도로 진공한 후 15분 정도 유지한다. 건 질소(dry nitrogen)를 시스템에 투입시켜 진공을 해제하고 1시간 정도 유지한다.

건 질소는 시스템 내의 공기나 수분을 흡수하는 흡수제의 역할을 한다. 다시 한 번 진공을 하고 똑같은 방법으로 건 질소로 진공을 해제한다. 다시 세 번째로 진공을 하고 약 20분 정도 유지한다. 그리고 최종적으로 냉매를 충전하며 진공이 해제되는 3단계 과정을 반복한다.

이 방법은 진공 능력이 다소 부족한 진공 펌프로 시스템 내의 공기나 수분을 제거할 수 있으나 진공과 건 질소의 충진 및 유지 등에 시간이 많이 소요되는 단점이 있다.

Worldskills Standard

실무적으로 통용되는 진공 작업 방법으로 디프 진공법(deep evacuation method)과 트리플 진공법(triple evacuation method)이 있다.
그리고 냉동 캐비닛(용량 2 HP) 제작 과제에서는 디프 진공법의 경우 최소 2000μ(266 Pa)까지 진공한 후, 진공 펌프를 끄고 3분 이내에 200~300μ 이상의 압력 상승이 일어나지 않을 것을 작업 표준으로 제시하고 있다.

진공의 단위: 마이크론(micron, μ)

마이크론은 100만 분의 1(10^{-6})의 접두어로 크기가 아주 작거나 낮은 값을 정밀하게 나타낼 때 유용하게 이용된다. 압력에서의 마이크론 단위는 다음과 같이 정의하며 단위 간 환산도 가능하다.

$$1\ \text{micron} = 1\mu\text{mHg} = 10^{-3}\ \text{mmHg} \tag{6.1}$$

예를 들어, 진공압 50μ은 $-760+(50/1000)$이므로 -759.95 mmHg이다. 또한, 진공압 200μ은 $-760+(200/1000)$이므로 -759.8 mmHg이다. 여기서 부(−)의 기호는 진공압을 의미한다.

(3) 진공 작업 방법

① 1차 진공

- 진공 펌프의 오일을 점검하여 부족 시 주입구를 열고 오일을 주입한다. 오일 레벨 표시창을 보고 적정량을 보충한다.
- 진공 펌프의 전원과 사용 전원이 맞는지 확인한다. 전압이 맞더라도 주파수(Hz)가 맞지 않으면 기기 성능이 제대로 보장되지 않을 수 있으므로 전원에 맞도록 선택한다.

- 진공 펌프의 흡입구의 캡을 열고 작동 스위치를 켠다. 냉동기에 연결하기 전에 1~2분간 공회전시켜 모터가 정상 회전 속도로 가동되는지를 확인한다.
- 냉동기 흡입구에 호스를 연결한다.
- 솔레노이드 밸브를 포함한 모든 밸브를 열고 자동 조절 밸브는 최대로 연다.
- 진공 게이지를 보고 목표 진공도까지 먼저 진공한다.
- 진공 펌프를 끄고 냉동기와 진공 펌프의 연결 밸브를 잠근다.

② 진공 시험

다음 사항을 점검하여 누설이 발견되면 조치를 취한다.

- 냉동기 시스템에서의 국부적인 누설이 관찰되면 부품이나 배관 연결부의 플레어 너트를 한 번 더 조여 주고 진공을 다시 한다.
- 진공이 유지될 때까지 반복하여 시험한다.

③ 2차 진공

- 1차 진공 작업 시와 같은 방법으로 진공 작업을 수행한다.
- 목표 진공도까지 충분히 진공시키고 진공 펌프를 끈다.
- 진공 펌프를 분리하고 연결구 캡을 닫아 둔다.
- 시스템의 압력 상승이 규정값 이내인지 확인한다.

(4) 진공 작업할 때 유의 사항

냉동 시스템에서 진공이 잘 안 되면 냉매 주입이 곤란하고 운전 중에 압력계 지침이 요동하는 현상이 발생한다. 그리고 압축기 성능이 저하되어 소비 전력이 증가하여도 전반적인 냉동 효과는 오히려 저하하므로 제조 회사에서 요구하는 진공도까지 충분히 진공을 유지해야 한다.

또한, 진공 작업에 소요되는 시간은 냉동기 제작의 비용과도 관련 있기 때문에 짧은 시간에 고진공을 얻을 수 있는 방법을 강구하여야 한다.

진공 작업에서 유의해야 할 사항은 다음과 같다.

① 냉동기와 진공 펌프를 연결하는 니플에 코어 밸브가 부착되어 있는 경우는 코어 밸브를 탈거하고 진공 작업을 한다. 처음 냉동기를 제작하는 경우라면 코어 밸브의 탈착이 가능한 니플을 사용한다. 코어 밸브의 탈거로부터 통로가 넓어지는 효과가 있다.

② 진공 펌프와 냉동기를 연결하는 호스는 가급적 큰 구경의 것으로 선택한다. 구경이 큰 만큼 시간을 단축할 수 있다.

③ 호스 길이는 가급적 짧게 사용한다. 호스의 노화 및 연결부 누설 등으로 진공이 잘 안 되거나 시간이 많이 걸리기 쉽다. 진공 작업 전용의 고진공 호스를 사용하는 것이 바람직하다. 또한, 매니폴드 게이지 호스의 연결 니플 안쪽의 고무 패킹이나 링이 마모되면 누설로 인하여 진공 작업이 제대로 되지 않으므로 패킹을 신품으로 교환한다. 특히, 진공 펌프 토출구에서 증기가 발생하면 배관 연결부에서 공기가 침입하고 있을 가능성이 크므로 조치를 취해야 한다.

④ 진공 펌프의 오일을 자주 교환해 준다. 오랫동안 진공 작업을 한 진공 펌프는 냉동기동관 안의 이물질과 수분이 진공 펌프의 오일과 섞이게 되어 진공 펌프의 성능이 줄고 수명이 단축되기 쉽다. 그리고 작업 전 진공 펌프에 진공 게이지를 연결하여 진공 펌프의 성능을 테스트 하는 것도 작업 시간을 줄이는 방법 중 하나다.

⑤ 매니폴드 게이지를 이용하여 고압과 저압 측을 동시에 진공한다. 양쪽으로 연결구가 달린 진공 전용 매니폴드 게이지를 사용하면 진공 작업의 소요 시간을 단축할 수 있다. 진공 펌프의 구동 시간이 30분을 경과하여도 진공도에 변화가 생기지 않으면 진공 펌프의 작동 능력이나 시스템의 누설 등을 의심해 봐야 한다. 정상적인 시스템이면 보통 진공 작업 30분 정도면 어느 정도 수준의 진공을 얻을 수 있다.

⑥ 가급적 토출 용량(CFM)이 큰 진공 펌프를 사용한다. 진공 펌프의 진공 능력은 일정한 시간 동안에 토출해낼 수 있는 부피로서 일종의 배출 속도이다.

진공 펌프 오일 교환

냉동 시스템으로부터 유입되는 산, 수분, 공기 등 이물질이 진공 펌프의 오일과 혼합되어 진공 펌프의 효율이 낮아지고 펌프 내부 부품이 부식되거나 손상되기 쉬우므로 가능한 자주 교환해 주어야 한다. 진공 펌프를 정상적으로 사용할 때 적어도 1년에 한 번 이상 오일을 교환해 줄 것을 권장하고 있다.

이 밖에도 토출 용량이 동급인 경우에는 진공 펌프 모터의 마력(HP)과 분당 회전수(rpm)가 큰 쪽이 진공 작업에 유리하다. 진공 펌프의 효율을 유지하고 수명을 연장하기 위해서는 제조사가 제안하는 사용 및 관리 방법을 지켜야 한다.

Worldskills Standard

냉동 시스템 설치 작업 과제의 주요 평가 항목

영역별 평가 항목(배점)	영역별 평가 항목(배점)
A. 냉동기 배관 작업(29)	5) 감온통 설치 위치와 방법 적정성
1) 배관(흡입관, 액관) 설치 위치의 적정성	6) 응축수 드레인 배관의 설치 타당성
2) 배관의 수직도 및 수평도	D. 시험 및 조정(29)
3) 벤딩부의 꼬임, 일그러짐, 반지름	1) 서비스 밸브 설치 위치의 타당성
4) 플레어부의 파열 및 거스러미 유무	2) 압력 시험 방법의 적정성과 기밀 유지
5) 용접 이음부의 적정성	3) 압력 시험 결과 누설 여부
6) 고외 흡입관의 단열 여부	4) 진공 시험 방법의 적정성과 진공 유지
7) 압축기로 인한 흡입관의 진동 방지	5) 진공 펌프 및 게이지 취급 방법
8) 관 용접 시 질소 가스 통기 여부	6) 진공 유지 및 진공 후 압력 상승 정도
9) 용접부가 견고하고 청결한지 여부	7) 저압 스위치 세팅(단입, 단절)
10) 팽창 밸브의 설치 위치와 고정 상태	8) 고압 스위치 세팅(단절)
11) 용접부의 타버림 및 과열 여부	9) 차압(diff.) 세팅
12) 솔레노이드 밸브의 진동 방지 대책 여부	10) 제상 방법 및 세팅 적정성
13) 관과 벽면 구멍 접촉 방지 노력 여부	11) 팽창 밸브의 과열도 계산 및 조정 방법
14) 압력 게이지 및 스위치 설치	12) 시운전 방법과 보고서 작성
B. 전기 배선(18)	E. 냉매 회수 및 취급(6)
1) 전선 설치 및 고정 방법의 적정성	1) 냉매 충전 과정의 적정성
2) 기기 연결 배선의 적정성	2) 냉매 손실의 최소화 노력
3) 운전 전 회로 시험 여부와 타당성	3) 냉매 저울의 사용법과 무게 측정법
4) 운전 전 메가 테스트 여부와 접지 유무	4) 냉매 누설 시험 방법과 누설 여부
5) 최초 전원 투입 시 쇼트 발생 여부	5) 장비 냉동 효과의 효율성
6) 최초 운전 시 브레이커 차단 유무	6) 남은 냉매 취급 적정성
C. 장비 및 시스템 설치(16)	F. 안전 관리(2)
1) 재료 목록 작성 오류 유무	1) 필요한 작업에서 보안경 착용 여부
2) 도면 지시대로 콘덴싱 유닛 설치 여부	2) 규정 작업복, 안전화 착용 여부
3) 장비 설치 제조사 설치규격 참고 여부	3) 장비 및 공구 취급 시 안전 이행 여부
4) 온도 센서 설치 위치 및 방법 타당성	4) 작업장 주위의 청결 유지 여부

※ 1. 본 항목 배점표는 제 39회 일본 시즈오카 대회 기준임.
2. 냉동 시스템 설치 작업(제 6 과제)의 표준 시간은 9시간임.
3. 괄호 안의 수치는 100점 만점 비율로 환산한 점수임.

04 전기 배선

4-1 전 선

전선의 최소 굵기는 허용 전류와 전압 강하, 그리고 기계적 강도 등에 따라 결정한다.

(1) 허용 전류

전류가 전선을 통과할 때 전류의 열작용에 의하여 열이 발생한다. 만약 센 전류가 필요한 기기에 전선의 굵기는 가늘고 길이가 긴 전선을 사용하면 전선에서 발생하는 열량은 더욱 증가하여 화재의 위험성이 증가한다.

전선은 한 가닥의 도선으로 만들어진 단선과 여러 가닥의 소선을 묶어 만든 연선으로 구분되며 규격에 의해 종류마다 그 전선이 최대로 허용할 수 있는 전류값을 규정하고 있다. 이 값을 허용 전류(allowable current)라고 하고 최대 부하 전류보다 높은 허용 전류를 갖는 전선을 선택하여 배선해야 한다.

전류의 3대 작용

전기를 이용하여 작동하는 거의 모든 장치에서 회로에 공급되는 전류는 **발열작용**, **자기작용**, **화학 작용**을 하며, 이를 전류의 3대 작용이라 한다.
발열 작용은 도선에 전류가 흐를 때, 전류의 제곱에 비례하여 발생하는 줄(Joule) 열을 이용한 것으로 히터나 램프 등이 대표적이다. 자기 작용은 코일에 전류가 흐를 때 자기력(자장)이 형성되는 원리를 이용한 것으로서 전동기나 계전기에 이 원리가 응용된다. 화학 작용은 전류에 의해 음양으로 이온이 분해되는 원리를 이용한 것으로 전기 도금이나 축전지에 응용된다.

표 6-7 단선과 연선의 종류별 허용 전류

단 선		연 선		
도선 지름 (mm)	허용 전류 (A)	소선수/지름 (가닥/mm)	공칭 단면적 (mm^2)	허용 전류 (A)
1.0	(16)	7/0.4	0.9	(17)
1.2	(19)	7/0.45	1.25	(19)
1.6	27	7/0.6	2	27
2.0	35	7/0.8	3.5	37
2.6	48	7/1.0	5.5	49
3.2	62	7/1.2	8	61
4.0	81	7/1.6	14	88
5.0	107	7/2.0	22	115

표 6-7은 단선과 연선의 종류별 허용 전류를 나타낸다. 연선의 규격은 '소선수/지름(가닥/mm)'과 '공칭 단면적(nominal section area, mm^2)'으로 나타내며 단면적을 '스퀘어(square, sq)'로 부르기도 한다.

전선은 그 전선에 전류가 흐를 때 발생하는 줄 열(Joule's heat)을 충분히 견딜 수 있는 굵기로 선택해야 한다. 전류의 세기를 i[A], 저항을 R[Ω], 도통 시간을 t[s]라고 하면 도선에서 발생한 열량(H)은 공학 단위로 다음과 같이 표시된다.

$$H = 0.24 i^2 Rt \text{ [kcal]} \tag{6.2}$$

전선의 표시

① 단선의 표시에서 공칭 단면적은 소선의 지름을 d라고 하면 $(\pi \cdot d^2)/4$으로 계산하여 구한다.
② 지름 1.2 mm 이하의 단선과 단면적 1.25 mm^2 이하의 연선은 규격 전선이 아니므로 표 6-7에 표시한 이 전선의 허용 전류는 참고값이다.

(2) 전압 강하

일정한 저항을 갖는 전선에 전류가 흐르면, 이 저항으로 인하여 전선에서 줄(Joule) 열이 발생하고 전체적으로는 에너지 보존의 법칙에 의하여 줄 열만큼의 손실이 생긴다. 이 손실로 인하여 전원이 공급되는 끝단의 전압은 최초 공급된 전압보다 낮게 되며 두 전압

간의 차를 전압 강하라고 한다. 전압 강하는 기기를 정상적으로 작동시키지 못하며 작동되더라도 효율 저하를 초래할 수 있다.

일반적으로 전압 강하는 2% 미만으로 유지하도록 하며 이를 위하여 부하에 적합한 적정 굵기의 전선을 선택해야 한다.

4-2 전기 배선

(1) 컨트롤 박스

냉동기 제작 및 운전에서 전기 제어 회로의 배선은 그 작동과 관련하여 매우 중요하다. 전기 배선에서 작업 시간을 단축하고 작동의 오류를 방지하기 위해서는 먼저 시스템 작동 요구 사항과 회로도의 정확한 이해가 필요하다. 회로도가 없는 경우에는 요구 사항을 바탕으로 회로도를 작성하고 요구 사항과 회로도를 기초로 작업 계획을 수립한다.

컨트롤 박스(control box)는 냉동기를 작동시키는 데 필요한 개폐기, 전자 개폐기, 계전기(릴레이) 및 한시 타이머, 램프 및 버저, 스위치, 전원 입력 및 부하 구동용 출력 단자 등이 설치되며, 배선 작업 및 점검 수리가 용이하도록 부품 배치를 하여야 한다.

그림 6-22는 컨트롤 박스 제작 과정을 나타낸 것으로 컨트롤 박스 제작 및 배선 작업에서 주의해야 할 사항은 다음과 같다.

① 회로도의 부품을 컨트롤 박스 패널에 배치하고 배선할 공간이 적절한지 그리고 모양이 안정적이고 조화로운지 확인한다.

② 드릴(drill), 홀 커터(hole cutter), 판금 가위, 트리머(trimmer) 등을 이용하여 구멍을 가공하고 줄로 절단면의 거스러미를 제거한다.

③ 전동 드라이버를 이용하여 부품을 설계 위치에 고정한다. 특히, 소켓류나 단자대와 같은 플라스틱 제품을 고정할 때 무리한 힘이 가해져 파손되는 경우가 있으므로 주의한다.

④ 공통 전원으로 묶어야 할 전선을 분류하고 배선한다. 전선 작업을 할 때에는 공구를 준비하고 용도에 맞게 안전하게 사용한다. 전선에 Y자형, 또는 O자형 단자를 만들어 기기 및 부품의 단자와 접속 배선한다. 전선의 단자는 그림 6-23과 같이 단자 압축기를 이용하여 깨끗하고 확실하게 처리한다. 배선은 반듯하게 하고 꼬이거나 중복되지 않도록 한다.

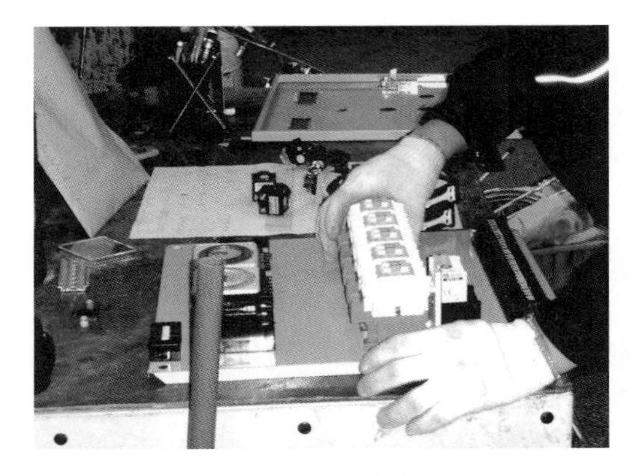

(a) 부품 배치

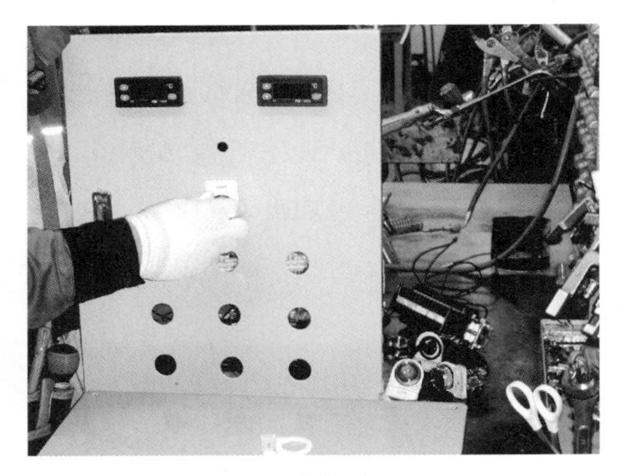

(b) 패널 가공

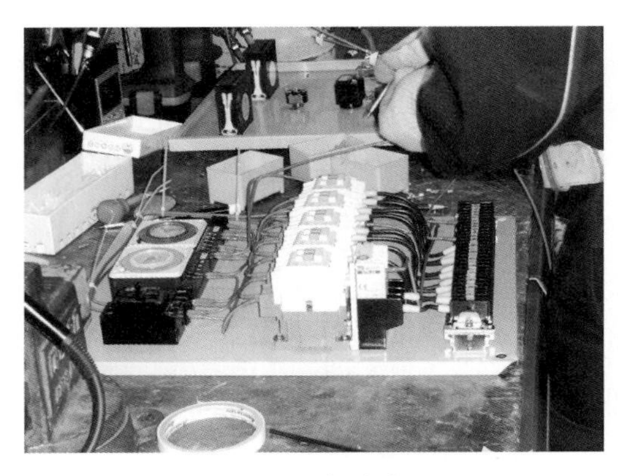

(c) 배선 연결

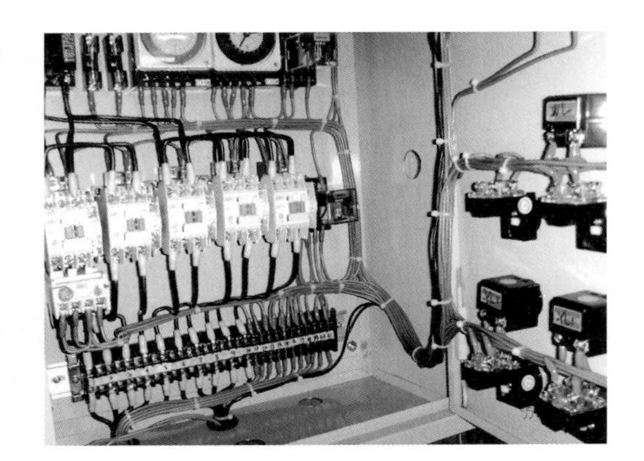

(d) 컨트롤 박스 조립

그림 6-22 **컨트롤 박스의 제작**

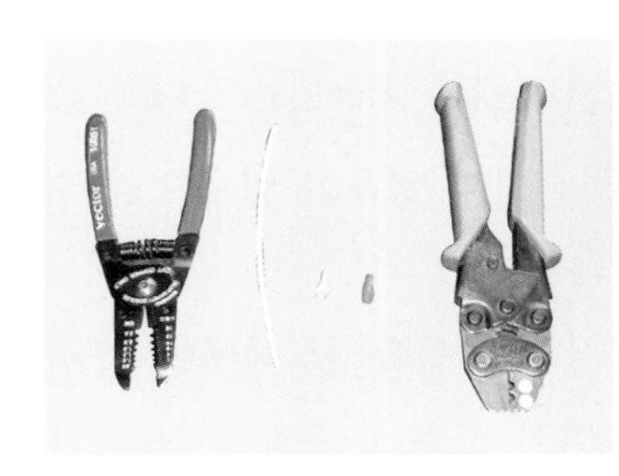

(a) 압축 단자 만들기 공구

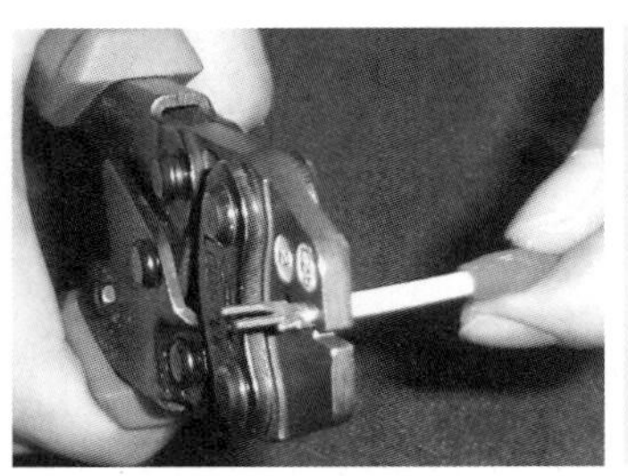

(b) 압축 단자 결선

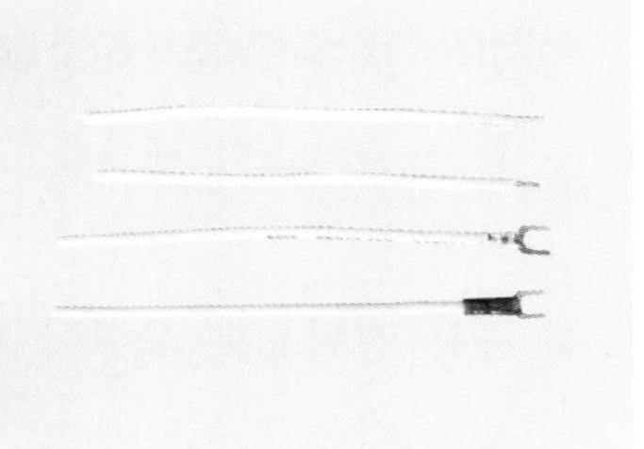

(c) 단자 튜브 끼움

그림 6-23 **압축 단자 만들기**

⑤ 컨트롤 박스 내 부품 및 기기 연결 배선을 마무리한다. 컨트롤 박스 뚜껑에 설치된 스위치, 램프, 조절기 등의 연결 전선 길이는 좀 여유 있게 하여 뚜껑을 열 때 지장이 없도록 한다.

⑥ 배선 상태를 확인한다. 회로도를 보고 체크를 해 가면서 배선 오류, 배선 누락, 중복 배선, 부품과 단자대의 접촉 및 고정 상태 등을 점검한다.

전기 배선에 사용 되는 주요 공구

① **커트 나이프(cut knife)**
코드와 같은 굵은 비닐 전선을 자를 때 사용한다.

② **니퍼(nipper)**
가는 전선을 자르거나 굵은 단선의 동선을 임의의 모양으로 정형할 때 사용한다.

③ **펜치(pinchers)**
부품을 집거나 철판, 섀시를 정형할 때 사용한다.

④ **와이어 스트리퍼(wire stripper)**
스트리퍼의 둥근 중심인 곳에 전선의 심선이 오도록 끼우고 돌리면서 끌어당겨 피복을 벗기는 데 사용한다.

⑤ **롱 노즈 플라이어(long nose plier)**
긴 끝으로 작은 것을 잡거나 전선이나 부품의 리드선 등을 구부릴 때 사용한다.

⑥ **드라이버(driver set)**
전기 기구의 나사를 조이거나 풀 때 사용하며 (+)와 (−) 모양이 있다.

⑦ **단자 압축기**
전선에 단자를 끼우고 단자 이탈 방지와 접속력을 크게 하기 위하여 집어 주는 역할을 한다.

(2) 부하 측 배선

회로도에 따라 압축기, 응축기 팬 모터, 증발기 팬 모터, 제상 히터 등의 주회로 전원을 연결한다. 허용 전류에 맞는 전선을 선택하여 배선하되 전선관이나 전선 덕트를 사용할 경우 전선 분기 및 집합 방법을 고려하여 적절한 위치에 분기함을 설치한다. 전선은 배관과 교차하지 않도록 한다. 특히 고온 관과 접촉하지 않도록 주의한다.

주회로 배선이 끝나면 한시 계전기, 압력 스위치, 솔레노이드 밸브, 온도 조절기 등의 보조 기기를 배선한다. 전선 이음은 전선 접속법에 따라 확실하게 접속하고 절연 테이프를 사용하여 누전되지 않도록 한다.

냉동 시스템의 부하 측 주회로 및 제어용 기기는 다음 방법에 의하여 그림 6-24와 같이 배선한다.

① 제어함의 기기 연결 단자대에서 도출된 선을 해당 기기에 연결한다.

② 캐비닛 내의 주요 배선은 증발기나 유닛 쿨러 등의 실내기 팬 모터, 온도 조절기 감온부, 제상 히터, 실내 램프 등의 배선을 설치한다.

③ 압축기, 압력 스위치, 응축기 팬 모터 등의 콘덴싱 유닛 구성 부품에 연결되는 배선 작업을 한다.

④ 기타 전자 밸브를 비롯한 전기기기 배선 작업을 한다.

⑤ 배선 시에는 배관과 배선이 접촉하지 않도록 주의한다.

⑥ 배선은 외부로 노출되지 않도록 배선용 덕트를 사용하여 보호한다.

⑦ 주전원을 투입하기 전에 배선부의 연결 상태와 기기 작동 상태를 반드시 점검한다.

그림 6-24 **기기 배선 작업**

(3) 접 지

냉동기 시스템의 구성 장치에서 누전되어 흐르는 전류로부터 인체 감전이나 사고를 방지할 수 있도록 접지를 해야 한다. 콘덴싱 유닛은 그 자체가 하나의 접지 대상이 되어 압축기와 응축기를 별도로 접지할 필요가 없다.

또 증발기 삽입형 제상 히터 방식의 경우는 증발기 하나만 접지하며 증발기와 히터를 별도로 접지할 필요가 없다. 즉, 콘덴싱 유닛과 증발기를 함께 묶어 공통 접지선으로 접지한다.

접지는 외부 지면에 동판을 묻어 접지선과 연결하는 방법이 가장 적합하나 여의치 못할 경우에는 본체와 전기적으로 절연되어 있는 곳에 큰 동판에 고정하고 여기에 접지선을 연결하여 접지한다.

일반 주택에서 패키지식 에어컨이나 냉장고 같은 냉동기를 수도 배관, 가스 배관, TV 안테나 지지대, 베란다의 가드레일 등에 접지해서는 안 된다.

4-3 전기 설비 점검

(1) 절연 저항 측정

전기 회로를 구성하는 부하나 부품이 정상적이고 전선 등의 연결이 올바르면 시스템적으로 누전이 없는 상태, 즉 절연이 잘된 상태로 안전하게 장비를 운전할 수 있을 것이다. 그러나 전기 배선이 완벽하고 절연이 양호하다 하더라도 장비를 운전하다 보면 부품 및 기기의 노후로 인한 불량 또는 절연 성능이 열화되어 누전되기 쉽다.

따라서 냉동기를 새로 제작하거나 운전 점검 시 절연 저항의 측정 및 판정이 매우 중요하다.

그림 6-25 아날로그 메거옴 테스터

이와 같은 전기 기기의 전기 배선에 대한 절연도를 계측하는 계기로서 메거옴 테스터(Megaohm tester)를 사용하며 인가전압에 따라서 100, 250, 500, 1000 및 2000V의 5종이 있다. 저압의 옥내 배선이나 냉동기에서는 500V의 절연 저항계를 많이 사용한다.

그림 6-25는 일반적으로 널리 사용되는 아날로그 메거옴 테스터(analogue Megaohm tester)이다.

절연 저항을 측정할 때에는 측정 전에 회로가 개방(Off)되도록 부하에 전원을 공급하지 않는다. 접지선(Ⓔ)을 접지 측에, 리드선(Ⓛ)을 전원 공급선(R, S, T)에 연결하여 저항값이 규정값(1~5MΩ) 이상이면 절연이 유지되는 것으로 판정한다. 절연이 좋지 않아 누전되는 경우, 즉 저항값이 규정값보다 낮을 때에는 운전을 정지하고 원인을 찾아 수리해야 한다.

Worldskills Standard

배선 작업할 때 장비의 점검과 회로에 따른 전선 결선 그리고 접지 작업이 확실하게 이루어져야 한다. 시스템에 전원을 투입하기 전에 접지 절연 저항이 1MΩ(Megaohm) 이상인지 확인하여야 한다. 또한, 최초 전원 투입 시 퓨즈나 회로 차단기의 동작 없이 작동될 것이 요구되므로 작동 전의 회로 점검은 실무적으로 매우 중요하다.

(2) 저항 및 전압 측정

저항 및 전압은 그림 6-26과 같은 멀티 테스터(multi-tester)로 측정할 수 있다. 저항 측정은 주로 퓨즈, 부품의 단선, 코일이나 전선의 단선 유무를 찾을 수 있다. 예를 들어, 퓨즈 양단에 적색 리드 봉과 흑색 리드 봉을 접촉하였을 때 '0'이거나 일정한 저항(고유 저항)값을 가리키면 정상이고 '∞(O.L.)'이면 단선되었음을 의미한다.

저항이나 단선 유무를 점검할 때에는 반드시 전원을 차단해야 한다. 특히, 아날로그 테스터의 경우에는 전원이 공급되는 상태에서 테스터를 잘못 사용하면 전원 전류가 테스터 내부로 흘러 심할 경우 테스터를 고장 나게 할 수 있으므로 주의하여야 한다.

교류 전압(ACV)은 테스터의 노브(knob)를 'ACV'로 맞추고 측정 범위를 선택하여 측정한다. 주로 투입 전압이 220V 또는 380V이므로 측정 범위는 500V나 1000V로 맞추면 된다. 교류 전압은 극성이 없으므로 적색 리드와 흑색 리드의 방향을 구분하지 않는다.

그림 6-26 **디지털 멀티 테스터**

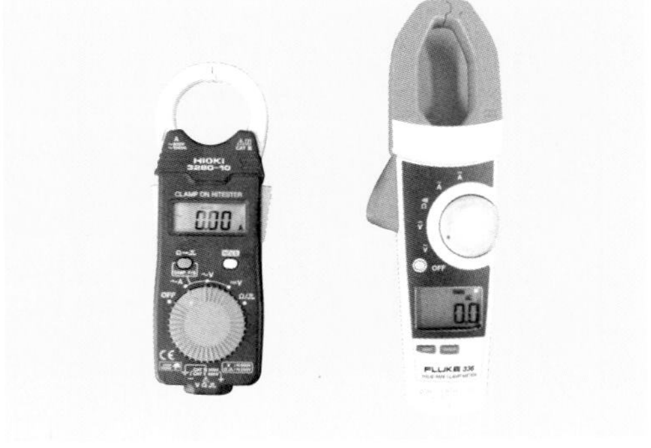

그림 6-27 **클램프 미터**

(3) 전류 측정

냉동기 전기 장치의 부품이나 부하 기기에 흐르는 전류를 전선의 해체 없이 간편하게 측정하는 계측기로 위의 그림 6-27과 같은 클램프 미터(clamp meter)를 널리 사용하고 있다. 클램프 미터는 후크 미터(hook meter)라고도 하며 전류는 물론 교류 전압과 저항도 측정할 수 있다.

클램프 미터의 선택 노브로 작업을 선택하고 표시되는 측정값을 읽으면 된다. 표시창에 함께 나타나는 단위에 주의해야 한다.

교류 측정할 때 주의 사항으로는 반드시 하나의 도선만을 철심에 물리도록 해야 한다는 것이다. 즉, 단상 또는 3상을 한꺼번에 클램프에 물리게 되면 전류를 측정할 수 없다. 따라서 도선이 함께 묶여 있을 때는 이것을 풀어내서 각각의 단선에 대하여 측정해야 한다. 전류값이 수시로 바뀌어 측정값을 읽기가 곤란할 때에는 'DATA HOLD' 버튼을 눌러 최댓값이 자동으로 저장 · 표시되도록 한다.

05 마무리 작업

5-1 보온 작업

가압 기밀시험과 진공 시험을 거친 냉동 시스템은 배관 계통에 보온 작업을 해야 한다. 배관에 보온을 하는 목적은 냉매 가스가 흡입관에서 지나치게 과열되어 압축기에서 압축 능력이 저하되거나 압축기 소손을 방지하고 흡입 배관에 이슬이 형성되는 것을 방지하는 데 있다.

또한, 액관과 흡입관의 열교환을 위해 보온하는 것도 이 작업의 중요한 예이다.

보온 작업은 그림 6-28과 같이 하며 다음 사항에 유의하여야 한다.

(a) 보온재 기초 보온 작업

(b) 보온 테이프 마무리 작업

그림 6-28 **보온 작업 과정**

① 보온성이 우수하며 무게도 가볍고 공작하기도 쉬워 배관 보온재로 많이 사용되는 발포성 폴리머 합성 보온재는 관 지름에 구애 없이 적당한 크기로 잘라 관을 감싼다.
② 슬리브형 합성 보온재나 필릿형 스티로폼과 같이 관 지름에 맞춰 제작된 보온재는 반드시 관 지름에 적합한 보온재를 선택한다.
③ 보온재는 찢김, 구멍, 틈새 등 손상이 없도록 관을 피복하여야 한다.
④ 배관뿐만 아니고 배관 도중의 이음새, 유니언, 소켓 등도 보온한다. 그러나 자주 조절이 필요한 밸브 및 조절기 등은 그 부품을 탈거하거나 탈착하기에 적합한 방법으로 보온해야 한다.
⑤ 보온 테이프로 테이핑한다. 보온 테이프는 아래에서 위쪽으로 간격이 일정하게 테이핑하며 늘어지거나 풀어지지 않도록 주의한다.

5-2 드레인 배관

냉동기를 정지시키거나 또는 제상 기간 동안 증발기에 착상되어 있던 성에가 녹아 응축수가 만들어진다. 이 응축수를 외부로 배출하는 배관을 드레인(drain) 배관이라고 한다. 드레인 배관은 완만한 경사를 두고 가급적 짧게 배관한다. 외부로부터 냄새나 이물질이 배관을 통해 침입하지 못하도록 그림 6-29와 같이 트랩을 두는 것도 좋은 방법이다. 그러나 관 끝이 물에 잠기지 않도록 주의한다.

(a) 고내 증발기 측 드레인 배관

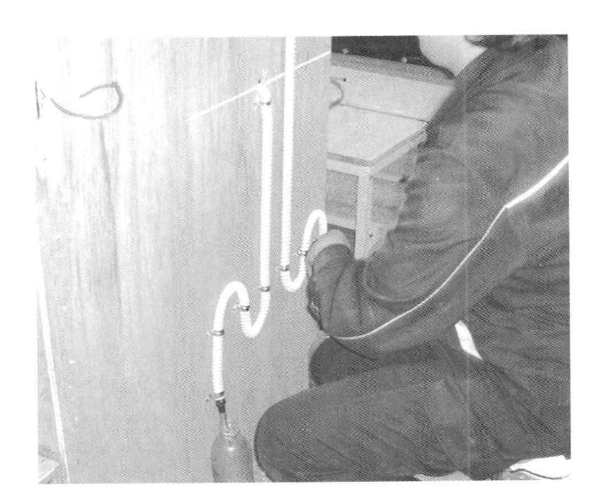
(b) 고외에 설치된 응축수 배출관

그림 6-29 드레인 배관

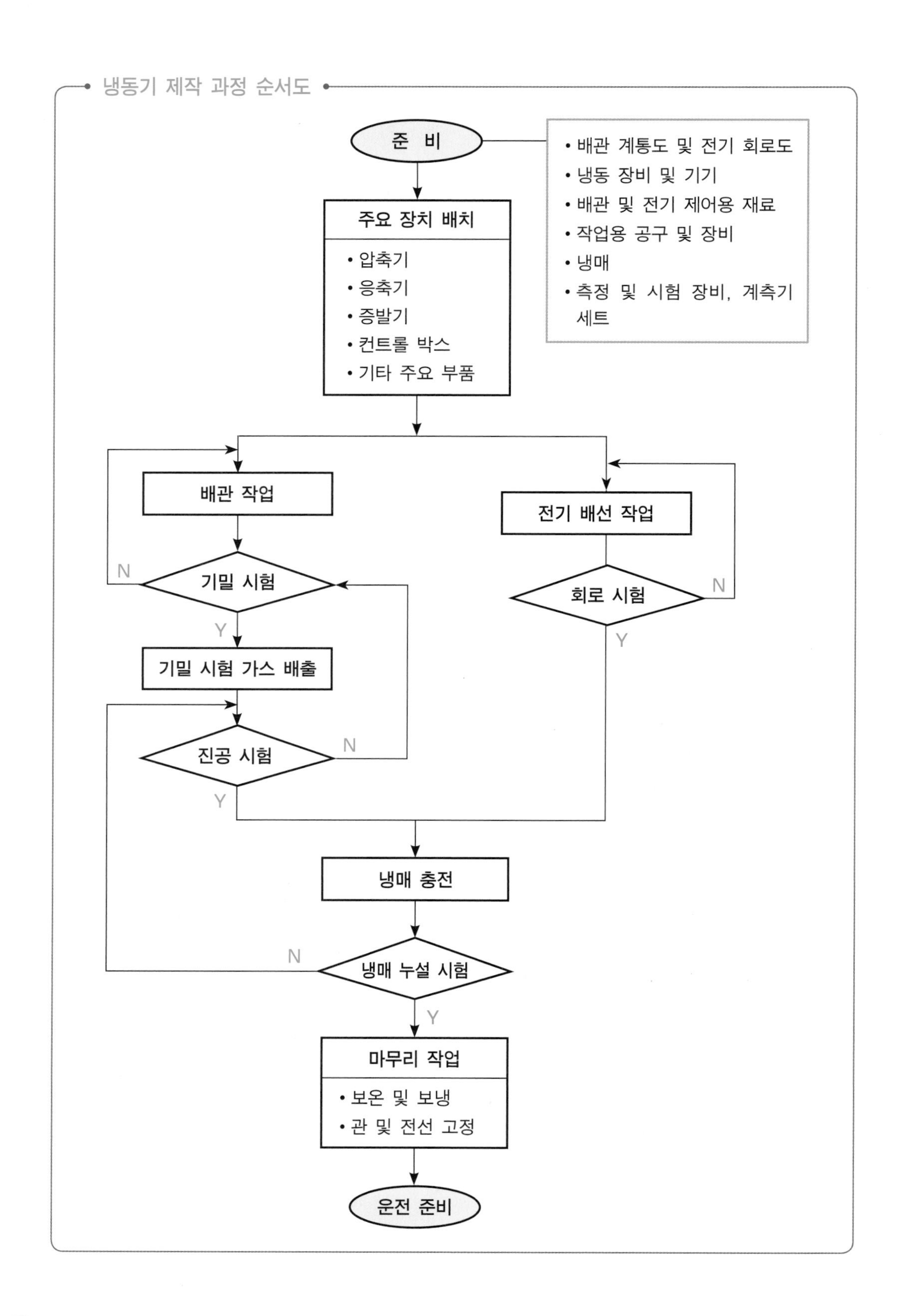

냉동기 제작 과정 순서도
준 비
• 배관 계통도 및 전기 회로도
• 냉동 장비 및 기기
• 배관 및 전기 제어용 재료
• 작업용 공구 및 장비
• 냉매
• 측정 및 시험 장비, 계측기 세트
주요 장치 배치
• 압축기
• 응축기
• 증발기
• 컨트롤 박스
• 기타 주요 부품
배관 작업
기밀 시험
N
Y
기밀 시험 가스 배출
진공 시험
N
Y
전기 배선 작업
회로 시험
N
Y
냉매 충전
냉매 누설 시험
N
Y
마무리 작업
• 보온 및 보냉
• 관 및 전선 고정
운전 준비

Chapter 6

연 습 문 제

1 콘덴싱 유닛 설치 시 유의해야 할 사항을 설명하여라.

2 냉동기 배관에 사용되는 동관의 특징을 설명하여라.

3 팽창 밸브의 감온통 설치 시 주의해야 할 사항을 설명하여라.

4 냉동 시스템으로 수분이 유입되는 원인을 설명하여라.

5 냉동 시스템의 진공 작업 시 진공 펌프 취급상 유의해야 할 사항을 설명하여라.

6 진공 펌프의 오일을 교환해야 할 필요성을 설명하여라.

7 전기 절연 저항의 측정 방법을 설명하여라.

시 운 전

냉동기의 제작 설치에서 배관 및 배선 작업을 마치고 기밀 시험에서 이상이 없으면 진공 작업을 한다. 그 다음 냉매를 충전하고 냉동기가 최상의 조건으로 작동할 수 있도록 시운전을 실시한다.
냉매를 취급 방법에 따라 적정량을 충전하고 압력, 온도, 전류 등 점검 항목을 점검한다.
운전 점검과 함께 팽창 밸브의 과열도, 온도 조절기, 압력 스위치 등의 조절 장치를 세팅하여 문제가 발생하지 않도록 조치한다.

7 시 운 전

01 냉매 충전

1-1 냉매 충전에 필요한 장비

(1) 냉매 용기

냉매 용기는 냉매를 저장, 운반, 충전하는 데 적합하도록 강이나 알루미늄으로 만들어져 있다. 용기는 작게는 5kg부터 크게는 200kg 이상에 이르기까지 다양한 크기를 갖고 있다. 용기에는 안전 플러그나 파열판이 장착되어 과압에 의해 용기가 파손되는 것을 방지하는 역할을 한다. 그림 7-1은 소형 저장 냉매 용기를 나타내고 있다.

그림 7-1 **냉매 용기**

표 7-1 냉매 용기의 색상

냉매명	색 상	냉매명	색 상	냉매명	색 상
R-12	연보라색	R-124	녹 색	R-407C	진분홍색
R-22	연두색	R-134a	연파랑색	R-410A	암갈색
R-114	회 색	R-404a	노랑색	R-502	분홍색

① 냉매 용기의 3가지 종류

- 일회용 용기
  중·소형 냉동 장치의 보수용으로 사용된다.
- 반환할 수 있는 서비스 용기
  대용량의 냉동 장치 보수용으로 사용된다.
- 저장 용기
  대형 냉동 설비 초기 충전 및 회수용에 사용된다.

냉매 용기는 종류에 따라 색깔이 정해져 있는데, 이것은 냉매 취급 과정에서 냉매를 구분하여 혼용과 오용을 막기 위한 것으로 미국냉동공조협회(ARI)가 규정하였다. 표 7-1은 냉매 용기의 색상을 나타낸 것이다.

② 냉매 용기 취급할 때 주의 사항

- 화기를 취급하는 장소에 용기를 보관하지 않고 가연성 유류나 가스와도 함께 보관하지 않는다.
- 용기의 밸브는 조용하게 여닫고 무리한 힘을 가하지 않는다.
- 전도 또는 충격에 의해 밸브가 손상되지 않도록 보호용 캡을 반드시 닫아 두고, 통풍이 양호한 40℃ 이하인 장소에 보관한다.
- 습기나 빗물 등에 의해 부식되지 않도록 한다.

(2) 냉매 충전 저울

냉매 충전 저울(refrigerant charging scale)은 간단히 냉매 저울이라고도 하며 냉동 시스템에 주입되는 냉매의 양을 계측하는 데 이용된다. 대부분의 냉매 저울은 휴대가 용이한 전자식으로 되어 있고 기종에 따라 정밀도 차이가 있으나 5g 내외의 정밀도를 가지고 있다.

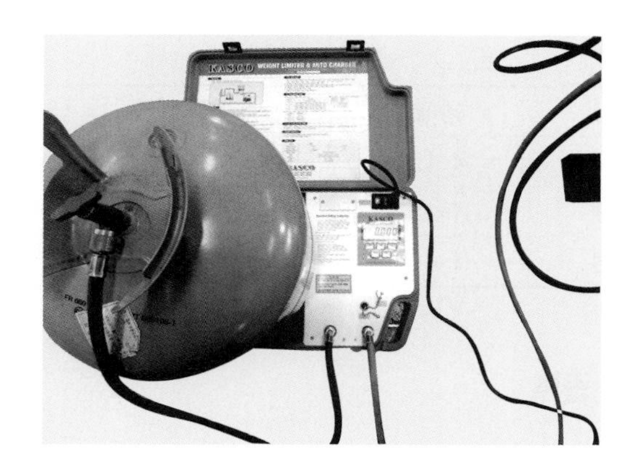

그림 7-2 **냉매 저울 세팅**

냉매 저울의 사용법은 다음과 같다.

① 냉매 저울의 전원과 표시창(LCD)이 제대로 나타나고 있는지를 확인한다. 대개 전원은 9V 알칼라인 건전지를 사용한다.
② 냉매 저울을 켠다.
③ 냉매 용기를 시스템과 연결하고 냉매 저울에 가볍게 올려놓는다.
④ 냉매 저울의 '0'점을 조정한다.
⑤ 충전 밸브를 열어 시스템에 냉매를 주입한다.
⑥ 냉매 주입이 끝나면 저울에 나타난 충전량을 읽어 기록해 둔다. 추가 충전이 있으면 충전을 계속하고 마지막 충전량을 기록해 둔다.
⑦ 냉매 용기를 내려놓고 냉매 저울을 정리한다.

(3) 매니폴드 게이지

매니폴드 게이지(manifold gauge)는 그림 7-3과 같이 게이지 몸체에 고압 게이지와 저압 게이지, 고압 및 저압 측 수동 밸브, 그리고 고압 및 저압 측 연결구와 공동 포트 등으로 구성되어 있다. 냉동 시스템의 고압 및 저압 측 서비스 밸브에 매니폴드 게이지의 고압 및 저압 측 호스를 각각 연결하여 진공 작업할 때 진공 압력의 측정, 냉매 충전, 운전 작동 중의 고·저압 측 압력 측정 등에 매우 중요하게 활용되고 있다. 연결구 측의 공동 포트는 진공 작업할 때 진공 펌프와 연결할 수 있고 냉매 주입할 때에는 냉매 용기와 연결할 수 있다.

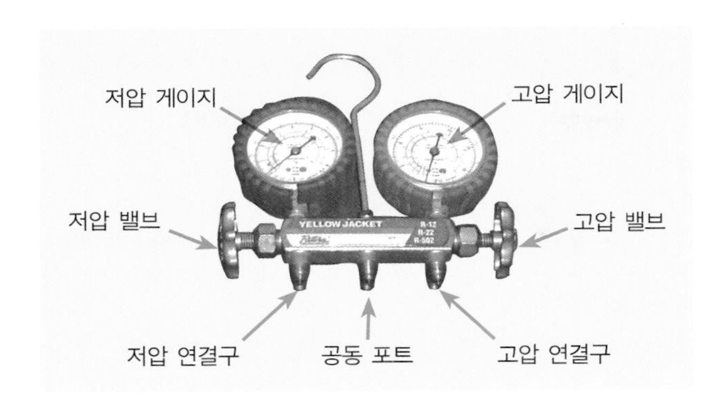

그림 7-3 **매니폴드 게이지의 구조**

특히 압력계가 부착되어 있지 않는 소형 냉동 장치를 점검하는 경우, 그때마다 압력 게이지와 수동 밸브를 접속해야 할 때 매니폴드 게이지가 매우 유용하다.

(4) 냉매 충전 및 회수 장치

냉매 용기의 냉매를 냉동 시스템 충전하거나 냉동 시스템에 충전되어 있는 냉매를 회수하는 장치로서 냉동기의 유지 및 보수 작업에 많이 사용된다. 이 밖에도 그림 7-4와 같이 냉매 회수 전용 장비가 있는데, 냉매 회수기라고 하는 이 장비는 냉동기 시스템의 냉매를 회수하는 데 사용된다. 시스템의 진공과 압축기에 의한 냉매 충전 작업에서 냉매가 과충전되었을 경우 또는 이미 냉매가 충전되어 있는 시스템의 고장 수리를 위해 냉매를 회수하고자 하는 경우, 그리고 냉동기를 해체하는 경우 이 장비로 냉매를 회수한다.

그림 7-4 **냉매 회수기**

Worldskills Standard

냉매는 그 가격이 비싸기도 하지만 환경오염 물질로 규정되어 있으므로 취급할 때 각별한 주의를 요한다. 냉매 충전 및 회수를 할 때에는 누설이 없도록 주의하고, 누설이 되더라도 그 양이 최소가 되도록 해야 한다.

1-2 냉매 충전

(1) 냉매 충전

최종적으로 진공 작업이 완료되면 시스템에 냉매를 충전한다. 냉매는 냉동 시스템에서 요구하는 최적의 양을 정확하게 충전하는 것이 중요하다.

냉동 시스템의 액관에 충전 밸브가 있을 경우에는 액체 냉매로 충전하고, 그렇지 않은 경우에는 압축기 흡입 측의 스톱 밸브를 통하여 기체 냉매로 충전한다.

최초의 냉매는 고압 측부터 충전하는 것이 압축기 밸브를 보호하고 냉매 충전 시간을 단축시키는 데 유리하다. 그림 7-5는 냉매 충전을 위한 장비를 세팅하는 모습이다.

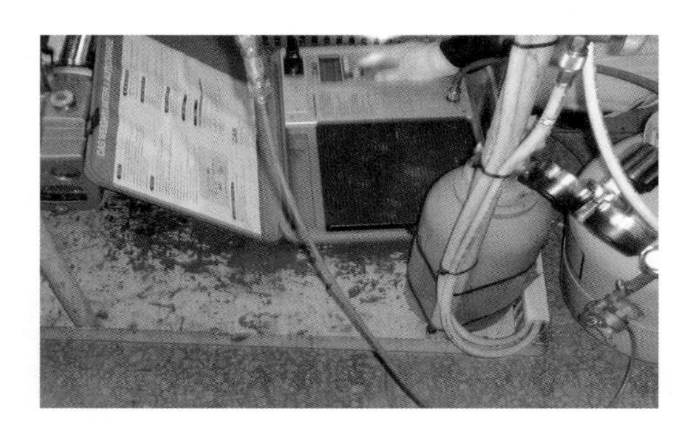

그림 7-5 **냉매 충전용 장비 세팅**

냉매 충전은 다음 순서에 따라 진행한다.

① 냉매 충전 밸브에 냉매 용기를 연결하고 충전 밸브의 플레어 너트를 꽉 조이기 전에 냉매 용기 밸브를 약간 열어 매니폴드 게이지 호스 내의 공기를 퍼지(purge)시킨 후 완전히 조인다. 냉매 용기에서 장치까지의 배관, 나사 접속 부분, 용기 밸브의 패킹 등에서 누설하지 않도록 확실하게 접속해 둔다. 충전용 호스는 가급적 짧게 해서 충전 후 호스를 분리할 때 냉매의 손실을 줄이도록 한다.

② 냉매 용기를 냉매 저울에 올려놓고 '0'점을 조정한다. 먼저 액냉매로 충전할 수 있도록 냉매 용기를 엎어 놓는다.

③ 압축기의 흡입 및 토출 밸브, 응축기의 입구 및 출구 밸브, 액관의 솔레노이드 밸브 등을 개방한다.

④ 냉동기의 증발기와 응축기 팬을 가동시킨다.

⑤ 서비스 밸브를 연 후, 냉매 용기의 충전 밸브를 서서히 개방하여 냉매를 충전한다. 처음부터 필요 이상의 과충전을 하면 냉매를 회수해야 하는 시간과 노력이 필요하므로 과충전되지 않도록 주의한다.

⑥ 냉동기 시스템의 압력이 0.2~0.3 MPa에 도달하면 냉매 충전을 멈추고 냉매 누설 탐지기를 이용하여 각 부분의 누설을 점검한다.

⑦ 흡입 가스의 압력이 너무 낮아지지 않게 주의하면서 압축기를 운전한다. 흡입 가스 압력이 저압 조절 스위치의 설정 압력보다 낮으면 압축기가 정지된다. 겨울철과 같이 외기 기온이 낮아 충전이 어려울 때에는 규정의 밴드식 히터를 냉매 용기에 감고 열을 가하며 충전한다.

⑧ 관찰창(sight glass)에 기포가 보이지 않을 때까지 충전을 한다. 고압 및 저압 압력 게이지로 규정량의 냉매가 충전되었는지 확인한 후 냉매 충전 밸브를 닫고 냉매 저울에 표시된 충전량을 기록한다.

Worldskills Standard

냉매를 취급할 때에는 인체를 보호하기 위한 안전 장구를 갖추어야 한다. 눈이나 피부에 닿을 때 동상을 입지 않도록 보안경과 장갑을 착용하고, 냉매의 독성을 호흡하지 않도록 마스크를 착용한다.

할로 탄화수소계 프레온 냉매의 누설 검지법

① 비눗물

용접부 및 플레어 접합부에 비눗물을 바르고 누설부를 검지한다. 누설이 있으면 그 부위에서 거품이 발생한다. 이 방법은 냉매 누설 검지 외에 가압 시험에서도 할 수 있다.

② 헤라이드 토치(halide torch)

폭발의 위험이 없을 때 사용하는 방법으로 시료는 아세틸렌이나 알코올, 프로판 등을 사용한다. 냉매 누설이 없는 정상 상태에서는 토치의 불꽃이 청색이고, 냉매가 소량으로 검지되면 녹색 불꽃으로, 다량 누설할 때에는 자색 불꽃으로 변한다. 냉매가 다량으로 검지되면 불꽃이 꺼진다.

③ 할로겐 누설 탐지기

비교적 간편하게 미량의 누설도 검지할 수 있다. 탐지기를 누설 부위에 대면 점등되거나 경보음이 울린다. 최근에는 검지 정밀도가 상당히 우수한 여러 모델의 탐지기가 개발되어 널리 사용되는 추세이다.

(2) 냉매 압력 조정

냉동기에 냉매가 부족하게 충전되면 일단 흡입 압력과 토출 압력이 낮고 증발관에 성에가 착상되지 않으며 관찰창에 기포가 보이기도 한다.

이와 같은 경우, 냉동기가 펌프 다운(pump down) 식으로 운전되는 시스템이라면 다음과 같이 냉매를 보충하여야 한다.

① 수액기의 출구 밸브를 잠그고 펌프 다운 운전으로 냉동기를 정지시킨다.

② 냉매 용기와 냉동기의 충전 밸브를 연결하고 연결관 내의 공기를 퍼지시킨다. 이때 냉매가 최소한으로 방출되도록 주의한다. 냉매 저울을 '0'점 조정한다.

③ 수액기의 출구 밸브가 닫힌 상태에서 냉매 용기의 밸브를 수초간 열면 저압 스위치

냉매가 부족할 때의 현상과 냉매 보충

■ **냉매가 부족할 때 나타나는 현상**

시스템에 냉매가 부족하면 전반적으로 흡입 측 압력과 토출 측 압력이 낮다. 관찰창에 냉매 가스의 기포가 나타나며 증발관에 성에가 끼지 않고 심하면 성에가 녹는다. 그리고 응축되지 못한 냉매 가스가 액체 냉매에 포함되어 있기 때문에 액체 냉매의 온도가 높아진다. 이러한 경우에는 다음 순서에 따라 냉매를 보충한다.

■ **냉매의 보충**

냉동기 시스템에 냉매가 부족하다고 판단되는 경우에는 다음과 같이 냉매를 보충한다.

① 최초로 냉매를 주입하는 경우에는 냉매 저울로 냉매 충전량을 확인한다. 냉매 저울이 설치되어 있지 않거나 운전 중이던 냉동기 시스템에 냉매를 보충하는 경우에는 수액기의 출구 밸브를 잠그고 펌프 다운 운전으로 현재 냉매의 양을 확인한다.

② 냉매 용기와 냉동기의 충전 밸브를 연결하고 연결관 내의 잔류 공기를 제거한다. 충전 밸브 연결부를 느슨하게 풀고 냉매 용기의 밸브를 열어 냉매의 압력으로 공기를 불어내는데, 이때 냉매의 손실이 최소가 되도록 주의한다.

③ 수액기의 출구 밸브를 잠근 상태에서 냉매 용기의 밸브를 수초 동안 열면 저압 스위치에 의하여 압축기가 운전되도록 한다.

④ 냉매를 수액기에 모으며 보충량을 확인하고 적정량이 될 때까지 수차례 반복한다. 저압 스위치를 수동으로 작동시킬 경우에는 진공 이하로 압력이 떨어지지 않도록 주의한다. 진공이 형성되면 공기가 시스템 내로 유입될 가능성이 있기 때문이다.

⑤ 냉매 보충이 완료되면 냉매 용기의 무게를 측정하여 보충량을 확인한다.

에 의하여 압축기가 운전되어 냉매는 수액기에 모이는데 보충량을 확인하며 적정량이 될 때까지 수회 반복한다.

④ 고압과 저압이 제조사가 정한 범위에 드는지 또는 자가 제작의 경우 사용 냉매에 대한 설계 조건에 맞는지를 확인한다. 가령 충전 과정 동안 응축 압력이 너무 높다면 시스템에 냉매가 과충전되었음을 의미하므로 냉매를 일부 회수해야 한다. 이 경우에는 반드시 냉매 회수기를 이용한다.

⑤ 열동형 팽창 밸브의 과열도가 너무 낮지 않은지 점검한다.

⑥ 냉매 보충이 완료되면 냉매 저울의 충전된 냉매 무게를 기록하고 보충량을 확인한다.

(3) 냉매 취급 시 주의 사항

냉동기 시스템의 운전에서 시스템에 적합한 냉매를 선택하여 적정한 양만큼 충전하는 것이 매우 중요하다. 냉매 충전이 바르지 못하면 사이클이 비정상적으로 작동되어 올바른 시운전 데이터를 얻을 수 없을 뿐만 아니라 냉동기 운전 성능의 저하 및 압축기 고장의 직접적인 원인이 되기 때문이다.

또한, 냉매를 취급하는 때에는 반드시 냉매 취급 요령을 숙지하고 올바른 충전 방법에 따라 주의하여 다루어야 한다.

일반적으로 요구되는 냉매 취급 시의 주의 사항은 다음과 같다.

① 냉매는 화염이나 전기 히터 등에 직접 노출이 되지 않도록 주의해야 한다. 온도가 높은 분위기나 화염은 냉매의 성질을 변질시킬 뿐만 아니라 해로운 독성 가스를 생성하는 원인이 된다.

② R-502나 R-22, 그리고 대부분의 대체 냉매는 그 농도가 짙은 상황에서 용접 토치와 같은 화염을 가까이 대면 불꽃의 색깔이 변하면서 불꽃이 비정상적으로 커지므로 작업에 위험 요소가 된다.

③ 냉매 누설 탐지를 목적으로 냉매가 들어 있는 냉동기 시스템이나 냉매 용기에 공기로 가압하지 않는다.

④ 불꽃이나 열원 등을 냉매 용기에 가까이 하지 않는다. 일반적으로 냉매 용기의 온도는 52°C를 초과하지 않도록 주의해야 한다.

⑤ 냉매 용기는 규정에 의해 합격된 제품을 사용하고 밸브나 압력 도피용 안전장치 등을 손상시키지 않는다.

⑥ 냉매를 취급할 때에는 소매가 긴 작업복과 안전화, 눈과 안면 보호를 위한 고글, 마스크, 냉매 취급용 장갑 등을 착용해야 한다. 가능하다면 환기가 잘 되는 곳에서 작업한다.

⑦ 냉매 용기는 직사광선을 피하고 건조하고 서늘한 곳에 보관한다. 습도가 높은 곳은 용기를 부식시킬 수 있다.

냉매가 눈이나 피부에 노출되었을 때 조치 사항

냉매는 반드시 안전 장구를 갖추고 취급해야 하지만 부주의 또는 어떠한 원인으로 인하여 신체에 노출된 때에는 신속하게 조치를 취하여 동상으로부터 피해를 최소화해야 한다.

(1) 피부에 접촉한 경우

① 냉매액이 옷에 젖어 피부에 닿으면 신속히 옷을 벗어 추가적인 동상을 방지한다.

② 환부를 미지근한 물에 담근다.

③ 붕대나 연고 등을 사용하지 말고 의사의 처방을 받는다.

(2) 눈에 접촉한 경우

① 눈을 비비지 않는다.

② 환부를 미지근하고 깨끗한 흐르는 물로 세척한다.

③ 신속하게 의사의 진찰을 받는다.

시운전에 앞서 확인해야 할 사항

① 냉매 충전 상태

② 냉동기유 이상 여부

③ 유닛 쿨러의 팬 및 모터 작동

④ 수냉식 응축기 사용 시스템에서 급수 상태

⑤ 압력계 지시 상태

⑥ 각종 밸브의 잠금 및 열림 상태

⑦ 전원 공급 및 전기 컨트롤 연결 상태

02 시운전

최종적인 세팅과 안전 장치에 대한 시험을 시스템에 설치된 기계 및 전기 장치에 대해 수행하고 시스템을 시운전한다. 시운전 내용과 정보는 정밀한 계측기로 계측하여 기록한다.

2-1 점검 항목

(1) 팬 회전 방향 점검

응축기와 증발기의 팬 회전이 정상적인지 확인한다. 팬 회전이 반대인 경우에는 팬 모터 전원선 3개 중 2개의 전선 연결을 바꾸어 결선한다.

(2) 비정상 소음 및 진동 점검

압축기, 응축기, 증발기의 회전부에서 소음이나 진동이 없는지 점검한다. 이상이 발견되면 그 원인을 찾아 조치한다. 팬이 간헐적으로 시라우드 그릴에 닿아 소음을 유발하는 경우가 있으므로 유의하여 관찰한다. 또한, 부품의 불완전한 고정이나 고정부 이완에 의한 진동도 점검한다.

특히, 비정상적인 소음과 진동은 기동 초기와 냉동기 운전을 정지시킬 때 발생하기 쉬우므로 운전 스위치를 조작하며 관찰한다.

(3) 온도 조절기의 점검

어느 정도 고내 온도가 저하하면 온도 조절기에 의해 온도 조절이 이루어지는지를 점검한다. 온도 조절기 감온부가 증발기 팬 시라우드 그릴에 견고하게 고정되어 있는지를 확인하고 온도 조절기가 세팅되어 있는 시퀀스대로 동작하는지를 점검한다.

(4) 운전 전류 측정

클램프 미터를 이용하여 운전 전류를 측정한다. 통상 운전 전류는 정격 전류의 110%까지를 정상으로 판정한다. 운전 전류가 지나치게 높으면 과전류 계전기가 작동하여 냉동기 운전이 정지되므로 과전류 계전기의 용량이 시스템에 적합한 지 점검한다.

(5) 압력 측정

고압 및 저압 측의 압력 게이지의 압력을 측정하여 제조사가 제안한 압력 또는 제작 냉동기의 경우에는 사용 냉매의 물성표나 선도를 보고 설계 압력의 범위에 있는지를 점검한다.

(6) 온도 측정

실내 공기(분위기) 온도를 비롯하여 고내 온도, 그리고 증발기 입구와 출구 공기의 온도를 측정한다. 냉동 시스템의 압축기 입구와 출구, 응축기 출구, 증발기 입구 및 출구, 팽창 밸브 후 등에 온도 감지 센서를 부착하여 온도를 측정한다. 그림 7-6과 같이 다채널 디지털 온도계를 이용하면 데이터 읽기가 편리하다.

그림 7-6 **주요부 온도 측정 및 세팅**

(7) 냉동기 성능 판정

시운전에서 얻은 데이터를 기초로 해당 냉매의 몰리에 선도($P-h$ diagram)에 사이클 선도를 작성하고 과열도와 과냉각도를 구한다. 또한, 압축일과 냉동 효과를 구하여 성능 계수를 계산한다.

2-2 조절 장치의 시험 및 조정

(1) 팽창 밸브의 과열도 조정

저압 측 압력을 측정하고, 그 압력에 대한 포화 증기의 온도(t_s)와 압축기 입구의 온도(t_i)를 측정하여 과열도(Super Heat Degree, SHD)를 구한다.

$$SHD = t_i - t_s \tag{7.1}$$

과열도가 5K 이상이면 팽창 밸브의 조절 나사를 풀어 개도를 열어 냉매 순환량을 증가시키고 5K 미만이면 개도를 닫히는 쪽으로 조절하여 냉매 순환량을 줄여 준다.

(2) 온도 조절기

온도 조절기의 설정 온도를 임의로 조작하여 고내의 온도에 따라 제어가 되는지를 확인한다. 아마도 냉동기 운전 시간이 그다지 길지 않을 경우에는 고내의 온도가 높을 것이므로 설정값보다 높은 온도에서 접점이 열릴 것이다.

(3) 고압 차단 스위치(HPS) 세팅

응축 압력을 가능한 최대로 상승시키고 압력 게이지를 보며 고압 차단 스위치를 세팅한다.

(4) 저압 차단 스위치(LPS) 세팅

저압 측 압력을 가능한 최소한으로 줄이고 저압 게이지를 보며 저압 차단 스위치를 세팅한다.

03 냉매 회수 및 교체

냉동기 시스템에 충전되어 있는 냉매를 시스템 밖으로 제거하는 작업을 회수라고 하고, 사용하던 냉매를 새로운 냉매로 바꾸어 충전하는 것을 교체라고 한다. 냉동기의 운전성능과 수명의 향상 그리고 그 외의 목적을 위하여 이 작업을 수행한다.

3-1 냉매 회수 작업의 종류

(1) 과충전 냉매 회수

냉동기 시스템에 냉매가 과충전되어 있는 경우 적정한 압력으로 유지하기 위하여 냉매를 회수하는 작업이다. 냉동기 시스템이 가장 이상적인 냉동 사이클로 운전되기 위해서는 냉매량이 부족해서도 안 되지만 지나치게 많아도 안 된다.

(2) 사용 냉매의 교체

냉동기 시스템에 사용하던 냉매를 새로운 냉매로 대체하기 위한 회수 작업이다. 예를 들면 R-12대신 R-401A나 R-401B, R-409A 등으로 교체하거나 R-502 대신 R-402A나 R-402B, R-408A 등으로 교체하는 때와 같이 구냉매를 사용하던 시스템을 신냉매로 대체하는 경우가 여기에 해당된다.

(3) 냉동기 시스템의 고장 수리

냉동기 시스템의 구성 부품이 고장 난 경우에 이를 수리 · 교환하거나 또는 배관 라인을 새로 교체하는 경우에 시스템의 냉매를 일부 또는 전부를 회수하는 작업이다.

(4) 냉동기 시스템의 폐기

냉동기 시스템의 수명이 다 되거나 또는 어떤 목적에 의해 냉동기를 폐기할 때 시스템에 남아 있는 잔류 냉매를 회수하는 작업이다. 특히, 이 작업은 냉매의 재활용과 환경 물질 회수라는 측면에서 중요하다.

Worldskills Standard

냉매의 충전과 회수는 냉동 사이클의 조화로운 작동을 위해 매우 중요한 작업이다. 국제기능올림픽대회에서도 냉동기 제작, 에어컨 설치, 고장 수리(기계) 등의 과제에서 냉동 사이클의 운전 상태를 보고 냉매를 더 충전해야 할 것인지 또는 회수해야 할 것인지를 판단하고 작업하는 과제가 출제되고 있다.
특히 냉매 회수기는 제조사에 따라 다양한 종류가 있으므로 취급에 주의해야 한다. 보통 냉매 회수기는 사용 방법상 큰 차이는 없지만 작업 방법과 순서 등이 작업 표준에 따라 정확하게 이루어져야 한다.

3-2 냉매 교체 작업 절차

냉매 회수 작업의 예는 매우 많이 있지만 본 절에서는 R-12나 R-502와 같은 구냉매를 사용하던 냉동기 시스템에서 새로운 대체 냉매로 교체하기 위한 작업으로 소개한다. 여기서 수행되는 작업 내용은 표 7-4와 같이 냉매 회수 · 교체 시운전 보고서에 작성한다.

(1) 냉동기 운전 상태 점검

냉매 회수 작업을 수행하기 전에 먼저 냉동기의 운전 상태를 점검한다. 현재 충전되어 있는 냉매의 종류, 냉매 충전량과 운전 상태를 점검한다. 그리고 증발기, 응축기, 압축기의 흡입측과 토출측, 과열도와 과냉도를 압력-온도 데이터로 기록해 둔다.

(2) 냉동기 시스템 내 냉매 제거

냉동기 시스템 내의 냉매를 냉매 회수 장치를 이용하여 냉매 용기로 제거한다. 이때, 냉매 회수 장치의 흡인 압력은 진공도 20~35kPa 정도이다. 시스템의 냉매 충전량을 정확하게 모르는 경우에는 회수된 냉매의 무게를 측정하여 구한다.

(3) 냉동기유 회수

대체하여 충전할 새로운 냉매와 맞지 않는 냉동기유가 사용되던 경우에는 구 냉동기유를 제거한다. 이때에도 제거한 냉동기유의 양을 측정 기록해 둔다. 대체 냉매에서는 거의 대부분 폴리올 에스테르(POE)를 사용하고 일부에서 알킬벤젠(AB)이 냉동기유로 사용되므로 광물유(MO)는 제거해야 할 대상이다.

(4) 냉동기유 주입

위 (3)단계에서 제거한 양만큼 대체 냉매에 적합한 냉동기유를 주입한다.

(5) 필터 드라이어 교체

대체 냉매에 사용이 추천되는 필터 드라이어로 교체 설치한다.

(6) 진공 및 누설 검사

냉동기 시스템에 남아 있는 공기나 기타 불응축물을 제거하기 위하여 시스템을 500마이크론 또는 10kPa 이하의 진공도로 진공시키고 압력 상승이 허용 수치 이상으로 올라가지 않는지를 확인하고 누설 검사를 실시한다. 누설 검사 시에는 연소의 위험성이 있으므로 공기를 혼합시켜 가압하지 않는다.

(7) 냉매 충전

매니폴드 게이지를 이용하여 회수된 냉매의 양을 참고로 하여 냉매를 충전한다. 먼저 충전할 양의 70~80%를 충전하고 시스템을 작동시키면서 이상적인 사이클 운전에 필요한 나머지 양을 다음과 같은 방법으로 충전한다.

① 압축기가 작동하지 않는 상태에서 고압 측에 냉매를 충전한다.
② 고압측 충전은 냉동기 시스템과 냉매 용기의 압력이 거의 평형을 이룰 때까지 한다.
③ 충전 장치를 냉동기 시스템의 저압 측에 연결한다.
④ 압축기를 작동시키면서 서서히 냉매를 충전한다.
⑤ 압축기가 액압축으로 인해 손상을 받지 않도록 냉매 증기로서 충전되도록 주의한다.

(8) 시운전

시스템을 작동시키고 충전량을 조정한다. 냉동기 시스템에 냉매가 일단 과충전되면 냉매를 다시 회수해야 하는 번거로움이 있으므로 과충전되지 않도록 주의해야 한다. 정상적인 냉매 충전이 끝나면 설계대로 작동하는지를 살펴보고 시운전 보고서를 작성한다.

표 7-4 **냉매 회수 · 교체 시운전 보고서**

냉매 회수 · 교체 시운전 보고서

냉동기 번호 : ______________ 점검자 : ______________

□ 장　　비
■ 장비명 : ______________ ■ 제조사 : ______________

□ 냉　　매
■ 냉매명 : ______________ ■ 충전량 : ______________ (kg)

□ 냉동기유
■ 오일명 : ■ 오일량 : ______________ (kg)

□ 시운전 보고서

구분		1차	2차	3차	비고
날짜(시간)					
교체 냉매명					
냉매 충전량(kg)					
분위기의 온도(°C)					
상대 습도					
압축기	흡입 온도(°C)				
	흡입 압력(kPa)				
	토출 온도(°C)				
	토출 압력(kPa)				
증발기	냉매 입구 온도(°C)				
	냉매 출구 온도(°C)				
	공기(물) 입구 온도(°C)				
	공기(물) 출구 온도(°C)				
응축기	냉매 입구 온도(°C)				
	냉매 출구 온도(°C)				
	공기(물) 입구 온도(°C)				
	공기(물) 출구 온도(°C)				
과열도(°C)					
과냉도(°C)					
팽창 장치 입구 온도(°C)					
압축기 운전 전류(A)					
운전 시간(hours)					

Chapter 7

연 습 문 제

1 냉동 시스템의 초기 냉매 충전 방법을 설명하여라.

2 냉동 시스템에 적합한 냉매량 충전과 압력 조절 방법에 대하여 설명하여라.

3 냉동 장치의 냉매 충전량이 부족할 때 나타나는 현상을 설명하여라.

4 냉동 장치의 시운전 시 점검해야 할 항목과 조절 장치의 조정 항목을 설명하여라.

5 냉동기 시운전에 앞서 확인해야 할 사항을 설명하여라.

6 냉동기 시스템에서 냉매를 회수해야 하는 경우를 써 보라.

7 냉매 교체 작업의 순서를 설명하여라.

고장 수리

냉동기도 보통의 기계와 같이 오랫동안 사용하거나 불완전한 환경에서 장시간 운전하면 성능이 저하되거나 고장이 발생하기 쉽다. 따라서 규정된 운전 수칙을 준수하고 점검 및 유지 보수를 철저히 하여 최상의 효율을 얻을 수 있도록 노력해야 한다.
냉동기 시스템과 전기 제어, 사용 냉매 등의 특성에 대해 충분히 숙지하고 고장이 발생하면 수리 방법에 따라 고장부를 수리할 수 있어야 한다.

8 고장 수리

1. 사이클 상의 고장 유형

2. 고장과 조치

01 사이클 상의 고장 유형

고장이란 기계나 기기가 정상적으로 작동하지 않거나 작업을 수행하지 못하는 기능상의 장애를 말하고, 수리란 그 고장부를 손보아 정상적으로 작동하도록 고치는 것을 의미한다.

냉동 기계도 일반 기계와 마찬가지로 작동 요령에 따라 정상적으로 운전하고 정기적인 점검과 유지 보수를 통해 고장을 사전에 예방하는 것이 무엇보다도 중요하다. 그러나 어떠한 원인으로 인해 일단 고장이 발생하면 작동이 전혀 안 되거나, 되더라도 비효율적이고 안전에 위험할 수 있으므로 반드시 규정대로 수리해야 한다.

냉동기에서의 고장의 유형은 크게 기계적 고장과 전기적 고장으로 구분할 수 있으며 고장에 따라 다양한 현상이 발생한다.

기계적 고장은 냉동기를 구성하는 부품이나 장치의 장애를 비롯해서 작동유체로서 냉매가 액상과 기상으로 상변화를 반복하기 어려운 시스템적 장애 그리고 고압부와 저압부 사이의 부조화를 초래하는 장애 등을 들 수 있다.

전기적 고장은 전기로 동작하는 냉동기 시스템의 부품이나 장치의 장애 그리고 냉동기 운전을 위한 전기적 제어 장치의 장애 등을 들 수 있다.

사이클 상으로 나타나는 냉동기의 이상 현상은 크게 토출 압력이 지나치게 높은 경우와 흡입 압력이 지나치게 낮거나 높은 경우로 나누어 볼 수 있다. 이와 같은 경우에는 냉동기가 작동을 하더라도 운전이 정상적이지 못하여 비용에 비해 효율이 낮으며 심한 경우에는 압력 차단 스위치에 의해 운전이 정지된다.

여기서는 사이클 상의 세 가지 고장 유형에 대한 원인과 현상을 살펴보기로 한다.

1-1 높은 토출 압력으로 작동되는 원인

냉동기가 사이클 상 높은 토출 압력으로 작동되는 원인은 응축기의 오염, 불응축 가스 생성, 냉매 과충전, 응축 불량 등을 들 수 있으며 고압 측의 압력이 비정상적으로 상승하는 원인이 되기도 한다.

(1) 응축기 오염

공랭식 응축기는 냉매관과 그 주변에 설치된 냉각핀이 공기와 접촉하며 방열해 응축이 이루어진다. 응축기가 설치되어 있는 환경이나 관리 정도에 따라 다르나 습하고 먼지가 많은 경우, 오염 물질이 냉매관과 냉각핀에 고착되어 전열 저항이 증가함으로써 방열이 잘 안 된다. 또한, 나뭇잎이나 종이 등이 응축기에 붙어 역시 전열 저항을 크게 하고 결과적으로 응축도 잘 안 되면서 고압 측 압력만 더 높게 한다.

따라서 응축기를 정기적으로 청소하여 이물질에 의해 오염되지 않도록 관리해야 한다.

(2) 불응축 가스 생성

배관 중의 공기나 불응축 가스가 응축기에 모이면 냉매 증기의 응축 온도에 상당하는 압력보다 냉매 가스의 토출 압력이 더 상승한다. 따라서 불응축 가스가 생성되지 않도록 하기 위해서는 배관 계통의 기밀을 유지하고 진공 작업을 할 때 공기나 수분이 남지 않도록 충분히 진공해야 한다. 또한, 냉매 충전을 할 때 공기나 수분이 침투하지 않도록 주의해야 한다.

(3) 냉매 과충전

냉동 사이클에서 냉매를 과충전하면 토출 압력이 비정상적으로 높아진다. 수액기에 누적되는 과다한 액냉매가 팽창 밸브로 통과하는 양보다 크게 증가하여 응축기 쪽으로 역류하여 응축기의 용적을 감소시킨다. 이로 인해 토출 압력이 비정상적으로 상승하여 과전류 계전기나 고압 스위치가 작동하여 냉동기를 정지시킨다. 이를 방지하기 위해서는 우선 냉매 충전할 때 과충전되지 않도록 하고 이미 과충전된 상태에서는 냉동 시스템의 모든 냉매를 회수하고 새로운 냉매로 적정량을 충전해야 한다.

(4) 응축 불량

주로 응축기가 놓인 장소나 응축 매체에 따른 응축 불량 현상으로 열교환 공기의 짧은 사이클, 고온 응축 매체 및 불충분한 응축 매체 등이 주원인이다.

열교환 공기의 사이클이 짧은 경우에는 응축기가 벽체나 장애물과 가까이 인접해 있어서 응축기에서 열교환하고 배출된 뜨거운 공기가 바로 흡입되어 열교환 효율을 저하시킨다.

공랭식 응축기의 응축 매체는 응축기와 열교환되는 공기이므로 공기의 유량이 충분하지 못하면 응축 능률이 저하하며 토출 압력이 높아진다. 따라서 응축기 전후에는 물체나 벽체, 장애물 등 공기 유동을 방해하는 물체가 있으면 안 된다. 일반적으로 응축기는 벽체로부터 1m 이상 떨어지게 설치하도록 권장하고 있다.

또한, 응축기가 직사광선에 노출되어 있거나 응축기 주위에 뜨거운 열원이 있을 때에도 응축 능률이 저하되고 토출 압력이 상승하여 오작동의 원인이 된다.

1-2 낮은 흡입 압력으로 작동되는 원인

냉동기가 사이클 상 낮은 흡입 압력으로 작동되는 원인은 증발기 관류 공기의 유량 부족, 제한된 냉매 유량, 냉매 부족, 팽창 밸브의 결함, 배관 계통의 결함 등을 들 수 있다. 흡입 압력이 낮으면 저압 차단 스위치가 작동하여 냉동기 운전이 정지된다.

(1) 증발기 관류 공기의 유량 부족

증발기를 관류하는 공기의 유량이 비정상적으로 부족한 경우 증발기 코일에 흐르는 포화액의 냉매가 제대로 증발하지 못하여 저온의 상태가 된다. 이 온도는 냉매가 정상적으로 증발했을 때보다 낮은 온도이므로 압력도 이에 상응하여 저압으로 된다.

따라서 에어 필터의 막힘, 증발기 냉매관 및 냉각핀의 오염을 방지하고 증발기 팬 계통이 정상적으로 작동되도록 점검 정비를 잘해야 한다.

(2) 제한된 냉매 흐름

냉동 시스템을 구성하는 부품이나 배관이 부분적으로 막혀 있거나 변형되어 있으면 유로의 저항이 증가하여 냉매 순환이 자유롭지 못하게 된다. 팽창 밸브나 필터 드라이어의 막힘이나 배관의 막힘 등이 대표적인 예이다.

팽창 밸브의 오리피스 통로에서 수분이 동결되거나 먼지나 오염 물질에 의해 막히면 극히 일부의 냉매만이 증발기로 통과하므로 흡입 압력이 낮아진다. 이 경우에는 저압 차단 스위치가 작동하여 시스템을 정지시킨다. 저압 스위치가 없는 시스템에서는 팽창 밸브의 출구는 응축수가 생긴 후 얼어버리고 증발기와 흡입관의 온도는 상승한다.

액관의 필터 드라이어가 먼지나 오염 물질에 의해 막히면 흡입 측 압력이 저하하는 원인이 된다. 이 경우에는 필터 드라이어의 출구 온도가 입구 온도보다 더 냉각된다. 그 외 액관이 막히거나 꺾여도 비슷한 유형의 현상이 나타난다.

(3) 냉매 부족

냉동 사이클에서 냉매의 부족은 시스템이 낮은 압력으로 운전되므로 냉동 작용이 정상적이지 못하다. 이때에는 액관까지 냉매 증기가 순환되므로 관찰창(sight glass)에서는 냉매 기포가 거품처럼 끓는 것을 볼 수 있다.

냉매가 부족하면 증발기에서 증발되는 냉매의 양도 적어져 압력이 낮아지므로 저압 차단 스위치를 작동하게 된다. 따라서 규정 압력으로 냉매를 보충해야 한다.

(4) 팽창 밸브의 결함

팽창 밸브가 기계적으로 사용할 수 없는 부적합한 결함은 막힌 상태에서 고착되는 경우나 다이어프램 등 주요 부품에서의 냉매 누설과 같은 이상 현상을 초래할 수 있다. 이 경우에는 저압 차단 스위치가 작동하고 압축기가 정지하여 시스템 동작이 멈출 수 있으므로 팽창 밸브를 교환하여야 한다.

(5) 배관 계통의 결함

냉동 장비를 운반, 수리, 점검 시 취급 부주의로 인한 관의 꺾임, 급속한 휨 및 일그러짐 등으로 냉매 순환이 원활하지 못하면 저압 측의 압력이 낮아져 저압 차단 스위치가 작동할 수 있다.

이때에는 이상이 생긴 부분에 설치된 솔레노이드 밸브나 스톱 밸브를 잠그고 손상된 배관을 새로운 배관으로 대체한 후 재조립하여 가동할 수 있도록 조치한다.

1-3 높은 흡입 압력으로 작동되는 원인

냉동 시스템이 높은 흡입 압력으로 작동되는 원인은 팽창 밸브의 과열도가 낮게 조절되거나 팽창 밸브의 용량과 규격이 시스템의 냉동 능력에 적합하지 않기 때문이다. 이와 같은 원인은 증발기의 냉동 효과를 감소시키고 액압축 및 압축 효율 저감, 성능 저하 현상을 초래할 수 있다.

(1) 낮은 과열도

과열도를 낮게 조절하면 흡입 압력이 비정상적으로 상승한다. 이 경우에는 팽창 밸브의 과열도를 알맞게 조정하고 감온통이 정상적으로 설치되어 있는지 점검한다.

(2) 팽창 밸브의 부적절한 조립

팽창 밸브가 완전히 열리게 조정되면 다량의 냉매가 증발기로 들어가고, 그로 인해 흡입 배관 주위에 과다한 양의 이슬과 서리가 형성된다. 이 경우에는 팽창 밸브 개도를 정상적으로 조절하고 조절이 잘 안 되는 경우에는 팽창 밸브의 용량과 오리피스의 크기가 냉동 시스템에 적합한지 점검해야 한다.

(3) 압축기 이상

압축기의 흡입 또는 토출 밸브의 작용이 확실하지 않거나 압축기의 용량이 부하의 세기에 비하여 너무 낮으면 시스템은 높은 흡입 압력으로 작동한다. 이 경우에는 압축기의 밸브 플레이트를 교체하고, 그래도 조절이 잘 안 되면 압축기를 좀 더 큰 용량의 것으로 교체한다.

Worldskills Standard

냉동기 시스템은 크게 기계적 시스템과 전기적 시스템으로 나누어진다. 기계적 시스템은 압축기, 응축기, 팽창 밸브, 증발기 및 부속 부품, 배관 계통, 조절 밸브 및 냉매 등으로 구성된다. 그리고 전기적 시스템은 퓨즈, 계전기, 솔레노이드 밸브, 온도 조절기와 압력 스위치를 비롯한 컨트롤 등의 신호 회로의 구성과 압축기 모터, 응축기와 증발기 팬 모터, 제상 히터 등의 주회로로 구성된다.

국제기능올림픽대회에서는 고장 수리 과제를 기계적인 고장과 전기적인 고장으로 구분하여 시행하며, 시스템에 대한 이해도, 고장부 탐지 및 접근 태도, 수리 방법, 공구 사용 및 안전 관리 등을 종합적으로 평가한다.

표 8-1 **기계 및 전기 고장 수리 과제의 평가 기준**

과제	배점(시간)	장비 및 공구	평가 기준
기계 부분 수리	8 (2)	[장비] • 냉동기 • 냉매 회수 장치 • 냉매 회수 용기 • 냉매 [공구] • 매니폴드 게이지 • 디지털 온도계 • 압력(온도) 선도 • 줄자 • 풍속계	□ 30분 이내에 고장부를 찾고 수리하면 8점 □ 60분 이내에 고장부를 찾고 수리하면 6점 □ 90분 이내에 고장부를 찾고 수리하면 4점 □ 고장부를 찾았으나 수리하지 못하면 2점
전기 제어 부분 수리	5 (0.5)	[장비] • 냉동기 • 냉동기 교체 부품 [공구] • 암페어미터 • 메가옴미터 • 멀티미터	□ 15분 이내에 고장부를 찾고 수리하면 5점 □ 20분 이내에 고장부를 찾고 수리하면 3점 □ 30분 이내에 고장부를 찾고 수리하면 2점 □ 고장부를 찾았으나 수리하지 못하면 1점

※ 이 표는 2007년 제39회 일본 시즈오카 대회 과제 기준임.

02 고장과 조치

2-1 결함이 시스템에 미치는 현상

냉동기의 결함 부분별 결함 내용과 그 결함이 시스템에서 나타나는 현상을 요약하면 표 8-2와 같다.

표 8-2 **결함 내용과 시스템 상의 현상**

번호	결함 부분	결 함 내 용	시스템 상의 현상
1	응축기	(a) 먼지 등에 의한 오염 (b) 팬 모터 결함 및 보호기 작동 (c) 팬 모터의 반대 방향 회전 (d) 팬 날개의 손상 및 변형 (e) 핀(fin) 변형	▶ (a)~(e)의 결함은 다음 현상을 유발한다. • 응축 압력 상승 • 냉동 효과 저하 • 에너지 소비량 증가
2	리시버	(a) 액 레벨이 너무 낮다. • 냉매 충전량 부족 (b) 액 레벨이 너무 높다. • 냉매 충전량 과다	• 액관의 관찰창에 기포가 보인다. • 응축 압력이 높아진다.
3	액 관	(a) 너무 짧은 액관 (b) 너무 긴 액관 (c) 급격한 굽힘 및 관 변형	▶ (a)~(c)의 결함은 다음 현상을 유발한다. • 액관에서 큰 압력 강하가 나타난다. • 액관에 냉매 증기 발생

4	필터 드라이어	표면에 이슬이나 성에가 맺힌다. • 이물질로 필터의 부분적으로 막힌다.	• 액관에 냉매 증기 발생
5	관찰창	(a) 황색(yellow) • 시스템에 수분 감지 (b) 갈색(brown) • 시스템에 오염 물질 감지 (c) 증기만 보임 • 시스템의 불충분한 냉매액 • 액관의 밸브가 잠긴다. • 필터 드라이어가 완전한 막힌다. (d) 액 중에 거품이 보인다. • 시스템의 불충분한 냉매액 • 액관의 밸브가 부분적으로 잠긴다. • 필터 드라이어의 부분적으로 잠긴다. • 과냉도가 없다.	• 산 생성, 부식, 압축기 소손 • 섭동부 마모, 밸브 및 필터가 막힌다. • 저압 스위치에 의해 시스템 정지 • 저압 스위치에 의해 시스템 정지 ▶ (d)항 결함 전체에 대하여 낮은 흡입 압력으로 압축기가 구동된다.
6	팽 창 밸 브	(a) 팽창 밸브의 심한 착상 • 오염 물질에 의한 부분적으로 막힌다. • 감온통 냉매의 부분 누설 • 위의 두 결함에 의한 액관의 기포 (b) 외부 균압관이 설치되지 않는다. • 설치 오류 (c) 감온통이 확실하게 고정되지 않는다. • 감온통 전 길이가 흡입관과 접촉되지 않는다. • 감온통이 외부 공기에 노출된다.	▶ (a), (b)항이 유발하는 현상 • 낮은 흡입 압력으로 운전, 또는 저압 스위치에 의한 압축기 사이클링 ▶ (c)항이 유발하는 현상 • 액 충전 과다 • 액 냉매의 압축기 유입으로 인한 압축기 손상
7	증발기	(a) 증발기 입구 측 및 팽창 밸브의 심한 착상 • 팽창 밸브 고장 (b) 성에로 인한 증발기 전면의 막힘 • 제상 부적합 및 오류 (c) 팬 작동 불량 • 전동기 결함 및 보호기 작동 (d) 팬 날개 결함 (e) 핀 변형	▶ (a)항이 유발하는 현상 • 증발기 출구에서의 높은 과열도 • 거의 낮은 흡입 압력으로 작동 ▶ (a)~(e)항이 유발하는 현상 • 거의 낮은 흡입 압력으로 작동 • 냉동 효과의 감소 • 에너지 비용의 증가
8	흡입관	(a) 비정상적으로 과도한 성에 • 너무 낮은 팽창 밸브의 과열도 (b) 너무 급격한 굽힘 및 관 변형	▶ 압축기 액유입 및 압축기 손상 ▶ 흡입 압력 저하 및 압축기 사이클링

9	흡입관의 레귤레이터	레귤레이터 후의 성에 및 이슬(레귤레이터 전에는 성에나 이슬이 없다.) • 너무 낮은 팽창 밸브 과열도	▶ 압축기 액유입 및 압축기 손상
10	압축기	(a) 압축기 입구 측의 성에나 이슬 • 너무 낮은 증발기 출구 측 과열도	▶ 압축기 액유입 및 압축기 손상
		(b) 크랭크케이스의 낮은 오일 레벨 • 시스템 오일 충전량 부족 • 증발기에 오일이 고인다.	 • 오일 차압 스위치에 의한 운전 정지 • 섭동부 마모 원인
		(c) 크랭크케이스의 높은 오일 레벨 • 오일 과다 주입 • 과냉각된 압축기에서 오일과 냉매가 혼합 • 증발기 출구에서의 너무 낮은 과열도로 인한 오일과 냉매의 혼합	▶ 액해머로 인한 압축기 손상 • 작동 밸브 손상 • 기타 섭동부 손상 • 기계적인 과부하
		(d) 냉동기가 기동할 때 크랭크케이스의 오일이 끓는다. • 과냉각된 압축기에서 오일과 냉매가 혼합	▶ 액해머로 인한 압축기 손상
		(e) 냉동기가 구동되는 동안 크랭크케이스의 오일이 끓는다.	▶ 액해머로 인한 압축기 손상
11	솔레노이드 밸브	(a) 솔레노이드 밸브 앞쪽의 배관 온도보다 더 차갑다. • 솔레노이드 밸브가 조금 열린 상태에서 고착	• 액관에 증기가 혼입
		(b) 솔레노이드 밸브 앞쪽 배관 온도와 같다. • 솔레노이드 밸브가 닫혀 있다.	• 저압 스위치에 의한 시스템 정지

[인용] Danfoss Notes, “Hints and tips for the installer”, pp.145-165, 2006.

냉매 흐름에 제한이 생길 때의 현상

냉동기 시스템에서 팽창 밸브나 필터 드라이어가 막히든지 액관이 급격히 구부러지거나 냉매가 막히면 정상적으로 흐르지 못하고 극히 일부만 흐르게 된다. 이때 막힌 부분은 마치 교축(throttling)부처럼 되어 유동 저항이 크게 증가하고, 액냉매는 포화액의 상태로 되면서 일부는 증발을 하게 된다. 이와 같은 현상으로 인하여 막힘부 전의 온도보다 후의 온도가 더 낮아진다.

2-2 고장 원인과 조치 사항

냉동 시스템을 구성하는 주요 장치로서 압축기, 응축기, 팽창 밸브, 증발기 및 부속 기기, 그리고 냉동고 등의 고장은 매우 다양하기 때문에 각각의 고장 원인과 현상에 대한 이해가 필요하다.

고장 유형은 단순하게 부품의 기계적인 이상으로 인하여 작동하지 못하는 경우도 있지만 시스템적 부조화가 원인이 되어 이상 작동을 하는 고장도 있다. 고장 판단은 현상을 보고 느끼는 감각으로 찾기도 하지만 온도와 압력 등을 측정하여 냉매 증기 선도나 표를 이용하여 찾을 수도 있다. 시스템의 고장 원인이 규명되면 가장 완벽한 조건에서 시스템을 운전할 수 있도록 상응하는 조치를 하여야 한다.

(1) 압축기

압축기에서 나타날 수 있는 고장 현상은 압축기가 작동을 하지 않는 경우와 온도가 지나치게 높거나 낮은 경우, 그리고 압축기 오일 문제 등이 있다. 압축기 고장 원인과 조치 사항은 표 8-3과 같다.

표 8-3 **압축기의 고장 원인과 조치 사항**

번호	현 상	고 장 원 인	조 치 사 항
1	압축기가 작동하지 않는다.	(a) 주전원 스위치가 꺼져 있다. (b) 압축기 주회로 퓨즈가 단선되어 있다. (c) 제어 회로의 퓨즈가 단선되어 있다. (d) 전원이 공급되지 않거나 전압이 너무 낮다. (e) 압축기 모터 스타터의 과열 방지기가 떨어지거나 결함이 있다. (f) 모터 스타터의 접점이 다음 원인으로 소손되어 있다. • 너무 높은 기동 전류 • 크기가 작은 접점 (g) 압력 조절 스위치 등 안전 장치가 작동하거나 결함이 있다.	▶ 스위치를 켠다. ▶ 원인을 해결하고 새 것으로 교체한다. ▶ 원인을 해결하고 새 것으로 교체한다. ▶ 전원을 점검하고 압축기 운전에 필요한 전압을 공급한다. ▶ 고장 원인을 찾고 과열 방지기를 교환한다. • 모터 과부하 원인을 제거하고 접점을 교환한다. • 큰 접점으로 교환한다. ▶ 시스템을 동작시키기 전에 여러 가지 조건에서의 이상 유무를 점검한다.

1	압축기가 작동하지 않는다.	(h) 조절 장치가 작동하거나, 저압 차단 스위치 및 온도 조절기에 결함이 있다.	▶ 기동 장치의 이상을 점검하고 수리한다.
2	흡입 압력이 낮은 상태로 압축기가 일정하게 작동하고 있다.	저압 조절 스위치의 단절점이 너무 낮거나 스위치에 고장이 있다.	▶ 용량에 맞는 조절 스위치를 사용한다. ▶ 압력 조절 스위치의 차압을 높게 조절한다. ▶ 스위치 작동에 결함이 있으면 새 것으로 교체한다.
3	흡입 압력이 높은 상태로 압축기가 일정하게 작동하고 있다.	(a) 압축기 흡입, 또는 토출 밸브의 작동이 확실하지 않다. (b) 어느 일정 구간 압축기의 용량이 부하에 비하여 너무 낮다.	▶ 압축기 밸브 플레이트를 교체한다. ▶ 규정 최대 부하 이하로 운전하거나 압축기를 큰 것으로 교체한다.
4	응축기 압력이 너무 낮다.(공랭식)	(a) 냉각 공기의 온도가 너무 낮다. (b) 응축기의 공기의 양이 너무 많다.	▶ 응축 압력 조절 밸브를 설치한다. ▶ 팬을 작은 것으로 교체하고, 팬 모터 조절기를 설치한다.
5	저압 스위치에 의하여 단절되며 불규칙적인 작동을 한다.	(a) 어느 일정 구간 압축기의 용량이 부하에 비하여 너무 크다. (b) 압축기 용량이 너무 크다. (c) 증발 압력 조절 밸브의 열림 압력이 너무 높게 세팅되어 있다.	▶ 용량 조절 밸브를 사용하거나 압축기를 병렬로 연결하여 시스템을 구성한다. ▶ 작은 용량의 압축기로 교체한다. ▶ 압력 게이지를 사용하여 증발 압력 조절 밸브를 알맞은 값으로 조절한다.
6	고압 스위치에 의하여 단절되며 불규칙적인 작동을 한다.	(a) 응축 압력이 너무 높다. (b) 고압 조절 스위치에 결함이 있다. (c) 고압 조절 스위치의 단절점이 너무 낮게 설정되어 있다.	▶ 응축 압력이 높은 원인을 찾아 시스템의 이상부를 해결한다. ▶ 고압 조절 스위치를 교체한다. ▶ 압력 게이지를 사용하여 압력 조절기를 적절한 값으로 세팅한다.
7	압축기가 너무 뜨겁다.	(a) 증발기 부하와 흡입 압력이 너무 높기 때문에 압축기 모터에 과부하가 작용한다. (b) 다음 원인으로 인하여 압축기 및 모터의 냉각이 불충분하다. • 증발기 내의 불충분한 냉매액 • 낮은 증발기 부하	▶ 증발기 부하를 줄이거나 압축기를 큰 것으로 교체한다. ▶ 응축기와 팽창 밸브 사이의 액관의 결함부를 수리한다. • 냉매액 부족 원인을 점검하고, 필요할 때 냉매액을 보충한다. • 증발 압력을 조절하거나 증발기 부하를 적정 수준으로 유지한다.

7	압축기가 너무 뜨겁다.	• 흡입 및 토출 밸브의 부정확한 작동 • 열교환기 및 흡입관의 흡입 어큐뮬레이터의 지나친 과열도 (c) 응축 압력이 너무 높다.	• 밸브 플레이트를 교체한다. • 열교환기를 제거하고 가능한 작은 크기의 열교환기로 교체한다. ▶ 응축 압력이 높은 원인을 찾아 해결한다.
8	압축기가 너무 차갑다.	팽창 밸브의 세팅 오류로 인하여 증발기에서 액관, 또는 압축기로 냉매액이 흐른다.	팽창 밸브를 보다 낮은 고열도로 세팅한다.
9	압축기에서 노킹이 발생한다.	(a) 압축기로 액이 유동하여 실린더 내에서 액해머가 발생한다. (b) 크랭크케이스 내에 냉매액의 고임으로 인하여 오일이 비등한다. (c) 베어링과 같은 섭동부의 부품이 마모되어 있다.	▶ 낮은 과열도로 팽창 밸브를 세팅한다. ▶ 가열 장치를 크랭크케이스 내에 설치한다. ▶ 압축기를 수리하거나 교체한다.
10	압축기 크랭크케이스 오일의 레벨이 높다.	(a) 압축기 오일의 양이 너무 많다. (b) 크랭크케이스 주변 온도가 낮아 오일로 냉매가 흡수되었다.	▶ 적정 오일 레벨까지 오일을 드레인시킨다. ▶ 압축기 크랭크케이스 내에 가열 장치를 설치한다.
11	압축기 크랭크케이스 오일의 레벨이 낮다.	(a) 오일의 양이 너무 적다. (b) 다음의 원인으로 증발기로 돌아가는 오일의 양이 적다. • 수직 흡입관의 지름이 너무 크다. • 오일 분리기가 설치되어 있지 않다. • 수평 흡입관의 낙차가 충분하지 못하다. (c) 피스톤이나 피스톤링, 실린더가 마모되어 있다. (d) 유분리기로부터 오일 회수가 부분적, 또는 전체적으로 막혀 있거나 플로트 밸브가 고착되어 있다.	▶ 적정 오일 레벨까지 오일을 충전한다. • 증발기 내에 오일이 고이지 않도록 한다. • 오일 분리기를 설치한다. ▶ 마모된 부품을 교환한다. ▶ 오일 회수관을 청소하거나 교체한다. 또는, 플로트 밸브를 교체하거나 유분리기 전체를 교환한다.
12	작동 중 압축기 오일이 비등한다.	(a) 증발기에서 압축기 크랭크케이스까지 액냉매가 흐른다. (b) 유분리기가 설치되어 있는 시스템에서 플로트 밸브가 완전하게 닫히지 않는다.	▶ 팽창 밸브의 과열도를 높게 세팅한다. ▶ 플로트 밸브, 또는 유분리기 전체를 교체한다.

13	압축기에서 액해머가 발생한다.	(a) 팽창 밸브의 용량이 너무 크다.	▶ (a)에 대하여 • 팽창 밸브나 오리피스를 작은 것으로 교체한다. • 필요할 때 팽창 밸브의 과열도를 리셋한다.
		(b) 팽창 밸브의 과열도가 너무 낮게 세팅되어 있다.	▶ 팽창 밸브의 과열도를 크게 한다.
		(c) 팽창 밸브 감온통이 흡입관과 잘못 접촉하고 있다.	▶ 감온통을 흡입관에 견고하게 부착하고, 필요하면 단열 처리한다.
		(d) 감온통이 너무 따뜻한 곳에 위치하거나 큰 밸브나 플랜지 가까이에 설치되어 있다.	▶ 감온통 위치를 확인하고, 필요할 때 더 좋은 위치에 설치한다.

표 8-4 고압 측 라인의 고장 원인과 조치 사항

번호	현 상	고 장 원 인	조 치 사 항
1	응축 압력이 너무 높다.	(a) 냉매 계통에 공기나 기타 불응축 가스가 들어 있다.	▶ 운전 온도로 도달될 때까지 회수 장치를 이용하여 응축기를 퍼지시킨다.
		(b) 응축기 표면적이 너무 작다.	▶ 응축기를 큰 것으로 교체한다.
		(c) 시스템의 냉매 충전량이 너무 많다.	▶ 응축 압력이 정상값으로 될 때까지 냉매를 회수한다.
		(d) 응축 압력 조절기가 너무 높은 압력으로 설정되어 있다.	▶ 알맞은 압력으로 설정한다.
		(e) 응축기 표면이 오염되어 있다.	▶ 응축기를 깨끗이 청소한다.
		(f) 팬 모터나 날개가 손상되었거나 그 크기가 너무 작다.	▶ 모터를 교환하거나, 필요할 때에는 날개(blade)까지 함께 교환한다.
		(g) 응축기로의 공기 흐름이 제한적이다.	▶ 공기 입구 측 장애물을 제거하거나 응축기의 위치를 이동시킨다.
		(h) 주위 공기의 온도가 너무 높다.	▶ 신선한 공기가 유입되도록 하고, 필요할 때 응축기 위치를 옮긴다.
		(i) 응축기 통과 공기의 방향이 잘못되어 있다.	▶ 팬 모터의 회전 방향을 바꿔준다.
2	응축 압력이 너무 낮다.	(a) 응축기 표면적이 너무 크다.	▶ 응축 압력 조절기를 설치하거나 응축기를 교체한다.
		(b) 증발기 부하가 너무 낮다.	▶ 응축 압력 조절기를 설치, 조절한다.
		(c) 증발기 내 불충분한 냉매액으로 인하여 흡입 압력이 너무 낮다.	▶ 응축기와 팽창 밸브 사이 배관의 결함이 있는지 점검한다.
		(d) 압축기의 흡입 및 토출 밸브에서 누설이 있다.	▶ 압축기 밸브 플레이트를 교체한다.
		(e) 응축 압력 조절기가 너무 낮은 압력으로 세팅되어 있다.	▶ 응축 압력 조절기를 적절한 압력으로 조절한다.
		(f) 단열되지 않은 리시버가 응축기에 비하여 너무 낮은 온도를 갖는다(리시버가 응축기 역할을 한다).	▶ 리시버를 교체하거나 리시버에 적합한 단열 커버를 부착한다.
		(g) 냉각된 공기의 온도가 너무 낮다.	▶ 응축 압력 조절기를 설치한다.
		(h) 응축기로 공급되는 공기의 양이 너무 많다.	▶ 팬을 작은 것으로 교체하거나 모터 스피드 레귤레이터를 부착한다.
3	응축 압력이 헌팅(hunting)을 한다.	(a) 응축기 팬 기동 및 정지 차압이 너무 크게 설정되어 있다.	▶ 차압을 낮은 값으로 설정하고, 응축 압력 조절기 및 리시버 압력 조절기, 또는 팬 모터 속도 조절기를 사용한다.

3	응축 압력이 헌팅(hunting)을 한다.	(b) 팽창 밸브가 헌팅하고 있다. (c) 응축 압력 조절 밸브에 결함이 있다. (d) 응축기 배관 상의 체크 밸브의 잘못된 크기, 또는 잘못된 위치	▶ 팽창 밸브의 과열도를 높게 세팅하거나 오리피스를 작은 것으로 교체한다. ▶ 용량이 작은 밸브로 교체한다. ▶ 크기를 검토한다. 응축기 하단의 리시버 입구 가까이에 체크 밸브를 설치한다.
4	토출관의 온도가 너무 높다.	(a) 다음 원인으로 흡입 압력이 너무 낮다. • 증발기에서의 불충분한 냉매액 • 낮은 증발 부하 • 흡입 및 토출 밸브에서의 누설 • 너무 높은 과열도 (b) 응축 압력이 너무 높다.	▶ 리시버에서 흡입관에 이르는 배관의 결함을 찾는다. ▶ 1번 '응축 압력이 너무 높을 때' 참조
5	토출관의 온도가 너무 낮다.	(a) (팽창 밸브의 과열도가 너무 낮거나 감온통의 위치가 잘못되어) 압축기로 냉매액이 흐르고 있다. (b) 응축 압력이 너무 낮다.	▶ 과열도를 알맞게 조정하고 감온통의 위치와 부착 방법을 점검한다. ▶ 2번 '응축 압력이 너무 낮을 때' 참조
6	수액기의 냉매액 위치가 너무 낮다.	(a) 시스템에 냉매가 불충분하다. (b) 증발기가 과충전되어 있다. • 낮은 부하로 인한 증발기 내 냉매가 고인다. • 팽창 밸브 이상(과열도가 낮거나 감온통 위치 불량) (c) 응축 압력이 너무 낮아 응축기 내로 냉매가 축적되고 있다.	▶ 증발기의 누설 여부를 점검하고, 필요하면 수리한다. ▶ 증발기의 과충전 여부를 점검하고, 필요하면 수리한다. ▶ 팬 모터 속도 조정으로 응축 압력 조절기를 조정한다.
7	수액기의 냉매액 위치가 너무 높다.	**[냉동 출력이 정상일 때]** (a) 시스템에 냉매가 너무 많이 충전되어 있다. **[냉동 출력이 비정상일 때]** (a) 액관 구성 부품이 부분적으로 막혀 있다. (b) 팽창 밸브의 과열도가 너무 높거나 오리피스가 너무 작거나, 또는 부분적으로 막혀 있는 등의 원인으로 고장이 나 있다.	▶ 응축 압력이 정상 범위를 유지하고 관찰창에 증기가 보이지 않도록 적정량의 냉매를 회수한다. ▶ 이상 부위를 찾아내고, 청소를 하거나 신품으로 교체한다.

8	필터 드라이어가 차갑거나 이슬이 생긴다.	(a) 필터 드라이어 내의 스트레이너가 부분적으로 막혀 있다. (b) 필터 드라이어가 물이나 산으로 포화 상태로 되어 있다.	▶ 시스템 내에 불순물이 있는지를 점검하여 불순물을 제거하고, 필요할 때에는 드라이어를 교체한다. ▶ 시스템 내에 수분이나 산이 포함되어 있는지를 점검하고, 필요할 때에는 청소를 하거나 교환한다. 만약 산이 포함되어 있으면 냉매와 오일도 교환한다.
9	수분 표시 장치가 변색되어 있다.	(a) 시스템에 수분이 있다.(황색) (b) 시스템에 작은 입자와 같은 불순물이 있다.(갈색 또는 흑색)	▶ 시스템에 누설부가 있는지 점검하고 수리한다. 산이 있는 경우에는 필터 드라이어를 교체하고, 심한 경우에는 냉매와 오일도 교환한다. ▶ 시스템을 청소하고, 관찰창과 필터 드라이어를 교체한다.
10	팽창 밸브 앞의 관찰창에서 기포가 보인다.	(a) 다음 원인으로 인한 액관의 큰 압력 강하로 냉매가 불충분하게 과냉각되지 않고 있다. • 액관이 지름에 비해 너무 길다. • 액관의 지름이 너무 작다. • 액관에 급격한 벤딩부가 있다. • 필터 드라이어의 일부가 막혀 있다. • 솔레노이드 밸브에 결함이 있다. (b) 액관 주위의 온도가 높아 액관으로 열이 침투하기 때문에 냉매가 충분히 과냉각되지 못하고 있다. (c) 응축 압력이 너무 낮다. (d) 수액기의 스톱 밸브가 너무 작거나 완전히 열려져 있지 않다. (e) 액관의 정수압 강하가 너무 높다(팽창 밸브와 수액기 사이의 높이 차가 크다). (f) 응축 압력 조정이 잘못되어 응축기에 냉매액이 축적된다. (g) 응축기 팬의 기동/정지에 의한 응축 압력 조정이 팬 기동 후 일정 시간 동안 액관 내 증기 발생의 원인이 된다. (h) 시스템 내 냉매가 부족하다.	▶ 다음의 조치를 취한다. • 적절한 지름의 액관으로 교체한다. • 적절한 지름의 액관으로 교체한다. • 큰 압력 강하의 원인이 되는 급격한 벤딩과 구성 부품을 교체한다. • 불순물이 있는지 점검하고, 필요한 경우 청소를 하거나 필터 드라이어를 교환한다. • '솔레노이드 밸브' 참조 ▶ 주위 온도를 낮추거나 액관과 흡입관 사이에 열교환기를 설치하거나, 또는 흡입관과 함께 액관을 단열한다. ▶ 2번 '응축 압력이 너무 낮을 때' 참조 ▶ 밸브를 교체하거나 완전하게 연다. ▶ 액관과 액관 앞쪽의 흡입관 사이에 열교환기를 설치한다. ▶ 응축 압력 조절 밸브를 적절한 밸브로 교체하거나 리셋시킨다. ▶ 응축 압력 조절 밸브나 팬 모터 속도 조절기를 교체한다. ▶ 시스템에 냉매를 충전한다.

(3) 흡입 측 라인

팽창 밸브 이후 압축기 흡입 측에 이르기까지 냉매는 저압의 냉매 증기로 작동한다. 이 구간에서 나타날 수 있는 고장 현상은 흡입 압력이 지나치게 높거나 낮은 경우, 흡입 온도가 지나치게 높거나 낮은 경우, 흡입 압력의 헌팅(hunting) 등이 있다. 흡입 측 라인의 고장 원인과 조치 사항은 표 8-5와 같다.

표 8-5 **흡입측 라인의 고장 원인과 조치 사항**

번호	현 상	고 장 원 인	조 치 사 항
1	흡입 압력이 지나치게 높다.	(a) 냉매가 액상으로 흐른다. (b) 팽창 밸브가 너무 크다. (c) 팽창 밸브가 잘못 세팅되어 있다.	▶ (a)~(c) 냉동 시스템의 용량과 팽창 밸브의 용량을 비교하여 • 큰 밸브 또는 오리피스로 교체한다. • 팽창 밸브의 과열도를 리셋한다.
		(d) 팽창 밸브에서 충전 냉매의 손실이 있다.	▶ 충전 냉매를 손실시키는 팽창 밸브를 점검하여 • 팽창 밸브를 교체한다. • 팽창 밸브의 과열도를 리셋한다.
		(e) 팽창 밸브에서 충전 냉매가 이동하고 있다.	▶ 다음의 사항을 조치한다. • 팽창 밸브의 과열도를 증가시킨다. • 팽창 밸브의 용량이 증발기 용량에 상당하는지 점검한다. • 팽창 밸브와 오리피스를 작은 크기로 교체한다. • 필요한 경우, 팽창 밸브의 과열도를 리셋한다.
		(f) 압축기가 너무 작다.	▶ 큰 압축기로 교체한다.
		(g) 압축기 디스크 밸브에서 누설이 있다.	▶ 밸브 플레이트를 교체한다.
		(h) 용량 조절에 결함이 있거나 잘못 세팅되어 있다.	▶ 용량 조절기를 교체하고 알맞게 조정한다.
		(i) 시스템 부하가 너무 크다.	▶ 부하를 줄이거나 큰 압축기로 교체한다.
		(j) 핫 가스 제상 밸브에서 누설되고 있다.	▶ 밸브를 교체한다.
2	흡입 압력이 너무 낮다.	(a) 증발기 전후의 압력 강하가 너무 크다.	▶ 외부 압력에 상당하는 팽창 밸브로 교환하거나 팽창 밸브의 과열도를 리셋한다.
		(b) 팽창 밸브 직전의 과냉도가 부족하다.	▶ 팽창 밸브 전의 냉매 과냉도를 점검한다.
		(c) 증발기 과열도가 너무 높다.	▶ 과열도를 점검하고, 팽창 밸브 과열도를 리셋한다.

2	흡입 압력이 너무 낮다.	(d) 팽창 밸브 전후의 압력 강하가 밸브 크기에 대한 것보다 작다.	▶ 팽창 밸브 전후의 압력 강하를 점검한다. 오리피스, 또는 밸브를 큰 것으로 교체한다.
		(e) 감온통이 냉각 공기에 노출되어 있거나 큰 밸브나 플랜지 근처 등 너무 차가운 곳에 있다.	▶ 다음 사항을 점검한다. • 감온통 위치를 점검하고, 필요할 때에는 단열 처리한다. • 감온통은 밸브나 플랜지에서 멀리 위치한다. • 냉동 시스템의 용량을 점검하고, 팽창 밸브의 용량과 비교한다. • 보다 큰 밸브나 오리피스로 교환한다. • 팽창 밸브의 과열도를 리셋한다.
		(f) 팽창 밸브가 너무 작다.	▶ 다음 사항을 점검한다. • 냉동 시스템의 용량을 점검하고, 팽창 밸브의 용량과 비교한다. • 보다 큰 밸브나 오리피스로 교환한다. • 팽창 밸브의 과열도를 리셋한다.
		(g) 팽창 밸브가 얼음, 왁스, 기타 불순물 등으로 막혀 있다.	▶ 다음 사항을 점검한다. • 얼음, 왁스, 기타 이물질을 제거한다. • 관찰창의 색을 점검한다(노란색이면 수분이 많은 상태이다). • 필터 드라이어를 교체한다. • 냉동 시스템의 오일을 점검한다.
		(h) 팽창 밸브에서 냉매 손실이 있다.	▶ 다음 사항을 점검한다. • 팽창 밸브에서의 냉매 손실을 점검한다. • 팽창 밸브를 교체한다. • 팽창 밸브의 과열도를 리셋한다.
		(i) 팽창 밸브에서 충전 냉매가 이동하고 있다.	▶ 다음 사항을 점검한다. • 팽창 밸브의 냉매량을 점검한다. • 필요할 때 팽창 밸브 과열도를 조정한다.
		(j) 증발기가 전체적, 또는 부분적으로 얼어 있다.	▶ 증발기에 착상된 성에(얼음)를 제거한다.
3	흡입 압력이 헌팅을 한다.	(a) 팽창 밸브의 과열도가 너무 낮다. (b) 팽창 밸브의 오리피스가 너무 크다. (c) 용량 조절기에 결함이 있다. • 용량 조절 밸브가 너무 크다. • 압력 조절기가 잘못 세팅되어 있다.	• 용량 조절 밸브를 작은 것으로 대체한다. • 컷인과 컷아웃 압력차를 크게 세팅한다.

4	흡입 가스 온도가 너무 높다.	다음의 이유로 증발기로 냉매가 너무 적게 공급되고 있다. (a) 시스템에 냉매가 너무 적게 충전되어 있다. (b) 액관, 또는 액관에 설치된 구성품이 손상되어 있다. (c) 팽창 밸브의 과열도가 너무 높게 세팅되어 있거나 감온통의 냉매가 부분적으로 누설되어 있다.	 ▶ 냉매를 적정량 주입한다. ▶ 리시버의 냉매 레벨, 필터 드라이어의 냉각, 관찰창의 증기 기포, 낮은 흡입 압력 등을 점검한다. ▶ 과열도를 낮게 세팅하거나, 팽창 밸브를 교체한다.
5	흡입 가스 온도가 너무 낮다.	다음의 이유로 증발기로 냉매가 너무 많이 공급되고 있다. (a) 팽창 밸브 과열도가 너무 낮게 세팅되어 있다. (b) 팽창 밸브 감온통이 잘못 설치되어 있다(너무 따뜻하거나 관과의 접촉이 불충분하다).	

(4) 부속 기기의 결함

솔레노이드 밸브의 결함으로 인한 오작동을 비롯하여 압력 스위치, 온도 조절기, 필터 드라이어, 관찰창의 결함 및 설치 오류 등으로 인한 고장의 유형과 조치 사항을 알아보기로 한다. 표 8-6은 솔레노이드 밸브, 표 8-7은 압력 스위치, 표 8-8은 온도 조절기, 표 8-9는 필터 드라이어와 관찰창, 그리고 표 8-10은 응축 압력 조절 밸브의 고장 원인과 조치 사항을 각각 정리한 것이다.

표 8-6 솔레노이드 밸브의 고장 원인과 조치 사항

번호	현 상	고 장 원 인	조 치 사 항
1	솔레노이드 밸브가 열리지 않는다.	(a) 코일에 전원이 공급되지 않고 있다. (b) 부적합한 전압 및 주파수가 작용하고 있다. (c) 코일이 타 버렸다.	▶ 밸브가 열리거나 닫혀 있는지 점검한다. • 자장 검사기를 이용한다. • 코일을 꺼내 통전 시험을 한다. ▶ 코일 규정값과 인가값을 비교한다. ▶ 정품 코일로 교체한다.

1	솔레노이드 밸브가 열리지 않는다.	(d) 차압이 너무 높다.	▶ 기술 자료와 밸브의 차압을 비교하여 필요할 때에는 밸브를 교환하거나 입구 측 압력을 조절하여 차압을 줄인다.
		(e) 차압이 너무 낮다.	▶ 기술 자료와 밸브의 차압을 비교하여 필요할 때에는 밸브를 교환한다. 다이어프램과 피스톤 링을 점검하고 O-링을 교환한다.
		(f) 아마추어 튜브가 손상되거나 굽혀져 있다.	▶ 손상된 부품, O-링, 개스킷을 교체한다.
		(g) 다이어프램이나 피스톤이 오염되어 있다.	▶ 손상된 부품, O-링, 개스킷을 교체한다.
		(h) 밸브 시트가 오염되고 아마추어가 오염되어 있다.	▶ 오염물을 닦고, 손상된 부품, O-링, 개스킷을 교체한다.
		(i) 오염 및 침식되어 있다.	▶ 손상된 부품을 정비하고, O-링, 개스킷을 교체한다.
		(j) 밸브 닫힘 상태가 불량하다.	▶ 잘못된 부품을 정비하고, O-링, 개스킷을 교체한다.
2	솔레노이드 밸브가 일부만 부분적으로 열린다.	(a) 차압이 너무 낮다.	▶ 밸브의 기술 데이터와 차압을 점검하고, 적합한 밸브로 교체한다. 다이어프램과 피스톤 링을 점검하고, O-링과 개스킷을 교환한다.
		(b) 아마추어 튜브가 손상되거나 굽혀져 있다.	▶ 손상된 부품, O-링, 개스킷을 교체한다.
		(c) 다이어프램이나 피스톤이 오염되어 있다.	▶ 오염물을 닦고, 손상된 부품, O-링, 개스킷을 교체한다.
		(d) 밸브 시트가 오염되고 아마추어가 오염되어 있다.	▶ 오염물을 닦고, 손상된 부품, O-링, 개스킷을 교체한다.
		(e) 오염 및 침식되어 있다.	▶ 손상된 부품, O-링, 개스킷을 교체한다.
		(f) 밸브 닫힘 상태가 불량하다.	▶ 잘못된 부품을 정비하고, O-링, 개스킷을 교체한다.
3	솔레노이드 밸브가 닫히지 않거나 부분적으로 닫힌다.	(a) 코일에 전압이 계속 인가되고 있다.	▶ 코일을 꺼내 통전 시험을 한다(전압이 인가된 상태에서 코일을 빼내면 소손될 수 있으므로 주의한다. 배선도와 배선, 릴레이 접점, 배선의 연결 등의 상태를 점검한다).
		(b) 사용 후 수동식 스핀들이 조여지지 않았다.	▶ 스핀들의 위치를 점검한다.
		(c) 출구 측 압력이 가끔 입구 측 압력보다 높다.	▶ 밸브의 기술 데이터를 점검하고, 압력과 유동 상태를 확인한다.

3	솔레노이드 밸브가 닫히지 않거나 부분적으로 닫힌다.	(d) 아마추어 튜브가 손상되거나 굽혀져 있다.	▶ 적합한 밸브로 교체한다.
		(e) 밸브 플레이트, 다이어프램, 밸브 시트 등이 손상되어 있다.	▶ 압력과 유동 상태를 점검하고, 손상된 부품, O-링, 개스킷을 교환한다.
		(f) 다이어프램이나 지지판이 잘못 조립되어 있다.	▶ 밸브 어셈블리를 정비하고, O-링과 개스킷을 교환한다.
		(g) 밸브 플레이트, 파일럿 오리피스, 아마추어 튜브가 오염되어 있다.	▶ 오염 물질을 닦아내고, O-링과 개스킷을 교환한다.
4	솔레노이드 밸브에서 소음이 발생한다.	(a) 주파수 소음(hum)이 발생한다.	▶ 솔레노이드 밸브의 문제가 아니다(공급 전원을 점검한다).
		(b) 밸브가 열려 있을 때 액해머가 일어난다.	
		(c) 밸브가 닫혀 있을 때 액해머가 일어난다.	
		(d) 차압이 너무 높거나 토출 라인에서 맥동이 일어난다.	▶ 기술 데이터를 참조한다. 압력과 유동 상태를 점검하고 적합한 밸브로 교체한다.
5	코일이 타 버렸다.	(a) 부적합한 전압 및 주파수	▶ 코일 데이터를 점검하고, 정품으로 교환한다.
		(b) 코일이 단락되어 있다.(습기 등으로 인하여)	▶ 코일을 점검하고, O-링이 아마추어 튜브와 내부의 고정 너트에 맞는지 확인한다.
		(c) 아마추어가 아마추어 튜브에서 올라가지 못하고 있다. • 아마추어 튜브가 손상되거나 굽어져 있다. • 아마추어가 손상되어 있다. • 아마추어 튜브가 오염되어 있다.	▶ 손상된 부품을 교환한다(불순물을 제거하고, O-링과 개스킷을 교환한다).
		(d) 평균 온도가 너무 높다.	▶ 코일 데이터를 비교하고, 적합한 밸브로 교환한다.
		(e) 주변 온도가 너무 높다.	▶ 밸브 피스톤을 교환하고, 밸브와 코일에 통풍이 잘 되도록 한다.
		(f) 피스톤이나 피스톤 링이 손상되었다.	▶ 손상된 부품을 교환하고, O-링과 개스킷을 교환한다.

표 8-7 압력 스위치의 고장 원인과 조치 사항

번호	현 상	고 장 원 인	조 치 사 항
1	고압 스위치가 연결되지 않았다(고장 원인을 찾아내고 수리하지 않으면 작동하지 않는다).	다음의 원인으로 응축 압력이 높아진다. (a) 응축기 표면이 오염되거나 막혀 있다. (b) 팬이 정지해 있다. (c) 전원의 상이나 퓨즈, 팬 모터 등에 결함이 있다. (d) 시스템에 너무 많은 냉매가 충전되어 있다. (e) 시스템에 공기가 들어 있다.	진술된 고장 원인을 찾아내고 수리한다.
2	저압 스위치가 압축기를 정지시키지 못하고 있다.	(a) 차압이 너무 높게 설정되어 단절점이 -1 bar 아래로 떨어져 있다. (b) 차압이 너무 높게 설정되어 압축기가 단절점까지 떨어뜨리지 못하고 있다.	세팅 레인지를 높이거나 차압을 줄여 준다.
3	압축기 구동 시간이 너무 짧다.	(a) 저압 스위치의 차압이 너무 낮게 설정되어 있다. (b) 고압 스위치가 너무 낮게 설정되어 정상 작동 압력에 근접되어 있다. (c) 응축 압력이 다음의 원인으로 너무 높다. • 응축기 표면이 오염되거나 막혀 있다. • 팬이 정지해 있다. • 전원의 상이나 퓨즈, 팬 모터 등에 결함이 있다. • 시스템에 너무 많은 냉매가 충전되어 있다. • 시스템에 공기가 들어 있다.	▶ 차압을 증가시켜 세팅한다. ▶ 고압 스위치의 세팅을 점검하고, 시스템의 데이터를 참고하여 그 값을 증가시켜 세팅한다. ▶ 진술된 고장 원인을 찾아내고 수리한다.
4	차압 스핀들이 굽어져 있고, 그 기능을 못하고 있다.	텀블링 작용이 수동 시험에서도 이루어지지 않는다.	압력 스위치를 추천된 제품으로 교체한다.
5	고압 스위치가 떨리고 있다(chattering).	액상의 냉매가 입구 측 연결부의 오리피스에 채워져 있다.	액체 냉매가 장치의 아래쪽으로 고이지 않도록 압력 스위치를 설치한다. 응축을 일으킬 수 있는 차가운 공기가 압력 스위치 쪽으로 흐르지 않도록 한다.

표 8-8 온도 조절기의 고장 원인과 조치 사항

번호	현 상	고 장 원 인	조 치 사 항
1	압축기 구동 기간이 너무 짧고, 고내의 온도가 너무 높다(냉동기가 너무 높은 온도차로 작동한다).	기체로 충전된 온도 조절기의 모세관이 응축기와 접촉하고 있거나, 흡입관의 온도가 센서의 온도보다 더 차다. (a) 온도 조절기 센서 주위의 공기 순환을 줄인다. (b) 냉동 시스템의 온도가 너무 빠르게 변하여 온도 조절기가 제 보조를 맞출 수 없다. (c) 고내 온도 조절기가 고내 차가운 벽쪽에 설치되어 있다.	센서가 항상 가장 차가운 부분을 센싱하도록 모세관을 설치한다. ▶ 공기 속도가 빠르고, 증발기와의 접촉이 양호하도록 센서 부착 위치를 찾는다. ▶ 온도 조절기 센서를 작은 것으로 사용한다(편차를 줄이고, 접촉이 잘 되도록 한다). ▶ 차가운 벽면으로부터 온도 조절기를 단열한다.
2	온도가 세팅값보다 높은데도 온도 조절기가 압축기를 동작시키지 못하고 있다.	(a) 온도 조절기 모세관이 손상되어 충전 냉매가 완전히, 또는 부분적으로 손실되어 있다. (b) 냉매 가스로 충전된 온도 조절기의 모세관 부분이 센서보다 더 차갑다.	▶ 온도 조절기를 교체하고, 센서와 모세관을 정확하게 설치한다. ▶ 센서가 항상 가장 차가운 부분을 향하도록 온도 조절기의 가장 좋은 설치 위치를 찾는다.
3	온도가 세팅값보다 낮은데도 압축기가 계속 동작하고 있다.	냉매 가스로 충전된 온도 조절기가 충전 데이터의 특성 곡선과 관계없이 임의로 설정되어 있다.	저온 범위 조절에서 온도 조절기의 편차가 눈금에 표시된 값보다 큰 값으로 되도록 설정한다.
4	흡수 충전식 온도 조절기가 작동 중에 안정되지 못하고 있다.	분위기 온도의 큰 변동이 감도를 제한하고 있다.	온도 조절기 주위의 분위기 온도 변동을 줄여 준다. 가능하면 냉매 가스식으로 바꿔 주고, 큰 센서를 갖는 장치로 온도 조절기를 교체한다.
5	편차 조절 스핀들이 굽어 있거나 동작을 하지 않는다.	텀블링 작용이 수동 시험에서도 이루어지지 않는다.	온도 조절기를 추천된 제품으로 교체한다.

6 공기가 얻은 열량(Q_1) = 금속 물체가 잃은 열량(Q_2)

$Q_1 = mC\,\Delta T = 0.88 \times 1.2 \times 1.005 \times (18-3) = 15.92\,\text{kJ}$

$Q_2 = mC\,\Delta T = 10 \times 1.15 \times (t_2 - (-5))$

즉, $10 \times 1.15 \times (t_2 + 5) = 15.92$

$\therefore\ t_2 = -3.61\,℃$

7 $Q = G\gamma = 20 \times 334.9 = 6698\,\text{kJ}$

8 (1) **압축 과정 :** 엔트로피를 일정하게 유지하며 저압의 냉매 증기를 고온 고압의 냉매 증기로 압축

(2) **응축 과정 :** 고압을 일정하게 유지하며 냉매 증기를 냉매액으로 상태만 변화

(3) **팽창 과정 :** 엔탈피를 일정하게 유지하며 고압의 냉매액을 저압의 포화액 또는 습포화 증기로 상태를 변화

(4) **증발 과정 :** 저압을 일정하게 유지하며 계(system)로부터 열을 빼앗아 그 열로 저압의 포화액이 건포화 증기 또는 건증기로 상태가 변화

9 **펠티에 효과**(Peltier's Effect)

펠티에 효과는 종류가 다른 두 금속을 접합하여 전류를 통하면 한쪽의 접합점은 고온이 되고, 다른 한쪽의 접합점은 저온이 되는 현상으로 냉매를 사용하지 않는 친환경 냉동 방법이라 할 수 있다.

제 2 장 냉매와 냉동기유

1 (1) 증발 잠열이 클 것

(2) 증발 및 응축이 용이할 것

(3) 어는점이 낮을 것

(4) 임계 온도가 높을 것

(5) 점도와 표면 장력이 작고 전열이 양호할 것

(6) 화학적으로 안정되고 금속 부식성이 없으며 인화 및 폭발성이 없을 것

(7) 독성 및 악취가 없고 인체나 냉장품을 손상시키지 않을 것

2 (1) R−22
(2) R−114
(3) R−152
(4) R−717
(5) R−718

3 (1) **오존 파괴 지수**(Ozone Depletion Potential, ODP)
냉매 물질의 오존 파괴 능력을 나타내며 CFC−11을 기준(1.0)으로 중량 비율로 표시한다. ODP가 '0'인 냉매를 사용하도록 규제하고 있다.

(2) **지구 온난화 지수**(Global Warming Potential, GWP)
냉매 물질이 지구 온난화에 미치는 영향력을 나타내며 CFC−12를 기준(1.0)으로 표시한다. GWP도 역시 '0'인 냉매를 사용하도록 규제하고 있다.

4 (1) 비열과 열전도율이 높을 것
(2) 점도와 비중이 작을 것
(3) 동결 온도가 낮을 것
(4) 중성으로서 금속 재료에 대한 부식성이 작을 것
(5) 피냉각 물질에 대해 해롭지 않을 것
(6) 구입이 용이하고, 경제적일 것

5 (1) **무기질 브라인**
성분에 탄소(C)를 포함하지 않으며 금속에 대한 부식성이 강하다. 염화칼슘($CaCl_2$), 염화마그네슘($MgCl_2$), 염화나트륨(NaCl) 등이 있다.

(2) **유기질 브라인**
성분에 탄소를 포함하며 금속에 대한 부식성이 다소 약하다. 무기질 브라인보다 가격이 비싸며, 에틸렌글리콜($C_2H_6O_2$), 프로필렌글리콜($C_3H_8O_2$) 등이 있다.

6 (1) 응고점이 낮고 인화점이 높을 것
(2) 냉매와 잘 친화하지 않고 분리가 잘될 것
(3) 산에 대해 안정성이 높고 화학적 반응이 없을 것

(4) 전기 절연성이 클 것
(5) 왁스 성분이 적고 수분 함유량이 적을 것

7 윤활 작용, 냉각 작용, 밀봉 작용, 방청 작용

8 (1) **용해성이 큰 냉매 :** R−11, R−12, R−13B1, R−21, R−113, R-500
(2) **용해성이 중간인 냉매 :** R−22, R−114
(3) **용해성이 작은 냉매 :** R−13, R−14, R−502, R−717, R−744

9 (1) **R-417A :** MO, AB, POE
(2) **R-407C :** POE
(3) **R-410A :** POE
(4) **R-508B :** POE

제 3 장 냉동 사이클

1 압축기(압축 과정) → 응축기(응축 과정) → 팽창 밸브(팽창 과정) → 증발기(증발 과정)

2 $COP_R = \frac{Q_2}{W} = \frac{82450}{10 \times 3600} = 2.29$

3 $Q = mC\,\Delta Tt = 20 \times 4.186 \times (25-5) \times 60 = 100464\,\text{kJ/h}$
$1\,\text{RT} = 3320\,\text{kcal/h} = 13898\,\text{kJ/h}$이므로,
냉동 능력 $= 100464/13898 = 7.23\,\text{RT}$

4 **동력**$(P) = \frac{Q_2}{3600\,\phi_C} = \frac{12 \times 13898}{3600 \times 5.73} = 8.08\,\text{kW}$

역카르노 사이클의 효율$(\phi_C) = \frac{T_2}{T_1 - T_2} = \frac{258}{303-258} = 5.73$

5 (1) **압축 과정**

① 압축 초기에는 냉매 가스가 흡입되며 압축기 헤드나 실린더 벽의 고온체로부터 열교환을 하여 이론적인 사이클보다 온도가 상승한다.

② 이론적인 사이클은 압축이 등엔트로피 과정으로 이루어지나 실제로는 폴리트로픽 과정으로 압축되며, 엔탈피와 엔트로피 모두 상승하여 압축 말기의 온도나 압력도 실제 사이클보다 높게 나타난다.

③ 압축 말기는 압축된 냉매 증기가 토출되는 과정으로 토출 밸브를 통과하며 약간의 압력 손실이 발생하며 응축기의 압력과 평형을 맞추게 된다.

(2) **응축 과정**

① 이론적인 사이클에서의 응축 과정은 정압 과정으로 이루어지지만 실제로는 응축기의 코일을 통과하며 관 마찰 저항으로 인하여 압력이 강하한다.

② 응축 말기의 냉매는 이론적 사이클에서는 포화액 상태로 바로 팽창 밸브에 전달되지만 실제적으로는 포화액의 방열이 지속되어 과냉각되고, 관 마찰이 발생하여 이론적 사이클보다 온도와 압력이 강하한다.

(3) **팽창 과정**

① 이론적으로는 등엔탈피 과정으로 팽창 과정이 이루어지지만 실제로는 엔탈피가 증가하며 이루어진다.

② 이론적으로는 증발 압력까지 도달한 후 증발 과정이 시작되지만 실제로는 팽창 과정 중에도 증발이 발생하므로 이론보다 약간 높은 압력까지 팽창이 이루어진다.

(4) **증발 과정**

① 이론적으로는 정압 과정으로 증발이 이루어지지만 실제로는 냉매가 증발기 코일을 통과하며, 관 마찰이 발생하므로 증발 말기의 압력이 낮아진다.

② 냉매가 증발기 출구에서 압축기 입구로 전달될 때까지 손실이 발생하여 이론 압력보다 약간 감소한다.

6 (1) 압축비가 상승하여 압축일이 증대한다.

(2) 압축 압력과 토출 가스의 온도가 상승한다.

(3) 성능 계수가 저하한다.

7 (1) **냉동 효과**(q_2) $q_2 = h_2 - h_1 = 1667.4 - 537.6 = 1129.8\,\text{kJ/kg}$

(2) **압축일**(w) $w = h_3 - h_2 = 1902.6 - 1667.4 = 235.2\,\text{kJ/kg}$

(3) **성능 계수**(COP) $COP = \dfrac{q_2}{w} = \dfrac{1129.8}{235.2} = 4.8$

(4) **압축기 소요 동력**(P) $P = \dfrac{Q_2}{3600 \times COP} = \dfrac{13898 \times 20}{3600 \times 4.8} = 16.08\,\text{kW}$

(5) **냉매 순환량**(G) $G = \dfrac{Q_2}{q_2} = \dfrac{13898 \times 20}{1129.8} = 246.03\,\text{kg/h}$

8 $COP_H = COP_R + 1 = 4.2 + 1 = 5.2$

9 (1) **흡열 :** 증발기(Q_E), 발생기(Q_G)
(2) **방열 :** 응축기(Q_C), 흡수기(Q_A)
(3) **이론적 열평형 :** $Q_E + Q_G = Q_C + Q_A$

10 **흡수식 냉동기의 냉매와 흡수제의 종류**

냉 매	흡 수 제
물	리튬브로마이드, 가성소다
암모니아	물, 로단암모니아
메탄올	취화리튬, 메탄올 용액
염화메틸	사염화에탄
톨루엔	파라핀유

제 4 장 냉동기의 구성 장치

1 (1) 왕복식 압축기 (2) 로터리 압축기
(3) 스크롤 압축기 (4) 스크루 압축기

2 $V = 60nzV_s = 60 \times 2 \times 300 \times \left(\dfrac{\pi \times 0.11^2}{4}\right) \times 0.09 = 30.78\,\text{m}^3/\text{h}$

3 (1) **응축 열량**(q_1) $q_1 = h_3 - h_4 = 1520 - 455 = 1065\,\text{kJ/kg}$

(2) **냉각수 순환 유량**(G_w) $G_w = \dfrac{q_1}{C(t_o - t_i)} = \dfrac{1065}{4.19 \times 2.5} = 101.67\,\text{kg/h}$

4 (1) 냉매 충전 시 시스템의 기밀을 잘 유지하고 진공을 충분히 한다.

(2) 냉동기를 수리하거나 시스템 배관을 개방한 때에는 냉매 계통의 공기를 충분히 배출한다.

(3) 흡입 가스의 압력이 대기압 이하로 내려가 저압부의 취약부에서 공기가 유입되지 않도록 운전한다.

5 (1) **산술 평균 온도차** $\Delta t_m = \dfrac{\Delta t_1 + \Delta t_2}{2} = \dfrac{4.5 + 2.2}{2} = 3.35\,℃$

여기서, $\Delta t_1 = 25 - 20.5 = 4.5\,℃$

$\Delta t_2 = 25 - 22.8 = 2.2\,℃$

(2) **대수 평균 온도차** $\Delta t_m = \dfrac{\Delta t_1 + \Delta t_2}{\ln\dfrac{\Delta t_1}{\Delta t_2}} = \dfrac{4.5 - 2.2}{\ln\dfrac{4.5}{2.2}} = 3.21\,℃$

6 (1) **건식 증발기**(dry expansion type evaporator)

① 팽창 밸브에서 포화 냉매액이나 냉매 증기 상태로 증발기로 유입

② 냉동 용량이 작은 소형 냉동기에 많이 적용

③ 소요 냉매량이 적으므로 경제적이고 냉동유가 냉매에 용해되는 냉매에 유용하며 팽창 밸브가 유량을 조절하므로 냉매 제어성이 좋다.

④ 냉매액과 전열면의 접촉 면적이 작으므로 열관류율이 작다.

(2) **만액식 증발기**(flooded expansion type evaporator)

① 팽창 밸브를 통과하는 냉매 중 냉매액만을 증발기로 보내므로 냉매액이 항상 충만한 형식이다.

② 만액식에서 증발된 냉매 증기는 집중기에 의해 냉매 증기만 분리시켜 다음 과정인 압축기로 보내진다.

③ 전열면이 냉매와 접촉하고 있으므로 열관류율이 좋고, 냉장, 제빙, 화학 공업, 공기조화기 등 용량이 큰 냉동기에 유용하다.

④ 냉매 소요량이 많고 냉동유 회수가 곤란하다.

⑤ 프레온계 냉매의 경우 유회수 장치가 필요하다.

7 (1) 전열 불량으로 인한 냉장실 내의 온도 상승
(2) 증발 압력 저하로 인한 압축비 상승
(3) 증발 온도 저하로 인한 액압축
(4) 실린더 과열 및 토출 온도 상승
(5) 윤활유 열화 및 변질
(6) 압축기 소비 동력 증가 및 성능 계수 저하

8 (1) 핫 가스 제상(hot gas bypass defrost)
(2) 전열 제상(electric defrost)
(3) 물 분무 제상(water spray defrost)
(4) 압축기 정지에 의한 제상(off cycle defrost)

9 (1) 1대의 압축기로 증발 온도가 각각 다른 여러 대의 증발기가 설치되는 시스템에서 사용한다.
(2) 증발기에서의 증발 압력을 일정 압력 이하로 유지한다.
(3) 밸브 입구의 압력으로 작동한다.

제 5 장 전기 제어

1 (1) **시퀀스 제어**(sequence control)
순차 제어라고 하며 미리 정해진 순서에 따라 단계적으로 제어가 이루어지는 제어로서 대부분의 냉동 시스템의 조작은 시퀀스 제어로 이루어진다.
(2) **피드백 제어**(feedback control)
되먹임 제어라고 하며 피드백에 의해 제어량을 목표값과 비교하여 근접시키도록 정정 동작을 하는 제어로서 항온 항습실의 온도나 습도 제어가 하나의 예이다.

2 (1) **a접점**(a contact, 또는 make contact) : 현재는 열려 있으나 조작하면 닫히는 접점
(2) **b접점**(b contact, 또는 break contact) : 현재는 닫혀 있으나 조작하면 열리는 접점

3 (1) 구동 스위치에 의해 전원이 투입되면 계전기 코일에 전류가 흐른다.

(2) 철심이 자화되어 자력을 띤다.

(3) 전자석의 힘이 스프링의 힘보다 세져서 떨어져 있던 이동 접촉면(contact plate)이 접점에 붙거나 붙어 있던 접면이 떨어진다. 전자의 붙는 접점을 a접점이라고 하고, 후자의 떨어지는 접점을 b접점이라고 한다.

(4) 구동 스위치를 끄면 코일에 전자력이 소자되어 스프링 힘에 의해 a접점 측은 접점이 열리고, b접점 측은 접점이 닫힌다.

4 (1) 고내의 목표 온도를 설정하고 그 온도를 단절점(cut out point)으로 하여 적절한 온도에서 재기동할 수 있도록 단입점(cut in point)을 세팅한다.

(2) 목표 온도에 도달되면 압축기와 응축기 팬 모터는 정지한다.

(3) 냉동이 안 되므로 시간이 경과하면 고내의 온도가 상승하다 먼저 설정해 놓은 단입점에 도달하면 자동적으로 재기동하여 자동으로 온도를 조절할 수 있다.

(4) 단절점과 단입점의 차로서 편차가 너무 크면 고내의 온도차가 커지며, 너무 작으면 냉동기가 작동하다 멈추는 과정을 빈번하게 반복되는 이른바 채터링(chattering) 현상이 생겨 과전류로 인한 접점의 소손, 압축기 고장 및 작동 부조화의 원인이 되므로 적당한 값을 택해야 한다.

5 릴레이 1개와 릴레이 a접점 1개, 기동 스위치(a접점) 1개, 정지용 스위치(b접점) 1개 등이다.

6 **전열 제상에서 히터 작동 조건**

(1) 퓨즈가 정상이고 OCR이 동작하지 않을 것

(2) 주회로 릴레이(R)에 의해 전자 접촉기가 여자될 것

(3) 제상 히터(DH)를 구동시키는 타이머(T)가 작동할 것

(4) 온도 조절기가 저온(L)에 접속하여 제상 히터용 전자 접촉기(MC3)를 여자시킬 것

7 제상 주기는 1일(24hr) 기준이므로 4회는 $\frac{24}{4}=6\text{hr}$을, 6회는 $\frac{24}{6}=4\text{hr}$을 의미한다. 즉, 회수가 많아지면 그 간격(interval)은 줄어든다.

제 6 장 냉동기의 제작 및 설치

1 (1) 직사광선을 피하고 환기 및 통풍이 잘되는 장소에 설치한다.
(2) 오염되지 않은 신선한 공기가 응축기의 흡입 공기 측으로 유입되도록 한다.
(3) 응축기 팬 모터의 공기 취출부는 압축기 방향으로 향하도록 설치하여 압축기를 냉각시킬 수 있도록 한다.
(4) 직사광선에 노출되는 경우에나 설치 환경이 열악한 경우에는 보호용 하우징을 설치한다.
(5) 최적의 콘덴싱 유닛 작동 조건을 유지하기 위하여 정기적으로 청소 및 점검이 용이하도록 설치한다.

2 (1) 연성과 전성이 풍부하여 절단, 굽힘 등의 가공이 용이하다.
(2) 열전달 특성이 우수하여 열교환기 재료로 적합하다.
(3) 연납, 경납 등의 용접성이 우수하다.
(4) 내식성이 강하다.
(5) 강관에 비해 단위 체적당의 무게가 가볍고 강도가 약하다.

3 (1) 수평관의 바닥에 오일이 고여서 온도가 왜곡될 수 있으므로 감온통은 흡입관의 바닥 (5시부터 7시까지) 근처에 설치한다.
(2) 수직관은 중앙 통로로 냉매 가스가 흐르므로 관 표면에서 정확한 냉매 가스의 온도를 측정하기 어려우므로 감온통을 설치하지 않는다.
(3) 흡입관이 증발기 위치보다 높아 증발기 출구에 오일 트랩을 설치한 때에는 온도가 변화하므로 트랩 앞쪽에 감온통과 균압관을 설치하여야 한다.

4 (1) 냉동 시스템이 조립되는 동안
(2) 냉동기 고장 수리로 시스템을 분해할 때
(3) 흡입 측에 누설이 생겨 진공 압력으로 되었을 때
(4) 수분이 포함되어 있는 오일이나 냉매를 사용하였을 때
(5) 수랭식 응축기에서 누설이 생겼을 때

5 (1) 냉동기와 진공 펌프를 연결하는 니플에 코어 밸브가 부착되어 있는 경우는 코어 밸브를 탈거하고 진공 작업을 한다.
(2) 진공 펌프와 냉동기를 연결하는 호스는 가급적 큰 구경의 것으로 선택한다.
(3) 호스 길이는 가급적 짧게 사용한다.
(4) 진공 펌프의 오일을 자주 교환해 준다.
(5) 매니폴드 게이지를 이용하여 고압과 저압 측을 동시에 진공한다.
(6) 가급적 토출 용량(CFM)이 큰 진공 펌프를 사용한다. 진공 펌프의 진공 능력은 일정한 시간 동안에 토출해낼 수 있는 체적으로서 일종의 배출 속도이다.

6 (1) 냉동 시스템으로부터 유입되는 산, 수분, 공기 등 이물질이 진공 펌프의 오일과 혼합되어 진공 펌프의 효율이 낮아진다.
(2) 진공 펌프에서 발생하는 열에 의한 오일의 열화로 비중과 점도가 저하하여 펌프의 효율이 낮아진다.
(3) 오일이 변질되거나 증발로 인하여 오일이 부족하면 내부 부품이 부식 손상되기 쉬우므로 가능한 자주 교환해 주어야 한다.
(4) 진공 펌프를 정상적으로 사용할 시 적어도 1년에 한 번 이상 오일을 교환해 줄 것을 권장한다.

7 (1) 절연 저항을 측정할 때에는 측정 전에 회로가 개방(OFF)되도록 부하에 전원을 공급하지 않는다.
(2) 메거옴 테스터의 접지선(Ⓔ)을 접지 측에, 리드선(Ⓛ)을 전원 공급선(R, S, T)에 연결하여 저항값이 규정값(1～5 MΩ) 이상이면 절연이 유지되는 것으로 판정한다.
(3) 절연이 좋지 않아 누전되는 경우, 즉 저항값이 규정값보다 낮을 때에는 운전을 정지하고 원인을 찾아 수리한다.

제 7 장 시 운 전

1 (1) 냉매 충전 밸브에 냉매 용기를 연결하고 충전 밸브의 플레어 너트를 꼭 조이기 전에 냉매 용기 밸브를 약간 열어 매니폴드 게이지 호스 내의 공기를 퍼지(purge)시킨 후 완전히 조인다.

(2) 냉매 용기를 냉매 저울에 올려놓고 '0'점을 조정한다.
(3) 압축기의 흡입 및 토출 밸브, 응축기의 입구 및 출구 밸브, 액관의 솔레노이드 밸브 등을 개방한다.
(4) 냉동기의 증발기와 응축기 팬을 가동시킨다.
(5) 서비스 밸브를 연 후 냉매 용기의 충전 밸브를 서서히 개방하여 냉매를 충전한다.
(6) 냉동기 시스템의 압력이 0.2~0.3 MPa에 도달하면 냉매 충전을 멈추고, 냉매 누설 탐지기를 이용하여 각 부분의 누설을 점검한다.
(7) 흡입 가스 압력이 너무 낮아지지 않게 주의하면서 압축기를 운전한다.
(8) 관찰창에 기포가 보이지 않을 때까지 충전을 하고, 고압 및 저압 압력 게이지로 보아 규정량의 냉매가 충전되었으면 냉매 충전 밸브를 닫는다.

2 (1) 수액기의 출구 밸브를 잠그고 펌프 다운 운전으로 냉동기를 정지시킨다.
(2) 냉매 용기와 냉동기의 충전 밸브를 연결하고 연결관 내의 공기를 퍼지시키고 냉매 저울의 '0'점을 조정한다.
(3) 수액기의 출구 밸브가 닫힌 상태에서 냉매 용기의 밸브를 수초 간 열면 저압 스위치에 의하여 압축기가 운전되어 냉매는 수액기에 모이는 데 보충량을 확인하며 적정량이 될 때까지 수회 반복한다.
(4) 고압과 저압이 제조사가 정한 범위에 드는지 또는 개별 제작의 경우 사용 냉매에 대한 설계 조건에 맞는지를 확인한다.
(5) 열동형 팽창 밸브의 과열도가 너무 낮지 않는지 점검한다.
(6) 냉매 보충이 완료되면 냉매 저울의 충전된 냉매 무게를 기록하고 보충량을 확인한다.

3 (1) 시스템에 냉매가 부족하면 전반적으로 흡입 측 압력과 토출 측 압력이 낮아진다.
(2) 관찰창에 냉매 가스의 기포가 나타난다.
(3) 증발관에 성에가 끼지 않고 심하면 성에가 녹는다.

4 (1) **점검 항목**
① 팬 회전 방향 점검
② 비정상 소음 및 진동 점검
③ 온도 조절기의 점검
④ 운전 전류 측정

⑤ 압력 측정
⑥ 온도 측정
⑦ 냉동기 성능 판정

(2) **조절 장치의 시험 및 조정**

① 팽창 밸브의 과열도 조정
② 온도 조절기
③ 고압 차단 스위치(HPS) 세팅
④ 저압 차단 스위치(LPS) 세팅

5 시운전에 앞서 확인해야 할 사항

(1) 냉매 충전 상태
(2) 냉동기유 이상 여부
(3) 유닛 쿨러의 팬 및 모터 작동
(4) 수냉식 응축기 사용 시스템에서 급수 상태
(5) 압력계 지시 상태
(6) 각종 밸브의 잠금 및 열림 상태
(7) 전원 공급 및 전기 컨트롤 연결 상태

6 냉매 회수가 필요한 작업

(1) 과충전 냉매를 회수할 때
(2) 새로운 냉매로 교체할 때
(3) 냉동기 시스템의 고장을 수리할 때
(4) 냉동기를 폐기할 때

7 냉동기 냉매 교체작업 절차

(1) 냉동기 운전 상태 점검
(2) 냉동기 시스템 내의 냉매 제거
(3) 냉동기유 회수
(4) 냉동기유 주입
(5) 필터 드라이어 교체
(6) 진공 및 누설 검사
(7) 대체 냉매 충전
(8) 시운전

제 8 장 고장 수리

1 (1) **결함 내용**

① 먼지나 이물질 등에 의한 오염
② 팬 모터 및 팬 모터 보호기의 작동
③ 팬의 회전 방향이 바뀜
④ 팬 날개의 손상 및 변형
⑤ 핀의 변형

(2) **시스템 상의 현상**

① 응축 압력 상승
② 냉동 효과 저하
③ 에너지 소비량 증가 및 성능 계수 감소

2 (1) **결함 내용**

① 팽창 밸브의 심한 착상, 부분적인 막힘, 감온통의 냉매 누설
② 외부 균압관의 설치 오류
③ 감온통 고정 불량

(2) **시스템 상의 현상**

① 낮은 흡입 압력으로 운전
② 저압 스위치 작동으로 인한 압축기의 사이클링
③ 액충전의 과다 및 액백으로 인한 압축기 손상

3 (1) 냉동 부하의 급격한 감소
(2) 팽창 밸브의 과대한 개도
(3) 증발기의 결함 및 냉각관의 유막, 적상 과다
(4) 액분리기 및 열교환기의 기능 불량
(5) 냉매의 과다한 충전량

4 응축 압력이 너무 높게 운전되는 고장 원인과 조치 사항

번호	고 장 원 인	조 치 사 항
1	냉매 계통에 공기나 기타 불응축 가스가 들어 있다.	운전 온도로 도달될 때까지 회수 장치를 이용하여 응축기를 퍼지시킨다.
2	응축기 표면적이 너무 작다.	응축기를 큰 것으로 교체한다.
3	시스템의 냉매 충전량이 너무 많다.	응축 압력이 정상값으로 될 때까지 냉매를 회수한다.
4	응축 압력 조절기가 너무 높은 압력으로 설정되어 있다.	알맞은 압력으로 설정한다.
5	응축기 표면이 오염되어 있다.	응축기를 깨끗이 청소한다.
6	팬 모터나 날개가 손상되었거나 그 크기가 너무 작다.	모터를 교환하거나 필요하면 날개까지 함께 교환한다.
7	응축기로의 공기 흐름이 제한적이다.	공기 입구 측 장애물을 제거하거나 응축기의 위치를 이동시킨다.
8	주위 공기의 온도가 너무 높다.	신선한 공기가 유입되도록 하고, 필요 시 응축기 위치를 옮긴다.
9	응축기통과 공기의 방향이 잘못되어 있다.	팬 모터의 회전 방향을 바꿔 준다.

5 흡입 측 라인의 흡입 압력이 지나치게 낮은 고장 원인과 조치 사항

번호	고 장 원 인	조 치 사 항
1	냉매가 액상으로 흐른다.	▶ (a)~(c) 냉동 시스템의 용량과 팽창 밸브의 용량을 비교하여 • 큰 밸브 또는 오리피스로 교체한다. • 팽창 밸브의 과열도를 리셋한다.
2	팽창 밸브가 너무 크다.	
3	팽창 밸브가 잘못 세팅되어 있다.	
4	팽창 밸브에서 충전 냉매의 손실이 있다.	▶ 충전 냉매를 손실시키는 팽창 밸브를 점검하여 • 팽창 밸브를 교체한다. • 팽창 밸브의 과열도를 리셋한다.

표 A-1 R-22의 액체와 포화 증기의 성질(계속)

온도 t [℃]	포화압력 P [kPa]	엔탈피(kJ/kg)		엔트로피(kJ/kg·K)		비체적(L/kg)	
		액체	증기	액체	증기	액체	증기
5	583.78	205.899	407.143	1.02116	1.74463	0.78889	40.3556
6	602.28	207.089	407.489	1.02537	1.74324	0.79107	39.1441
7	621.22	208.281	407.831	1.02958	1.74185	0.79327	37.9759
8	640.59	209.477	408.169	1.03379	1.74047	0.79549	36.8493
9	660.42	210.675	408.504	1.03799	1.73911	0.79775	35.7624
10	680.70	211.877	408.835	1.04218	1.73775	0.80002	34.7136
11	701.44	213.083	409.162	1.04637	1.73640	0.80232	33.7013
12	722.65	214.291	409.485	1.05056	1.73506	0.80465	32.7239
13	744.33	215.503	409.804	1.05474	1.73373	0.80701	31.7801
14	766.50	216.719	410.119	1.05892	1.73241	0.80939	30.8683
15	789.15	217.937	410.430	1.06309	1.73109	0.81180	29.9874
16	812.29	219.160	410.736	1.06726	1.72978	0.81424	29.1361
17	835.93	220.386	411.038	1.07142	1.72848	0.81671	28.3131
18	860.08	221.615	411.336	1.07559	1.72719	0.81922	27.5173
19	884.75	222.848	411.629	1.07974	1.72590	0.82175	26.7477
20	909.93	224.084	411.918	1.08390	1.72462	0.82431	26.0032
21	935.64	225.324	412.202	1.08805	1.72334	0.82691	25.2829
22	961.89	226.568	412.481	1.09220	1.72206	0.82954	24.5857
23	988.67	227.816	412.755	1.09634	1.72080	0.83221	23.9107
24	1016.0	229.068	413.025	1.10048	1.71953	0.83491	23.2572
25	1043.9	230.324	413.289	1.10462	1.71827	0.83765	22.6242
26	1072.3	231.583	413.548	1.10876	1.71701	0.84043	22.0111
27	1101.4	232.847	413.802	1.11290	1.71576	0.84324	21.4169
28	1130.9	234.115	414.050	1.11703	1.71450	0.84610	20.8411
29	1161.1	235.387	414.293	1.12116	1.71325	0.84899	20.2829
30	1191.9	236.664	414.530	1.12530	1.71200	0.85193	19.7417
31	1223.2	237.944	414.762	1.12943	1.71075	0.85491	19.2168
32	1255.2	239.230	414.987	1.13355	1.70950	0.85793	18.7076
33	1287.8	240.520	415.207	1.13768	1.70826	0.86101	18.2135
34	1321.0	241.814	415.420	1.14181	1.70701	0.86412	17.7341
35	1354.8	243.114	415.627	1.14594	1.70576	0.86729	17.2686
36	1389.2	244.418	415.828	1.15007	1.70450	0.87051	16.8168
37	1424.3	245.727	416.021	1.15420	1.70325	0.87378	16.3779
38	1460.1	247.041	416.208	1.15833	1.70199	0.87710	15.9517
39	1496.5	248.361	416.388	1.16246	1.70073	0.88048	15.5375

표 A-1 R-22의 액체와 포화 증기의 성질

온도 t [℃]	포화압력 P [kPa]	엔탈피(kJ/kg)		엔트로피(kJ/kg·K)		비체적(L/kg)	
		액체	증기	액체	증기	액체	증기
40	1533.5	249.686	416.561	1.16659	1.69946	0.88392	15.1351
41	1571.2	251.016	416.726	1.17073	1.69819	0.88741	14.7439
42	1609.6	252.352	416.883	1.17486	1.69692	0.89097	14.3636
43	1648.7	253.694	417.033	1.17900	1.69564	0.89459	13.9938
44	1688.5	255.042	417.174	1.18315	1.69435	0.89828	13.6341
45	1729.0	256.396	417.308	1.18730	1.69305	0.90203	13.2841
46	1770.2	257.756	417.432	1.19145	1.69174	0.90586	12.9436
47	1812.1	259.123	417.548	1.19560	1.69043	0.90976	12.6122
48	1854.8	260.497	417.655	1.19977	1.68911	0.91374	12.2895
49	1898.2	261.877	417.752	1.20393	1.68777	0.91779	11.9753
50	1942.3	263.264	417.838	1.20811	1.68643	0.92193	11.6 693
52	2032.8	266.062	417.983	1.21648	1.68370	0.93047	11.0806
54	2126.5	268.891	418.083	1.22489	1.68091	0.93939	10.5214
56	2223.2	271.754	418.137	1.23333	1.67805	0.94872	9.98952
58	2323.2	274.654	418.141	1.24183	1.67511	0.95850	9.48319
60	2426.6	277.594	418.089	1.25038	1.67208	0.96878	9.00062
62	2533.3	280.577	417.978	1.25899	1.66895	0.97960	8.54016
64	2643.5	283.607	417.802	1.26768	1.66570	0.99104	8.10023
66	2757.3	286.690	417.553	1.27647	1.66231	1.00317	7.67934
68	2874.7	289.832	417.226	1.28535	1.65876	1.01608	7.27605
70	2995.9	293.038	416.809	1.29436	1.65504	1.02987	6.88899
75	3316.1	301.399	415.299	1.31758	1.64472	1.06916	5.98334
80	3662.3	310.424	412.898	1.34223	1.63239	1.11810	5.14862
85	4036.8	320.505	409.101	1.36936	1.61673	1.18328	4.35815
90	4442.5	332.616	402.653	1.40155	1.59440	1.28230	3.56440
95	4883.5	351.767	386.708	1.45222	1.54712	1.52064	2.55133

표 A-2 R-134a의 액체와 포화 증기의 성질

온도 t [℃]	포화압력 P [kPa]	엔탈피(kJ/kg)		엔트로피(kJ/kg·K)		비체적(L/kg)	
		액체	증기	액체	증기	액체	증기
-40.00	0.516	149.97	372.85	0.8030	1.7589	0.7055	356.92
-39.00	0.544	151.15	373.48	0.8080	1.7575	0.7069	340.01
-38.00	0.572	152.33	374.11	0.8130	1.7562	0.7083	324.05
-37.00	0.602	153.51	374.74	0.8180	1.7548	0.7098	308.98
-36.00	0.633	154.70	375.37	0.8231	1.7535	0.7113	294.74
-35.00	0.665	155.89	375.99	0.8281	1.7523	0.7127	281.28
-34.00	0.699	157.09	376.62	0.8331	1.7510	0.7142	268.55
-33.00	0.734	158.29	377.24	0.8381	1.7498	0.7157	256.51
-32.00	0.770	159.49	377.87	0.8431	1.7486	0.7172	245.11
-31.00	0.808	160.70	378.49	0.8480	1.7474	0.7187	234.31
-30.00	0.847	161.91	379.11	0.8530	1.7463	0.7202	224.08
-29.00	0.888	163.13	379.73	0.8580	1.7452	0.7218	214.38
-28.00	0.930	164.35	380.35	0.8630	1.7441	0.7233	205.18
-27.00	0.974	165.57	380.97	0.8679	1.7430	0.7249	196.45
-26.00	1.020	166.80	381.59	0.8729	1.7420	0.7264	188.17
-25.00	1.067	168.03	382.21	0.8778	1.7410	0.7280	180.30
-24.00	1.116	169.26	382.82	0.8828	1.7400	0.7296	172.82
-23.00	1.167	170.50	383.44	0.8877	1.7390	0.7312	165.71
-22.00	1.219	171.74	384.05	0.8927	1.7380	0.7328	158.96
-21.00	1.274	172.99	384.67	0.8976	1.7371	0.7345	152.53
-20.00	1.330	174.24	385.28	0.9025	1.7362	0.7361	146.41
-19.00	1.388	175.49	385.89	0.9075	1.7353	0.7378	140.59
-18.00	1.448	176.75	386.50	0.9124	1.7345	0.7394	135.04
-17.00	1.511	178.01	387.11	0.9173	1.7336	0.7411	129.75
-16.00	1.575	179.27	387.71	0.9222	1.7328	0.7428	124.71
-15.00	1.641	180.54	388.32	0.9271	1.7320	0.7445	119.91
-14.00	1.710	181.81	388.92	0.9320	1.7312	0.7463	115.33
-13.00	1.781	183.09	389.52	0.9369	1.7304	0.7480	110.95
-12.00	1.854	184.36	390.12	0.9418	1.7297	0.7498	106.78
-11.00	1.929	185.65	390.72	0.9467	1.7289	0.7515	102.79
-10.00	2.007	186.93	391.32	0.9515	1.7282	0.7533	98.98
-9.00	2.088	188.22	391.92	0.9564	1.7275	0.7551	95.34
-8.00	2.170	189.52	392.51	0.9613	1.7269	0.7569	91.86
-7.00	2.256	190.82	393.10	0.9661	1.7262	0.7588	88.53
-6.00	2.344	192.12	393.70	0.9710	1.7255	0.7606	85.35

표 A-2 R-134a의 액체와 포화 증기의 성질(계속)

온도 t [℃]	포화압력 P [kPa]	엔탈피(kJ/kg)		엔트로피(kJ/kg·K)		비체적(L/kg)	
		액체	증기	액체	증기	액체	증기
-5.00	2.434	193.42	394.28	0.9758	1.7249	0.7625	82.30
-4.00	2.527	194.73	394.87	0.9807	1.7243	0.7644	79.38
-3.00	2.623	196.04	395.46	0.9855	1.7237	0.7663	76.59
-2.00	2.722	197.36	396.04	0.9903	1.7231	0.7682	73.91
-1.00	2.824	198.68	396.62	0.9952	1.7225	0.7701	71.35
0.00	2.928	200.00	397.20	1.0000	1.7220	0.7721	68.89
1.00	3.036	201.33	397.78	1.0048	1.7214	0.7740	66.53
2.00	3.146	202.66	398.36	1.0096	1.7209	0.7760	64.27
3.00	3.260	203.99	398.93	1.0144	1.7204	0.7781	62.10
4.00	3.376	205.33	399.50	1.0192	1.7199	0.7801	60.01
5.00	3.496	206.67	400.07	1.0240	1.7194	0.7821	58.01
6.00	3.619	208.02	400.64	1.0288	1.7189	0.7842	56.09
7.00	3.746	209.37	401.21	1.0336	1.7184	0.7863	54.25
8.00	3.876	210.72	401.77	1.0384	1.7179	0.7884	52.48
9.00	4.009	212.08	402.33	1.0432	1.7175	0.7906	50.77
10.00	4.145	213.44	402.89	1.0480	1.7170	0.7927	49.13
11.00	4.286	214.80	403.44	1.0527	1.7166	0.7949	47.56
12.00	4.429	216.17	404.00	1.0575	1.7162	0.7971	46.04
13.00	4.577	217.54	404.55	1.0623	1.7158	0.7994	44.58
14.00	4.728	218.92	405.10	1.0670	1.7154	0.8016	43.18
15.00	4.883	220.30	405.64	1.0718	1.7150	0.8039	41.83
16.00	5.042	221.68	406.18	1.0765	1.7146	0.8062	40.52
17.00	5.204	223.07	406.72	1.0813	1.7142	0.8085	39.27
18.00	5.371	224.44	407.26	1.0859	1.7139	0.8109	38.06
19.00	5.541	225.84	407.80	1.0907	1.7135	0.8133	36.90
20.00	5.716	227.23	408.33	1.0954	1.7132	0.8157	35.77
21.00	5.895	228.64	408.86	1.1001	1.7128	0.8182	34.69
22.00	6.078	230.05	409.38	1.1049	1.7125	0.8206	33.65
23.00	6.265	231.46	409.91	1.1096	1.7122	0.8231	32.64
24.00	6.457	232.87	410.42	1.1143	1.7118	0.8257	31.66
25.00	6.653	234.29	410.94	1.1190	1.7115	0.8283	30.72
26.00	6.853	235.72	411.45	1.1237	1.7112	0.8309	29.82
27.00	7.058	237.15	411.96	1.1285	1.7109	0.8335	28.94
28.00	7.267	238.58	412.47	1.1332	1.7106	0.8362	28.09
29.00	7.482	240.02	412.97	1.1379	1.7103	0.8389	27.27
30.00	7.701	241.46	413.47	1.1426	1.7100	0.8416	26.48

표 A-2 R-134a의 액체와 포화 증기의 성질(계속)

온도 t [℃]	포화압력 P [kPa]	엔탈피(kJ/kg)		엔트로피(kJ/kg·K)		비체적(L/kg)	
		액체	증기	액체	증기	액체	증기
31.00	7.924	242.91	413.96	1.1473	1.7097	0.8444	25.72
32.00	8.153	244.36	414.45	1.1520	1.7094	0.8473	24.98
33.00	8.386	245.82	414.94	1.1567	1.7091	0.8501	24.26
34.00	8.625	247.28	415.42	1.1614	1.7088	0.8530	23.57
35.00	8.868	248.75	415.90	1.1661	1.7085	0.8560	22.90
36.00	9.117	250.22	416.37	1.1708	1.7082	0.8590	22.25
37.00	9.371	251.70	416.84	1.1755	1.7079	0.8620	21.62
38.00	9.630	253.18	417.30	1.1802	1.7077	0.8651	21.02
39.00	9.894	254.67	417.76	1.1849	1.7074	0.8682	20.43
40.00	10.164	256.16	418.21	1.1896	1.7071	0.8714	19.86
41.00	10.439	257.66	418.66	1.1943	1.7068	0.8747	19.30
42.00	10.720	259.16	419.11	1.1990	1.7065	0.8779	18.77
43.00	11.007	260.67	419.54	1.2037	1.7062	0.8813	18.25
44.00	11.299	262.19	419.98	1.2084	1.7059	0.8847	17.74
45.00	11.597	263.71	420.40	1.2131	1.7056	0.8882	17.26
46.00	11.901	265.24	420.83	1.2178	1.7053	0.8917	16.78
47.00	12.211	266.77	421.24	1.2225	1.7050	0.8953	16.32
48.00	12.526	268.32	421.65	1.2273	1.7047	0.8989	15.88
49.00	12.848	269.86	422.05	1.2320	1.7044	0.9026	15.44
50.00	13.176	271.42	422.44	1.2367	1.7041	0.9064	15.02
51.00	13.510	272.98	422.83	1.2414	1.7037	0.9103	14.61
52.00	13.851	274.55	423.21	1.2462	1.7034	0.9142	14.21
53.00	14.198	276.13	423.59	1.2509	1.7030	0.9182	13.83
54.00	14.552	277.71	423.95	1.2557	1.7027	0.9223	13.45
55.00	14.912	279.30	424.31	1.2604	1.7023	0.9265	13.09
56.00	15.278	280.90	424.66	1.2652	1.7019	0.9308	12.73
57.00	15.652	282.51	424.99	1.2700	1.7015	0.9351	12.39
58.00	16.032	284.13	425.32	1.2747	1.7011	0.9396	12.05
59.00	16.419	285.75	425.64	1.2795	1.7007	0.9441	11.72
60.00	16.813	287.39	425.96	1.2843	1.7003	0.9488	11.41
61.00	17.215	289.03	426.26	1.2892	1.6998	0.9536	11.10
62.00	17.623	290.68	426.54	1.2940	1.6994	0.9585	10.79
63.00	18.039	292.35	426.82	1.2988	1.6989	0.9635	10.50
64.00	18.462	294.02	427.09	1.3037	1.6983	0.9687	10.21
65.00	18.893	295.71	427.34	1.3085	1.6978	0.9739	9.93
66.00	19.331	297.40	427.58	1.3134	1.6973	0.9794	9.66

표 A-2 R-134a의 액체와 포화 증기의 성질

온도 t [℃]	포화압력 P [kPa]	엔탈피(kJ/kg)		엔트로피(kJ/kg·K)		비체적(L/kg)	
		액체	증기	액체	증기	액체	증기
67.00	19.777	299.11	427.81	1.3183	1.6967	0.9850	9.40
68.00	20.231	300.83	428.02	1.3232	1.6961	0.9907	9.14
69.00	20.692	302.57	428.22	1.3282	1.6954	0.9966	8.88
70.00	21.162	304.31	428.40	1.3331	1.6947	1.0027	8.64
71.00	21.640	306.07	428.56	1.3381	1.6940	1.0090	8.40
72.00	22.126	307.85	428.71	1.3431	1.6933	1.0155	8.16
73.00	22.620	309.64	428.84	1.3482	1.6925	1.0222	7.93
74.00	23.123	311.45	428.94	1.3532	1.6917	1.0291	7.70
75.00	23.634	313.27	429.03	1.3583	1.6908	1.0363	7.48
76.00	24.154	315.11	429.09	1.3635	1.6899	1.0437	7.27
77.00	24.683	316.97	429.13	1.3686	1.6889	1.0514	7.06
78.00	25.221	318.86	429.15	1.3738	1.6879	1.0595	6.85
79.00	25.768	320.77	429.13	1.3791	1.6868	1.0679	6.65
80.00	26.324	322.69	429.09	1.3844	1.6857	1.0766	6.45
81.00	26.890	324.63	429.01	1.3897	1.6844	1.0857	6.25
82.00	27.465	326.60	428.91	1.3951	1.6831	1.0953	6.06
83.00	28.050	328.61	428.75	1.4005	1.6817	1.1054	5.87
84.00	28.645	330.64	428.56	1.4061	1.6802	1.1159	5.69
85.00	29.250	332.71	428.33	1.4116	1.6786	1.1271	5.50
86.00	29.866	334.81	428.05	1.4173	1.6769	1.1390	5.32
87.00	30.491	336.95	427.71	1.4231	1.6751	1.1515	5.14
88.00	31.128	339.14	427.31	1.4289	1.6731	1.1649	4.97
89.00	31.776	341.37	426.84	1.4349	1.6709	1.1793	4.79
90.00	32.435	343.66	426.29	1.4410	1.6685	1.1948	4.62
91.00	33.105	346.01	425.65	1.4472	1.6659	1.2116	4.44
92.00	33.788	348.44	424.91	1.4537	1.6631	1.2300	4.27
93.00	34.482	350.95	424.04	1.4603	1.6599	1.2502	4.10
94.00	35.190	353.56	423.03	1.4672	1.6564	1.2728	3.92
95.00	35.910	356.30	421.83	1.4744	1.6524	1.2983	3.75
96.00	36.644	359.21	420.38	1.4820	1.6477	1.3277	3.56
97.00	37.393	362.33	418.62	1.4902	1.6422	1.3624	3.37
98.00	38.158	365.77	416.41	1.4992	1.6356	1.4051	3.17
99.00	38.940	369.72	413.48	1.5095	1.6271	1.4610	2.95
100.00	39.742	374.70	409.10	1.5225	1.6147	1.5443	2.68
101.00	40.570	384.42	398.59	1.5482	1.5861	1.7576	2.21
101.10	40.670	391.16	391.16	1.5661	1.5661	1.9523	1.95

표 A-3 R-502의 액체와 포화 증기의 성질(계속)

온도 t [℃]	포화압력 P [kPa]	엔탈피(kJ/kg)		엔트로피(kJ/kg·K)		비체적(L/kg)	
		액체	증기	액체	증기	액체	증기
−40	129.64	158.085	328.147	0.83570	1.56512	0.68307	127.687
−30	197.86	167.883	333.027	0.87665	1.55583	0.69890	85.7699
−25	241.00	172.959	335.415	0.89719	1.55187	0.70733	71.1552
−20	291.01	178.149	337.762	0.91775	1.54826	0.71615	59.4614
−15	348.55	183.452	340.063	0.93833	1.54500	0.72538	50.0230
−10	414.30	188.864	342.313	0.95891	1.54203	0.73509	42.3423
−8	443.04	191.058	343.197	0.96714	1.54092	0.73911	39.6747
−6	473.26	193.269	344.071	0.97536	1.53985	0.74323	37.2074
−4	504.98	195.497	344.936	0.98358	1.53881	0.74743	34.9228
−2	538.26	197.740	345.791	0.99179	1.53780	0.75172	32.8049
0	573.13	200.000	346.634	1.00000	1.53683	0.75612	30.8393
1	591.18	201.136	347.052	1.00410	1.53635	0.75836	29.9095
2	609.65	202.275	347.467	1.00820	1.53588	0.76062	29.0131
3	628.54	203.419	347.879	1.01229	1.53542	0.76291	28.1485
4	647.86	204.566	348.288	1.01639	1.53496	0.76523	27.3145
5	667.61	205.717	348.693	1.02048	1.53451	0.76758	26.5097
6	687.80	206.872	349.096	1.02457	1.53406	0.76996	25.7330
7	708.43	208.031	349.496	1.02866	1.53362	0.77237	24.9831
8	279.51	209.193	349.892	1.03274	1.53318	0.77481	24.2589
9	751.05	210.359	350.285	1.03682	1.53275	0.77728	23.5593
10	773.05	211.529	350.675	1.04090	1.53232	0.77978	22.8835
11	795.52	212.703	351.062	1.04497	1.53190	0.78232	22.2303
12	818.46	231.880	351.444	1.04905	1.53147	0.78489	21.5989
13	841.87	215.061	351.824	1.05311	1.53106	0.78750	20.9883
14	865.78	216.245	352.199	1.05718	1.53064	0.79014	20.3979
15	890.17	217.433	352.571	1.06124	1.53023	0.79282	19.8266
16	915.06	218.624	352.939	1.06530	1.52982	0.79555	19.2739
17	940.45	219.820	353.303	1.06936	1.52941	0.79831	18.7389
18	966.35	221.018	353.663	1.07341	1.52900	0.80111	18.2210
19	992.76	222.220	354.019	1.07746	1.52859	0.80395	17.7194
20	1019.7	223.426	354.370	1.08151	1.52819	0.80684	17.2336
21	1047.1	224.635	354.717	1.08555	1.52778	0.80978	16.7630
22	1075.1	225.858	355.060	1.08959	1.52737	0.81276	16.3069
23	1103.7	227.064	355.398	1.09362	1.52697	0.81579	15.8649
24	1132.7	228.284	355.732	1.09766	1.52656	0.81887	15.4363

표 A-3 R-502의 액체와 포화 증기의 성질

온도 t [℃]	포화압력 P [kPa]	엔탈피(kJ/kg)		엔트로피(kJ/kg·K)		비체적(L/kg)	
		액체	증기	액체	증기	액체	증기
25	1162.3	229.506	356.061	1.10168	1.52615	0.82200	15.0207
26	1192.5	230.734	356.385	1.10571	1.52573	0.82518	14.6175
27	1223.2	231.964	356.703	1.10973	1.52532	0.82842	14.2263
28	1254.6	233.198	357.017	1.11375	1.52490	0.83171	13.8468
29	1286.4	234.436	357.325	1.11776	1.52448	0.83507	13.4783
30	1318.9	235.677	357.628	1.12177	1.52405	0.83848	13.1205
32	1385.6	238.170	358.216	1.12978	1.52318	0.84551	12.4356
34	1454.7	240.677	358.780	1.13778	1.52229	0.85282	11.7889
36	1526.2	243.200	359.318	1.14577	1.52137	0.86042	11.1778
38	1600.3	245.739	359.828	1.15375	1.52042	0.86834	10.5996
40	1677.0	248.295	360.309	1.16172	1.51943	0.87662	10.0521
45	1880.3	254.762	361.367	1.18164	1.51672	0.89908	8.80325
50	2101.3	261.361	362.180	1.20159	1.51358	0.92465	7.70220
55	2341.1	268.128	362.684	1.22168	1.50983	0.95430	6.72295
60	2601.4	275.130	362.780	1.24209	1.50518	0.98962	5.84240
70	3191.8	290.465	360.952	1.28562	1.49103	1.09069	4.28602
80	3900.4	312.822	350.672	1.34730	1.45448	1.34203	2.70616

표 A-4 R-401A의 액체와 포화 증기의 성질(계속)

온도 (°C)	증기압력 (kPa)	비체적(m^3/kg)		엔탈피(kJ/kg)		잠열 (kJ/kg)	엔트로피(kJ/kg·K)	
		액체	증기	액체	증기		액체	증기
-41.00	50.67	0.0007	0.39632	146.02	384.41	238.38	0.7996	1.8264
-40.00	53.36	0.0007	0.37765	147.09	384.97	237.88	0.8041	1.8244
-39.00	56.17	0.0007	0.36003	148.17	385.54	237.36	0.8086	1.8224
-38.00	59.10	0.0007	0.34340	149.25	386.10	236.85	0.8132	1.8204
-37.00	62.15	0.0007	0.32769	150.33	386.67	236.33	0.8177	1.8185
-36.00	65.32	0.0007	0.31284	151.42	387.23	235.81	0.8222	1.8166
-35.00	68.62	0.0007	0.29879	152.51	387.80	235.29	0.8267	1.8147
-34.00	72.05	0.0007	0.28551	153.60	388.37	234.77	0.8312	1.8129
-33.00	75.61	0.0007	0.27293	154.70	388.93	234.24	0.8357	1.8111
-32.00	79.32	0.0007	0.26102	155.79	389.50	233.71	0.8402	1.8093
-31.00	83.16	0.0007	0.24974	156.89	390.06	233.17	0.8447	1.8076
-30.00	87.16	0.0007	0.23904	158.00	390.63	232.63	0.8492	1.8059
-29.00	91.30	0.0007	0.22889	159.11	391.20	232.09	0.8536	1.8043
-28.00	95.60	0.0007	0.21926	160.22	391.76	231.55	0.8581	1.8026
-27.00	100.06	0.0007	0.21012	161.33	392.33	231.00	0.8626	1.8010
-26.00	104.68	0.0007	0.20144	162.45	392.89	230.44	0.8671	1.7995
-25.00	109.47	0.0007	0.19319	163.57	393.46	229.89	0.8715	1.7979
-24.00	114.43	0.0007	0.18535	164.69	394.02	229.33	0.8760	1.7964
-23.00	119.57	0.0007	0.17789	165.82	394.58	228.77	0.8804	1.7950
-22.00	124.88	0.0007	0.17080	166.95	395.15	228.20	0.8849	1.7935
-21.00	130.38	0.0007	0.16404	168.08	395.71	227.63	0.8893	1.7921
-20.00	136.06	0.0007	0.15761	169.22	396.27	227.05	0.8938	1.7907
-19.00	141.94	0.0007	0.15148	170.36	396.83	226.48	0.8982	1.7893
-18.00	148.02	0.0007	0.14564	171.50	397.39	225.89	0.9026	1.7880
-17.00	154.30	0.0007	0.14007	172.65	397.95	225.31	0.9071	1.7867
-16.00	160.78	0.0008	0.13476	173.80	398.51	224.71	0.9115	1.7854
-15.00	167.47	0.0008	0.12969	174.95	399.07	224.12	0.9159	1.7841
-14.00	174.38	0.0008	0.12485	176.11	399.63	223.53	0.9203	1.7829
-13.00	181.51	0.0008	0.12023	177.27	400.19	222.92	0.9248	1.7816
-12.00	188.86	0.0008	0.11582	178.43	400.74	222.31	0.9292	1.7804
-11.00	196.45	0.0008	0.11160	179.60	401.29	221.70	0.9336	1.7793
-10.00	204.26	0.0008	0.10756	180.77	401.85	221.08	0.9380	1.7781
-9.00	212.32	0.0008	0.10370	181.94	402.40	220.45	0.9424	1.7770
-8.00	220.62	0.0008	0.10001	184.02	402.95	218.93	0.9502	1.7759
-7.00	229.17	0.0008	0.09648	185.19	403.50	218.31	0.9545	1.7748

표 A-4 R-401A의 액체와 포화 증기의 성질(계속)

온도 (°C)	증기압력 (kPa)	비체적(m^3/kg)		엔탈피(kJ/kg)		잠열 (kJ/kg)	엔트로피(kJ/kg·K)	
		액체	증기	액체	증기		액체	증기
-6.00	237.98	0.0008	0.09310	186.36	404.04	217.68	0.9588	1.7737
-5.00	247.04	0.0008	0.08986	187.53	404.59	217.05	0.9632	1.7726
-4.00	256.37	0.0008	0.08675	188.71	405.13	216.42	0.9675	1.7716
-3.00	265.96	0.0008	0.08378	189.89	405.67	215.78	0.9718	1.7706
-2.00	275.83	0.0008	0.08093	191.08	406.21	215.13	0.9761	1.7695
-1.00	285.98	0.0008	0.07819	192.27	406.75	214.48	0.9805	1.7685
0.00	296.42	0.0008	0.07557	193.46	407.29	213.82	0.9848	1.7676
1.00	307.15	0.0008	0.07305	194.66	407.82	213.16	0.9891	1.7666
2.00	318.17	0.0008	0.07063	195.86	408.35	212.49	0.9934	1.7657
3.00	329.49	0.0008	0.06831	197.07	408.88	211.82	0.9977	1.7647
4.00	341.12	0.0008	0.06608	197.94	409.42	211.49	1.0008	1.7639
5.00	353.06	0.0008	0.06393	199.16	409.95	210.79	1.0051	1.7630
6.00	365.32	0.0008	0.06187	200.38	410.48	210.09	1.0095	1.7621
7.00	377.90	0.0008	0.05989	201.61	411.00	209.39	1.0138	1.7612
8.00	390.81	0.0008	0.05799	202.85	411.52	208.67	1.0182	1.7604
9.00	404.05	0.0008	0.05615	204.08	412.04	207.95	1.0225	1.7595
10.00	417.64	0.0008	0.05439	205.92	412.55	206.64	1.0289	1.7587
11.00	431.57	0.0008	0.05269	207.15	413.07	205.91	1.0332	1.7579
12.00	445.85	0.0008	0.05106	208.39	413.58	205.19	1.0375	1.7571
13.00	460.49	0.0008	0.04948	209.63	414.08	204.45	1.0418	1.7563
14.00	475.49	0.0008	0.04796	210.88	414.59	203.70	1.0461	1.7555
15.00	490.86	0.0008	0.04650	212.14	415.09	202.95	1.0504	1.7547
16.00	506.60	0.0008	0.04509	213.40	415.59	202.19	1.0547	1.7539
17.00	522.73	0.0008	0.04373	214.66	416.09	201.42	1.0590	1.7532
18.00	539.24	0.0008	0.04242	215.93	416.58	200.65	1.0633	1.7524
19.00	556.15	0.0008	0.04116	217.20	417.07	199.86	1.0676	1.7517
20.00	573.46	0.0008	0.03994	218.48	417.55	199.07	1.0719	1.7509
21.00	591.17	0.0008	0.03876	219.77	418.04	198.27	1.0762	1.7502
22.00	609.30	0.0008	0.03762	221.05	418.52	197.46	1.0805	1.7495
23.00	627.84	0.0008	0.03652	222.35	418.99	196.65	1.0848	1.7488
24.00	646.81	0.0008	0.03546	223.65	419.47	195.82	1.0891	1.7481
25.00	666.20	0.0008	0.03444	224.95	419.94	194.98	1.0934	1.7474
26.00	686.04	0.0008	0.03344	226.26	420.40	194.14	1.0977	1.7467
27.00	706.32	0.0008	0.03249	227.58	420.86	193.28	1.1020	1.7460
28.00	727.05	0.0008	0.03156	228.90	421.32	192.42	1.1063	1.7453

표 A-4 R-401A의 액체와 포화 증기의 성질(계속)

온도 (°C)	증기압력 (kPa)	비체적(m^3/kg)		엔탈피(kJ/kg)		잠열 (kJ/kg)	엔트로피(kJ/kg·K)	
		액체	증기	액체	증기		액체	증기
29.00	748.24	0.0008	0.03066	230.23	421.77	191.54	1.1107	1.7446
30.00	769.89	0.0009	0.02980	231.56	422.22	190.66	1.1150	1.7439
31.00	792.01	0.0009	0.02896	232.90	422.66	189.76	1.1193	1.7432
32.00	814.61	0.0009	0.02815	234.25	423.10	188.86	1.1237	1.7426
33.00	837.69	0.0009	0.02736	235.60	423.54	187.94	1.1280	1.7419
34.00	861.27	0.0009	0.02660	236.96	423.97	187.01	1.1324	1.7412
35.00	885.34	0.0009	0.02587	238.32	424.40	186.07	1.1367	1.7406
36.00	909.92	0.0009	0.02515	239.70	424.82	185.12	1.1411	1.7399
37.00	935.01	0.0009	0.02446	241.07	425.23	184.16	1.1455	1.7392
38.00	960.62	0.0009	0.02379	242.46	425.64	183.18	1.1498	1.7386
39.00	986.76	0.0009	0.02314	243.85	426.05	182.20	1.1542	1.7379
40.00	1013.43	0.0009	0.02251	245.25	426.45	181.20	1.1586	1.7372
41.00	1040.64	0.0009	0.02190	246.66	426.84	180.19	1.1630	1.7366
42.00	1068.40	0.0009	0.02131	248.07	427.23	179.16	1.1674	1.7359
43.00	1096.72	0.0009	0.02073	249.49	427.61	178.12	1.1718	1.7352
44.00	1125.60	0.0009	0.02018	250.92	427.99	177.07	1.1762	1.7345
45.00	1155.06	0.0009	0.01964	252.36	428.36	176.00	1.1806	1.7339
46.00	1185.09	0.0009	0.01911	253.80	428.72	174.92	1.1851	1.7332
47.00	1215.71	0.0009	0.01860	255.26	429.08	173.83	1.1895	1.7325
48.00	1246.92	0.0009	0.01811	256.72	429.43	172.71	1.1940	1.7318
49.00	1278.74	0.0009	0.01762	258.19	429.78	171.59	1.1985	1.7311
50.00	1311.17	0.0009	0.01716	259.67	430.11	170.44	1.2029	1.7304
51.00	1344.22	0.0009	0.01670	261.16	430.44	169.28	1.2074	1.7297
52.00	1377.89	0.0009	0.01626	262.66	430.76	168.11	1.2119	1.7289
53.00	1412.20	0.0009	0.01583	264.16	431.07	166.91	1.2165	1.7282
54.00	1447.15	0.0009	0.01541	265.68	431.38	165.70	1.2210	1.7275
55.00	1482.76	0.0009	0.01501	267.21	431.68	164.47	1.2255	1.7267
56.00	1519.03	0.0009	0.01461	268.74	431.96	163.22	1.2301	1.7260
57.00	1555.96	0.0009	0.01423	270.29	432.24	161.95	1.2347	1.7252
58.00	1593.58	0.0009	0.01385	271.85	432.51	160.66	1.2393	1.7244
59.00	1631.88	0.0009	0.01349	273.42	432.77	159.35	1.2439	1.7236
60.00	1670.88	0.0009	0.01314	275.00	433.03	158.02	1.2485	1.7228
61.00	1710.58	0.001	0.01279	276.59	433.27	156.67	1.2531	1.7220
62.00	1751.00	0.001	0.01246	278.20	433.50	155.30	1.2578	1.7212
63.00	1792.14	0.001	0.01213	279.81	433.72	153.90	1.2625	1.7203

표 A-4 R-401A의 액체와 포화 증기의 성질(계속)

온도 (°C)	증기압력 (kPa)	비체적(m^3/kg)		엔탈피(kJ/kg)		잠열 (kJ/kg)	엔트로피(kJ/kg·K)	
		액체	증기	액체	증기		액체	증기
64.00	1834.01	0.001	0.01181	281.44	433.93	152.48	1.2672	1.7195
65.00	1876.63	0.001	0.01150	283.09	434.12	151.04	1.2719	1.7186
66.00	1919.99	0.001	0.01120	284.74	434.31	149.57	1.2767	1.7177
67.00	1964.12	0.001	0.01090	286.41	434.48	148.07	1.2814	1.7167
68.00	2009.02	0.001	0.01061	288.10	434.64	146.54	1.2862	1.7158
69.00	2054.70	0.001	0.01033	289.80	434.79	144.99	1.2911	1.7148
70.00	2101.17	0.001	0.01006	291.51	434.92	143.41	1.2959	1.7138
71.00	2148.44	0.001	0.00979	293.24	435.04	141.80	1.3008	1.7128
72.00	2196.52	0.001	0.00953	294.99	435.14	140.15	1.3057	1.7118
73.00	2245.43	0.001	0.00927	296.76	435.23	138.47	1.3106	1.7107
74.00	2295.16	0.001	0.00902	298.54	435.30	136.76	1.3156	1.7096
75.00	2345.74	0.001	0.00878	300.34	435.36	135.02	1.3206	1.7084
76.00	2397.18	0.001	0.00854	302.16	435.39	133.23	1.3257	1.7073
77.00	2449.47	0.001	0.00831	304.00	435.41	131.41	1.3308	1.7061
78.00	2502.65	0.001	0.00808	305.86	435.41	129.55	1.3359	1.7048
79.00	2556.70	0.001	0.00786	307.75	435.39	127.64	1.3411	1.7035
80.00	2611.66	0.001	0.00764	309.65	435.35	125.69	1.3463	1.7022
81.00	2667.53	0.001	0.00743	311.59	435.28	123.70	1.3515	1.7008
82.00	2724.31	0.001	0.00722	313.54	435.20	121.65	1.3569	1.6994
83.00	2782.03	0.001	0.00702	315.53	435.08	119.56	1.3622	1.6979
84.00	2840.70	0.001	0.00682	317.54	434.94	117.40	1.3677	1.6964
85.00	2900.32	0.001	0.00662	319.58	434.77	115.20	1.3732	1.6948
86.00	2960.91	0.001	0.00643	321.65	434.58	112.93	1.3787	1.6932
87.00	3022.48	0.001	0.00624	323.76	434.35	110.59	1.3844	1.6914
88.00	3085.05	0.001	0.00606	325.90	434.08	108.19	1.3901	1.6896
89.00	3148.62	0.001	0.00588	328.08	433.78	105.71	1.3959	1.6878
90.00	3213.21	0.001	0.00570	330.29	433.44	103.15	1.4018	1.6858
91.00	3278.83	0.001	0.00552	332.56	433.06	100.51	1.4077	1.6837
92.00	3345.50	0.001	0.00535	334.86	432.64	97.77	1.4138	1.6816
93.00	3413.23	0.001	0.00518	337.22	432.16	94.94	1.4200	1.6793
94.00	3482.03	0.001	0.00501	339.64	431.63	92.00	1.4263	1.6769
95.00	3551.92	0.001	0.00485	342.11	431.05	88.94	1.4328	1.6744
96.00	3622.91	0.001	0.00468	344.65	430.39	85.75	1.4394	1.6717
97.00	3695.01	0.001	0.00452	347.25	429.67	82.41	1.4462	1.6688
98.00	3768.25	0.001	0.00436	349.94	428.86	78.92	1.4531	1.6658

표 A-4 R-401A의 액체와 포화 증기의 성질

온도 (°C)	증기압력 (kPa)	비체적(m^3/kg)		엔탈피(kJ/kg)		잠열 (kJ/kg)	엔트로피(kJ/kg·K)	
		액체	증기	액체	증기		액체	증기
99.00	3842.62	0.001	0.00420	352.72	427.96	75.25	1.4603	1.6625
100.00	3918.16	0.001	0.00404	355.59	426.96	71.37	1.4677	1.6590
101.00	3994.87	0.001	0.00388	358.58	425.84	67.26	1.4754	1.6552
102.00	4072.76	0.001	0.00372	361.69	424.58	62.89	1.4834	1.6510
103.00	4151.87	0.001	0.00357	364.94	423.16	58.22	1.4917	1.6465
104.00	4232.19	0.001	0.00340	368.36	421.54	53.19	1.5004	1.6414
105.00	4313.75	0.001	0.00324	371.94	419.70	47.76	1.5095	1.6358
106.00	4396.55	0.001	0.00308	375.73	417.59	41.86	1.5191	1.6296
107.00	4480.63	0.002	0.00291	384.58	415.20	30.62	1.5421	1.6226
108.00	4565.99	0.002	0.00275	383.89	412.61	28.72	1.5398	1.6152

표 A-5 R-401B의 액체와 포화 증기의 성질

온도 (°C)	증기압력 (kPa)	비체적(m^3/kg)		엔탈피(kJ/kg)		잠열 (kJ/kg)	엔트로피(kJ/kg·K)	
		액체	증기	액체	증기		액체	증기
-43.00	50.12	0.0007	0.40424	150.6	384.4	233.8	0.8045	1.8356
-42.00	52.81	0.0007	0.38501	151.7	384.9	233.3	0.8092	1.8334
-41.00	55.62	0.0007	0.36687	152.8	385.5	232.7	0.8138	1.8312
-40.00	58.54	0.0007	0.34976	153.8	386.0	232.2	0.8184	1.8291
-39.00	61.59	0.0007	0.33360	154.9	386.6	231.7	0.8230	1.8270
-38.00	64.77	0.0007	0.31833	156.0	387.2	231.2	0.8276	1.8250
-37.00	68.07	0.0007	0.30391	157.1	387.7	230.6	0.8322	1.8230
-36.00	71.51	0.0007	0.29026	158.2	388.3	230.1	0.8368	1.8210
-35.00	75.09	0.0007	0.27736	159.3	388.8	229.6	0.8414	1.8191
-34.00	78.80	0.0007	0.26514	160.4	389.4	229.0	0.8460	1.8172
-33.00	82.67	0.0007	0.25357	161.5	389.9	228.5	0.8506	1.8153
-32.00	86.68	0.0007	0.24261	162.6	390.5	227.9	0.8552	1.8135
-31.00	90.84	0.0007	0.23221	163.7	391.1	227.4	0.8597	1.8117
-30.00	95.16	0.0007	0.22235	164.8	391.6	226.8	0.8643	1.8100
-29.00	99.64	0.0007	0.21300	165.9	392.2	226.3	0.8688	1.8082
-28.00	104.29	0.0007	0.20412	167.0	392.7	225.7	0.8734	1.8065
-27.00	109.11	0.0007	0.19568	168.1	393.3	225.1	0.8779	1.8049
-26.00	114.10	0.0007	0.18767	169.2	393.8	224.6	0.8824	1.8032
-25.00	119.27	0.0007	0.18005	170.4	394.4	224.0	0.8869	1.8016
-24.00	124.62	0.0007	0.17280	171.5	394.9	223.4	0.8914	1.8000
-23.00	130.16	0.0007	0.16590	172.6	395.5	222.8	0.8960	1.7985
-22.00	135.89	0.0007	0.15934	173.8	396.0	222.3	0.9005	1.7970
-21.00	141.82	0.0007	0.15309	174.9	396.6	221.7	0.9050	1.7955
-20.00	147.95	0.0007	0.14713	176.0	397.1	221.1	0.9095	1.7940
-19.00	154.28	0.0007	0.14146	177.2	397.7	220.5	0.9139	1.7925
-18.00	160.82	0.0007	0.13605	178.3	398.2	219.9	0.9184	1.7911
-17.00	167.58	0.0007	0.13088	179.5	398.8	219.3	0.9229	1.7897
-16.00	174.56	0.0007	0.12596	180.6	399.3	218.7	0.9274	1.7884
-15.00	181.77	0.0007	0.12125	181.8	399.8	218.1	0.9318	1.7870
-14.00	189.18	0.0008	0.11677	184.0	400.4	216.4	0.9403	1.7857
-13.00	196.83	0.0008	0.11250	185.1	400.9	215.8	0.9447	1.7844
-12.00	204.71	0.0008	0.10841	186.3	401.5	215.2	0.9490	1.7832
-11.00	212.84	0.0008	0.10450	187.4	402.0	214.6	0.9534	1.7819
-10.00	221.22	0.0008	0.10076	188.6	402.6	214.0	0.9577	1.7807
-9.00	229.84	0.0008	0.09718	189.7	403.1	213.4	0.9621	1.7795

표 A-5 R-401B의 액체와 포화 증기의 성질(계속)

온도 (°C)	증기압력 (kPa)	비체적(m^3/kg)		엔탈피(kJ/kg)		잠열 (kJ/kg)	엔트로피(kJ/kg·K)	
		액체	증기	액체	증기		액체	증기
-8.00	238.73	0.0008	0.09375	190.9	403.6	212.7	0.9664	1.7783
-7.00	247.88	0.0008	0.09047	192.0	404.2	212.1	0.9708	1.7771
-6.00	257.30	0.0008	0.08733	193.2	404.7	211.5	0.9751	1.7760
-5.00	267.00	0.0008	0.08432	194.4	405.2	210.8	0.9794	1.7748
-4.00	276.97	0.0008	0.08143	195.5	405.7	210.2	0.9838	1.7737
-3.00	287.23	0.0008	0.07866	196.7	406.3	209.5	0.9881	1.7726
-2.00	297.80	0.0008	0.07600	197.6	406.8	209.2	0.9913	1.7715
-1.00	308.66	0.0008	0.07345	198.8	407.3	208.5	0.9957	1.7705
0.00	319.83	0.0008	0.07100	200.0	407.8	207.8	1.0000	1.7694
1.00	331.31	0.0008	0.06865	201.2	408.3	207.1	1.0044	1.7684
2.00	343.10	0.0008	0.06639	202.4	408.9	206.5	1.0087	1.7673
3.00	355.21	0.0008	0.06422	203.6	409.4	205.8	1.0131	1.7663
4.00	367.62	0.0008	0.06214	205.3	409.9	204.6	1.0192	1.7654
5.00	380.34	0.0008	0.06014	206.5	410.4	203.9	1.0235	1.7644
6.00	393.39	0.0008	0.05822	207.7	410.9	203.2	1.0278	1.7635
7.00	406.78	0.0008	0.05637	208.9	411.4	202.5	1.0321	1.7625
8.00	420.51	0.0008	0.05460	210.2	411.9	201.8	1.0364	1.7616
9.00	434.60	0.0008	0.05289	211.4	412.4	201.0	1.0407	1.7607
10.00	449.05	0.0008	0.05124	212.6	412.9	200.3	1.0450	1.7598
11.00	463.86	0.0008	0.04965	213.8	413.4	199.6	1.0493	1.7589
12.00	479.04	0.0008	0.04812	215.1	413.9	198.8	1.0536	1.7580
13.00	494.60	0.0008	0.04665	216.3	414.4	198.1	1.0579	1.7571
14.00	510.54	0.0008	0.04523	217.6	414.9	197.3	1.0622	1.7562
15.00	526.87	0.0008	0.04386	218.8	415.3	196.5	1.0665	1.7554
16.00	543.60	0.0008	0.04254	220.1	415.8	195.8	1.0708	1.7545
17.00	560.72	0.0008	0.04127	221.3	416.3	195.0	1.0750	1.7537
18.00	578.26	0.0008	0.04004	222.6	416.8	194.2	1.0793	1.7529
19.00	596.21	0.0008	0.03886	223.9	417.2	193.4	1.0836	1.7520
20.00	614.58	0.0008	0.03771	225.1	417.7	192.6	1.0879	1.7512
21.00	633.38	0.0008	0.03661	226.4	418.2	191.7	1.0923	1.7504
22.00	652.61	0.0008	0.03554	227.7	418.6	190.9	1.0966	1.7496
23.00	672.29	0.0008	0.03451	229.0	419.1	190.1	1.1009	1.7488
24.00	692.41	0.0008	0.03351	230.3	419.5	189.2	1.1052	1.7480
25.00	712.98	0.0008	0.03255	231.6	420.0	188.4	1.1095	1.7472
26.00	734.01	0.0008	0.03161	232.9	420.4	187.5	1.1138	1.7464

표 A-5 R-401B의 액체와 포화 증기의 성질(계속)

온도 (°C)	증기압력 (kPa)	비체적(m^3/kg)		엔탈피(kJ/kg)		잠열 (kJ/kg)	엔트로피(kJ/kg·K)	
		액체	증기	액체	증기		액체	증기
27.00	755.52	0.0008	0.03071	234.2	420.8	186.6	1.1181	1.7457
28.00	777.49	0.0009	0.02984	235.5	421.3	185.7	1.1224	1.7449
29.00	799.95	0.0009	0.02900	236.9	421.7	184.8	1.1268	1.7441
30.00	822.90	0.0009	0.02818	238.2	422.1	183.9	1.1311	1.7433
31.00	846.34	0.0009	0.02739	239.5	422.5	183.0	1.1354	1.7426
32.00	870.28	0.0009	0.02663	240.9	423.0	182.1	1.1398	1.7418
33.00	894.72	0.0009	0.02589	242.2	423.4	181.1	1.1441	1.7411
34.00	919.69	0.0009	0.02517	243.6	423.8	180.2	1.1485	1.7403
35.00	945.18	0.0009	0.02448	244.9	424.2	179.2	1.1528	1.7395
36.00	971.20	0.0009	0.02380	246.3	424.6	178.2	1.1572	1.7388
37.00	997.76	0.0009	0.02315	247.7	424.9	177.2	1.1615	1.7380
38.00	1024.86	0.0009	0.02252	249.1	425.3	176.2	1.1659	1.7372
39.00	1052.52	0.0009	0.02191	250.5	425.7	175.2	1.1703	1.7365
40.00	1080.74	0.0009	0.02131	251.9	426.1	174.2	1.1747	1.7357
41.00	1109.53	0.0009	0.02073	253.3	426.4	173.2	1.1791	1.7349
42.00	1138.89	0.0009	0.02017	254.7	426.8	172.1	1.1835	1.7342
43.00	1168.84	0.0009	0.01963	256.1	427.1	171.0	1.1879	1.7334
44.00	1199.37	0.0009	0.01910	257.5	427.5	170.0	1.1923	1.7326
45.00	1230.51	0.0009	0.01859	259.0	427.8	168.9	1.1967	1.7318
46.00	1262.25	0.0009	0.01809	260.4	428.2	167.7	1.2012	1.7310
47.00	1294.61	0.0009	0.01761	261.9	428.5	166.6	1.2056	1.7303
48.00	1327.58	0.0009	0.01714	263.3	428.8	165.5	1.2101	1.7295
49.00	1361.19	0.0009	0.01669	264.8	429.1	164.3	1.2145	1.7286
50.00	1395.44	0.0009	0.01625	266.3	429.4	163.1	1.2190	1.7278
51.00	1430.34	0.0009	0.01582	267.8	429.7	161.9	1.2235	1.7270
52.00	1465.89	0.0009	0.01540	269.3	430.0	160.7	1.2280	1.7262
53.00	1502.10	0.001	0.01499	270.8	430.3	159.5	1.2325	1.7253
54.00	1538.99	0.001	0.01459	272.3	430.5	158.3	1.2370	1.7245
55.00	1576.56	0.001	0.01421	273.8	430.8	157.0	1.2416	1.7236
56.00	1614.81	0.001	0.01384	275.3	431.0	155.7	1.2461	1.7228
57.00	1653.77	0.001	0.01347	276.9	431.3	154.4	1.2507	1.7219
58.00	1693.43	0.001	0.01312	278.4	431.5	153.1	1.2553	1.7210
59.00	1733.81	0.001	0.01277	280.0	431.7	151.7	1.2599	1.7201
60.00	1774.91	0.001	0.01243	281.6	431.9	150.3	1.2645	1.7191
61.00	1816.75	0.001	0.01211	283.2	432.1	149.0	1.2692	1.7182

표 A-5 R-401B의 액체와 포화 증기의 성질

온도 (°C)	증기압력 (kPa)	비체적(m^3/kg)		엔탈피(kJ/kg)		잠열 (kJ/kg)	엔트로피(kJ/kg·K)	
		액체	증기	액체	증기		액체	증기
62.00	1859.33	0.001	0.01179	284.8	432.3	147.5	1.2738	1.7172
63.00	1902.66	0.001	0.01148	286.4	432.5	146.1	1.2785	1.7163
64.00	1946.75	0.001	0.01117	288.0	432.7	144.6	1.2832	1.7153
65.00	1991.62	0.001	0.01088	289.7	432.8	143.1	1.2880	1.7142
66.00	2037.27	0.001	0.01059	291.3	433.0	141.6	1.2927	1.7132
67.00	2083.70	0.001	0.01031	293.0	433.1	140.1	1.2975	1.7122
68.00	2130.94	0.001	0.01004	294.7	433.2	138.5	1.3023	1.7111
69.00	2179.00	0.001	0.00977	296.4	433.3	136.9	1.3071	1.7100
70.00	2227.87	0.001	0.00951	298.1	433.4	135.3	1.3120	1.7088
71.00	2277.57	0.001	0.00925	299.8	433.4	133.6	1.3169	1.7077
72.00	2328.12	0.001	0.00900	301.6	433.5	131.9	1.3218	1.7065
73.00	2379.52	0.001	0.00876	303.4	433.5	130.2	1.3267	1.7052
74.00	2431.79	0.001	0.00852	305.1	433.5	128.4	1.3317	1.7040
75.00	2484.93	0.001	0.00829	307.0	433.5	126.6	1.3367	1.7027
76.00	2538.96	0.001	0.00807	308.8	433.5	124.7	1.3418	1.7014
77.00	2593.89	0.001	0.00784	310.6	433.5	122.8	1.3469	1.7000
78.00	2649.73	0.001	0.00763	312.5	433.4	120.9	1.3521	1.6986
79.00	2706.50	0.001	0.00742	314.4	433.3	118.9	1.3573	1.6971
80.00	2764.20	0.001	0.00721	316.3	433.2	116.9	1.3625	1.6956
81.00	2822.85	0.001	0.00700	318.2	433.1	114.8	1.3678	1.6940
82.00	2882.47	0.001	0.00681	320.2	432.9	112.7	1.3732	1.6924
83.00	2943.06	0.001	0.00661	322.2	432.7	110.5	1.3786	1.6907
84.00	3004.65	0.001	0.00642	324.2	432.5	108.3	1.3841	1.6890
85.00	3067.24	0.001	0.00623	326.3	432.2	105.9	1.3896	1.6872
86.00	3130.85	0.001	0.00605	328.4	432.0	103.6	1.3953	1.6853
87.00	3195.51	0.001	0.00586	330.5	431.6	101.1	1.4010	1.6833
88.00	3261.22	0.001	0.00569	332.7	431.3	98.6	1.4068	1.6813

표 A-6 R-402A의 액체와 포화 증기의 성질

온도 (°C)	증기압력 (kPa)	비체적(m^3/kg)		엔탈피(kJ/kg)		잠열 (kJ/kg)	엔트로피(kJ/kg·K)	
		액체	증기	액체	증기		액체	증기
-60.00	51.50	0.0007	0.33223	126.21	328.26	202.05	0.7000	1.6480
-59.00	54.43	0.0007	0.31556	127.31	328.85	201.53	0.7052	1.6463
-58.00	57.49	0.0007	0.29988	128.42	329.44	201.01	0.7103	1.6446
-57.00	60.69	0.0007	0.28514	129.53	330.02	200.49	0.7155	1.6430
-56.00	64.02	0.0007	0.27127	130.64	330.61	199.97	0.7206	1.6414
-55.00	67.51	0.0007	0.25820	131.76	331.20	199.44	0.7257	1.6399
-54.00	71.14	0.0007	0.24589	132.87	331.78	198.91	0.7308	1.6384
-53.00	74.92	0.0007	0.23429	133.99	332.37	198.38	0.7358	1.6369
-52.00	78.86	0.0007	0.22335	135.11	332.95	197.84	0.7409	1.6355
-51.00	82.96	0.0007	0.21302	136.23	333.54	197.30	0.7459	1.6341
-50.00	87.24	0.0007	0.20326	137.36	334.12	196.76	0.7510	1.6327
-49.00	91.68	0.0007	0.19404	138.49	334.70	196.22	0.7560	1.6314
-48.00	96.30	0.0007	0.18533	139.62	335.28	195.67	0.7610	1.6301
-47.00	101.10	0.0007	0.17709	140.75	335.87	195.12	0.7660	1.6288
-46.00	106.09	0.0007	0.16929	141.89	336.45	194.56	0.7710	1.6275
-45.00	111.27	0.0007	0.16190	143.03	337.03	194.00	0.7760	1.6263
-44.00	116.65	0.0007	0.15490	144.17	337.61	193.44	0.7810	1.6251
-43.00	122.23	0.0007	0.14827	145.31	338.18	192.87	0.7859	1.6240
-42.00	128.01	0.0007	0.14198	146.46	338.76	192.30	0.7909	1.6228
-41.00	134.01	0.0007	0.13601	147.61	339.34	191.73	0.7958	1.6217
-40.00	140.23	0.0007	0.13034	148.76	339.91	191.15	0.8008	1.6206
-39.00	146.66	0.0007	0.12496	149.91	340.48	190.57	0.8057	1.6196
-38.00	153.33	0.0007	0.11984	151.07	341.06	189.98	0.8106	1.6185
-37.00	160.23	0.0007	0.11498	152.23	341.63	189.39	0.8155	1.6175
-36.00	167.37	0.0007	0.11036	153.40	342.20	188.80	0.8204	1.6165
-35.00	174.75	0.0007	0.10596	154.56	342.77	188.21	0.8253	1.6156
-34.00	182.38	0.0007	0.10177	155.73	343.34	187.61	0.8302	1.6147
-33.00	190.27	0.0007	0.09779	157.72	343.91	186.19	0.8384	1.6137
-32.00	198.42	0.0007	0.09399	158.88	344.47	185.59	0.8432	1.6128
-31.00	206.84	0.0007	0.09036	160.04	345.03	184.99	0.8480	1.6119
-30.00	215.53	0.0007	0.08691	161.21	345.59	184.38	0.8528	1.6111
-29.00	224.50	0.0007	0.08362	162.38	346.15	183.77	0.8575	1.6102
-28.00	233.75	0.0007	0.08047	163.55	346.71	183.16	0.8623	1.6094
-27.00	243.30	0.0007	0.07747	164.73	347.26	182.54	0.8670	1.6086
-26.00	253.14	0.0007	0.07460	165.91	347.82	181.91	0.8718	1.6078
-25.00	263.29	0.0007	0.07186	167.09	348.37	181.28	0.8765	1.6070

표 A-6 R-402A의 액체와 포화 증기의 성질(계속)

온도 (°C)	증기압력 (kPa)	비체적(m^3/kg)		엔탈피(kJ/kg)		잠열 (kJ/kg)	엔트로피(kJ/kg·K)	
		액체	증기	액체	증기		액체	증기
-24.00	273.74	0.0007	0.06924	168.28	348.92	180.64	0.8813	1.6063
-23.00	284.51	0.0007	0.06674	169.47	349.47	180.00	0.8860	1.6055
-22.00	295.60	0.0007	0.06434	170.66	350.01	179.35	0.8907	1.6048
-21.00	307.01	0.0007	0.06205	171.86	350.55	178.69	0.8954	1.6041
-20.00	318.76	0.0007	0.05986	173.06	351.09	178.03	0.9001	1.6034
-19.00	330.86	0.0007	0.05776	174.27	351.63	177.36	0.9049	1.6027
-18.00	343.29	0.0007	0.05574	175.48	352.17	176.69	0.9096	1.6021
-17.00	356.08	0.0008	0.05381	176.69	352.70	176.01	0.9143	1.6014
-16.00	369.23	0.0008	0.05196	177.91	353.23	175.32	0.9190	1.6008
-15.00	382.75	0.0008	0.05019	179.13	353.76	174.63	0.9237	1.6001
-14.00	396.64	0.0008	0.04849	180.35	354.30	173.94	0.9284	1.5996
-13.00	410.91	0.0008	0.04685	182.16	354.82	172.66	0.9353	1.5990
-12.00	425.56	0.0008	0.04529	183.43	355.34	171.91	0.9401	1.5984
-11.00	440.60	0.0008	0.04378	184.66	355.85	171.20	0.9447	1.5978
-10.00	456.05	0.0008	0.04233	185.89	356.37	170.48	0.9493	1.5972
-9.00	471.90	0.0008	0.04094	187.12	356.88	169.76	0.9540	1.5966
-8.00	488.17	0.0008	0.03961	188.36	357.38	169.03	0.9586	1.5961
-7.00	504.85	0.0008	0.03832	189.60	357.89	168.29	0.9632	1.5955
-6.00	521.96	0.0008	0.03709	190.85	358.39	167.54	0.9678	1.5950
-5.00	539.51	0.0008	0.03590	192.10	358.89	166.78	0.9725	1.5944
-4.00	557.49	0.0008	0.03475	193.36	359.38	166.02	0.9771	1.5939
-3.00	575.93	0.0008	0.03365	194.62	359.87	165.24	0.9817	1.5934
-2.00	594.82	0.0008	0.03259	195.89	360.35	164.46	0.9863	1.5929
-1.00	614.17	0.0008	0.03157	197.17	360.83	163.67	0.9910	1.5924
0.00	633.99	0.0008	0.03059	198.44	361.31	162.87	0.9956	1.5918
1.00	654.29	0.0008	0.02964	199.73	361.79	162.06	1.0002	1.5913
2.00	675.07	0.0008	0.02872	201.02	362.26	161.24	1.0048	1.5908
3.00	696.35	0.0008	0.02784	202.31	362.72	160.41	1.0095	1.5904
4.00	718.12	0.0008	0.02699	203.61	363.18	159.57	1.0141	1.5899
5.00	740.41	0.0008	0.02617	204.92	363.64	158.72	1.0187	1.5894
6.00	763.20	0.0008	0.02537	206.23	364.09	157.86	1.0234	1.5889
7.00	786.52	0.0008	0.02461	207.55	364.53	156.99	1.0280	1.5884
8.00	810.37	0.0008	0.02387	208.87	364.98	156.11	1.0327	1.5879
9.00	834.75	0.0008	0.02316	210.20	365.41	155.21	1.0373	1.5874
10.00	859.69	0.0008	0.02247	211.54	365.84	154.31	1.0420	1.5869
11.00	885.17	0.0008	0.02180	212.88	366.27	153.39	1.0466	1.5864

표 A-6 R-402A의 액체와 포화 증기의 성질(계속)

온도 (°C)	증기압력 (kPa)	비체적(m^3/kg)		엔탈피(kJ/kg)		잠열 (kJ/kg)	엔트로피(kJ/kg · K)	
		액체	증기	액체	증기		액체	증기
12.00	911.22	0.0008	0.02116	214.23	366.69	152.46	1.0513	1.5860
13.00	937.83	0.0008	0.02053	215.58	367.11	151.52	1.0560	1.5855
14.00	965.03	0.0008	0.01993	216.95	367.51	150.57	1.0606	1.5850
15.00	992.80	0.0008	0.01935	218.32	367.92	149.60	1.0653	1.5845
16.00	1021.18	0.0008	0.01878	219.70	368.31	148.62	1.0700	1.5840
17.00	1050.15	0.0008	0.01824	221.08	368.71	147.62	1.0747	1.5835
18.00	1079.74	0.0008	0.01771	222.47	369.09	146.62	1.0794	1.5830
19.00	1109.94	0.0008	0.01720	223.87	369.47	145.59	1.0841	1.5825
20.00	1140.78	0.0009	0.01670	225.28	369.84	144.56	1.0888	1.5819
21.00	1172.24	0.0009	0.01622	226.70	370.20	143.50	1.0936	1.5814
22.00	1204.36	0.0009	0.01575	228.12	370.56	142.43	1.0983	1.5809
23.00	1237.12	0.0009	0.01530	229.56	370.91	141.35	1.1031	1.5803
24.00	1270.55	0.0009	0.01486	231.00	371.25	140.25	1.1078	1.5798
25.00	1304.65	0.0009	0.01444	232.45	371.58	139.13	1.1126	1.5792
26.00	1339.43	0.0009	0.01403	233.91	371.90	137.99	1.1174	1.5787
27.00	1374.90	0.0009	0.01363	235.38	372.22	136.84	1.1222	1.5781
28.00	1411.07	0.0009	0.01324	236.86	372.53	135.66	1.1270	1.5775
29.00	1447.95	0.0009	0.01286	238.35	372.82	134.47	1.1318	1.5769
30.00	1485.54	0.0009	0.01250	239.85	373.11	133.26	1.1367	1.5763
31.00	1523.86	0.0009	0.01214	241.37	373.39	132.03	1.1415	1.5756
32.00	1562.92	0.0009	0.01180	242.89	373.66	130.77	1.1464	1.5750
33.00	1602.72	0.0009	0.01146	244.42	373.92	129.50	1.1513	1.5743
34.00	1643.28	0.0009	0.01114	245.97	374.17	128.20	1.1562	1.5736
35.00	1684.60	0.0009	0.01082	247.53	374.40	126.87	1.1612	1.5729
36.00	1726.70	0.0009	0.01051	249.10	374.63	125.53	1.1661	1.5722
37.00	1769.58	0.0009	0.01021	250.69	374.84	124.15	1.1711	1.5714
38.00	1813.26	0.0009	0.00992	252.28	375.04	122.76	1.1761	1.5707
39.00	1857.75	0.0009	0.00964	253.90	375.23	121.33	1.1812	1.5699
40.00	1903.05	0.0009	0.00936	255.52	375.40	119.88	1.1862	1.5690
41.00	1949.17	0.0009	0.00909	257.17	375.56	118.39	1.1913	1.5682
42.00	1996.14	0.0009	0.00883	258.83	375.70	116.88	1.1964	1.5673
43.00	2043.95	0.0009	0.00858	260.50	375.83	115.33	1.2016	1.5664
44.00	2092.62	0.001	0.00833	262.19	375.94	113.75	1.2068	1.5654
45.00	2142.16	0.001	0.00808	263.91	376.04	112.13	1.2120	1.5645
46.00	2192.58	0.001	0.00785	265.64	376.12	110.48	1.2173	1.5634

표 A-6 R-402A의 액체와 포화 증기의 성질

온도 (°C)	증기압력 (kPa)	비체적(m^3/kg)		엔탈피(kJ/kg)		잠열 (kJ/kg)	엔트로피(kJ/kg·K)	
		액체	증기	액체	증기		액체	증기
47.00	2243.90	0.001	0.00762	267.38	376.17	108.79	1.2226	1.5624
48.00	2296.11	0.001	0.00739	269.16	376.21	107.06	1.2279	1.5613
49.00	2349.25	0.001	0.00717	270.95	376.23	105.28	1.2333	1.5601
50.00	2403.30	0.001	0.00696	272.76	376.22	103.46	1.2388	1.5589
51.00	2458.30	0.001	0.00675	274.60	376.20	101.59	1.2443	1.5577
52.00	2514.25	0.001	0.00654	276.47	376.14	99.67	1.2498	1.5564
53.00	2571.16	0.001	0.00634	278.36	376.06	97.70	1.2555	1.5550
54.00	2629.04	0.001	0.00614	280.29	375.96	95.67	1.2611	1.5536
55.00	2687.91	0.001	0.00595	282.24	375.82	93.58	1.2669	1.5521
56.00	2747.79	0.001	0.00576	284.23	375.65	91.42	1.2727	1.5505
57.00	2808.67	0.001	0.00558	286.25	375.44	89.20	1.2787	1.5488
58.00	2870.58	0.001	0.00540	288.31	375.20	86.89	1.2847	1.5471
59.00	2933.52	0.001	0.00522	290.41	374.92	84.51	1.2908	1.5452
60.00	2997.52	0.001	0.00504	292.56	374.59	82.03	1.2970	1.5432
61.00	3062.58	0.001	0.00487	294.76	374.21	79.46	1.3033	1.5411
62.00	3128.73	0.001	0.00470	297.01	373.78	76.77	1.3098	1.5389
63.00	3195.96	0.001	0.00453	299.33	373.29	73.96	1.3165	1.5365
64.00	3264.30	0.001	0.00437	301.70	372.73	71.03	1.3233	1.5339
65.00	3333.76	0.001	0.00420	304.16	372.09	67.94	1.3303	1.5312
66.00	3404.35	0.001	0.00404	306.70	371.37	64.67	1.3375	1.5282
67.00	3476.09	0.001	0.00388	309.35	370.54	61.19	1.3450	1.5249
68.00	3549.00	0.001	0.00371	312.11	369.60	57.49	1.3528	1.5213
69.00	3623.08	0.001	0.00355	315.00	368.50	53.50	1.3610	1.5173
70.00	3698.36	0.001	0.00338	318.07	367.23	49.16	1.3696	1.5128
71.00	3774.84	0.001	0.00321	321.34	365.71	44.37	1.3788	1.5077
72.00	3852.55	0.001	0.00304	319.92	363.87	43.95	1.3743	1.5016
73.00	3931.50	0.001	0.00285	349.58	361.54	11.96	1.4597	1.4942
74.00	4011.71	0.001	0.00263	333.41	358.36	24.95	1.4126	1.4844
75.00	4093.19	0.001	0.00236	334.77	353.25	18.48	1.4161	1.4691

표 A-7 R-402B의 액체와 포화 증기의 성질

온도 (°C)	증기압력 (kPa)	비체적(m^3/kg)		엔탈피(kJ/kg)		잠열 (kJ/kg)	엔트로피(kJ/kg·K)	
		액체	증기	액체	증기		액체	증기
-58.00	51.60	0.0007	0.35921	131.6	347.2	215.6	0.7210	1.7279
-57.00	54.51	0.0007	0.34137	132.7	347.8	215.1	0.7260	1.7258
-56.00	57.54	0.0007	0.32460	133.8	348.3	214.6	0.7310	1.7238
-55.00	60.70	0.0007	0.30881	134.8	348.9	214.1	0.7360	1.7217
-54.00	64.01	0.0007	0.29394	135.9	349.5	213.5	0.7409	1.7198
-53.00	67.46	0.0007	0.27993	137.0	350.0	213.0	0.7459	1.7178
-52.00	71.05	0.0007	0.26672	138.1	350.6	212.5	0.7508	1.7159
-51.00	74.79	0.0007	0.25426	139.2	351.1	211.9	0.7557	1.7140
-50.00	78.69	0.0007	0.24250	140.3	351.7	211.4	0.7606	1.7122
-49.00	82.75	0.0007	0.23139	141.4	352.3	210.9	0.7655	1.7104
-48.00	86.98	0.0007	0.22089	142.5	352.8	210.3	0.7704	1.7086
-47.00	91.37	0.0007	0.21097	143.6	353.4	209.8	0.7753	1.7069
-46.00	95.94	0.0007	0.20158	144.7	353.9	209.2	0.7802	1.7052
-45.00	100.68	0.0007	0.19269	145.8	354.5	208.7	0.7850	1.7035
-44.00	105.61	0.0007	0.18428	146.9	355.0	208.1	0.7899	1.7019
-43.00	110.73	0.0007	0.17631	148.0	355.6	207.5	0.7947	1.7003
-42.00	116.05	0.0007	0.16873	149.2	356.1	207.0	0.7996	1.6987
-41.00	121.57	0.0007	0.16157	150.3	356.7	206.4	0.8044	1.6972
-40.00	127.28	0.0007	0.15477	151.4	357.2	205.8	0.8092	1.6957
-39.00	133.20	0.0007	0.14832	152.5	357.8	205.3	0.8140	1.6942
-38.00	139.34	0.0007	0.14219	153.7	358.3	204.7	0.8188	1.6927
-37.00	145.69	0.0007	0.13636	154.8	358.9	204.1	0.8236	1.6913
-36.00	152.28	0.0007	0.13083	155.9	359.4	203.5	0.8284	1.6899
-35.00	159.08	0.0007	0.12557	157.6	360.0	202.4	0.8354	1.6885
-34.00	166.11	0.0007	0.12057	158.7	360.5	201.8	0.8401	1.6872
-33.00	173.38	0.0007	0.11581	159.9	361.1	201.2	0.8448	1.6859
-32.00	180.90	0.0007	0.11128	161.0	361.6	200.6	0.8495	1.6846
-31.00	188.66	0.0007	0.10696	162.2	362.2	200.0	0.8542	1.6833
-30.00	196.69	0.0007	0.10284	163.3	362.7	199.4	0.8589	1.6820
-29.00	204.98	0.0007	0.09891	164.4	363.2	198.8	0.8636	1.6808
-28.00	213.53	0.0007	0.09517	165.6	363.8	198.2	0.8682	1.6796
-27.00	222.36	0.0007	0.09159	166.7	364.3	197.6	0.8729	1.6784
-26.00	231.47	0.0007	0.08818	167.9	364.8	196.9	0.8776	1.6773
-25.00	240.86	0.0007	0.08492	169.1	365.4	196.3	0.8822	1.6761
-24.00	250.55	0.0007	0.08180	170.2	365.9	195.7	0.8869	1.6750
-23.00	260.53	0.0007	0.07882	171.4	366.4	195.0	0.8915	1.6739

표 A-7 R-402B의 액체와 포화 증기의 성질(계속)

온도 (°C)	증기압력 (kPa)	비체적(m^3/kg)		엔탈피(kJ/kg)		잠열 (kJ/kg)	엔트로피(kJ/kg·K)	
		액체	증기	액체	증기		액체	증기
-22.00	270.82	0.0007	0.07598	172.6	366.9	194.4	0.8961	1.6728
-21.00	281.42	0.0007	0.07325	173.7	367.5	193.7	0.9008	1.6717
-20.00	292.33	0.0007	0.07065	174.9	368.0	193.1	0.9054	1.6706
-19.00	303.56	0.0007	0.06815	176.1	368.5	192.4	0.9100	1.6696
-18.00	315.12	0.0007	0.06576	177.3	369.0	191.7	0.9147	1.6686
-17.00	327.02	0.0007	0.06347	178.5	369.5	191.0	0.9193	1.6676
-16.00	339.26	0.0007	0.06128	179.7	370.0	190.4	0.9239	1.6666
-15.00	351.84	0.0007	0.05917	180.9	370.5	189.7	0.9285	1.6656
-14.00	364.72	0.0008	0.05717	183.1	371.0	188.0	0.9370	1.6647
-13.00	377.94	0.0008	0.05524	184.2	371.6	187.3	0.9415	1.6638
-12.00	391.52	0.0008	0.05340	185.4	372.0	186.6	0.9460	1.6629
-11.00	405.47	0.0008	0.05162	186.6	372.5	185.9	0.9505	1.6620
-10.00	419.80	0.0008	0.04992	187.8	373.0	185.2	0.9550	1.6611
-9.00	434.51	0.0008	0.04829	189.0	373.5	184.5	0.9595	1.6602
-8.00	449.61	0.0008	0.04671	190.2	374.0	183.8	0.9640	1.6594
-7.00	465.10	0.0008	0.04520	191.4	374.5	183.1	0.9685	1.6585
-6.00	481.00	0.0008	0.04375	192.6	375.0	182.4	0.9730	1.6576
-5.00	497.31	0.0008	0.04235	193.8	375.5	181.6	0.9775	1.6568
-4.00	514.03	0.0008	0.04100	195.1	375.9	180.9	0.9820	1.6560
-3.00	531.18	0.0008	0.03971	196.3	376.4	180.1	0.9865	1.6552
-2.00	548.76	0.0008	0.03846	197.5	376.9	179.4	0.9910	1.6544
-1.00	566.78	0.0008	0.03726	198.8	377.3	178.6	0.9955	1.6535
0.00	585.24	0.0008	0.03610	200.0	377.8	177.8	1.0000	1.6528
1.00	604.15	0.0008	0.03498	201.2	378.3	177.0	1.0045	1.6520
2.00	623.52	0.0008	0.03391	202.5	378.7	176.2	1.0090	1.6512
3.00	643.36	0.0008	0.03287	203.8	379.2	175.4	1.0135	1.6504
4.00	663.67	0.0008	0.03187	205.0	379.6	174.6	1.0180	1.6496
5.00	684.46	0.0008	0.03091	206.3	380.0	173.8	1.0225	1.6489
6.00	705.74	0.0008	0.02997	207.6	380.5	172.9	1.0270	1.6481
7.00	727.52	0.0008	0.02908	208.8	380.9	172.1	1.0315	1.6473
8.00	749.79	0.0008	0.02821	210.1	381.3	171.2	1.0360	1.6466
9.00	772.58	0.0008	0.02737	211.4	381.8	170.3	1.0405	1.6458
10.00	795.88	0.0008	0.02656	212.7	382.2	169.5	1.0450	1.6451
11.00	819.71	0.0008	0.02578	214.0	382.6	168.6	1.0495	1.6443
12.00	844.08	0.0008	0.02502	215.3	383.0	167.7	1.0541	1.6436

표 A-7 R-402B의 액체와 포화 증기의 성질(계속)

온도 (°C)	증기압력 (kPa)	비체적(m^3/kg)		엔탈피(kJ/kg)		잠열 (kJ/kg)	엔트로피(kJ/kg·K)	
		액체	증기	액체	증기		액체	증기
13.00	868.98	0.0008	0.02429	216.6	383.4	166.8	1.0586	1.6429
14.00	894.43	0.0008	0.02359	218.0	383.8	165.8	1.0631	1.6421
15.00	920.44	0.0008	0.02290	219.3	384.2	164.9	1.0677	1.6414
16.00	947.01	0.0008	0.02224	220.6	384.6	163.9	1.0722	1.6406
17.00	974.15	0.0008	0.02160	222.0	384.9	163.0	1.0768	1.6399
18.00	1001.87	0.0008	0.02098	223.3	385.3	162.0	1.0813	1.6391
19.00	1030.18	0.0008	0.02038	224.7	385.7	161.0	1.0859	1.6384
20.00	1059.08	0.0009	0.01980	226.0	386.0	160.0	1.0905	1.6376
21.00	1088.59	0.0009	0.01924	227.4	386.4	159.0	1.0950	1.6369
22.00	1118.70	0.0009	0.01869	228.8	386.7	158.0	1.0996	1.6361
23.00	1149.45	0.0009	0.01817	230.2	387.1	156.9	1.1042	1.6354
24.00	1180.82	0.0009	0.01766	231.6	387.4	155.9	1.1088	1.6346
25.00	1212.82	0.0009	0.01716	233.0	387.7	154.8	1.1134	1.6338
26.00	1245.47	0.0009	0.01668	234.4	388.1	153.7	1.1181	1.6331
27.00	1278.77	0.0009	0.01621	235.8	388.4	152.6	1.1227	1.6323
28.00	1312.73	0.0009	0.01576	237.2	388.7	151.5	1.1273	1.6315
29.00	1347.36	0.0009	0.01532	238.6	389.0	150.3	1.1320	1.6307
30.00	1382.67	0.0009	0.01489	240.1	389.3	149.2	1.1367	1.6299
31.00	1418.66	0.0009	0.01448	241.5	389.6	148.0	1.1414	1.6291
32.00	1455.36	0.0009	0.01408	243.0	389.8	146.8	1.1461	1.6282
33.00	1492.75	0.0009	0.01369	244.5	390.1	145.6	1.1508	1.6274
34.00	1530.86	0.0009	0.01331	246.0	390.3	144.4	1.1555	1.6265
35.00	1569.69	0.0009	0.01294	247.5	390.6	143.1	1.1602	1.6257
36.00	1609.26	0.0009	0.01259	249.0	390.8	141.9	1.1650	1.6248
37.00	1649.56	0.0009	0.01224	250.5	391.0	140.6	1.1698	1.6239
38.00	1690.61	0.0009	0.01190	252.0	391.3	139.2	1.1745	1.6230
39.00	1732.43	0.0009	0.01157	253.5	391.5	137.9	1.1794	1.6221
40.00	1775.00	0.001	0.01125	255.1	391.6	136.5	1.1842	1.6211
41.00	1818.36	0.001	0.01094	256.7	391.8	135.2	1.1890	1.6201
42.00	1862.50	0.001	0.01064	258.2	392.0	133.8	1.1939	1.6192
43.00	1907.44	0.001	0.01034	259.8	392.1	132.3	1.1988	1.6182
44.00	1953.19	0.001	0.01006	261.4	392.3	130.9	1.2037	1.6171
45.00	1999.75	0.001	0.00978	263.1	392.4	129.4	1.2087	1.6161
46.00	2047.13	0.001	0.00950	264.7	392.5	127.8	1.2137	1.6150
47.00	2095.35	0.001	0.00924	266.3	392.6	126.3	1.2187	1.6139

표 A-7 R-402B의 액체와 포화 증기의 성질

온도 (℃)	증기압력 (kPa)	비체적(m^3/kg)		엔탈피(kJ/kg)		잠열 (kJ/kg)	엔트로피(kJ/kg·K)	
		액체	증기	액체	증기		액체	증기
48.00	2144.42	0.001	0.00898	268.0	392.7	124.7	1.2237	1.6128
49.00	2194.34	0.001	0.00873	269.7	392.8	123.1	1.2288	1.6116
50.00	2245.12	0.001	0.00848	271.4	392.8	121.5	1.2339	1.6104
51.00	2296.78	0.001	0.00824	273.1	392.9	119.8	1.2390	1.6092
52.00	2349.33	0.001	0.00801	274.8	392.9	118.1	1.2442	1.6079
53.00	2402.77	0.001	0.00778	276.6	392.9	116.3	1.2494	1.6066
54.00	2457.12	0.001	0.00756	278.4	392.9	114.5	1.2547	1.6053
55.00	2512.39	0.001	0.00734	280.2	392.8	112.7	1.2600	1.6039
56.00	2568.58	0.001	0.00713	282.0	392.7	110.8	1.2653	1.6024
57.00	2625.72	0.001	0.00692	283.8	392.7	108.8	1.2707	1.6009
58.00	2683.81	0.001	0.00671	285.7	392.5	106.8	1.2762	1.5994
59.00	2742.86	0.001	0.00651	287.6	392.4	104.8	1.2817	1.5978
60.00	2802.88	0.001	0.00632	289.5	392.2	102.7	1.2873	1.5961
61.00	2863.89	0.001	0.00613	291.5	392.0	100.6	1.2929	1.5944
62.00	2925.90	0.001	0.00594	293.5	391.8	98.3	1.2987	1.5926
63.00	2988.93	0.001	0.00576	295.5	391.5	96.1	1.3045	1.5907
64.00	3052.97	0.001	0.00558	297.5	391.2	93.7	1.3104	1.5887
65.00	3118.05	0.001	0.00540	299.6	390.9	91.3	1.3164	1.5866
66.00	3184.19	0.001	0.00523	301.8	390.5	88.7	1.3224	1.5845
67.00	3251.38	0.001	0.00506	304.0	390.1	86.1	1.3287	1.5822
68.00	3319.66	0.001	0.00489	306.2	389.6	83.4	1.3350	1.5798
69.00	3389.03	0.001	0.00472	308.5	389.0	80.5	1.3415	1.5772
70.00	3459.51	0.001	0.00456	310.9	388.4	77.6	1.3481	1.5745
71.00	3531.12	0.001	0.00439	313.3	387.8	74.5	1.3549	1.5716
72.00	3603.87	0.001	0.00423	315.8	387.0	71.2	1.3619	1.5685
73.00	3677.79	1.3849	0.00407	318.4	386.2	67.7	1.3692	1.5652
74.00	3752.90	1.4158	0.00391	321.2	385.2	64.1	1.3767	1.5615

표 A-8 R-404A의 액체와 포화 증기의 성질

온도 (°C)	증기압력 (kPa)	비체적(m^3/kg)		엔탈피(kJ/kg)		잠열 (kJ/kg)	엔트로피(kJ/kg·K)	
		액체	증기	액체	증기		액체	증기
-59.00	51.55	0.0008	0.34646	121.49	331.41	209.92	0.6802	1.6605
-58.00	54.45	0.0008	0.32922	122.69	332.07	209.38	0.6858	1.6589
-57.00	57.48	0.0008	0.31300	123.89	332.72	208.83	0.6913	1.6575
-56.00	60.64	0.0008	0.29774	125.10	333.38	208.28	0.6969	1.6560
-55.00	63.94	0.0008	0.28337	126.30	334.03	207.73	0.7024	1.6546
-54.00	67.39	0.0008	0.26984	127.52	334.69	207.17	0.7079	1.6533
-53.00	70.98	0.0008	0.25708	128.73	335.34	206.61	0.7134	1.6519
-52.00	74.72	0.0008	0.24504	129.95	336.00	206.05	0.7189	1.6507
-51.00	78.61	0.0008	0.23368	131.17	336.65	205.48	0.7244	1.6494
-50.00	82.66	0.0008	0.22296	132.39	337.30	204.91	0.7299	1.6482
-49.00	86.88	0.0008	0.21282	133.62	337.96	204.34	0.7354	1.6470
-48.00	91.26	0.0008	0.20324	134.85	338.61	203.76	0.7409	1.6458
-47.00	95.82	0.0008	0.19418	136.09	339.26	203.18	0.7463	1.6447
-46.00	100.56	0.0008	0.18561	137.33	339.91	202.59	0.7518	1.6436
-45.00	105.47	0.0008	0.17749	138.57	340.57	202.00	0.7572	1.6426
-44.00	110.58	0.0008	0.16980	139.81	341.22	201.41	0.7626	1.6415
-43.00	115.87	0.0008	0.16251	141.06	341.87	200.81	0.7680	1.6406
-42.00	121.37	0.0008	0.15559	142.31	342.52	200.20	0.7735	1.6396
-41.00	127.06	0.0008	0.14903	143.57	343.17	199.60	0.7789	1.6386
-40.00	132.96	0.0008	0.14281	144.83	343.81	198.99	0.7843	1.6377
-39.00	139.07	0.0008	0.13689	146.09	344.46	198.37	0.7896	1.6368
-38.00	145.40	0.0008	0.13128	147.36	345.11	197.75	0.7950	1.6360
-37.00	151.96	0.0008	0.12593	148.63	345.75	197.12	0.8004	1.6351
-36.00	158.74	0.0008	0.12086	149.91	346.40	196.49	0.8058	1.6343
-35.00	165.75	0.0008	0.11602	151.65	347.05	195.40	0.8131	1.6336
-34.00	173.00	0.0008	0.11142	152.92	347.69	194.77	0.8184	1.6328
-33.00	180.50	0.0008	0.10704	154.20	348.33	194.13	0.8237	1.6321
-32.00	188.24	0.0008	0.10287	155.48	348.97	193.49	0.8290	1.6313
-31.00	196.24	0.0008	0.09889	156.77	349.60	192.84	0.8343	1.6306
-30.00	204.50	0.0008	0.09510	159.17	350.26	191.09	0.8441	1.6300
-29.00	213.02	0.0008	0.09148	160.44	350.89	190.45	0.8493	1.6294
-28.00	221.82	0.0008	0.08803	161.72	351.52	189.81	0.8545	1.6287
-27.00	230.89	0.0008	0.08473	163.00	352.16	189.16	0.8596	1.6281
-26.00	240.25	0.0008	0.08158	164.28	352.79	188.50	0.8648	1.6275
-25.00	249.89	0.0008	0.07858	165.57	353.41	187.84	0.8699	1.6269

표 A-8 R-404A의 액체와 포화 증기의 성질(계속)

온도 (℃)	증기압력 (kPa)	비체적(m^3/kg)		엔탈피(kJ/kg)		잠열 (kJ/kg)	엔트로피(kJ/kg·K)	
		액체	증기	액체	증기		액체	증기
-24.00	259.83	0.0008	0.07570	166.86	354.04	187.18	0.8751	1.6264
-23.00	270.07	0.0008	0.07295	168.16	354.66	186.50	0.8802	1.6258
-22.00	280.62	0.0008	0.07032	169.47	355.29	185.82	0.8854	1.6253
-21.00	291.47	0.0008	0.06781	170.77	355.91	185.13	0.8905	1.6248
-20.00	302.65	0.0008	0.06540	172.08	356.52	184.44	0.8957	1.6243
-19.00	314.15	0.0008	0.06309	173.40	357.14	183.74	0.9008	1.6238
-18.00	325.98	0.0008	0.06088	174.72	357.75	183.03	0.9060	1.6233
-17.00	338.15	0.0008	0.05876	176.05	358.36	182.32	0.9111	1.6228
-16.00	350.66	0.0008	0.05673	177.38	358.97	181.59	0.9162	1.6224
-15.00	363.53	0.0008	0.05479	178.71	359.58	180.86	0.9214	1.6220
-14.00	376.74	0.0009	0.05292	180.06	360.18	180.13	0.9265	1.6215
-13.00	390.32	0.0009	0.05113	181.40	360.78	179.38	0.9316	1.6211
-12.00	404.27	0.0009	0.04941	182.75	361.38	178.63	0.9367	1.6207
-11.00	418.59	0.0009	0.04775	184.13	361.97	177.84	0.9420	1.6204
-10.00	433.30	0.0009	0.04617	185.48	362.56	177.08	0.9470	1.6200
-9.00	448.39	0.0009	0.04464	186.85	363.15	176.30	0.9522	1.6196
-8.00	463.88	0.0009	0.04318	188.22	363.74	175.52	0.9573	1.6192
-7.00	479.77	0.0009	0.04177	189.60	364.32	174.72	0.9624	1.6189
-6.00	496.07	0.0009	0.04041	190.98	364.90	173.91	0.9676	1.6186
-5.00	512.78	0.0009	0.03911	192.37	365.47	173.10	0.9727	1.6182
-4.00	529.91	0.0009	0.03785	193.77	366.04	172.27	0.9778	1.6179
-3.00	547.48	0.0009	0.03665	195.17	366.61	171.44	0.9829	1.6176
-2.00	565.47	0.0009	0.03548	196.57	367.17	170.60	0.9881	1.6172
-1.00	583.92	0.0009	0.03436	197.99	367.73	169.74	0.9932	1.6169
0.00	602.81	0.0009	0.03328	199.41	368.28	168.88	0.9984	1.6166
1.00	622.15	0.0009	0.03224	200.83	368.83	168.00	1.0035	1.6163
2.00	641.97	0.0009	0.03124	202.26	369.38	167.12	1.0086	1.6160
3.00	662.25	0.0009	0.03027	203.70	369.92	166.22	1.0138	1.6157
4.00	683.01	0.0009	0.02934	205.15	370.46	165.31	1.0189	1.6154
5.00	704.26	0.0009	0.02844	206.60	370.99	164.39	1.0241	1.6151
6.00	726.00	0.0009	0.02757	208.06	371.52	163.46	1.0293	1.6148
7.00	748.24	0.0009	0.02673	209.52	372.04	162.52	1.0344	1.6145
8.00	770.99	0.0009	0.02592	211.00	372.56	161.56	1.0396	1.6143
9.00	794.25	0.0009	0.02514	212.48	373.07	160.59	1.0448	1.6140
10.00	818.04	0.0009	0.02438	213.96	373.58	159.61	1.0500	1.6137

표 A-8 R-404A의 액체와 포화 증기의 성질(계속)

온도 (°C)	증기압력 (kPa)	비체적(m^3/kg)		엔탈피(kJ/kg)		잠열 (kJ/kg)	엔트로피(kJ/kg·K)	
		액체	증기	액체	증기		액체	증기
11.00	842.36	0.0009	0.02365	215.46	374.08	158.62	1.0552	1.6134
12.00	867.21	0.0009	0.02295	216.96	374.57	157.61	1.0604	1.6131
13.00	892.62	0.001	0.02226	218.47	375.06	156.58	1.0656	1.6128
14.00	918.57	0.001	0.02160	219.99	375.54	155.55	1.0708	1.6125
15.00	945.09	0.001	0.02097	221.52	376.02	154.49	1.0760	1.6122
16.00	972.19	0.001	0.02035	223.06	376.48	153.43	1.0812	1.6118
17.00	999.85	0.001	0.01975	224.60	376.95	152.34	1.0865	1.6115
18.00	1028.11	0.001	0.01917	226.16	377.40	151.24	1.0917	1.6112
19.00	1056.96	0.001	0.01861	227.72	377.85	150.13	1.0970	1.6109
20.00	1086.41	0.001	0.01806	229.29	378.29	148.99	1.1023	1.6105
21.00	1116.48	0.001	0.01754	230.88	378.72	147.84	1.1076	1.6102
22.00	1147.16	0.001	0.01703	232.47	379.14	146.68	1.1129	1.6098
23.00	1178.48	0.001	0.01653	234.07	379.56	145.49	1.1182	1.6094
24.00	1210.43	0.001	0.01605	235.68	379.97	144.28	1.1235	1.6091
25.00	1243.03	0.001	0.01559	237.31	380.37	143.06	1.1288	1.6087
26.00	1276.28	0.001	0.01514	238.94	380.75	141.81	1.1342	1.6083
27.00	1310.19	0.001	0.01470	240.59	381.13	140.55	1.1396	1.6078
28.00	1344.78	0.001	0.01427	242.24	381.50	139.26	1.1450	1.6074
29.00	1380.05	0.001	0.01386	243.91	381.86	137.95	1.1504	1.6069
30.00	1416.01	0.001	0.01346	245.60	382.21	136.61	1.1558	1.6065
31.00	1452.67	0.001	0.01307	247.29	382.55	135.26	1.1613	1.6060
32.00	1490.04	0.001	0.01269	249.00	382.87	133.88	1.1668	1.6055
33.00	1528.13	0.001	0.01233	250.72	383.19	132.47	1.1723	1.6049
34.00	1566.95	0.001	0.01197	252.46	383.49	131.03	1.1778	1.6044
35.00	1606.51	0.001	0.01162	254.21	383.78	129.57	1.1833	1.6038
36.00	1646.81	0.001	0.01128	255.97	384.06	128.08	1.1889	1.6032
37.00	1687.87	0.001	0.01096	257.75	384.32	126.56	1.1945	1.6026
38.00	1729.70	0.001	0.01064	259.55	384.56	125.01	1.2001	1.6019
39.00	1772.31	0.001	0.01033	261.37	384.79	123.43	1.2058	1.6012
40.00	1815.70	0.001	0.01002	263.20	385.01	121.81	1.2115	1.6005
41.00	1859.90	0.001	0.00973	265.05	385.21	120.16	1.2173	1.5997
42.00	1904.90	0.001	0.00944	266.92	385.39	118.47	1.2230	1.5990
43.00	1950.72	0.001	0.00916	268.81	385.55	116.74	1.2289	1.5981
44.00	1997.37	0.001	0.00889	270.72	385.70	114.97	1.2347	1.5972
45.00	2044.87	0.001	0.00862	272.66	385.82	113.16	1.2406	1.5963

표 A-8 R-404A의 액체와 포화 증기의 성질

온도 (℃)	증기압력 (kPa)	비체적(m^3/kg)		엔탈피(kJ/kg)		잠열 (kJ/kg)	엔트로피(kJ/kg·K)	
		액체	증기	액체	증기		액체	증기
46.00	2093.21	0.001	0.00836	274.61	385.92	111.31	1.2466	1.5953
47.00	2142.42	0.001	0.00810	276.59	386.00	109.40	1.2526	1.5943
48.00	2192.50	0.001	0.00786	278.60	386.05	107.45	1.2587	1.5932
49.00	2243.47	0.001	0.00761	280.63	386.08	105.45	1.2648	1.5921
50.00	2295.34	0.001	0.00738	282.69	386.08	103.39	1.2710	1.5909
51.00	2348.11	0.001	0.00715	284.79	386.05	101.26	1.2772	1.5896
52.00	2401.81	0.001	0.00692	286.91	385.99	99.08	1.2836	1.5883
53.00	2456.43	0.001	0.00670	289.07	385.90	96.83	1.2900	1.5869
54.00	2512.01	0.001	0.00648	291.27	385.77	94.50	1.2965	1.5853
55.00	2568.54	0.001	0.00627	293.51	385.60	92.09	1.3031	1.5837
56.00	2626.03	0.001	0.00606	295.79	385.39	89.60	1.3098	1.5820
57.00	2684.52	0.001	0.00585	298.11	385.13	87.02	1.3166	1.5802
58.00	2743.99	0.001	0.00565	300.49	384.83	84.33	1.3235	1.5782
59.00	2804.47	0.001	0.00545	302.93	384.46	81.53	1.3306	1.5761
60.00	2865.98	0.001	0.00525	305.42	384.03	78.61	1.3379	1.5738
61.00	2928.51	0.001	0.00506	307.99	383.53	75.55	1.3453	1.5714
62.00	2992.10	0.001	0.00487	310.63	382.96	72.32	1.3529	1.5687
63.00	3056.74	0.002	0.00468	313.36	382.29	68.92	1.3607	1.5658
64.00	3122.47	0.002	0.00449	316.19	381.51	65.31	1.3688	1.5626
65.00	3189.28	0.002	0.00429	319.14	380.60	61.46	1.3773	1.5590
66.00	3257.19	0.002	0.00410	322.23	379.54	57.31	1.3861	1.5550
67.00	3326.22	0.002	0.00391	325.49	378.29	52.79	1.3953	1.5505
68.00	3396.38	0.002	0.00371	328.96	376.77	47.81	1.4052	1.5453
69.00	3467.69	0.002	0.00350	332.71	374.89	42.18	1.4158	1.5391
70.00	3540.16	0.002	0.00327	336.84	372.43	35.60	1.4274	1.5312
71.00	3613.81	0.002	0.00300	341.51	368.77	27.26	1.4406	1.5198
72.00	3688.65	0.002	0.00209	344.87	347.34	2.47	1.4500	1.4571

표 A-9 R-407C의 액체와 포화 증기의 성질

온도 (°C)	증기압력 (kPa)	비체적(m^3/kg)		엔탈피(kJ/kg)		잠열 (kJ/kg)	엔트로피(kJ/kg·K)	
		액체	증기	액체	증기		액체	증기
-50.00	50.18	0.0007	0.42164	124.46	382.35	257.90	0.7126	1.8683
-49.00	53.02	0.0007	0.40048	125.68	383.00	257.32	0.7180	1.8660
-48.00	56.00	0.0007	0.38058	126.91	383.66	256.74	0.7234	1.8637
-47.00	59.11	0.0007	0.36186	128.15	384.31	256.16	0.7288	1.8615
-46.00	62.36	0.0007	0.34424	129.38	384.96	255.57	0.7342	1.8593
-45.00	65.75	0.0007	0.32764	130.62	385.61	254.98	0.7395	1.8571
-44.00	69.28	0.0007	0.31199	131.87	386.26	254.39	0.7449	1.8550
-43.00	72.97	0.0007	0.29724	133.11	386.91	253.79	0.7503	1.8530
-42.00	76.82	0.0007	0.28332	134.36	387.55	253.19	0.7556	1.8510
-41.00	80.82	0.0007	0.27017	135.61	388.20	252.59	0.7609	1.8490
-40.00	84.99	0.0007	0.25776	136.87	388.85	251.98	0.7663	1.8470
-39.00	89.33	0.0007	0.24603	138.13	389.50	251.37	0.7716	1.8451
-38.00	93.85	0.0007	0.23493	139.39	390.14	250.75	0.7769	1.8432
-37.00	98.55	0.0007	0.22444	140.66	390.79	250.13	0.7822	1.8414
-36.00	103.43	0.0007	0.21450	141.93	391.43	249.50	0.7875	1.8396
-35.00	108.50	0.0007	0.20509	143.21	392.08	248.87	0.7928	1.8378
-34.00	113.77	0.0007	0.19617	144.48	392.72	248.24	0.7981	1.8361
-33.00	119.24	0.0007	0.18772	145.76	393.36	247.60	0.8034	1.8344
-32.00	124.92	0.0007	0.17971	147.05	394.00	246.95	0.8087	1.8327
-31.00	130.81	0.0007	0.17210	148.34	394.64	246.30	0.8139	1.8311
-30.00	136.92	0.0007	0.16488	149.63	395.28	245.65	0.8192	1.8295
-29.00	143.25	0.0007	0.15802	150.93	395.92	244.99	0.8245	1.8279
-28.00	149.81	0.0007	0.15150	152.53	396.55	244.03	0.8309	1.8264
-27.00	156.61	0.0008	0.14531	153.82	397.19	243.36	0.8362	1.8248
-26.00	163.64	0.0008	0.13942	155.13	397.82	242.69	0.8414	1.8233
-25.00	170.92	0.0008	0.13381	156.44	398.45	242.02	0.8466	1.8219
-24.00	178.46	0.0008	0.12848	157.75	399.08	241.33	0.8518	1.8204
-23.00	186.26	0.0008	0.12339	159.06	399.71	240.65	0.8570	1.8190
-22.00	194.32	0.0008	0.11855	160.38	400.34	239.95	0.8622	1.8176
-21.00	202.65	0.0008	0.11394	161.71	400.96	239.25	0.8674	1.8163
-20.00	211.26	0.0008	0.10954	162.63	401.58	238.95	0.8710	1.8149
-19.00	220.15	0.0008	0.10534	163.97	402.20	238.23	0.8762	1.8136
-18.00	229.33	0.0008	0.10134	165.32	402.82	237.50	0.8815	1.8123
-17.00	238.81	0.0008	0.09752	166.67	403.44	236.77	0.8867	1.8110
-16.00	248.59	0.0008	0.09387	168.02	404.06	236.03	0.8919	1.8098

표 A-9 R-407C의 액체와 포화 증기의 성질(계속)

온도 (°C)	증기압력 (kPa)	비체적(m^3/kg)		엔탈피(kJ/kg)		잠열 (kJ/kg)	엔트로피(kJ/kg·K)	
		액체	증기	액체	증기		액체	증기
-15.00	258.69	0.0008	0.09038	169.36	404.67	235.31	0.8970	1.8086
-14.00	269.10	0.0008	0.08705	170.72	405.28	234.55	0.9023	1.8073
-13.00	279.83	0.0008	0.08386	172.09	405.89	233.79	0.9075	1.8062
-12.00	290.89	0.0008	0.08082	173.47	406.49	233.03	0.9127	1.8050
-11.00	302.29	0.0008	0.07790	174.84	407.09	232.25	0.9179	1.8038
-10.00	314.04	0.0008	0.07511	176.23	407.69	231.47	0.9231	1.8027
-9.00	326.13	0.0008	0.07244	177.62	408.29	230.68	0.9283	1.8016
-8.00	338.59	0.0008	0.06988	179.01	408.89	229.88	0.9335	1.8005
-7.00	351.41	0.0008	0.06743	180.41	409.48	229.07	0.9387	1.7994
-6.00	364.60	0.0008	0.06508	181.81	410.07	228.26	0.9439	1.7983
-5.00	378.18	0.0008	0.06283	183.22	410.66	227.43	0.9491	1.7973
-4.00	392.14	0.0008	0.06066	184.50	411.24	226.74	0.9538	1.7962
-3.00	406.50	0.0008	0.05859	185.95	411.82	225.87	0.9591	1.7952
-2.00	421.26	0.0008	0.05660	187.38	412.40	225.02	0.9643	1.7942
-1.00	436.43	0.0008	0.05469	188.81	412.97	224.16	0.9696	1.7932
0.00	452.02	0.0008	0.05286	190.25	413.54	223.29	0.9748	1.7922
1.00	468.03	0.0008	0.05110	191.70	414.11	222.41	0.9800	1.7913
2.00	484.48	0.0008	0.04940	193.15	414.67	221.52	0.9852	1.7903
3.00	501.37	0.0008	0.04778	194.59	415.23	220.64	0.9904	1.7893
4.00	518.71	0.0008	0.04621	196.06	415.78	219.73	0.9956	1.7884
5.00	536.51	0.0008	0.04471	197.53	416.33	218.80	1.0008	1.7875
6.00	554.78	0.0008	0.04326	199.01	416.88	217.87	1.0061	1.7866
7.00	573.51	0.0008	0.04187	200.49	417.42	216.93	1.0113	1.7856
8.00	592.74	0.0008	0.04053	201.99	417.96	215.98	1.0166	1.7847
9.00	612.45	0.0008	0.03924	203.48	418.50	215.01	1.0218	1.7838
10.00	632.66	0.0008	0.03799	204.99	419.03	214.03	1.0271	1.7830
11.00	653.38	0.0008	0.03679	206.50	419.55	213.05	1.0323	1.7821
12.00	674.62	0.0008	0.03564	208.02	420.07	212.05	1.0376	1.7812
13.00	696.38	0.0008	0.03453	209.55	420.58	211.03	1.0428	1.7803
14.00	718.68	0.0008	0.03345	211.09	421.09	210.01	1.0481	1.7795
15.00	741.52	0.0009	0.03242	212.63	421.60	208.97	1.0534	1.7786
16.00	764.92	0.0009	0.03142	214.18	422.10	207.92	1.0587	1.7777
17.00	788.87	0.0009	0.03046	215.74	422.59	206.85	1.0640	1.7769
18.00	813.40	0.0009	0.02953	217.31	423.08	205.77	1.0693	1.7760
19.00	838.50	0.0009	0.02863	218.88	423.56	204.68	1.0746	1.7752

표 A-9 R-407C의 액체와 포화 증기의 성질(계속)

온도 (°C)	증기압력 (kPa)	비체적(m^3/kg)		엔탈피(kJ/kg)		잠열 (kJ/kg)	엔트로피(kJ/kg·K)	
		액체	증기	액체	증기		액체	증기
20.00	864.20	0.0009	0.02776	220.46	424.04	203.57	1.0799	1.7743
21.00	890.49	0.0009	0.02692	222.06	424.51	202.45	1.0852	1.7735
22.00	917.39	0.0009	0.02612	223.66	424.97	201.31	1.0906	1.7726
23.00	944.91	0.0009	0.02533	225.27	425.43	200.16	1.0959	1.7718
24.00	973.06	0.0009	0.02458	226.89	425.88	198.99	1.1013	1.7709
25.00	1001.84	0.0009	0.02385	228.51	426.32	197.81	1.1066	1.7701
26.00	1031.28	0.0009	0.02314	230.15	426.76	196.61	1.1120	1.7692
27.00	1061.37	0.0009	0.02245	231.80	427.19	195.39	1.1174	1.7684
28.00	1092.12	0.0009	0.02179	233.46	427.61	194.15	1.1228	1.7675
29.00	1123.56	0.0009	0.02115	235.13	428.02	192.90	1.1282	1.7667
30.00	1155.68	0.0009	0.02053	236.80	428.43	191.62	1.1337	1.7658
31.00	1188.51	0.0009	0.01993	238.49	428.82	190.33	1.1391	1.7649
32.00	1222.04	0.0009	0.01935	240.19	429.21	189.02	1.1446	1.7640
33.00	1256.29	0.0009	0.01879	241.90	429.59	187.69	1.1501	1.7631
34.00	1291.27	0.0009	0.01824	243.63	429.96	186.34	1.1556	1.7622
35.00	1327.00	0.0009	0.01771	245.36	430.33	184.96	1.1611	1.7613
36.00	1363.47	0.0009	0.01720	247.11	430.68	183.57	1.1666	1.7604
37.00	1400.72	0.0009	0.01670	248.87	431.02	182.15	1.1722	1.7595
38.00	1438.73	0.0009	0.01622	250.64	431.35	180.71	1.1777	1.7585
39.00	1477.54	0.0009	0.01575	252.43	431.67	179.25	1.1833	1.7576
40.00	1517.14	0.0009	0.01530	254.23	431.98	177.76	1.1889	1.7566
41.00	1557.55	0.0009	0.01486	256.04	432.28	176.24	1.1946	1.7556
42.00	1598.79	0.0009	0.01443	257.87	432.57	174.70	1.2002	1.7546
43.00	1640.85	0.0009	0.01401	259.71	432.85	173.14	1.2059	1.7536
44.00	1683.77	0.001	0.01361	261.57	433.11	171.54	1.2117	1.7525
45.00	1727.54	0.001	0.01322	263.44	433.36	169.92	1.2174	1.7515
46.00	1772.18	0.001	0.01284	265.33	433.60	168.27	1.2232	1.7504
47.00	1817.71	0.001	0.01247	267.24	433.82	166.58	1.2290	1.7493
48.00	1864.13	0.001	0.01211	269.16	434.03	164.87	1.2348	1.7482
49.00	1911.47	0.001	0.01176	271.11	434.23	163.12	1.2407	1.7470
50.00	1959.72	0.001	0.01142	273.07	434.40	161.34	1.2466	1.7458
51.00	2008.91	0.001	0.01108	275.05	434.57	159.52	1.2525	1.7446
52.00	2059.04	0.001	0.01076	277.05	434.71	157.66	1.2585	1.7434
53.00	2110.14	0.001	0.01045	279.07	434.84	155.77	1.2645	1.7421
54.00	2162.22	0.001	0.01014	281.11	434.95	153.84	1.2706	1.7408

표 A-9 R-407C의 액체와 포화 증기의 성질

온도 (°C)	증기압력 (kPa)	비체적(m^3/kg)		엔탈피(kJ/kg)		잠열 (kJ/kg)	엔트로피(kJ/kg·K)	
		액체	증기	액체	증기		액체	증기
55.00	2215.28	0.001	0.00985	283.18	435.04	151.86	1.2767	1.7395
56.00	2269.35	0.001	0.00956	285.26	435.11	149.84	1.2828	1.7381
57.00	2324.43	0.001	0.00927	287.38	435.16	147.78	1.2890	1.7367
58.00	2380.55	0.001	0.00900	289.52	435.18	145.67	1.2953	1.7352
59.00	2437.71	0.001	0.00873	291.68	435.19	143.51	1.3016	1.7337
60.00	2495.94	0.001	0.00847	293.88	435.17	141.29	1.3080	1.7321
61.00	2555.24	0.001	0.00821	296.10	435.12	139.02	1.3144	1.7305
62.00	2615.64	0.001	0.00796	298.36	435.05	136.69	1.3210	1.7288
63.00	2677.14	0.001	0.00772	300.64	434.95	134.31	1.3275	1.7271
64.00	2739.76	0.001	0.00748	302.97	434.82	131.85	1.3342	1.7253
65.00	2803.52	0.001	0.00725	305.33	434.66	129.33	1.3409	1.7234
66.00	2868.44	0.001	0.00703	307.73	434.46	126.74	1.3478	1.7215
67.00	2934.52	0.001	0.00680	310.17	434.23	124.06	1.3547	1.7194
68.00	3001.80	0.001	0.00659	312.65	433.96	121.31	1.3617	1.7173
69.00	3070.28	0.001	0.00637	315.19	433.65	118.46	1.3689	1.7151
70.00	3139.97	0.001	0.00617	317.77	433.29	115.52	1.3761	1.7128
71.00	3210.91	0.001	0.00596	320.41	432.89	112.48	1.3835	1.7104
72.00	3283.10	0.001	0.00576	323.11	432.44	109.33	1.3911	1.7078
73.00	3356.57	0.001	0.00557	325.88	431.93	106.05	1.3988	1.7052
74.00	3431.32	0.001	0.00537	328.72	431.36	102.65	1.4067	1.7023
75.00	3507.39	0.001	0.00518	331.64	430.73	99.09	1.4147	1.6994
76.00	3584.78	0.001	0.00500	334.65	430.03	95.38	1.4230	1.6962
77.00	3663.52	0.001	0.00481	337.76	429.24	91.48	1.4316	1.6929
78.00	3743.62	0.001	0.00463	340.98	428.37	87.39	1.4404	1.6893
79.00	3825.11	0.001	0.00445	344.34	427.40	83.07	1.4496	1.6855
80.00	3908.00	0.001	0.00428	347.84	426.33	78.49	1.4592	1.6814
81.00	3992.31	0.001	0.00410	351.53	425.13	73.60	1.4692	1.6770
82.00	4078.07	0.001	0.00393	355.43	423.80	68.36	1.4798	1.6723
83.00	4165.29	0.001	0.00375	359.59	422.31	62.72	1.4911	1.6672
84.00	4254.00	0.001	0.00358	364.10	420.66	56.56	1.5033	1.6617
85.00	4344.21	0.001	0.00341	375.78	418.83	43.05	1.5355	1.6557
86.00	4435.95	0.001	0.00325	395.33	416.83	21.50	1.5894	1.6492

표 A-10 R-410A의 액체와 포화 증기의 성질

온도 (°C)	증기압력 (kPa)	비체적(m^3/kg)		엔탈피(kJ/kg)		잠열 (kJ/kg)	엔트로피(kJ/kg·K)	
		액체	증기	액체	증기		액체	증기
-65.00	51.41	0.0007	0.45572	111.27	389.07	277.80	0.6106	1.9904
-64.00	54.41	0.0007	0.43231	112.50	389.69	277.19	0.6170	1.9865
-63.00	57.55	0.0007	0.41033	113.74	390.31	276.57	0.6234	1.9827
-62.00	60.83	0.0007	0.38969	114.98	390.93	275.95	0.6298	1.9788
-61.00	64.27	0.0007	0.37028	116.22	391.55	275.33	0.6361	1.9751
-60.00	67.86	0.0007	0.35203	117.47	392.16	274.70	0.6425	1.9714
-59.00	71.60	0.0007	0.33485	118.72	392.78	274.06	0.6488	1.9678
-58.00	75.51	0.0007	0.31868	119.97	393.40	273.43	0.6551	1.9642
-57.00	79.60	0.0007	0.30343	121.23	394.01	272.79	0.6614	1.9606
-56.00	83.85	0.0007	0.28907	122.48	394.63	272.14	0.6677	1.9571
-55.00	88.29	0.0007	0.27551	123.75	395.24	271.49	0.6740	1.9537
-54.00	92.91	0.0007	0.26272	125.01	395.85	270.84	0.6803	1.9503
-53.00	97.72	0.0007	0.25063	126.28	396.46	270.18	0.6865	1.9470
-52.00	102.72	0.0007	0.23922	127.55	397.07	269.52	0.6928	1.9437
-51.00	107.95	0.0007	0.22840	128.83	397.68	268.84	0.6990	1.9404
-50.00	113.36	0.0007	0.21819	130.11	398.28	268.17	0.7052	1.9372
-49.00	118.99	0.0007	0.20853	131.39	398.88	267.49	0.7114	1.9340
-48.00	124.85	0.0007	0.19938	132.68	399.49	266.81	0.7176	1.9309
-47.00	130.92	0.0007	0.19071	133.97	400.09	266.12	0.7238	1.9278
-46.00	137.23	0.0007	0.18250	135.26	400.68	265.42	0.7299	1.9248
-45.00	143.77	0.0007	0.17470	136.56	401.28	264.72	0.7361	1.9217
-44.00	150.56	0.0007	0.16731	137.86	401.87	264.01	0.7422	1.9188
-43.00	157.60	0.0007	0.16030	139.16	402.47	263.30	0.7483	1.9158
-42.00	164.89	0.0007	0.15363	140.47	403.06	262.58	0.7544	1.9129
-41.00	172.45	0.0007	0.14730	141.78	403.64	261.86	0.7605	1.9101
-40.00	180.28	0.0007	0.14128	143.10	404.23	261.13	0.7666	1.9072
-39.00	188.38	0.0007	0.13556	144.42	404.81	260.39	0.7727	1.9045
-38.00	196.77	0.0007	0.13011	145.75	405.39	259.65	0.7787	1.9017
-37.00	205.44	0.0007	0.12493	147.07	405.97	258.90	0.7847	1.8990
-36.00	214.42	0.0007	0.11999	148.41	406.54	258.14	0.7908	1.8963
-35.00	223.69	0.0008	0.11529	149.74	407.12	257.37	0.7968	1.8936
-34.00	233.28	0.0008	0.11081	151.08	407.69	256.60	0.8028	1.8910
-33.00	243.18	0.0008	0.10653	152.43	408.25	255.82	0.8088	1.8884
-32.00	253.41	0.0008	0.10246	153.78	408.82	255.04	0.8148	1.8858
-31.00	263.97	0.0008	0.09857	155.13	409.38	254.24	0.8207	1.8832

표 A-10 R-410A의 액체와 포화 증기의 성질(계속)

온도 (°C)	증기압력 (kPa)	비체적(m^3/kg)		엔탈피(kJ/kg)		잠열 (kJ/kg)	엔트로피(kJ/kg·K)	
		액체	증기	액체	증기		액체	증기
-30.00	274.86	0.0008	0.09485	156.49	409.93	253.44	0.8267	1.8807
-29.00	286.11	0.0008	0.09131	157.86	410.49	252.63	0.8326	1.8782
-28.00	297.71	0.0008	0.08792	159.22	411.04	251.82	0.8385	1.8757
-27.00	309.66	0.0008	0.08468	160.60	411.59	250.99	0.8445	1.8733
-26.00	321.99	0.0008	0.08158	161.97	412.13	250.16	0.8504	1.8709
-25.00	334.70	0.0008	0.07862	163.36	412.67	249.31	0.8562	1.8685
-24.00	347.79	0.0008	0.07579	164.74	413.21	248.46	0.8621	1.8661
-23.00	361.27	0.0008	0.07308	166.14	413.74	247.60	0.8680	1.8638
-22.00	375.15	0.0008	0.07048	167.53	414.27	246.73	0.8738	1.8614
-21.00	389.44	0.0008	0.06799	168.94	414.79	245.86	0.8797	1.8591
-20.00	404.14	0.0008	0.06561	170.35	415.31	244.97	0.8855	1.8569
-19.00	419.27	0.0008	0.06332	171.76	415.83	244.07	0.8913	1.8546
-18.00	434.84	0.0008	0.06113	173.18	416.34	243.16	0.8971	1.8523
-17.00	450.84	0.0008	0.05903	174.60	416.85	242.25	0.9029	1.8501
-16.00	467.29	0.0008	0.05702	176.03	417.35	241.32	0.9087	1.8479
-15.00	484.20	0.0008	0.05508	177.47	417.85	240.38	0.9145	1.8457
-14.00	501.57	0.0008	0.05322	178.91	418.34	239.43	0.9203	1.8436
-13.00	519.42	0.0008	0.05144	180.36	418.83	238.47	0.9260	1.8414
-12.00	537.75	0.0008	0.04972	181.81	419.32	237.50	0.9318	1.8393
-11.00	556.58	0.0008	0.04808	183.27	419.79	236.52	0.9375	1.8372
-10.00	575.90	0.0008	0.04649	184.74	420.27	235.53	0.9432	1.8351
-9.00	595.73	0.0008	0.04497	186.21	420.73	234.52	0.9489	1.8330
-8.00	616.08	0.0008	0.04350	187.69	421.20	233.50	0.9547	1.8309
-7.00	636.96	0.0008	0.04209	189.18	421.65	232.47	0.9604	1.8288
-6.00	658.38	0.0008	0.04074	190.67	422.10	231.43	0.9660	1.8268
-5.00	680.34	0.0008	0.03943	192.17	422.55	230.38	0.9717	1.8247
-4.00	702.85	0.0008	0.03817	193.68	422.99	229.31	0.9774	1.8227
-3.00	725.93	0.0008	0.03696	195.19	423.42	228.23	0.9830	1.8207
-2.00	749.58	0.0008	0.03579	196.71	423.84	227.13	0.9887	1.8187
-1.00	773.82	0.0008	0.03467	198.24	424.26	226.02	0.9943	1.8167
0.00	798.65	0.0008	0.03358	199.77	424.67	224.90	1.0000	1.8147
1.00	824.08	0.0008	0.03254	201.32	425.08	223.76	1.0056	1.8128
2.00	850.12	0.0008	0.03153	202.87	425.48	222.61	1.0112	1.8108
3.00	876.78	0.0009	0.03055	204.43	425.87	221.44	1.0168	1.8088
4.00	904.07	0.0009	0.02961	205.99	426.25	220.26	1.0225	1.8069

표 A-10 R-410A의 액체와 포화 증기의 성질(계속)

온도 (°C)	증기압력 (kPa)	비체적(m^3/kg)		엔탈피(kJ/kg)		잠열 (kJ/kg)	엔트로피(kJ/kg·K)	
		액체	증기	액체	증기		액체	증기
5.00	932.01	0.0009	0.02870	207.57	426.63	219.06	1.0281	1.8049
6.00	960.60	0.0009	0.02783	209.15	427.00	217.84	1.0337	1.8030
7.00	989.84	0.0009	0.02698	210.75	427.36	216.61	1.0392	1.8011
8.00	1019.76	0.0009	0.02616	212.35	427.71	215.36	1.0448	1.7991
9.00	1050.37	0.0009	0.02537	213.96	428.05	214.09	1.0504	1.7972
10.00	1081.66	0.0009	0.02461	215.60	428.38	212.78	1.0560	1.7953
11.00	1113.66	0.0009	0.02387	217.23	428.71	211.48	1.0616	1.7934
12.00	1146.37	0.0009	0.02316	218.87	429.03	210.15	1.0671	1.7914
13.00	1179.80	0.0009	0.02247	220.52	429.33	208.81	1.0727	1.7895
14.00	1213.97	0.0009	0.02180	222.18	429.63	207.45	1.0783	1.7876
15.00	1248.89	0.0009	0.02115	223.85	429.92	206.07	1.0838	1.7857
16.00	1284.56	0.0009	0.02052	225.53	430.20	204.67	1.0894	1.7838
17.00	1321.00	0.0009	0.01992	227.22	430.46	203.24	1.0949	1.7818
18.00	1358.22	0.0009	0.01933	228.92	430.72	201.79	1.1005	1.7799
19.00	1396.22	0.0009	0.01876	230.64	430.96	200.32	1.1060	1.7780
20.00	1435.03	0.0009	0.01821	232.36	431.20	198.83	1.1116	1.7760
21.00	1474.66	0.0009	0.01767	234.10	431.42	197.32	1.1172	1.7741
22.00	1515.10	0.0009	0.01716	235.85	431.63	195.77	1.1227	1.7721
23.00	1556.39	0.0009	0.01665	237.62	431.83	194.21	1.1283	1.7702
24.00	1598.52	0.0009	0.01617	239.39	432.01	192.62	1.1338	1.7682
25.00	1641.51	0.001	0.01569	241.18	432.18	191.00	1.1394	1.7662
26.00	1685.37	0.001	0.01524	242.99	432.34	189.35	1.1450	1.7643
27.00	1730.12	0.001	0.01479	244.81	432.48	187.67	1.1506	1.7623
28.00	1775.77	0.001	0.01436	246.64	432.61	185.97	1.1562	1.7603
29.00	1822.32	0.001	0.01394	248.49	432.72	184.23	1.1618	1.7582
30.00	1869.79	0.001	0.01353	250.36	432.82	182.46	1.1674	1.7562
31.00	1918.20	0.001	0.01314	252.24	432.90	180.66	1.1730	1.7541
32.00	1967.55	0.001	0.01275	254.14	432.97	178.83	1.1786	1.7521
33.00	2017.87	0.001	0.01238	256.05	433.02	176.96	1.1843	1.7500
34.00	2069.15	0.001	0.01201	257.99	433.04	175.06	1.1899	1.7479
35.00	2121.43	0.001	0.01166	259.94	433.06	173.11	1.1956	1.7458
36.00	2174.70	0.001	0.01132	261.91	433.05	171.13	1.2013	1.7436
37.00	2228.98	0.001	0.01098	263.91	433.02	169.11	1.2070	1.7414
38.00	2284.29	0.001	0.01066	265.92	432.97	167.05	1.2127	1.7392
39.00	2340.64	0.001	0.01034	267.96	432.90	164.94	1.2185	1.7370

표 A-10 R-410A의 액체와 포화 증기의 성질

온도 (°C)	증기압력 (kPa)	비체적(m^3/kg)		엔탈피(kJ/kg)		잠열 (kJ/kg)	엔트로피(kJ/kg · K)	
		액체	증기	액체	증기		액체	증기
40.00	2398.05	0.001	0.01003	270.02	432.80	162.78	1.2243	1.7348
41.00	2456.52	0.001	0.00973	272.10	432.68	160.58	1.2301	1.7325
42.00	2516.08	0.001	0.00944	274.21	432.54	158.33	1.2359	1.7302
43.00	2576.73	0.001	0.00915	276.35	432.37	156.02	1.2418	1.7278
44.00	2638.50	0.001	0.00887	278.51	432.17	153.66	1.2477	1.7255
45.00	2701.39	0.001	0.00860	280.70	431.94	151.24	1.2537	1.7230
46.00	2765.43	0.001	0.00834	282.93	431.69	148.76	1.2597	1.7206
47.00	2830.62	0.001	0.00808	285.18	431.40	146.21	1.2658	1.7181
48.00	2896.98	0.001	0.00782	287.47	431.07	143.60	1.2719	1.7156
49.00	2964.53	0.001	0.00758	289.80	430.71	140.92	1.2781	1.7130
50.00	3033.29	0.001	0.00734	292.16	430.32	138.15	1.2843	1.7104
51.00	3103.27	0.001	0.00710	294.57	429.88	135.31	1.2906	1.7077
52.00	3174.48	0.001	0.00687	297.02	429.40	132.38	1.2971	1.7050
53.00	3246.95	0.001	0.00664	299.51	428.87	129.36	1.3036	1.7022
54.00	3320.69	0.001	0.00642	302.06	428.29	126.23	1.3102	1.6994
55.00	3395.71	0.001	0.00621	304.66	427.65	123.00	1.3169	1.6965
56.00	3472.04	0.001	0.00599	307.32	426.96	119.65	1.3238	1.6935
57.00	3549.70	0.001	0.00578	310.04	426.20	116.17	1.3308	1.6904
58.00	3628.70	0.001	0.00558	312.83	425.38	112.55	1.3380	1.6873
59.00	3709.06	0.001	0.00538	315.70	424.47	108.77	1.3453	1.6841
60.00	3790.80	0.001	0.00518	318.64	423.48	104.84	1.3529	1.6808
61.00	3873.94	0.001	0.00498	321.70	422.40	100.70	1.3608	1.6773
62.00	3958.51	0.001	0.00478	324.86	421.20	96.34	1.3689	1.6738
63.00	4044.51	0.001	0.00459	328.15	419.88	91.73	1.3774	1.6700
64.00	4131.99	0.001	0.00440	331.58	418.41	86.84	1.3863	1.6661
65.00	4220.95	0.002	0.00420	335.18	416.78	81.59	1.3958	1.6620
66.00	4311.43	0.002	0.00401	339.00	414.93	75.93	1.4059	1.6575
67.00	4403.45	0.002	0.00382	343.07	412.83	69.76	1.4168	1.6527
68.00	4497.06	0.002	0.00362	414.91	410.39	-4.53	1.4289	1.6476

찾아보기 안내

본서 부록에 수록된 냉매 및 기타 냉매에 관한 열역학적 물성표나 몰리에 선도는 듀폰(DuPont) 사의 사이트에서도 검색하실 수 있습니다.
http://www2.dupont.com/Refrigerants/en_US/products/index.html

Appendix 2

압력 – 엔탈피 선도

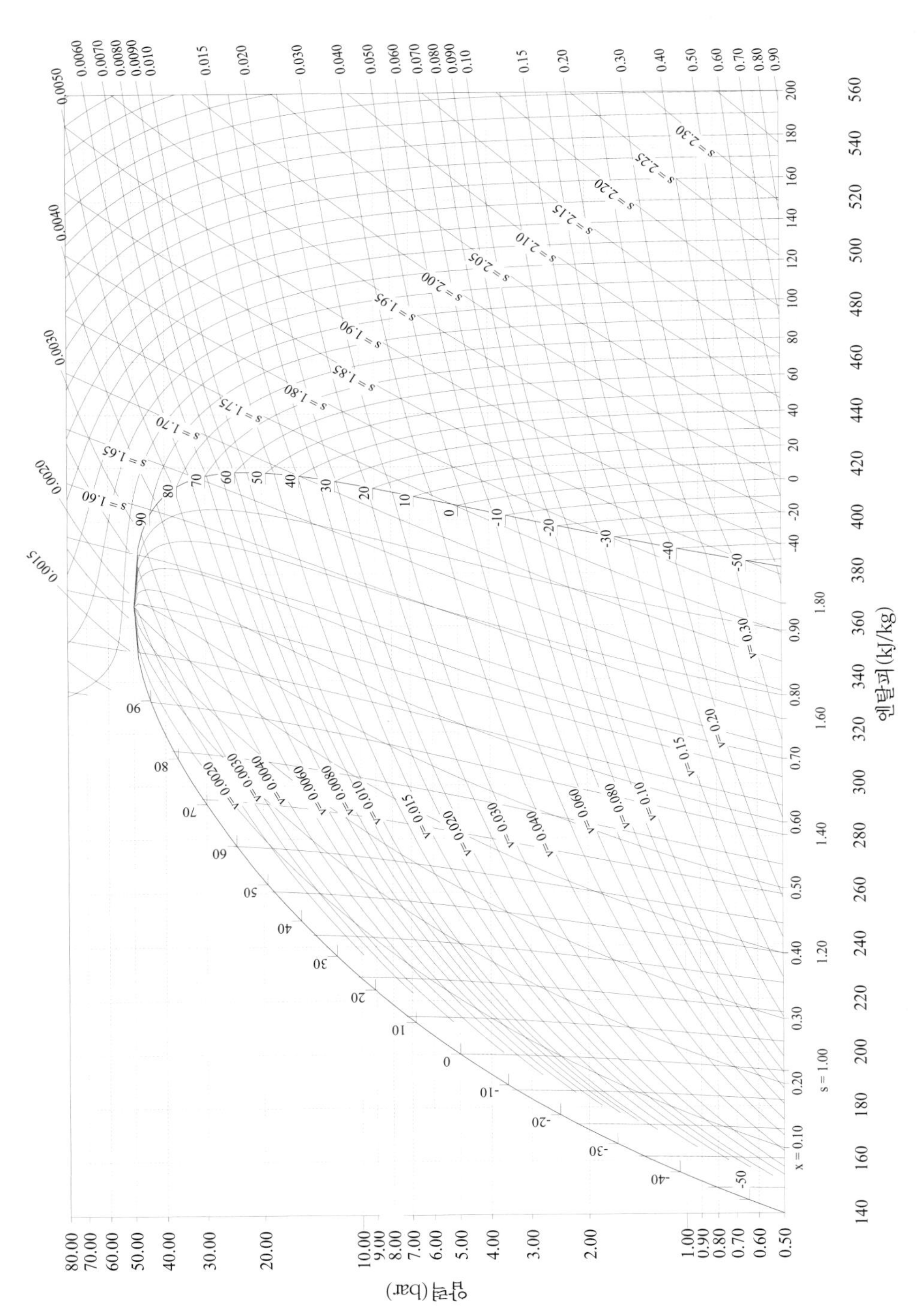

그림 A-1 R-22 증기의 압력-엔탈피 선도

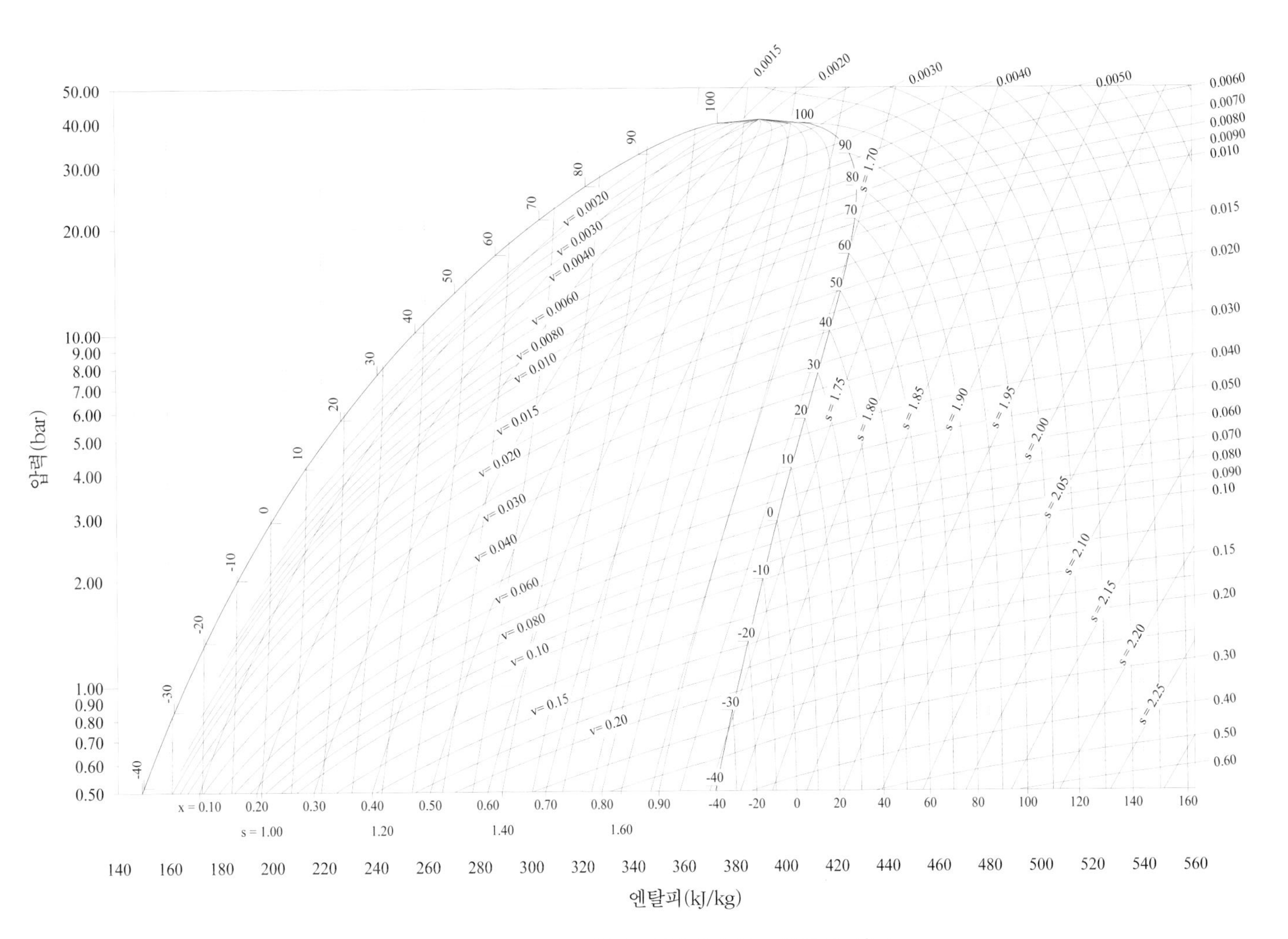

그림 A-2 R-134a 증기의 압력-엔탈피 선도

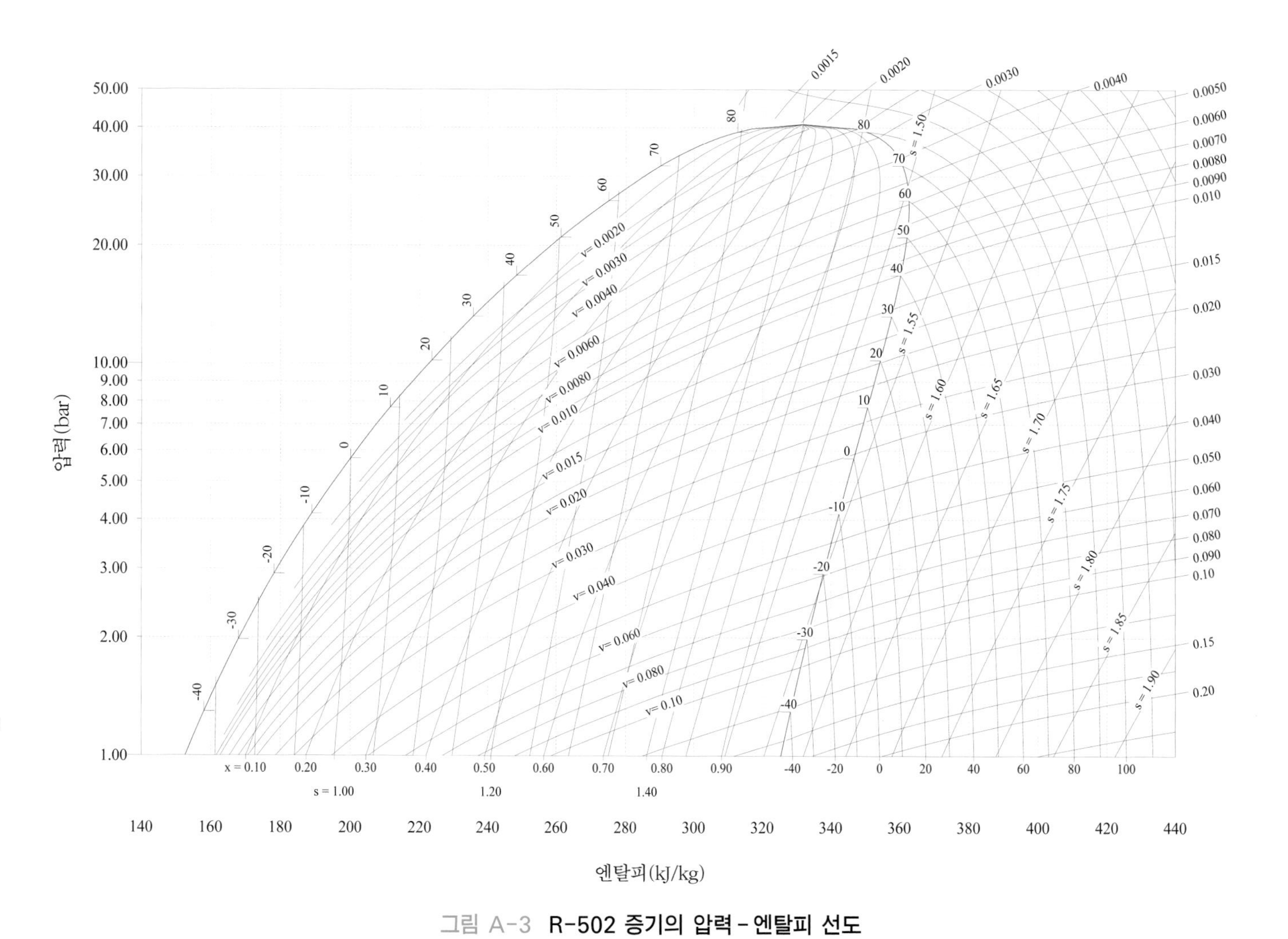

그림 A-3 R-502 증기의 압력-엔탈피 선도

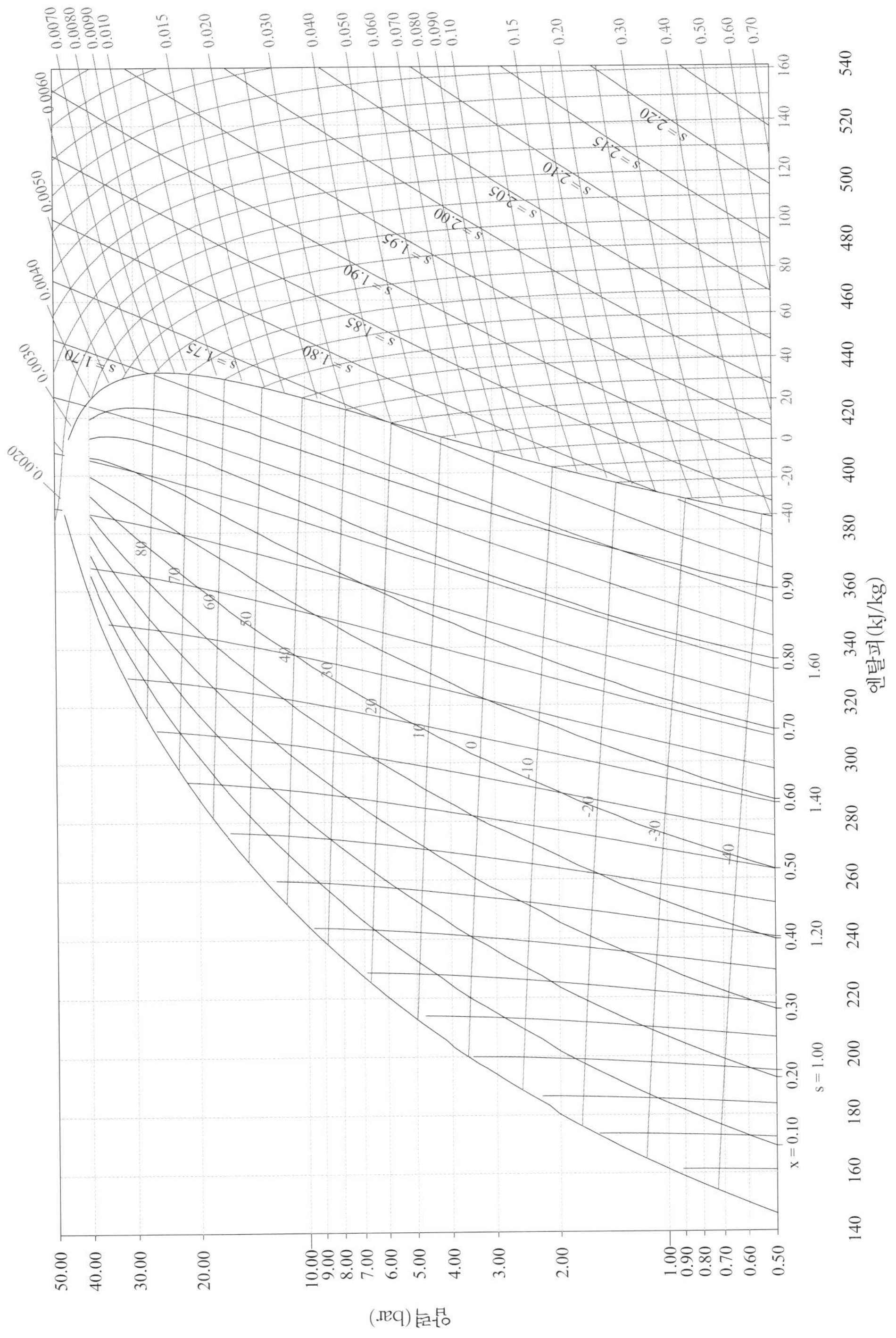

그림 A-4 R-401A의 압력-엔탈피 선도

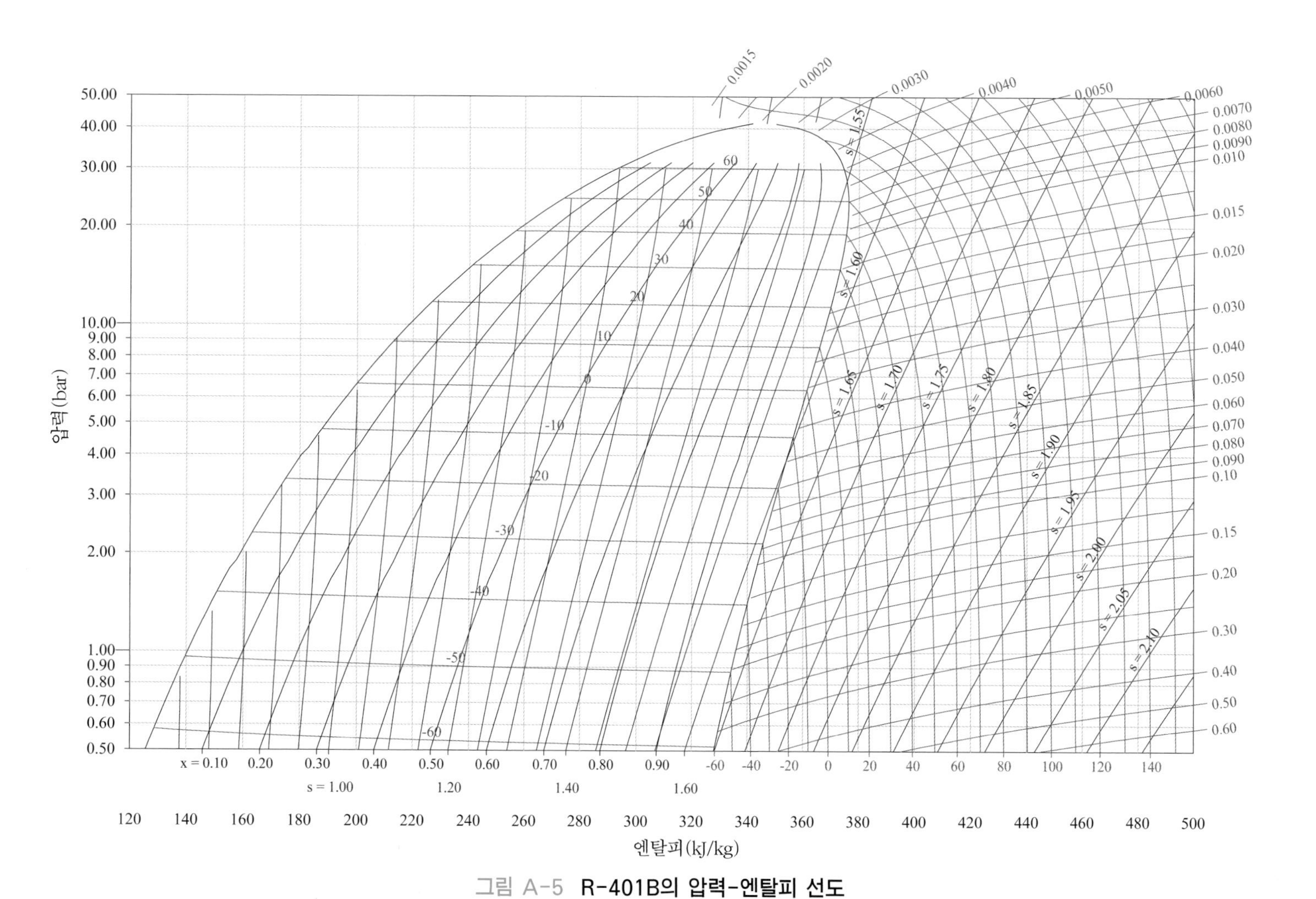

그림 A-5 R-401B의 압력-엔탈피 선도

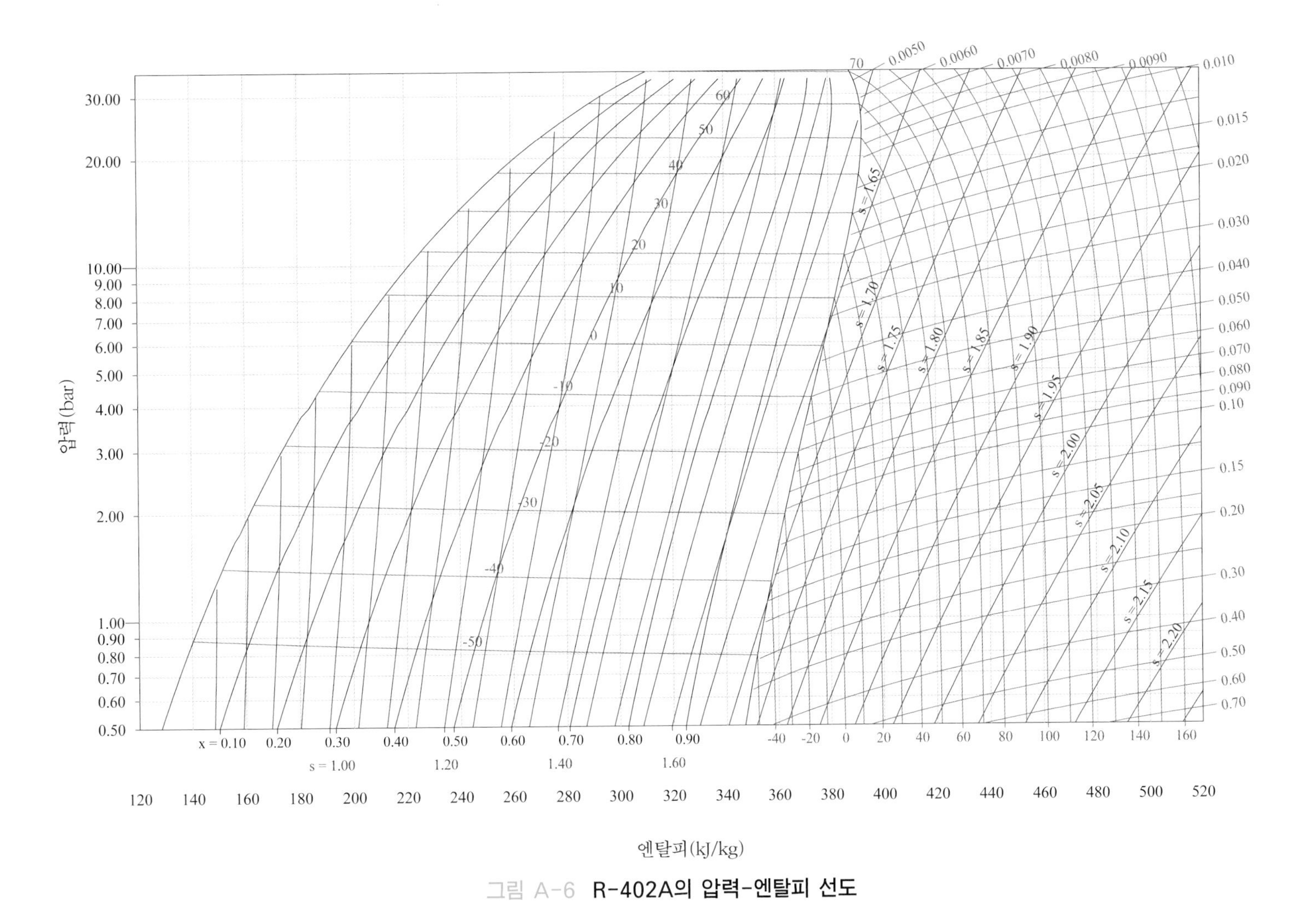

그림 A-6 R-402A의 압력-엔탈피 선도

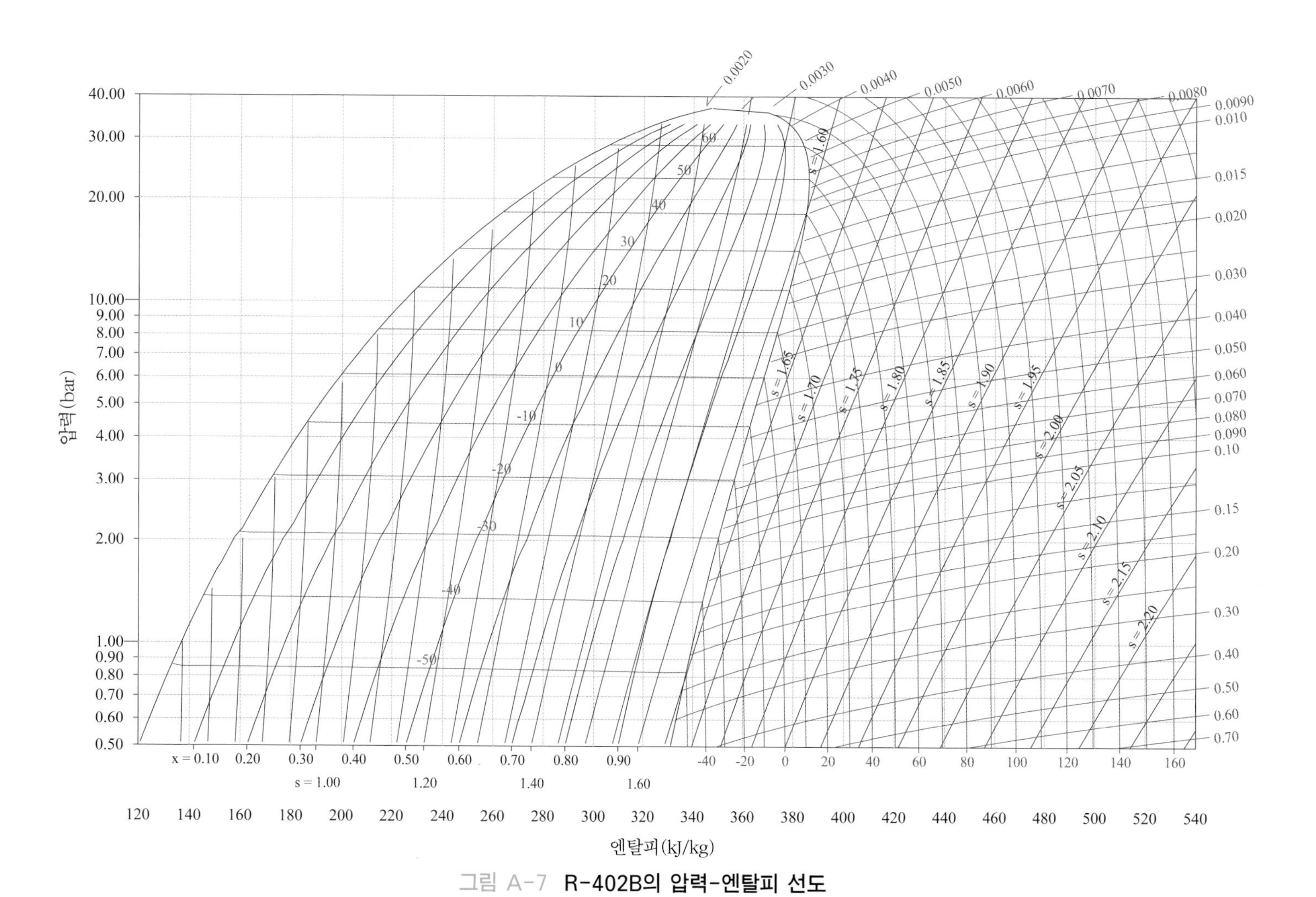

그림 A-7 **R-402B의 압력-엔탈피 선도**

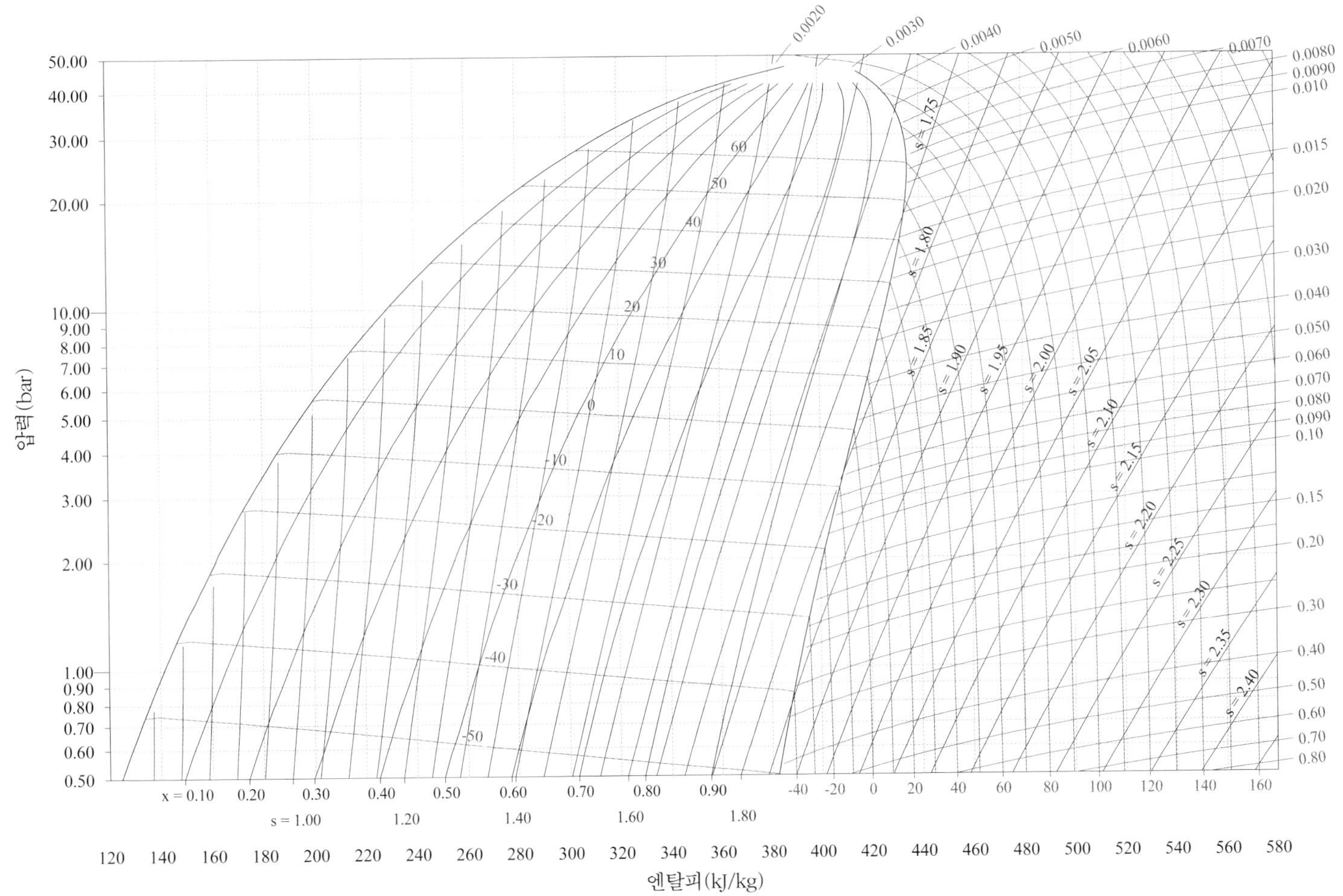

압력(bar)

엔탈피(kJ/kg)

그림 A-8 R-404A의 압력-엔탈피 선도

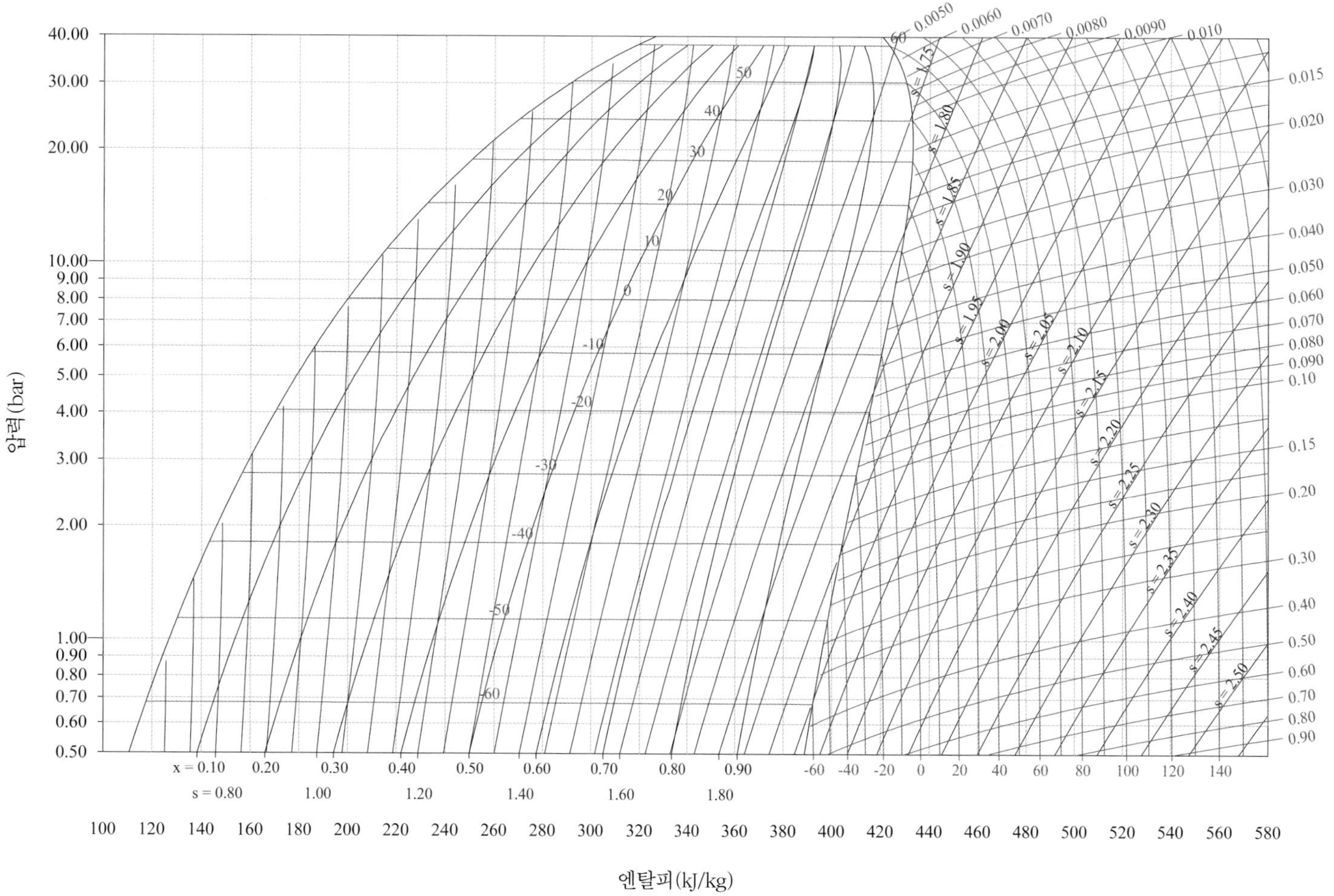

압력(bar)

엔탈피(kJ/kg)

그림 A-9 R-407C의 압력-엔탈피 선도

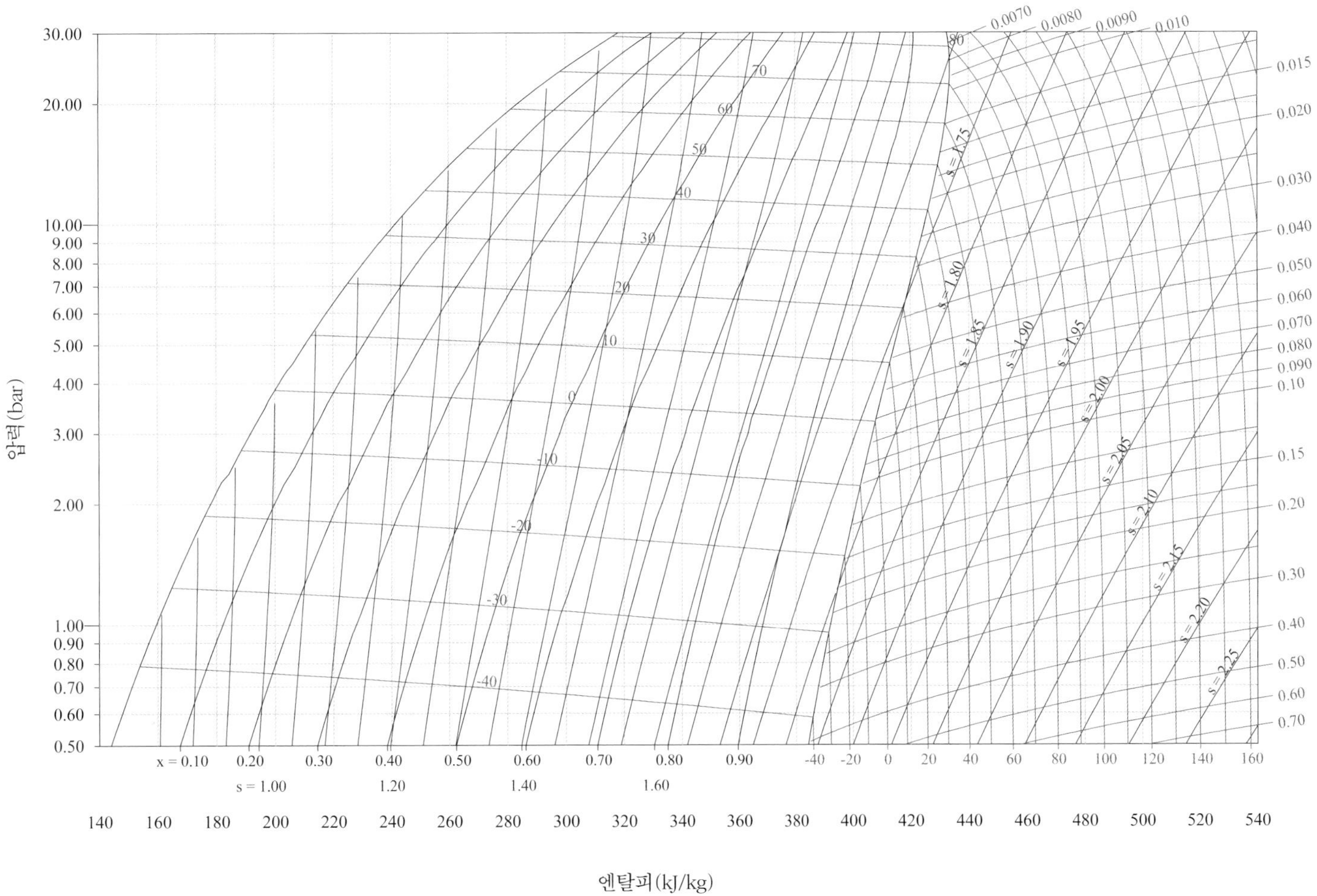

압력(bar)

엔탈피(kJ/kg)

그림 A-10 R-410A의 압력-엔탈피 선도

Appendix 3

냉동 기계 및 자동 제어 기호와 의미

A

A(Ammeter) 전류계

A(Ampere) 전류

AC(Alternating Current) 교류

AUT(Automatic) 자동

AUX(Auxiliary) 보조

B

B, BZ(Battery) 버저

BL(Bell) 벨

BS(Button Switch) 버튼 스위치

C

C(Common) 공통, 공동

C(Compressor) 압축기

C(Condenser) 응축기

C(Control) 제어

C(Cool) 저온

CB(Circuit Breaker) 차단기

CL(Close) 닫음

CL(Center Line) 중심(기준)선

CM(Compressor Motor) 압축기 모터

CPR(Condensing Pressure Regulator)
응축 압력 조절 밸브

CPR(Crankcase Pressure Regulator)
크랭크케이스 압력 조절 밸브

CS(Control Switch) 제어 스위치

CTR(Controller) 제어기

D

DH(De-humidity Heater) 제상 히터

Diff.(Differential) 차압

E

E(Evaporator) 증발기

EPR(Evaporation Pressure Regulator)
증발 압력 조절 밸브

ET(Earth Terminal) 접지 단자

EX(Exciter) 여자기

F

F(Fan) 팬

F(Flicker) 플리커

F(Fuse) 퓨즈

FI(Fault Indicator) 고장 표시등

FM(Fan Motor) 팬 모터

FR, FCR 플리커 릴레이

FWV(Four Way Valve) 4방 밸브(4-WV)

G

G(Gauge) 게이지

H

H(Heater) 히터

H(High) 고

H(Hot) 고온

HC(Holding Coil) 유지 코일

HE(Heat Exchanger) 열교환기

HPS(High Pressure Switch) 고압 스위치

K

KS(Knife Switch) 나이프 스위치

L

L(Lamp) 표시 램프

L(Low) 저

LPS(Low Pressure Switch) 저압 스위치

M

M, MA(Manual) 수동

M(Motor) 전동기

MC(Electromagnetic Coil) 전자 코일

MC(Electromagnetic Contactor)
 전자 접촉기

MCB(Molded Case Circuit Breaker)
 배선용 차단기

N

NRV(Non Return valves) 역지 밸브(체크 밸브)

O

OCR(Over-current Relay) 과전류 계전기

OFF(Open, Off) 개로, 열다

ON(Close, On) 폐로, 닫다

OP(Open) 열다

OPS(Oil Pressure Switch) 오일 압력 스위치

P

P(Pressure) 압력

PB(Push Button) 푸시버튼 스위치

PRS(Pressure Switch) 압력 스위치

R

R(Relay) 계전기

RST(Reset) 복귀

R, S, T 3상 전원

S

S(Switch) 스위치, 개폐기

SPR(Suction Pressure Regulator)
 흡입 압력 조절 밸브

SS(Select Switch) 선택 스위치

SV(Solenoid Valve) 솔레노이드 밸브

T

T(Temperature) 온도

T, TH(Thermometer) 온도계

T(timer) 타이머(한시 계전기)

TB(Terminal Block, Terminal Board) 단자판

TC(Temperature Controller) 온도 조절기

TEV(Thermal Expansion Valve)
 열동형 팽창 밸브

THR, Th(Thermal Relay) 열동 계전기

TLR(Time-lag Relay) 한시 계전기

TT(Testing Terminal) 시험 단자

U

u, v, w 부하 측 공급 전원(주전원)

V

V(Voltmeter) 전압계

VG(Vacuum Gauge) 진공 게이지

W

W(Wattmeter) 전력계

X

X(Relay) 계전기

주 의

1. 같은 문자 기호라도 상황에 따라 여러 가지 의미가 있을 수 있음.
2. 'L(Lamp)'는 그 앞에 적색(R), 황색(Y), 청색(B), 녹색(G), 백색(W), 황적(O) 등을 붙여 각종 표시등을 나타냄.

국제기능올림픽대회 작업 표준
Worldskills Competition Installation Standards

냉동기술직종

개정 : SHIZUOKA, JAPAN 2007

부록 4 차 례

1. 배관 작업 표준

이 장은 선수들이 수행한 배관 설치 작업을 객관적으로 평가하기 위한 표준이다.

1.1 최소 벤딩 반지름

동관의 벤딩 시 관이 납작해지거나 급격한 관 줄임이 일어나지 않도록 벤딩부의 최소 굽힘 반지름을 설정한다. 벤딩부의 반지름은 최소한 관 지름의 5배는 넘어야 한다.

예) 6mm관 : 굽힘 반지름 30mm 이상
9mm관 : 굽힘 반지름 45mm 이상
12mm관 : 굽힘 반지름 60mm 이상

1.2 최대 벤딩 반지름

관 벤딩부의 최대 반지름은 관 내 유체가 자연스럽게 유동할 수 있도록 정한다. 이 표준에서 허용되는 최대 굽힘 반지름은 관 지름의 10배를 초과하지 않도록 정한다.

예) 6mm관 : 굽힘 반지름 60mm 이내
9mm관 : 굽힘 반지름 90mm 이내
12mm관 : 굽힘 반지름 120mm 이내

1.3 통용되는 배관 작업

배관 작업 표준화를 위하여 수직면을 따르는 배관은 완전히 수직하게 설치해야 한다. 수평면을 따르는 배관은 완전이 수평하게 배관하며, 오일 회수를 위하여 4m마다 20mm의 낙차를 둔다.

1.4 통용되지 않는 배관 작업

이 표준의 목적을 도달하기 위하여 위의 **1.1**과 **1.2**에 따르지 않은 관의 꼬임이나 벤딩, 그리고 **1.3**의 규정을 지키지 않은 배관 작업은 통용되지 아니한다. 또한, 배관 작업이 비경제적이거나 시스템의 압력 강하를 최소화하지 못한 작업의 경우는 득점할 수 없다.

1.5 오일 회수를 위한 관 트랩

압축기가 증발기 위에 설치되는 경우에는 트랩도 함께 설치해야 한다. 그 위치는 저압, 저속 시스템의 경우 증발기 뒤에 설치한다. 만약 압축기가 증발기 아래에 있다면 흡입관이 압축기 방향으로 자연스럽게 경사를 이루어 오일 회수가 잘 되도록 해야 한다. 추가적인 오일 트랩은 매 3m 상승할 때마다 설치한다.

1.6 압력 조절기 설치 위치

모든 압력 제어 측정 위치는 압축기를 기준으로 한다. 즉, 저압 지점은 흡입 측 서비스 밸브나 압축기의 크랭크케이스로 한다. 만약 흡입 측 서비스 밸브가 없으면 압축기로 들어가는 흡입관으로 정한다.

고압 지점은 토출 측 서비스 밸브로 한다. 서비스 밸브가 없으면 액관에 설치된 다른 서비스 밸브를 이용한다. 만약 고압 서비스 밸브가 설치되어 있지 않으면 설치 위치를 압축기와 응축기 사이의 토출관으로 정한다.

2. 구성 부품 설치 위치

선수들이 설치한 냉동 시스템 구성 부품 위치에 대한 평가를 보다 객관적으로 수행하기 위한 표준이다.

2.1 팽창 밸브

팽창 밸브는 액관의 증발기 전에 설치하며 감온통이 증발기 출구의 흡입관에 가능한 증발기 가까이에 설치한다. 팽창 밸브는 증발기 케이스 내부 공간이나 증발기와 가장 가까운 냉동(장)실 내부에 설치되어야 한다. 외부 균압형 흡입관의 감온통을 지나면서 가능한 가까운 곳에 설치한다. 감온통은 증발기를 지나자마자 흡입관의 수평한 부분에 설치하며 1시에서 4시 사이의 방향에 맞추어 고정한다. 감온통은 열교환기 후나 중량이 큰 부품 가까이에는 설치하지 않는다.

2.2 솔레노이드 밸브

솔레노이드 밸브는 냉매 흐름과 같은 방향으로 설치해야 한다. 액관용 솔레노이드 밸브는 가능한 팽창 밸브 직전 가까이에 설치한다. 습기로 인한 손상을 줄일 수 있도록 밸브의 코일은 건조한 공기와 접촉할 수 있는 곳에 설치한다.

2.3 증발 압력 조절 밸브

증발 압력 조절 밸브는 증발기 뒤의 흡입 라인에 설치하며 증발 압력을 조절한다. 증발기가 여러 개 있는 경우에는 가장 높은 증발 압력을 갖는 증발기에 설치해야 한다.

2.4 크랭크케이스 압력 조절 밸브

크랭크케이스 압력 조절 밸브는 압축기 바로 직전의 흡입 라인에 설치한다.

2.5 체크 밸브

체크 밸브는 하나의 압축기를 이용하여 2개의 증발기를 갖는 2단 냉동기에서 고압 측 증발기에서 저압 측 증발기로 역류가 일어날 가능성이 있을 때는 언제든지 설치가 가능하다. 체크 밸브는 저압 증발기 바로 뒤의 흡입 라인에 설치한다.

2.6 필터 드라이어

필터 드라이어는 냉매 유동과 같은 방향이 되도록 설치한다. 필터 드라이어는 액관의 팽창 밸브 앞에 설치한다.

2.7 관찰창

관찰창은 액관의 필터 드라이어 바로 직후에 설치해야 한다.

2.8 열교환기

열교환기가 설치되는 경우에는 증발기를 따라 나오는 관에 설치하되 증발기 어셈블리 내에 장착하거나 증발기 바로 직후에 설치한다. 그러나 냉동고 내에는 설치하지 않는다.

2.9 어큐뮬레이터

흡입부 어큐뮬레이터는 제조사의 설치 규격과 지시에 따라 압축기 바로 전에 설치한다. 모세관식 시스템에서는 증발기 직후에 설치한다.

2.10 오일 분리기

오일 분리기가 필요한 경우에는 제조사의 지시에 따라 설치하되 압축기와 응축기 사이의 토출 라인에 설치한다.

3. 압력 시험 표준

이 과정은 단열 이음부를 체결하기 전에 단열 처리할 배관에 대하여 수행한다.

3.1 압력 시험 적용 배관

- 리시버에서 냉동 캐비닛이나 냉장고의 증발기까지
- 증발기에서 압축기 흡입부까지

3.2 기타 적용 배관

- 압축기 토출 측에서 응축기까지
- 응축기부터 리시버까지
- 흡입 헤더
- 액상관 헤더
- 단열 작업이 필요한 배관의 경우, 이 절차는 단열 작업에 앞서 수행한다.

3.3 압력 시험 수행 방법

- 압력 빼기 부분이 배관 중에 조립되어 있으면 이 시험을 하는 동안 분리한다.
- 시험할 배관이 분리되어 있지 않으면 남은 부분은 밸브를 잠그고 시험한다.
- 기체 질소 병을 배관에 연결한다.
- 시스템의 질소 가압 압력을 압력 게이지로 측정한다.
- 질소 가압을 배관부에 작용하는 압력의 최대 1.3배까지 증가시키며 시험한다.
- 게이지 압력을 기록한다.
- 최소 15분간 가압을 유지한다.
- 압력이 유지되면 기밀시험을 한다.
- 압력이 유지되지 않으면 비눗물로 누설부를 찾아 조치를 취하고 다시 시험한다.
- 가압했던 질소는 안전한 공간으로 천천히 조심하여 배출시킨다.
- 질소 병을 배관 시스템에서 분리한다.
- 진공 및 냉매 충전이 완료되면 시스템을 기밀을 유지하며 연결한다.
- 시스템 간 연결한 부분을 비눗물로, 냉매 충전 후에는 누설 탐지용 스프레이나 전자식 누설 탐지기로 시스템이 작동하는 최대 압력 하에서 최종 시험을 한다.
- 가장 높은 헤드 압력으로 작동하는 시스템에서는 고압 측에서 시험한다.
- 시스템이 정지하고 주변 온도가 최대인 경우에는 저압 측에서 시험한다.
- 단열 이음부를 접착제나 테이프로 고정시킨다.
- 가압시험 확인을 받는다.

4. 기밀시험 방법

다음 두 방법이 국제 대회 표준의 기밀시험 방법으로 통용된다.

4.1 비눗물 검사

장치의 기밀시험을 할 때에는 비눗물로 시험한다.

4.2 전자식 누설 탐지기 시험

이 방법은 원 냉매와 질소가 혼합되어 사용되는 경우에 사용되며, 장치 시험 압력으로 가압된 시스템에 적용된다. 압력 시험 후에는 냉매와 질소의 혼합물을 완전히 회수해야 하며 대기 중으로 방출해서는 안 된다.

5. 진공 시험 표준

가압(기밀) 시험이 끝나면, 시스템 내의 수분과 불응축물을 제거하기 위하여 진공 작업을 한다.

5.1 디프 진공법(Deep evacuation method)

1000(130 Pa)마이크론으로 진공하는 방법이다. 진공 펌프를 멈춘 후 1200(160 Pa)마이크론 이내로 주어진 시간 동안 진공이 유지되고 있는지 확인한다.

5.2 트리플 진공법(Triple evacuation method)

진공 펌프를 이용하여 최소 50000(5660 Pa)의 압력까지 진공시킨다. 질소로 진공을 해지시킨 후 시스템을 방치시킨다. 다시 시스템을 진공시키며 질소로 진공을 해지시키는 절차를 반복한다. 세 번째 진공 후에는 냉매로 시스템의 진공을 해지한다.

6. 냉매 취급

6.1 충전 시스템

HFC 계열 냉매는 반드시 액상으로 충전할 냉매량만큼 충전한다.

6.2 냉매 통기

다음과 같은 냉매 작업을 하는 어느 환경에서나 냉매를 대기로 방출하는 의도적 통기 행위는 허용되지 않는다.

6.2.1 장치에서 대기로 냉매가 배출되는 경우 냉매를 적절한 용기에 회수해야 한다.
6.2.2 냉동 시스템 해체 시 대기로 냉매를 방출하는 행위
6.2.3 냉동기에서 불응축 가스를 배출시킬 때 대기 중으로 방출하는 경우
6.2.4 냉동 시스템을 다단으로 진공할 때 또는 시스템에 최초로 냉매를 주입할 때 시스템을 다시 진공하고 그 작업을 반복하는 행위

6.2.5 시스템 누설 탐지 목적으로 냉매를 사용하거나 세정용으로 솔벤트를 사용하는 행위
6.2.6 냉매 누설을 시험하거나 수리하기 전에 냉매가 새는 장치에 냉매를 보충하는 행위

6.3 부주의로 인한 냉매 손실

대기로의 냉매 손실은 다음과 같이 작업하여 최소가 되도록 해야 한다.

6.3.1 누설이 있는 이음, 개스킷, 부품 및 손상된 관의 손실부는 완벽하게 없어야 한다.
6.3.2 안전 밸브, 안전판, 가용전 등 위험 방지용 장치의 용량을 초과하여 냉매가 손실되는 경우 안전 장치를 바꾸고 다른 작업 조건을 선택한다.
6.3.3 오일에 냉매가 용해되어 손실되는 경우 냉매 회수 작업을 정상적으로 수행한다.
6.3.4 매니폴드 호스와 배관 연결 및 분리 시에 발생하는 소량의 냉매 손실도 없도록 한다. 매니폴드 호스와 관의 끝을 사용하지 않을 시에는 막아 둔다.
6.3.5 시스템 수리 및 유지 과정에서 배관 작업 시 일부분에서 발생하는 누설이 없도록 한다.
6.3.6 불응축 가스 배출 시에 불응축 가스와 함께 배출되는 냉매 누설이 없도록 한다.

6.4 냉매 취급 안전

냉매를 다룰 때에는 보호 장구를 갖추어야 한다.

- 냉화를 입지 않도록 긴 소매 셔츠와 작업화까지 충분히 연결된 긴 바지의 옷과 손을 보호하기 위해 면장갑 또는 이와 유사한 장갑을 착용한다.
- 눈을 보호하기 위해 안전 보안경을 착용한다.

6.5 일반적 안전 장비

작업장에는 안전 관리자는 응급 상황 발생 시 대처할 응급 장비를 갖추어야 한다. 소화기는 위험 요소에 적합한 것으로 작업장 적절한 위치에 구비되어야 한다.

Appendix 5

전국기능경기대회 최근년도 출제 과제

2014년 전국기능경기대회 과제

직종명	냉동기술	과제명	냉동배관 및 누설시험	과제번호	제 1 과제
경기시간	7시간	비번호		심사위원 확인	(인)

1. 요구 사항

※ 심사위원 확인란은 반드시 3명 이상의 심사위원 확인이 있어야 한다.

냉동배관 및 누설시험(요구조건에 없는 내용은 냉동기술 직종설명에 준하여 작업한다.)

(1) 냉동장치를 배관 계통도에 주어진 각종 부품의 설치 순서와 동일하게 설치하며, 이중관식 나관코일 작업은 주어진 도면을 참고하여 작업한다.

(2) 황동 플레어 니플 작업 시 Brazing 부위를 사포 작업 후 플럭스 또는 붕사를 도포하고, 동관 내부가 산화되지 않도록 질소를 흘리며 Brazing 작업을 한다.

(3) 본 냉동장치는 각각 1개의 냉동실과 냉장실용 증발기로 이루어 졌고, 냉동실 제상방식은 Hot Gas 제상이고, 냉장실은 전열제상이며, 본 장치는 펌프다운 방식이다.

(4) 각종 부품의 입 · 출구 높이차에 의한 배관의 연결 방법은 선수 개인이 판단하되 배관이 겹치거나 외관이 불량하지 않고 압력손실이 최소화 되도록 작업한다.

(5) 고압관은 3/8″, 저압관은 1/2″, 게이지관은 1/4″동관 및 모세관을 사용하여 작업한다.

(6) Brazing 부위는 두텁고 균일해야 하며, 벤딩 부위는 찌그러짐, 흠집, 뒤틀림 등이 없어야 한다.

Brazing작업 전 압력 상태를 확인 받는다.		심사위원/시도(1)	(서명)
아세틸렌 압력 :	kg/cm^2g	심사위원/시도(2)	(서명)
산소 압력 :	kg/cm^2g	심사위원/시도(3)	(서명)

(7) 배관작업 시 Brazing 및 벤딩 개소가 최소화 되도록 하고, 각종부품은 운전 시 진동이나 소음이 발생되지 않도록 단단히 고정해야 한다.

(8) 질소가압 누설 테스트 전에 심사 위원에게 확인 받고, 누설 테스트는 질소를 5kg/cm²g까지 1차 가압 후 이상이 없으면, 최종 8kg/cm²g까지 가압 후 방치하여 익일 누설이 없어야 한다.

질소가압 시 심사위원 입회하에 실시하고 확인란에 확인을 받는다.

질소가압 누설 테스트 전 심사위원 확인 (관련된 밸브를 개방하고 안전한 방법으로 가압하는지 확인)	심사위원/시도(1) (서명) 심사위원/시도(2) (서명) 심사위원/시도(3) (서명)
질소가압 압력시험 1차 가압 압력 : kg/cm²g 2차 가압 압력 : kg/cm²g	심사위원/시도(1) (서명) 심사위원/시도(2) (서명) 심사위원/시도(3) (서명)
1차 질소가압 누설여부 : 누설( ), 누설없음( ) 누설이 있을 경우 누설부위 :	심사위원/시도(1) (서명) 심사위원/시도(2) (서명) 심사위원/시도(3) (서명)

(9) 냉동배관은 필요에 따라 보냉, 보온 위치를 결정하여, 제3과제에서 보냉, 보온을 실시한다.

(10) 냉각기의 배치는 주어진 도면과 같이 설치하며, 냉각용 송풍기 바람방향은 압축기를 향하도록 설치한다.

(11) 압력스위치와 게이지는 브래킷에 고정한 후 진동이나 흔들림으로 인한 배관손상을 방지하고 부착 위치 및 방법은 직종설명 규정을 따른다. EPR용 압력계는 1/4″관을 외경50mm 파이프에 3회 감아서 부착한다.

(12) 1과제가 끝나면 냉장고 본체의 외벽에 주어진 도면과 같이 컨트롤박스를 부착한다.

(13) 순환펌프는 누수가 되지 않도록 설치하여야 한다.

2. 선수 유의 사항

(1) 선수는 경기시작 전 필요한 공구 와 전원공급은 이상 없는지 모든 재료 및 부품을 확인하고 시작한다.

(2) 특수설비의 경우 조작요령을 충분히 숙지한 후 경기를 시작한다.

(3) 가스 용접기는 사용 후 반드시 밸브의 잠금 여부를 확인한다.

(4) 선수는 안전수칙을 반드시 준수하고 경기장내 정리, 정돈과 청결을 유지하며, 특히 사다리 사용시 안전수칙에 유의하며 사용해야 한다.

(5) 선수는 경기도중 타 선수의 경기에 지장을 초래해서는 안 된다

(6) 용접기 사용 시 화재 및 화상에 주의한다.

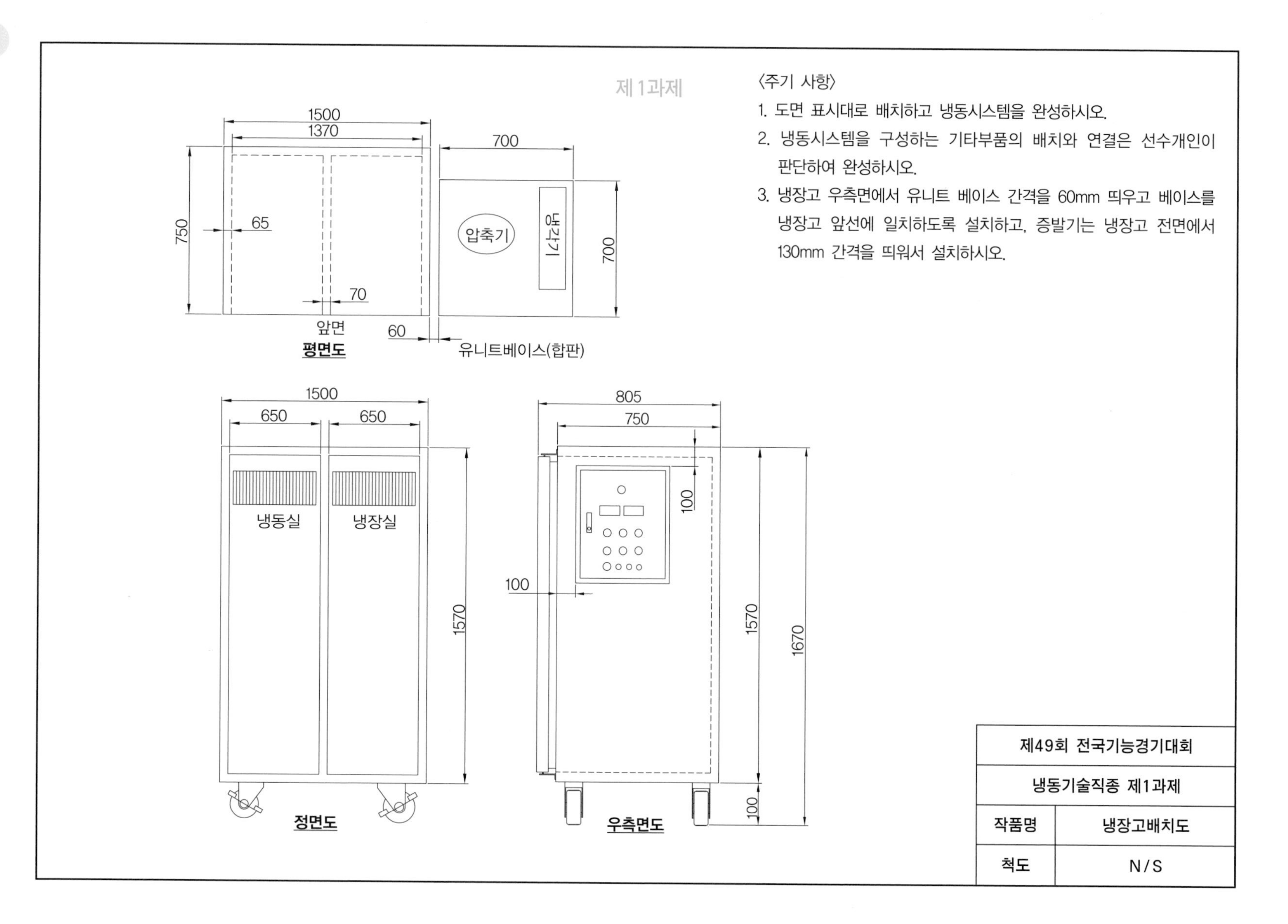
제 1과제
〈주기 사항〉
1. 도면 표시대로 배치하고 냉동시스템을 완성하시오.
2. 냉동시스템을 구성하는 기타부품의 배치와 연결은 선수개인이 판단하여 완성하시오.
3. 냉장고 우측면에서 유니트 베이스 간격을 60mm 띄우고 베이스를 냉장고 앞선에 일치하도록 설치하고, 증발기는 냉장고 전면에서 130mm 간격을 띄워서 설치하시오.
1500
1370
750
65
70
앞면
평면도
700
압축기
냉각기
60
유니트베이스(합판)
1500
650
650
냉동실
냉장실
1570
정면도
805
750
100
100
1570
1670
100
우측면도
제49회 전국기능경기대회
냉동기술직종 제1과제
작품명
냉장고배치도
척도
N/S

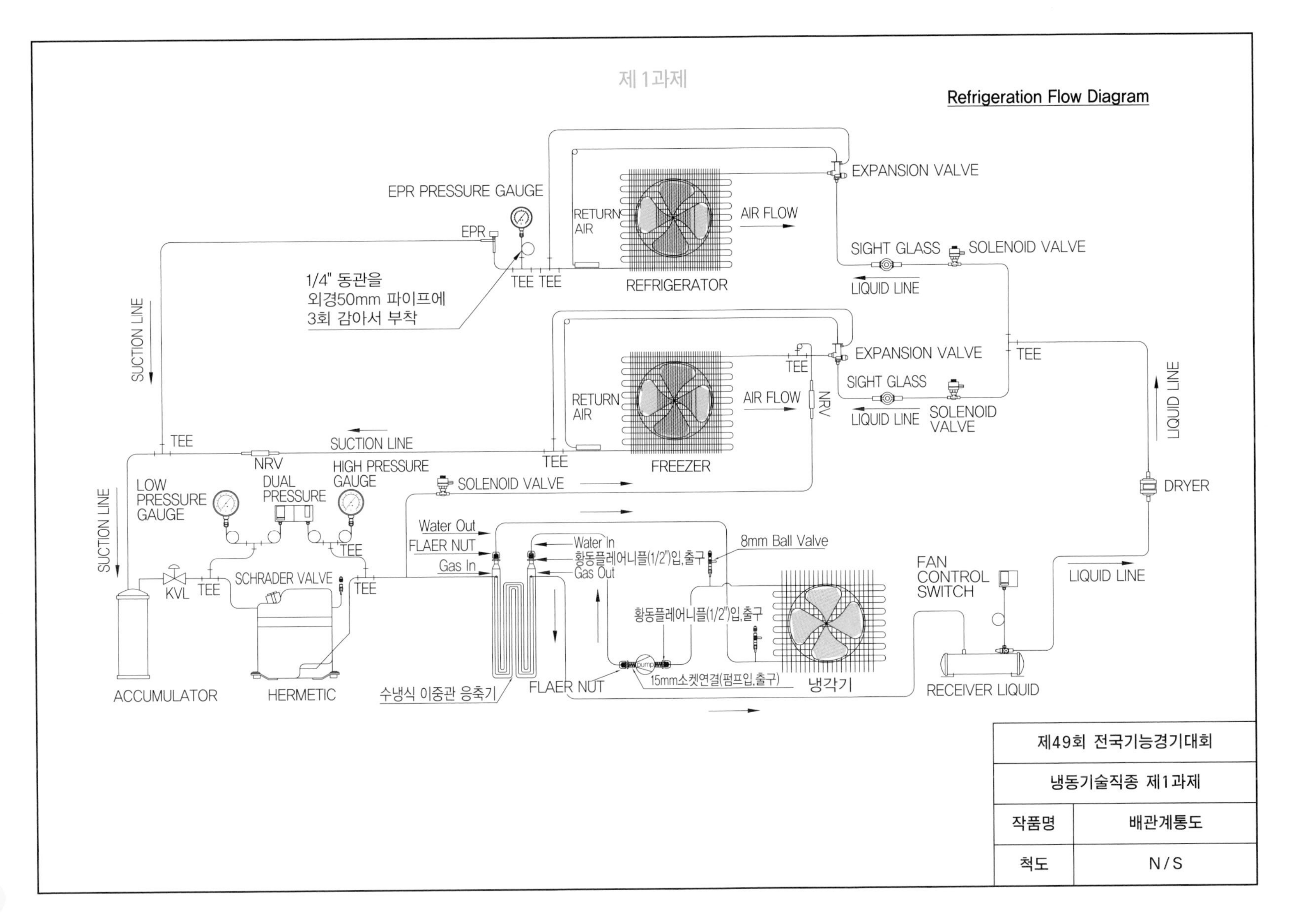
제 1과제
Refrigeration Flow Diagram
EXPANSION VALVE
EPR PRESSURE GAUGE
EPR
RETURN AIR
AIR FLOW
SIGHT GLASS
SOLENOID VALVE
1/4" 동관을
외경50mm 파이프에
3회 감아서 부착
TEE TEE
REFRIGERATOR
LIQUID LINE
SUCTION LINE
EXPANSION VALVE
TEE
TEE
SIGHT GLASS
RETURN AIR
AIR FLOW
NRV
LIQUID LINE
SOLENOID VALVE
LIQUID LINE
TEE
SUCTION LINE
TEE
NRV
FREEZER
HIGH PRESSURE GAUGE
LOW PRESSURE GAUGE
DUAL PRESSURE
SOLENOID VALVE
DRYER
Water Out
FLAER NUT
Gas In
Water In
황동플레어니플(1/2")입,출구
Gas Out
8mm Ball Valve
FAN CONTROL SWITCH
LIQUID LINE
KVL
TEE
SCHRADER VALVE
TEE
황동플레어니플(1/2")입,출구
ACCUMULATOR
HERMETIC
수냉식 이중관 응축기
FLAER NUT
15mm소켓연결(펌프입,출구)
냉각기
RECEIVER LIQUID
pump
제49회 전국기능경기대회
냉동기술직종 제1과제
작품명
배관계통도
척도
N/S

2014년 전국기능경기대회 과제

직종명	냉동기술	과제명	전기배선 및 진공작업	과제번호	제 2 과제
경기시간	6 시간	비번호		심사위원 확인	(인)

1. 요구 사항

※ 심사위원 확인란은 반드시 3명 이상의 심사위원 확인이 있어야 한다.

전기배선 및 진공작업 (요구조건에 없는 내용은 냉동기술 직종설명에 준하여 작업한다.)

※ 본 과제를 완료하지 못한 선수는 다음 과제에 참가 할 수 없으며 세부적인 사항은 직종설명에 준한다.

(1) 선수는 제2과제를 시작하기 전에 심사 위원에게 누설여부를 확인받고, 누설이 있을 경우엔 해당 누설 부위를 조치 후 2과제에 임한다. 단 누설부분은 감점 처리된다.

누설 유 · 무 압력 확인 : kg/cm^{2}g	심사위원/시도(1) (서명) 심사위원/시도(2) (서명) 심사위원/시도(3) (서명)

(2) 주어진 도면에서 누락 되거나 틀린 부분이 있으면 수정하고 미완성된 부분을 작도하시오.

(3) 냉동장치가 다음과 같이 운전 될 수 있도록 회로를 구성하시오.

- 장비에 전원 투입 시, 전원램프(WL), DTC 온도표시, 물 펌프만 가동되도록 하시오.
- 푸시버튼 ON버튼을 누르면 장비가 정상가동이 되도록 하고 OFF버튼을 누르면 펌프다운 후 장비가 완전히 정지 되도록 하시오.
- 토글스위치 1, 2는 냉동실과 냉장실을 개별 운전 및 정지를 할 수 있도록 구성하시오.
- 장비가 알람 상태가 되면 물 펌프와 전원램프, 알람램프, X2릴레이, DTC전원 외에는 모두 정지 또는 전원 공급이 안 되도록 하시오.
- 냉장실용 제상주기 타이머(T1)에 의해 시간에 따라 제상을 시작하고 증발기 팬은 정지하며, 제상시간 타이머(T2)의 값에 따라 제상 종료
- 도면에 불필요한 접점 사용과 불필요한 부품을 사용하여 작업하지 마시오.

(4) 냉동실은 핫가스제상이며, 냉장실은 전열제상 이다.

(5) 전기 배선작업은 동력선은 흑색(0V) 백색(220V), 제어선은 황색(0V) 적색(220V)으로 접지선은 녹색으로 작업하며 판넬 내부에 부착된 부품은 견고하게 부착되어야 한다.

(6) 전기배선은 전선이 불필요하게 복잡하거나 우회하지 않아야 한다.

(7) 전기배선 작업도중 진공작업 실시여부는 선수가 판단하며, 1시간 이내에 1000microns이하까지 진공이 도달해야 하고, 진공펌프가 중지된 후 15분 동안 200microns 이상 증가해서는 안 된다.

진공시험 과정을 심사 위원으로부터 확인 받는다.

1시간 진공작업 시작 확인 진공시작시간 : 시 분 microns	심사위원/시도(1) (서명) 심사위원/시도(2) (서명) 심사위원/시도(3) (서명)
1시간 진공작업 종료 확인 진공종료시간 : 시 분 microns	심사위원/시도(1) (서명) 심사위원/시도(2) (서명) 심사위원/시도(3) (서명)
15분 진공방치 시작 확인 방치시작시간 : 시 분 microns	심사위원/시도(1) (서명) 심사위원/시도(2) (서명) 심사위원/시도(3) (서명)
15분 진공방치 종료 확인 방치종료시간 : 시 분 microns	심사위원/시도(1) (서명) 심사위원/시도(2) (서명) 심사위원/시도(3) (서명)
냉매 충전 량 : g	심사위원/시도(1) (서명) 심사위원/시도(2) (서명) 심사위원/시도(3) (서명)

(8) 냉동, 냉장실 온도 감지용 센서(끝 부분)는 증발기 휀 입구 그릴에 설치하며, 제상용 센서는 증발기 토출 측 핀 사이 중앙에 삽입한다.

(9) 단자대 제어선 넘버링은 좌측부터 번호순(오름차순)으로 작업해야 한다.

(10) 전기배선은 주어진 부품을 이용 작업해야 하며, 운전 시 진동에 의한 이탈이 없어야 한다.

(11) 외부전선은 단자대를 통한 후 PVC 플렉시블 전선관으로 처리하며, 잔여 노출되는 부분은 헤리컬 밴드 또는 수축튜브 등으로 마감해야 한다.

(12) 전선 연결 시 동력선은 볼트, 넛트 체결 후 고무, 비닐절연 테이프 순으로 마감해야 하며, 제어선 연결은 접속자(엔드콘넥터)를 사용해서 작업한다.

(13) 모든 제어선 및 동력선 끝단에는 압착단자와 절연튜브를 사용하여 마감해야 한다.

- 동력선 : 전자접촉기 1차측 까지는 일반 절연튜브를 2차측 부터는 명칭기입이 된 절열튜브를 사용
- 제어선 : 모든 제어선의 끝단에는 넘버링이 된 절연튜브를 사용

(14) 제어함 내 · 외부의 부품에 부품 명칭이 부착 되어야 한다.

(15) 상기 조건들을 만족할 수 있도록 전기 결선작업이 완료되면, 회로점검 완료 후 심사 위원에게 결선작업에 대해 검사를 받아야한다.

(16) 파워서플라이 고정은 콘트롤박스 전면기준 좌측 박스안쪽에 견고히 부착해야 하며 모터 직류전원은 동력단자대를 통해 개별 후렉시블을 사용하여 작업한다.

전기 결선 확인 (종료시간 : 시 분)	심사위원/시도(1) (서명) 심사위원/시도(2) (서명) 심사위원/시도(3) (서명)

2. 선수 유의 사항

(1) 선수는 경기시작 전 모든 재료 및 부품이 이상 없는지 확인하고 시작한다.

(2) 특수설비의 경우 조작요령을 충분히 숙지한 후 경기를 시작한다.

(3) 결선작업 완료 후 회로시험은 반드시 테스터기로 해야 하며, 전원을 투입하거나 벨 테스터기를 사용해서 회로를 시험할 수 없다.

(4) 선수는 안전수칙을 반드시 준수한다.

(5) 경기장내 정리, 정돈과 청결을 유지하고 타 선수에 지장을 초래해서는 안 된다.

제 2과제

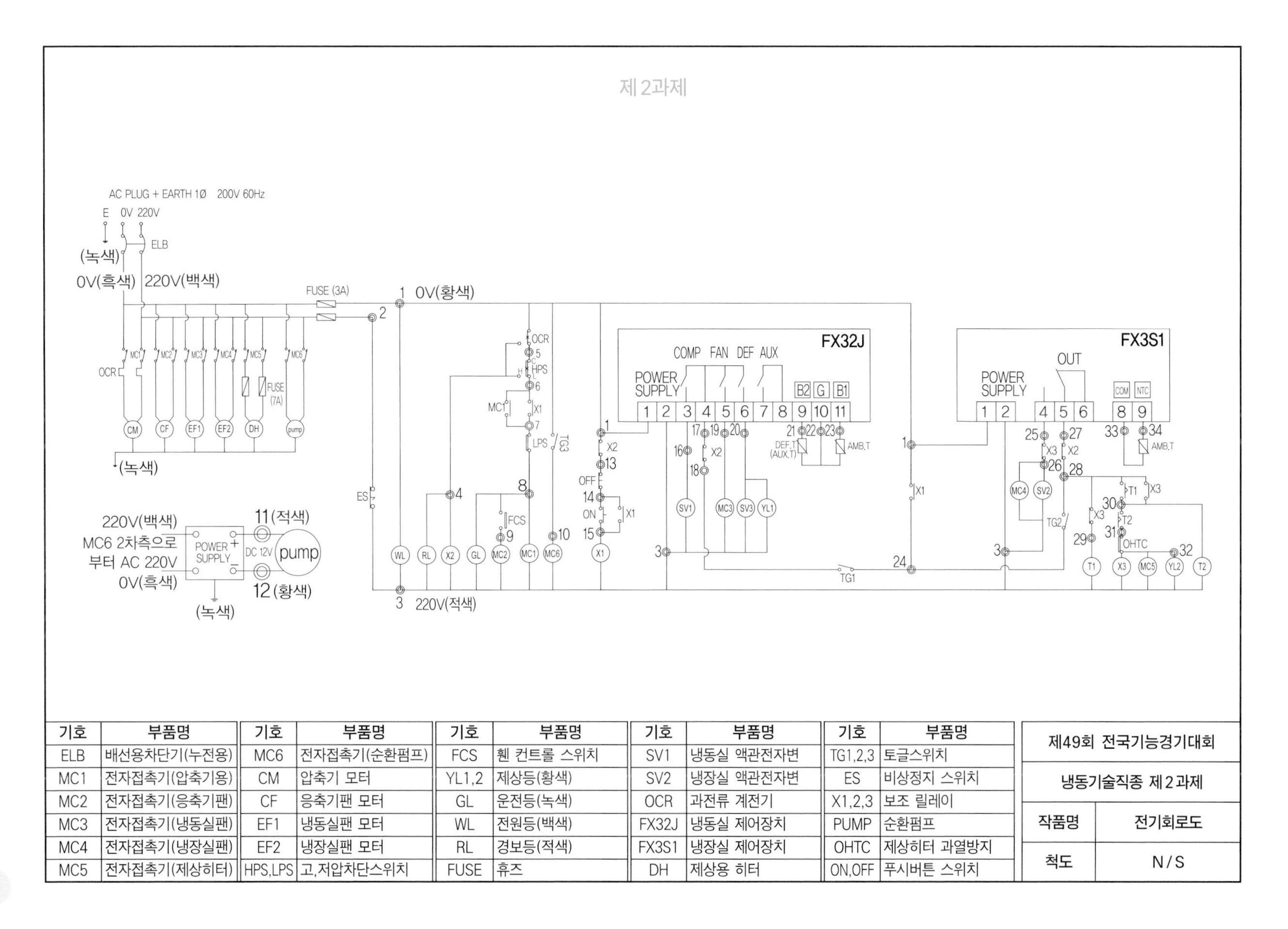

기호	부품명	기호	부품명	기호	부품명	기호	부품명	기호	부품명
ELB	배선용차단기(누전용)	MC6	전자접촉기(순환펌프)	FCS	휀 컨트롤 스위치	SV1	냉동실 액관전자변	TG1,2,3	토글스위치
MC1	전자접촉기(압축기용)	CM	압축기 모터	YL1,2	제상등(황색)	SV2	냉장실 액관전자변	ES	비상정지 스위치
MC2	전자접촉기(응축기팬)	CF	응축기팬 모터	GL	운전등(녹색)	OCR	과전류 계전기	X1,2,3	보조 릴레이
MC3	전자접촉기(냉동실팬)	EF1	냉동실팬 모터	WL	전원등(백색)	FX32J	냉동실 제어장치	PUMP	순환펌프
MC4	전자접촉기(냉장실팬)	EF2	냉장실팬 모터	RL	경보등(적색)	FX3S1	냉장실 제어장치	OHTC	제상히터 과열방지
MC5	전자접촉기(제상히터)	HPS,LPS	고,저압차단스위치	FUSE	휴즈	DH	제상용 히터	ON,OFF	푸시버튼 스위치

제49회 전국기능경기대회	
냉동기술직종 제2과제	
작품명	전기회로도
척도	N/S

2014년 전국기능경기대회 과제

직종명	냉동기술	과제명	냉매충전, 시운전 결과측정	과제번호	제 3 과제
경기시간	2시간 30분	비번호		심사위원 확인	(인)

1. 요구 사항

※ 심사위원 확인란은 반드시 3명 이상의 심사위원 확인이 있어야 한다.

※ 시행에 앞서 전체 선수의 온도조절기를 초기화 하고 지시치를 확인 후 모든 선수가 동일 조건이 되도록 하여야 한다.
또한 각종 압력 스위치를 모두 초기화(선수가 세팅 해오지 않도록)해서 사용하도록 한다.

※ 냉동장치 사양
외기 온도=33°C (건구온도) / 응축기 TD=13K / 냉동실 설계 온도=-20°C / 냉장실 설계 온도=0°C / 냉동실 증발기 TD=7K / 냉장실 증발기 TD=7K / 흡입라인 압력 강하=2K

※ 시운전 시 선수의 안전과 장비 보호를 위하여 아래 (7), (8), (9), (10), (11)항목의 안전장치 및 압력조정변 세팅을 선행 한 후 다음 작업에 임한다.

냉매충전 및 시운전 결과측정

(1) 전원 투입 전 잘못된 배선작업이 있는지 확인 하시오.(심사위원 입회하에)

(2) 냉동유닛 제어장치의 세팅(아래 요구사항 이외 항목은 선수가 알아서 정상가동 될 수 있도록 세팅)

(3) 압축기 초기 운전 시 액 압축 또는 과열압축이 되지 않도록 주의 하시오.

(4) 보온 · 보냉 해야 할 부분을 보온재를 사용해서 보온하고 보온재 접합부위는 전용 본드를 사용해서 접합해야 하며 테이프 등으로 접합하지 마시오.

(5) 수냉식 응축기 와 이중관식 코일은 선수가 물을 채워 정상적인 운전이 되도록 한다.

(6) 냉동, 냉장실 센서는 증발기 흡입구에 고정하고 냉동실 제상센서는 증발기 토출코일 중앙에 설치한다.

(냉동실)

① 고온 알람온도 : 고내온도 -5℃에서 알람

② 저온 알람온도 : 고내온도 -25℃에서 알람

③ 제상 후 고온알람지연 시간 : 20분

④ 고온 알람 지연 시간 : 40분

⑤ 저온 알람 지연 시간 : 5분

⑥ 설정 가능한 냉각운전기준 설정 값은 최솟값을 -20℃, 최댓값을 -5℃로 설정
⑦ 제상종료는 제상온도와 제상시간 중 먼저 발생한 것에 의해 종료 되도록 설정
⑧ 제상종료 온도는 10℃로 설정
⑨ 펌프다운 시간은 "1"으로 설정
⑩ 배수시간은 1분으로 설정
⑪ 제상은 6시간 주기로 20분간 제상이 되도록 설정
⑫ 제상 시 팬 운전은 열원제상으로 설정
⑬ 제상 시 팬 운전은 제상 후 팬 지연으로 설정
⑭ 제상 후 팬 지연시간은 30초
⑮ 냉동실 설정온도 : -19℃, ±1℃에서 운전 되도록 설정

(냉장실)

① 냉장실 설정온도 : 1℃, ±1℃에서 운전 되도록 설정
② 제상은 6시간 주기로 10분간 제상이 되도록 설정

(7) 고압차단스위치(HPS) 압력설정 : (외기온도 + 응축기 TD값 + 안전율 10K)

설정식 : HPS 설정치를 기록 하시오 : kg/cm²g	심사위원/시도(1) (서명) 심사위원/시도(2) (서명) 심사위원/시도(3) (서명)

(8) 저압차단스위치(LPS)의 Cut Out 압력설정은 -36℃, Cut In 압력설정은 -10℃에 해당하는 포화압력으로 하며, 과전류계전기(OCR)의 cut out은 정상운전 전류보다 1.3배 높게 설정하고 심사 위원에게 확인 받는다.

LPS 설정치를 기록 하시오 Cut Out : kg/cm²g, Cut In : kg/cm²g OCR 설정치를 기록 하시오 : A	심사위원/시도(1) (서명) 심사위원/시도(2) (서명) 심사위원/시도(3) (서명)

(9) 응축기압력스위치(FCS) 설정은 15kg/cm²g에서 팬 가동, 차압 3kg/cm²g에서 정지토록 설정하고 심사 위원에게 확인 받는다.

FCS 설정치를 기록 하시오 운전 : kg/cm²g 정지 : kg/cm²g	심사위원/시도(1) (서명) 심사위원/시도(2) (서명) 심사위원/시도(3) (서명)

(10) 증발압력 조정밸브(EPR)의 압력설정하고 심사 위원에게 확인 받는다.

EPR 설정치를 기록 하시오	심사위원/시도(1) (서명)
설정식 :	심사위원/시도(2) (서명)
설정치 : kg/cm^2g	심사위원/시도(3) (서명)

(11) 흡입압력 조정밸브(KVL)의 압력설정하고 심사 위원에게 확인 받는다.

KVL 설정치를 기록 하시오	심사위원/시도(1) (서명)
설정식 :	심사위원/시도(2) (서명)
설정치 : kg/cm^2g	심사위원/시도(3) (서명)

(12) 냉동실 온도가 -15℃, 냉장실온도 4℃이하로 동시에 함께 도달하면 심사위원의 확인 받으시오.

냉동, 냉장실 온도를 기록 하시오	심사위원/시도(1) (서명)
냉동실 온도 : ℃	심사위원/시도(2) (서명)
냉장실 온도 : ℃	심사위원/시도(3) (서명)

(13) 냉동, 냉장실 온도가 동시에 최저치에 함께 도달 했음을 심사위원의 확인 받으시오.

냉동, 냉장실 온도를 기록 하시오	심사위원/시도(1) (서명)
냉동실 온도 : ℃	심사위원/시도(2) (서명)
냉장실 온도 : ℃	심사위원/시도(3) (서명)

(14) KVL 압력설정은 압축기 가동 시 저압차단스위치(LPS)의 Cut In 압력 보다 5K 높게 설정한다.

(15) 냉동장치가 정상적인 운전을 하고 있으며 냉동실 온도가 -15℃이하, 냉장실온도 4℃이하가 되면 DATA를 주어진 TEST SHEET에 작성하여, 비 번호 및 성명을 기록 후 심사위원에게 제출한다.

(이때, 냉동 및 냉장실 온도가 함께 도달해야 하고 심사위원의 확인이 필요함)

(16) 냉매충전 전과 후의 가스통 무게를 심사 위원에게 확인받은 후 충전 량을 TEST SHEET에 기록한다. 제2과제에서 주입한 냉매 량을 합산한다.(냉매부족 또는 과 충전 되지 않도록 주의)

※매니폴드 게이지가 부착 되지 않은 순수한 통 무게만 측정 할 것.

충전 전 통 무게 : g	심사위원/시도(1) (서명) 심사위원/시도(2) (서명) 심사위원/시도(3) (서명)
충전 후 통 무게 : g 3과제 냉매 충전 량 : g	심사위원/시도(1) (서명) 심사위원/시도(2) (서명) 심사위원/시도(3) (서명)
냉매 총 충전 량 (2과제+3과제)기록 : g	심사위원/시도(1) (서명) 심사위원/시도(2) (서명) 심사위원/시도(3) (서명)

(17) 냉장실 제상 운전 중 고내온도 상승을 방지하기 위하여 과열 방지용 온도조절기는 25℃로 설정하고 더 이상 온도가 상승되지 않도록 하여야 한다.
(18) 과제가 완료 되면 선수는 장비를 가동시켜 놓고 퇴장한다.

2. 선수 유의 사항

(1) 선수는 경기시작 전 냉매 및 전원공급은 이상 없는지 확인하고 한다.
(2) 특수설비의 경우 조작요령을 충분히 숙지한 후 경기를 시작한다.
(3) 전원 투입 시 감전 및 누전에 유의한다.
(4) 선수는 안전수칙을 반드시 준수하고, 경기장내 정리, 정돈과 청결을 유지한다.
(5) 선수는 경기도중 타 선수의 경기에 지장을 초래해서는 안 된다.

2014년 전국기능경기대회 과제

직종명	냉동기술	과제명	냉매충전, 운전결과 측정	과제번호	제 3 과제
경기시간	2시간 30분	비번호		심사위원 확인	(인)

Test Sheet

번호	측정 항목	단위	계산식	측정값	판 정
1	고, 저 압력			고압 : 저압 :	
2	고내온도			냉동실 : 냉장실 :	
3	고압차단스위치 설정치				
4	저압차단스위치 설정치				
5	팬 제어(FCS) 설정치				
6	증발압력 조정변 설정치				
7	흡입압력 조정변 설정치				
8	압축기 과전류계전기 설정치				
9	이중관식 응축기 과냉각도				
10	압축기 운전전류				
11	압축기 소비전력(역률85%)				
12	증발기 풍량			냉동실 : 냉장실 :	
13	냉각기 풍량				
14	증발기 온도차			냉동실 : 냉장실 :	
15	냉각기 입출구배관 온도차				
16	증발기 과열도			냉동실 : 냉장실 :	
17	냉동실 팽창밸브 열린 량	%			
18	냉장실 팽창밸브 열린 량	%			
평가(심사위원)					

2014년 전국기능경기대회 과제

직종명	냉동기술	과제명	전기 고장진단 및 수리	과제번호	제 4 과제
경기시간	30분	비번호		심사위원 확인	(인)

1. 요구 사항

(1) 심사위원이 인위적으로 발생시킨 고장 점을 찾고 수리해야 한다.
(2) 선수는 고장진단 및 수리 부위를 심사 위원에게 확인 시킨 후 다음 작업에 임한다.
(3) 고장진단은 합당한 공구를 사용하여 합리적인 방법으로 진단하고 수리해야 한다.
(4) 전원 투입 전 접지(누전)상태 및 전압을 확인하고, 전원 투입 시 감전에 주의 한다.
(5) 고장수리가 완료되면 장비를 운전 시켜 놓고 퇴장한다.
(6) 주어진 시간 내에 모든 작업을 완료해야 하며, 시간 점수가 있음을 알아야 한다.

<table>
<tr><td colspan="2">고장수리 시작 시간 : 시 분</td></tr>
<tr><td>고장부위를 찾은 시간 : 시 분</td><td>심사위원/시도(1) (서명)
심사위원/시도(2) (서명)
심사위원/시도(3) (서명)</td></tr>
<tr><td>고장수리 종료 시간 : 시 분</td><td>심사위원/시도(1) (서명)
심사위원/시도(2) (서명)
심사위원/시도(3) (서명)</td></tr>
</table>

고장 진단 및 수리과정을 상세히 설명하시오.	

2. 경기자 유의 사항

(1) 선수는 경기시작 전 고장진단 및 수리에 필요한 공구등과 전원공급은 이상 없는지 확인하여야 한다.
(2) 특수설비의 경우 조작요령을 충분히 숙지한 후 경기를 시작한다.
(3) 전원 투입 시 감전 및 누전에 유의한다.
(4) 선수는 안전수칙을 반드시 준수한다.
(5) 경기장내 정리, 정돈과 청결을 유지한다.
(6) 선수는 경기도중 타 선수의 경기에 지장을 초래해서는 안 된다.

2014년 전국기능경기대회 과제

직종명	냉동기술	과제명	기계 고장진단 및 수리	과제번호	제 5 과제
경기시간	2 시간	비번호		심사위원 확인	(인)

1. 요구 사항

본 과제는 선수가 고장 점을 찾고 수리하는 과정을 숙련되고, 안전하게 하며, 친환경적이고, 합리적인 방법으로 작업을 수행하는지를 평가하는 과제이다.

(1) 심사위원이 인위적으로 발생시킨 고장 점을 찾고 수리해야 하며, 심사위원은 모든 선수가 공평하게 고장이 나도록 해야 하며 냉매를 회수하고 다시 충전할 수 있는 고장이어야 한다.

(2) 고장진단 및 수리는 주어진 시간 내에 해결해야 한다.
선수는 고장을 진단하고 그 부위를 심사 위원에게 확인 시킨 후 다음 작업에 임한다.

(3) 기계 고장진단 전 CHECK SHEET를 작성하고, 문제점을 파악한 후 진단과 수리를 해야 한다.

(4) 고장수리가 완료되면 고장수리 후 CHECK SHEET를 기록 후 장비를 운전시켜 놓고 퇴장 한다.

(5) 고장수리를 위한 냉매회수 (장치 내 압력이 0kg/cm^{2}g까지)시 불필요한 냉매 소모 없이 주입한 냉매를 전량을 회수한 후 재충전해야 한다.(추가로 냉매를 사용할 수 없으며 사용시 감점됨.) 또한, 냉매회수 과정에서 불응축 가스 및 수분 등이 혼입되지 않도록 특히 주의해야 한다.

항목	단위	확인	서명
냉매 회수통 진공 :	microns	심사위원/시도(1) 심사위원/시도(2) 심사위원/시도(3)	(서명) (서명) (서명)
냉매 회수기 진공 :	microns	심사위원/시도(1) 심사위원/시도(2) 심사위원/시도(3)	(서명) (서명) (서명)
냉매 회수 전 회수통 무게 :	g	심사위원/시도(1) 심사위원/시도(2) 심사위원/시도(3)	(서명) (서명) (서명)
냉매 회수 후 장치 내 압력 :	kg/cm^{2}g	심사위원/시도(1) 심사위원/시도(2) 심사위원/시도(3)	(서명) (서명) (서명)

냉매 회수 후 회수 통 무게 : g	심사위원/시도(1) (서명) 심사위원/시도(2) (서명) 심사위원/시도(3) (서명)

(6) Brazing작업 전 산소용접기 압력 상태를 확인 받는다.

아세틸렌 압력 : kg/cm^2g 산소 압력 : kg/cm^2g	심사위원/시도(1) (서명) 심사위원/시도(2) (서명) 심사위원/시도(3) (서명)

(7) 15분간 질소가압 및 방치 시험($7kg/cm^2g$) 심사위원 확인

15분간 질소가압 방치시작 확인 방치시작시간 : 시 분 kg/cm^2g	심사위원/시도(1) (서명) 심사위원/시도(2) (서명) 심사위원/시도(3) (서명)
15분간 질소가압 방치종료 확인 방치종료시간 : 시 분 kg/cm^2g	심사위원/시도(1) (서명) 심사위원/시도(2) (서명) 심사위원/시도(3) (서명)
질소방치 시 누설여부 : 누설( ), 누설없음( ) 누설이 있을 경우 누설부위 :	심사위원/시도(1) (서명) 심사위원/시도(2) (서명) 심사위원/시도(3) (서명)

(8) 진공작업 확인(2000microns까지 진공작업) 및 냉매주입 량 확인

진공작업 완료 확인 : microns	심사위원/시도(1) (서명) 심사위원/시도(2) (서명) 심사위원/시도(3) (서명)
냉매 충전 전 통무게 : g 냉매 충전 후 통무게 : g 추가로 충전한 냉매량 : g	심사위원/시도(1) (서명) 심사위원/시도(2) (서명) 심사위원/시도(3) (서명)

(9) 고장수리 완료 후 장비 정상가동 확인

고장수리 완료 확인 고장수리 시작 시간 : 시 분 고장수리 종료 시간 : 시 분	심사위원/시도(1) (서명) 심사위원/시도(2) (서명) 심사위원/시도(3) (서명)
냉동실 및 냉장실 온도 : 냉동실 : ℃ 냉장실 : ℃	심사위원/시도(1) (서명) 심사위원/시도(2) (서명) 심사위원/시도(3) (서명)

고장 진단 전 CHECK SHEET

번호	측정항목	단위	계산식	설정및 측정값	판단
1	고내온도		불필요	냉동실 : 냉장실 :	
2	압축기 흡입압력		불필요		
3	압축기 토출압력		불필요		
4	증발온도			냉동실 : 냉장실 :	
5	토출가스 온도				
6	응축온도				
7	증발기 과열도			냉동실 : 냉장실 :	
8	증발기 풍량			냉동실 : 냉장실 :	
9	이중관식 응축기 과냉각도				
10	냉각기 풍량				
11	증발기 입 · 출구 공기 온도차			냉동실 : 냉장실 :	
12	냉각기 입 · 출구 공기 온도차				

2. 선수 유의 사항

(1) 선수는 경기시작 전 고장진단 및 수리에 필요한 공구와 측정 장비 이상 유무를 확인한다.
(2) 특수설비의 경우 조작요령을 충분히 숙지한 후 경기를 시작한다.
(3) 전원 투입 시 감전 및 누전에 유의한다.
(4) 선수는 안전수칙을 반드시 준수하고, 경기장내 정리, 정돈과 청결을 유지한다.
(5) 선수는 경기도중 타 선수의 경기에 지장을 초래해서는 안 된다.

3. 기계 고장 진단 및 수리 점검표

고장을 찾게 된 과정을 고장 진단 전 CHECK SHEET 내용 등을 인용해 상세하고 올바르게 서술하시오.

■ **고장수리 총 소요 시간 :**

고장 진단 과정을 상세히 설명하시오.
고장 수리 과정을 상세히 설명하시오.

점수기록(심사위원):

4. 고장 수리 후 점검

고장수리가 완료되고 장비가 정상가동 되면 아래의 고장 수리 후 CHECK SHEET를 작성 하시오.

고장 수리 후 CHECK SHEET

번호	측정항목	단위	계산식	설정및 측정값	판단
1	고내온도		불필요	냉동실: 냉장실:	
2	압축기 흡입압력		불필요		
3	압축기 토출압력		불필요		
4	증발온도			냉동실: 냉장실:	
5	토출가스 온도				
6	응축온도				
7	증발기 과열도			냉동실: 냉장실:	
8	증발기 풍량			냉동실: 냉장실:	
9	이중관식 응축기 과냉각도				
10	냉각기 풍량				
11	증발기 입 · 출구 공기 온도차			냉동실: 냉장실:	
12	냉각기 입 · 출구 공기 온도차				

2015년 전국기능경기대회 과제

직종명	냉동기술	과제명	냉동배관 및 누설시험	과제번호	제 1 과제
경기시간	6시간 30분	비번호		심사위원 확인	(인)

※ 심사위원 확인란은 반드시 3명 이상의 심사위원 확인이 있어야 하며, 수정 시 수정한 부분에도 3명 이상의 심사위원 확인 후 서명이 있어야 한다.

1	동관 배관은 사용 전 무게를 측정하여 확인 사용 전 무게 : 1/4"(g), 3/8"(g)	심사위원/시도(1) (서명) 심사위원/시도(2) (서명) 심사위원/시도(3) (서명)
2	사용 후 남은 동배관 중 가장 긴 것 1개 사용 후 무게 : 1/4"(g), 3/8"(g) 사용 전 무게 : 1/4"(g), 3/8"(g)	심사위원/시도(1) (서명) 심사위원/시도(2) (서명) 심사위원/시도(3) (서명)
3	Brazing 작업 전 압력 상태를 확인 아세틸렌 압력 : kg/cm²g 산소 압력 : kg/cm²g	심사위원/시도(1) (서명) 심사위원/시도(2) (서명) 심사위원/시도(3) (서명)
4	질소가압 누설 테스트 전 심사위원 확인 (관련된 밸브를 개방하고 안전한 방법으로 가압하는지 확인) YES( ) NO( )	심사위원/시도(1) (서명) 심사위원/시도(2) (서명) 심사위원/시도(3) (서명)
5	질소가압 압력시험 1차 가압 압력 : kg/cm²g 2차 가압 압력 : kg/cm²g	심사위원/시도(1) (서명) 심사위원/시도(2) (서명) 심사위원/시도(3) (서명)
6	1차 질소가압 누설여부 확인 누설( ) 누설없음( ) 누설이 있을 경우 누설부위 :	심사위원/시도(1) (서명) 심사위원/시도(2) (서명) 심사위원/시도(3) (서명)
7	1과제(냉동배관 및 누설 시험) 작업 종료 확인 종료시간 : 시 분 종료확인 : YES( ) NO( )	심사위원/시도(1) (서명) 심사위원/시도(2) (서명) 심사위원/시도(3) (서명)

비 번 호		성 명	(서명)

1. 요구 사항

※ 심사위원 확인란은 반드시 3명 이상의 심사위원 확인이 있어야 하며, 수정 시 수정한 부분에도 3명이상의 심사위원 확인 후 서명이 있어야 한다.

냉동배관 및 누설시험(요구조건에 없는 내용은 냉동기술 직종설명에 준하여 작업한다.)

(1) 냉동장치를 배관 계통도에 주어진 각종 부품의 설치 순서와 동일하게 설치하여 배관작업해야 한다.

(2) 본 냉동장치를 구성하는 요구조건은 다음과 같다.

- 본 냉동장치는 냉장고의 온도를 유지시키는 증발기와 얼음/온수를 만드는 나관증발기로 구성되어 있다.
- 냉장고의 증발기는 주어진 온도에 도달할 때까지 정상 운전 되어야 하고, 나관증발기는 주어진 온도를 유지할 수 있도록 운전 되어야 한다.
- 냉장실증발기 제상은 전열제상 방식으로 한다.

(3) 장치의 배치는 주어진 도면과 같이 설치하고, 응축기의 냉각용 송풍기 바람 방향은 압축기를 향하도록 설치하며, 압축기는 응축기의 냉각용 송풍기의 바람을 최대한 많이 받을 수 있도록 설치한다.

(4) 장치 내 모든 배관은 배관 계통도에 제시된 규격을 사용하여 작업하고, 압축기, 응축기, 증발기, 나관증발기 등의 모든 부품과 배관의 연결 작업은 규격에 알맞은 부품(레듀샤, 티, 이경티, 엘보 등)을 사용하며, 동배관 사용량을 최소화한다.

(5) 동배관(1/4″, 3/8″)은 사용 전, 작업 완료 후 무게를 확인 받으며, 작업 완료 후 남은 배관 중 규격별 가장 긴 것(찌그러진 부분은 제외-잘라냄) 각 1개의 무게를 측정하여 사용량을 측정한다.(사용량 = 사용 전 무게 - 사용 후 남은 배관 중 가장 긴 배관 무게)

(6) 동배관의 밴딩은 90°로 해야 하며, 평행하게 가는 배관의 간격은 일정해야 한다. 이때, 압축기 토출관 및 흡입관 등의 특수한 경우는 제외한다.

(7) 동배관은 부품 상부로 지나가지 않도록 해야 한다.

(8) 냉장고 내부에는 증발기, 맹창변, 동배관, 전선(관), 센서 이외의 부품은 설치하지 않아야 한다.

(9) Brazing 작업 전 심사위원에게 압력상태 및 토치, 호스 게이지 등 연결 부위를 비눗물 검사하여 확인받아야 한다.

(10) Brazing 부위는 두텁고 균일해야 하며, 벤딩 부위는 찌그러짐, 흠집, 뒤틀림 등이 없어야 한다.

(11) 배관작업 시 Brazing 및 벤딩 개소가 최소화 되도록 하고, 각종 부품은 운전 시 진동이나 소음이 발생되지 않도록 단단히 고정해야 한다.

(12) 질소가압 누설 테스트 전에 심사 위원에게 확인 받고, 누설 테스트는 질소를 5kg/cm^{2}g까지 1차 가압 후 이상이 없으면, 최종 8kg/cm^{2}g까지 가압 후 방치하여 다음 날 누설이 없어야 한다. 질소가압 시 심사위원 입회 하에 실시하고 확인란에 확인을 받는다.
(13) 냉동배관은 필요에 따라 보냉, 보온 위치를 결정하여 제3과제에서 보냉, 보온을 실시한다.
(14) 누설검사 후 가압된 압력은 다음 날 누설을 확인할 수 있도록 저압 압력계에 표시한다.
(15) 냉동실 액관 및 가스관 홀은 25mm, 드레인관은 50~60mm 홀로 타공한다.

2. 선수 유의 사항

(1) 선수는 경기 시작 전 모든 재료 및 부품이 이상 없는지 확인하고 시작한다.
(2) 특수 설비의 경우 조작 요령을 충분히 숙지한 후 경기를 시작한다.
(3) 가스 용접기는 사용 후 반드시 밸브의 잠금 여부를 확인한다.
(4) 선수는 안전수칙을 반드시 준수하고 경기장 내 정리, 정돈과 청결을 유지하며, 특히 사다리 사용 시 안전수칙에 유의하며 사용해야 한다.
(5) 선수는 경기 도중 타 선수의 경기에 지장을 초래해서는 안 된다.

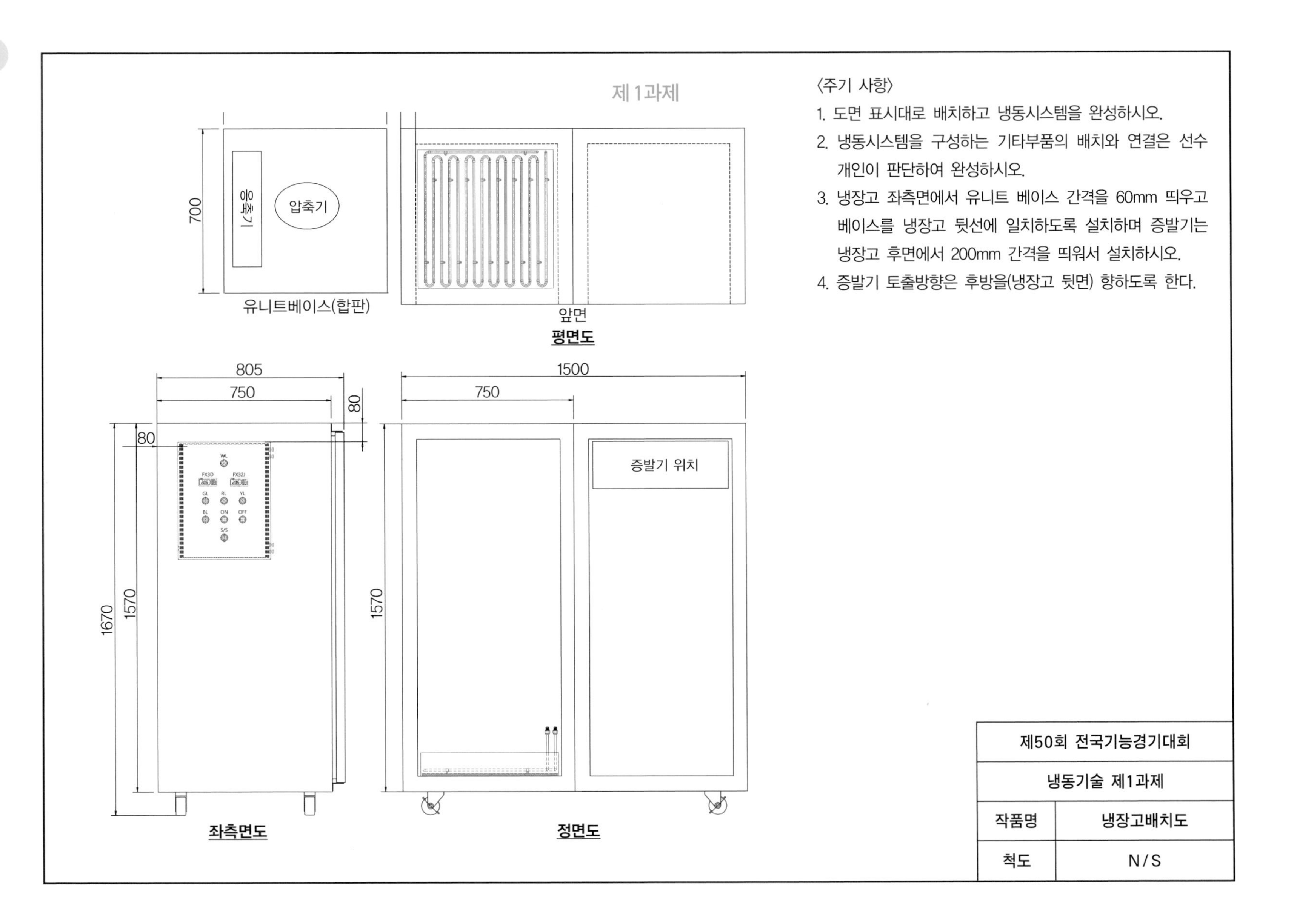
제 1과제
〈주기 사항〉
1. 도면 표시대로 배치하고 냉동시스템을 완성하시오.
2. 냉동시스템을 구성하는 기타부품의 배치와 연결은 선수 개인이 판단하여 완성하시오.
3. 냉장고 좌측면에서 유니트 베이스 간격을 60mm 띄우고 베이스를 냉장고 뒷선에 일치하도록 설치하며 증발기는 냉장고 후면에서 200mm 간격을 띄워서 설치하시오.
4. 증발기 토출방향은 후방을(냉장고 뒷면) 향하도록 한다.
700
응축기
압축기
유니트베이스(합판)
앞면
평면도
805
750
80
80
1670
1570
WL
FX3D
FX32J
GL
RL
YL
BL
ON
OFF
S/S
좌측면도
1500
750
1570
증발기 위치
정면도
제50회 전국기능경기대회
냉동기술 제1과제
작품명
냉장고배치도
척도
N/S

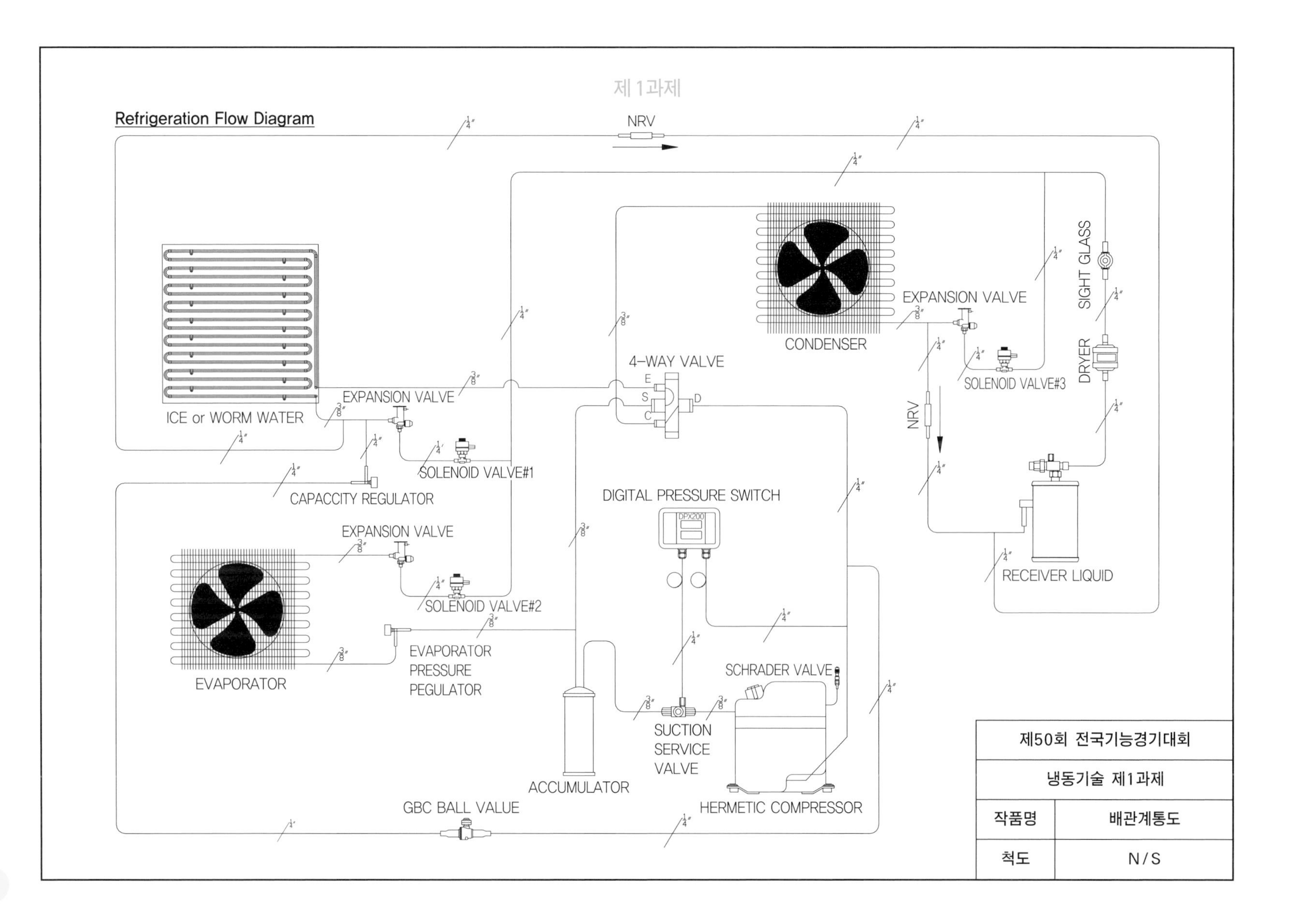

제 1과제
Refrigeration Flow Diagram
NRV
ICE or WORM WATER
EXPANSION VALVE
SOLENOID VALVE#1
CAPACCITY REGULATOR
EXPANSION VALVE
SOLENOID VALVE#2
EVAPORATOR
EVAPORATOR
PRESSURE
PEGULATOR
4-WAY VALVE
E
S
C
D
CONDENSER
EXPANSION VALVE
SOLENOID VALVE#3
SIGHT GLASS
DRYER
NRV
RECEIVER LIQUID
DIGITAL PRESSURE SWITCH
DPX200
SCHRADER VALVE
SUCTION
SERVICE
VALVE
ACCUMULATOR
HERMETIC COMPRESSOR
GBC BALL VALUE
제50회 전국기능경기대회
냉동기술 제1과제
작품명
배관계통도
척도
N/S

2015년 전국기능경기대회 과제

직종명	**냉동기술**	과제명	전기배선 및 진공작업	과제번호	**제 2 과제**
경기시간	**6시간**	비번호		심사위원 확인	(인)

※ 심사위원 확인란은 반드시 3명 이상의 심사위원 확인이 있어야 하며, 수정 시 수정한 부분에도 3명 이상의 심사위원 확인 후 서명이 있어야 한다.

1	누설 유·무 압력 확인 : kg/cm^2g 질소가압 누설여부 : 누설( ), 누설없음( )	심사위원/시도(1) (서명) 심사위원/시도(2) (서명) 심사위원/시도(3) (서명)
2	1시간 진공작업 시작 확인 진공시작시간 : 시 분 microns	심사위원/시도(1) (서명) 심사위원/시도(2) (서명) 심사위원/시도(3) (서명)
3	1시간 진공작업 종료 확인 진공종료시간 : 시 분 microns	심사위원/시도(1) (서명) 심사위원/시도(2) (서명) 심사위원/시도(3) (서명)
4	15분 진공방치 시작 확인 방치시작시간 : 시 분 microns	심사위원/시도(1) (서명) 심사위원/시도(2) (서명) 심사위원/시도(3) (서명)
5	15분 진공방치 종료 확인 방치종료시간 : 시 분 microns	심사위원/시도(1) (서명) 심사위원/시도(2) (서명) 심사위원/시도(3) (서명)
6	냉매 충전 량 : g	심사위원/시도(1) (서명) 심사위원/시도(2) (서명) 심사위원/시도(3) (서명)
7	2과제(전기배선 및 진공작업) 작업 종료 확인 종료시간 : 시 분 종료확인 : YES( ) NO( )	심사위원/시도(1) (서명) 심사위원/시도(2) (서명) 심사위원/시도(3) (서명)

비 번 호		성 명	(서명)

1. 요구 사항

※ 심사위원 확인란은 반드시 3명 이상의 심사위원 확인이 있어야 하며, 수정 시 수정한 부분에도 3명 이상의 심사위원 확인 후 서명이 있어야 한다.

전기배선 및 진공작업(요구조건에 없는 내용은 냉동기술 직종 설명에 준하여 작업한다.)

(1) 선수는 제2과제를 시작하기 전에 심사위원에게 누설 여부를 확인받고, 누설이 있을 경우 해당 누설 부위를 조치 후 2과제에 임한다. 단 누설된 부분은 감점 처리된다.

(2) 주 냉동장치를 구성하는 요구 조건은 다음과 같다.
- 장비에 전원 투입 시, 전원램프, 제어장치(FX3D, FX32J), 디지털 압력스위치(DPX20)의 압력만 표시된다.
- 안전장치(과전류 계전기, 고압차단 스위치, 저압차단 스위치) 동작 시에는 RL(적색램프)가 점등되고, 모든 장치가 완전히 정지된다.
- 선택 스위치 S/S로 온수모드와 얼음 모드로 선택이 된다.

(3) 냉장실 증발기는 전열제상이다.

(4) 전기 배선작업은 동력선은 흑색(220V) 백색(OV), 제어선은 황색(OV) 적색(220V)으로 접지선은 녹색으로 작업하며 제어함 내부에 부착된 부품은 견고하게 부착되어야 한다.

(5) 전기배선은 전선이 불필요하게 복잡하거나 우회하지 않아야 한다.

(6) 전기배선 작업 도중 진공작업 실시 여부는 선수가 판단하며, 1시간 이내에 1000microns 이하까지 진공이 도달해야 하고 도달되지 않은 선수는 진공이 1000microns 이하가 될 때까지 계속 진공작업을 하여야 하며 감점이 있음을 알아야 한다. 진공펌프가 중지된 후 15분 동안 1000microns를 넘어서는 안된다.

(7) 냉장실 증발기 온도 감지용 센서(끝 부분)는 증발기 휜 입구 그릴에 견고히 설치하며, 제상용 센서는 증발기 토출 측 핀 사이 중앙에 삽입한다.

(8) 수조 온도 감지용 센서(끝 부분)은 수조 중앙에 잠기도록 설치한다.

(9) 단자대 제어선 넘버링은 좌측부터 번호순(오름차순)으로 작업해야 한다.

(10) 전기배선은 주어진 부품을 이용 작업해야 하며, 운전 시 진동에 의한 이탈이 없어야 한다.

(11) 외부전선은 단자대를 통한 후 PVC 플렉시블 전선관으로 처리하며, 잔여 노출되는 부분은 헤리컬 벤드 또는 수축튜브 등으로 마감해야 한다.

(12) 전선 연결 시 동력선은 볼트, 너트 체결 후 고무, 비닐절연 테이프 순으로 마감해야 하며, 제어선 연결은 접속자(엔드콘넥터)를 사용해서 작업한다.

(13) 모든 제어선 및 동력선 끝단에는 압착단자와 절연튜브를 사용하여 마감해야 한다.
- 동력선 : 전자접촉기 1차측까지는 일반 절연튜브를 2차측부터는 명칭 기입이 된 절연튜브를 사용한다.

- 제어선 : 모든 제어선의 끝단에는 넘버링이 된 절연튜브를 사용한다.

(14) 제어함 내 · 외부의 부품에 부품 명칭이 부착되어야 한다.

(15) 상기 조건들을 만족할 수 있도록 전기 결선작업이 완료되면, 회로점검 완료 후 심사위원에게 결선작업에 대해 검사를 받아야 한다.(1, 2차측 절연 및 회로 구성)

2. 선수 유의 사항

(1) 선수는 경기시작 전 모든 재료 및 부품이 이상 없는지 확인하고 시작한다.

(2) 특수설비의 경우 조작요령을 충분히 숙지한 후 경기를 시작한다.

(3) 결선작업 완료 후 회로시험은 반드시 테스터기로 해야 하며, 전원을 투입하거나 벨 테스터기를 사용해서 회로를 시험할 수 없다.

(4) 선수는 안전수칙을 반드시 준수한다.

(5) 경기장 내 정리, 정돈과 청결을 유지하고 타 선수에 지장을 초래해서는 안 된다.

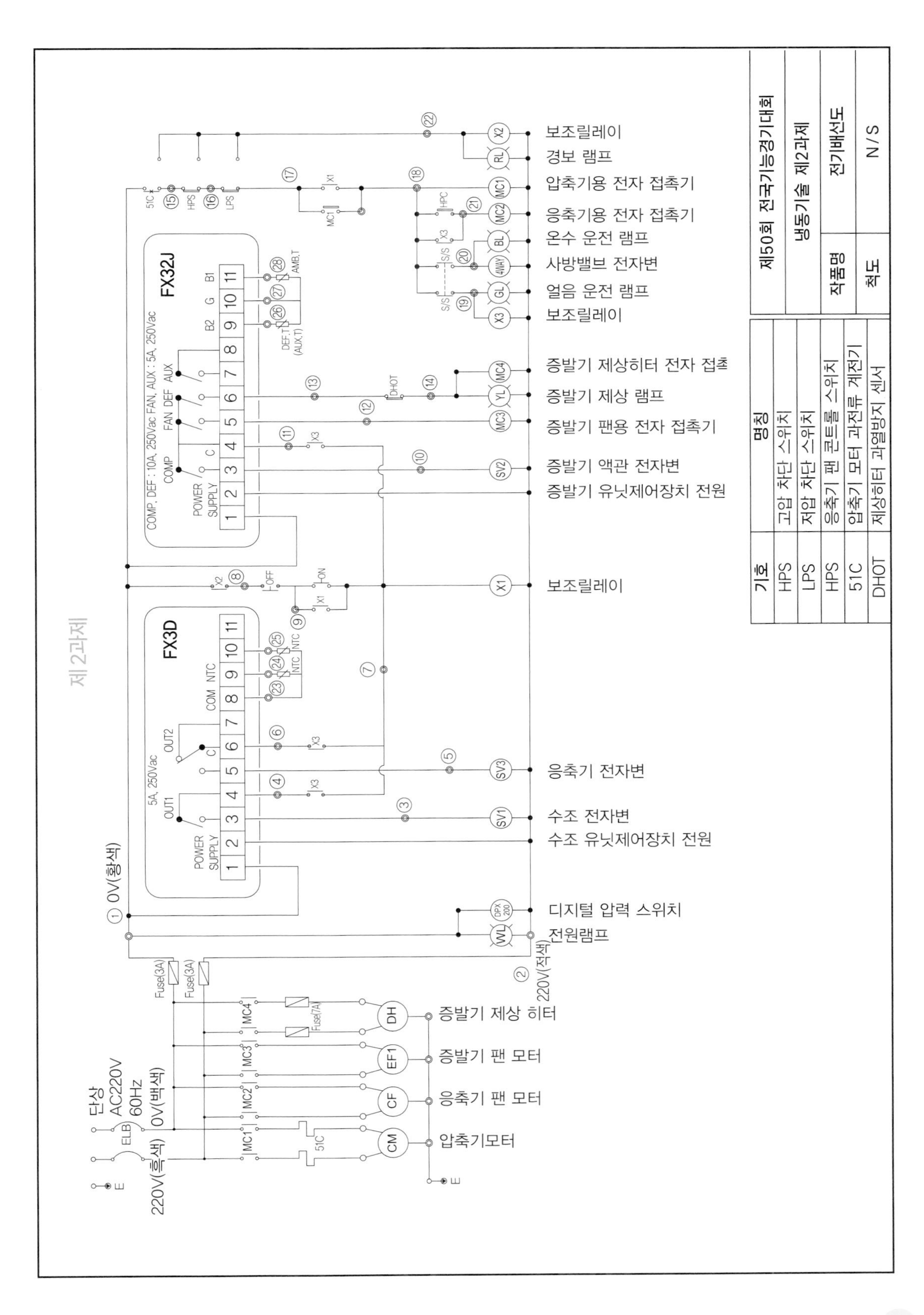
제 2과제
보조릴레이
경보 램프
압축기용 전자 접촉기
응축기용 전자 접촉기
온수 운전 램프
사방밸브 전자변
얼음 운전 램프
보조릴레이
증발기 제상히터 전자 접촉
증발기 제상 램프
증발기 팬용 전자 접촉기
증발기 액관 전자변
증발기 유닛제어장치 전원
보조릴레이
응축기 전자변
수조 전자변
수조 유닛제어장치 전원
디지털 압력 스위치
전원램프
FX32J
COMP, DEF : 10A, 250Vac FAN, AUX : 5A, 250Vac
FX3D
5A, 250Vac
POWER SUPPLY
① 0V(황색)
② 220V(적색)
Fuse(3A)
Fuse(7A)
증발기 제상 히터
증발기 팬 모터
응축기 팬 모터
압축기모터
단상
AC220V
60Hz
0V(백색)
220V(흑색)
ELB
제50회 전국기능경기대회
냉동기술 제2과제
작품명
전기배선도
척도
N/S
기호
명칭
HPS
고압 차단 스위치
LPS
저압 차단 스위치
HPS
응축기 팬 콘트롤 스위치
51C
압축기 모터 과전류 계전기
DHOT
제상히터 과열방지 센서

2015년 전국기능경기대회 과제

직종명	냉동기술	과제명	냉매충전, 시운전 결과측정	과제번호	제 3 과제
경기시간	2시간	비번호		심사위원 확인	(인)

※ 심사위원 확인란은 반드시 3명 이상의 심사위원 확인이 있어야 하며, 수정 시 수정한 부분에도 3명 이상의 심사위원 확인 후 서명이 있어야 한다.

1	초기 전원 투입 시 한 번에 동작이 되는지 확인 YES(　　　　) NO(　　　　)	심사위원/시도(1) (서명) 심사위원/시도(2) (서명) 심사위원/시도(3) (서명)
2	HPS 설정치(Cut Out) : kg/cm^2g HPS 설정치(Cut In) : kg/cm^2g	심사위원/시도(1) (서명) 심사위원/시도(2) (서명) 심사위원/시도(3) (서명)
3	LSP 설정 Cut Out : kg/cm^2g Cut In : kg/cm^2g	심사위원/시도(1) (서명) 심사위원/시도(2) (서명) 심사위원/시도(3) (서명)
4	HPC 설정 운전 : kg/cm^2g 정지 : kg/cm^2g	심사위원/시도(1) (서명) 심사위원/시도(2) (서명) 심사위원/시도(3) (서명)
5	압축기 과전류 계전기 설정 운전전류 : A 설정치 : A	심사위원/시도(1) (서명) 심사위원/시도(2) (서명) 심사위원/시도(3) (서명)
6	EPR 설정치 : kg/cm^2g	심사위원/시도(1) (서명) 심사위원/시도(2) (서명) 심사위원/시도(3) (서명)
7	충전 전 통 무게 : g	심사위원/시도(1) (서명) 심사위원/시도(2) (서명) 심사위원/시도(3) (서명)
8	충전 후 통 무게 : g 제3과제 냉매 충전 량 : g	심사위원/시도(1) (서명) 심사위원/시도(2) (서명) 심사위원/시도(3) (서명)

9	냉매 총 충전 량 (2과제+3과제) : g	심사위원/시도(1) (서명) 심사위원/시도(2) (서명) 심사위원/시도(3) (서명)
10	냉장고 온도 확인 : ℃ 얼음 온도 확인 : ℃	심사위원/시도(1) (서명) 심사위원/시도(2) (서명) 심사위원/시도(3) (서명)
11	온수 온도 확인 : ℃	심사위원/시도(1) (서명) 심사위원/시도(2) (서명) 심사위원/시도(3) (서명)
12	3과제(냉동배관 및 누설시험) 작업 종료 확인 종료시간 : 시 분 종료확인 : YES( ) NO( )	심사위원/시도(1) (서명) 심사위원/시도(2) (서명) 심사위원/시도(3) (서명)

비 번 호		성 명	(서명)

1. 요구 사항

※ 심사위원 확인란은 반드시 3명 이상의 심사위원 확인이 있어야 하며, 수정 시 수정한 부분에도 3명 이상의 심사위원 확인 후 서명이 있어야 한다.

※ 시행에 앞서 전체 선수의 온도조절기는 지급된 상태로 초기화 하고 지시치를 확인 후 모든 선수가 동일 조건이 되도록 하여야 한다.

※ 각종 압력 스위치를 모두 초기화(초기 지급된 상태)해서 사용해야 한다.

※ 시운전 시 선수의 안전과 장비 보호를 위하여 위의 1, 2, 3, 4 항목(HPS, LPS, HPC)의 안전 장치 및 압력조정변 세팅을 선행한 후 다음 작업에 임한다.

※ 전원 투입 전 잘못된 배선작업이 있는지 확인 하시오.

※ 냉동장치 사양

- 외기 온도 : 32℃
- 응축기 TD : 10K
- 냉장고 설계 온도 : -4℃
- 수조 설계 온도(얼음) : -9℃
- 수조 설계 온도(온수) : 35℃
- 냉장고 TD : 7K
- 수조 TD : 5K
- 흡입라인 압력 강하 값 : 1K

냉매충전 및 시운전 결과측정

(1) 냉동유닛 제어장치의 세팅작업이 있는지 확인 하시오.(심사위원 입회하에)

(2) 냉동유닛 제어장치의 세팅(아래 요구사항 이외 항목은 선수가 알아서 정상가동 될 수 있도록 세팅)

(3) 압축기 초기 운전 시 액 압축 또는 과열압축이 되지 않도록 주의 하시오.

(4) 냉동자치의 운전 조건은 다음과 같다.

(냉장고)

- 냉장고 온도는 -4℃±1℃에서 운전 되도록 설정
- 표시온도 설정은 공기 입구 온도
- 온도조절 모드는 냉각
- 설정 온도 범위 최소값 -12℃ , 최대값 5℃
- 알람은 표시하지 않음
- 제상 히터 과열 센서는 20℃로 설정
- 제상주기는 6시간, 제상시간은 최소 10분에서 최대 15분

- 제상 종료 온도는 15℃, 배수시간은 120초
- 제상 종료는 제상 온도와 초대 제상시간 중 먼저 발생한 것에 의해 종료, 알람발생 없음으로 설정
- 팬은 냉각 정지 시 1분 후 정지, 제상 후 1분 지연 후 동작

(수조)

- 얼음 온도 －15℃, ±1℃에서 운전되도록 설정
- 온수 온도 35℃, ±1℃에서 운전되도록 설정

(5) 압축기 초기 운전 시 액 압축 또는 과열 압축이 되지 않도록 주의 하시오.

(6) 고압차단스위치(HPS) 압력설정은 외기온도, 응축기 TD값, 안전율 11K를 합한 값에 해당하는 포화압력으로 설정한다. Cut In값은 Cut out값보다 $4kg/cm^2g$ 낮게 설정하고 수동복귀될 수 있도록 한다.

(7) 저압차단스위치(LPS)의 Cut Out 압력설정은 －25℃, Cut in 압력설정은 －5℃에 해당하는 포화압력으로 설정한다.

(8) 응축기압력스위치(HPC) 설정은 $17kg/cm^2g$에서 팬 가동, 차압 $3kg/cm^2g$에서 정지토록 설정한다.

(9) 과전류계전기(OCR)의 Cut Out은 정상 전류보다 1.3배 높게 설정한다.

(10) 냉동장치가 정상적인 운전을 하고 있으며, 냉장고 온도가 0℃이고 수조 온도가 －5℃ 이하가 되면 DATA를 주어진 TEST SHEET에 작성하여, 비 번호 및 성명을 기록 후 심사위원에게 제출한다. 이 때 냉장고 온도와 수조 온도가 함께 도달해야 하고 심사위원의 확인이 필요함.

(11) 냉매충전 전과 후의 가스통 중량을 심사위원에게 확인받은 후 충전량을 TEST SHEET에 기록한다. 제2과제서 주입한 냉매량을 합산한다.

(12) 보온 · 보냉 해야 할 부분을 보온재를 사용해서 보온하고 보온재 접합부위는 전용 본드를 사용해서 접합해야 하며 테이프 등으로 접합하지 않는다.

(13) 과제가 완료 되면 선수는 장비를 가동시켜 놓고 퇴장한다.

2. 선수 유의 사항

(1) 선수는 경기 시작 전 냉매 및 전원 공급은 이상 없는지 확인하고 한다.

(2) 특수 설비의 경우 조작 요령을 충분히 숙지한 후 경기를 시작한다.

(3) 전원 투입 시 감전 및 누전에 유의한다.

(4) 선수는 안전수칙을 반드시 준수하고 경기장 내 정리, 정돈과 청결을 유지한다.

(5) 선수는 경기 도중 타 선수의 경기에 지장을 초래해서는 안 된다.

2015년 전국기능경기대회 과제

직종명	냉동기술	과제명	냉매충전, 운전결과 측정	과제번호	제 3 과제
경기시간	2시간	비번호		심사위원 확인	(인)

Test Sheet

번호	측정 항목	단위	계산식	측정값	판 정
1	주위 온도		불필요		
2	냉매 타입		불필요		
3	흡입 압력		불필요		
4	토출 압력		불필요		
5	증발기 출구 압력		불필요		
6	응축기 과냉각도				
7	증발기 과열도				
8	총 시스템 과열도				
9	증발기 풍량				
10	응축기 풍량				
11	증발기 온도차				
12	응축기 온도차				
13					
14					
15					
16					
17					
18					

2015년 전국기능경기대회 과제

직종명	냉동기술	과제명	전기 고장진단 및 수리	과제번호	제 4 과제
경기시간	30분	비번호		심사위원 확인	(인)

1. 요구 사항

(1) 심사위원이 인위적으로 발생시킨 1개의 고장 점을 찾고 수리해야 하며, 심사위원은 모든 선수가 공평하게 고장이 나도록 하여야 한다.
(2) 선수는 고장진단 및 수리 부위를 도면에 표기하고 그 내용을 과제에 설명 후 다음 작업에 임한다.
(3) 고장진단은 합당한 공구를 사용하여 합리적인 방법으로 진단하고 수리해야 한다.
(4) 전원 투입 전 접지(누전) 상태 및 전압을 확인하고, 전원 투입 시 감전에 주의한다.
(5) 고장수리가 완료되면 장비를 운전시켜 놓고 퇴장한다.
(6) 주어진 시간 내에 모든 작업을 완료해야 하며, 시간 점수가 있음을 알아야 한다.

■ **고장수리 총 소요 시간 :**

고장 진단 및 수리과정을 상세히 설명하시오.	

2. 경기자 유의 사항

(1) 선수는 경기 시작 전 고장진단 및 수리에 필요한 공구 등과 전원 공급은 이상 없는지 확인하여야 한다.
(2) 특수설비의 경우 조작요령을 충분히 숙지한 후 경기를 시작한다.
(3) 전원 투입 시 감전 및 누전에 유의한다.
(4) 선수는 안전수칙을 반드시 준수한다.
(5) 경기장 내 정리, 정돈과 정결을 유지한다.
(6) 선수는 경기도중 타 선수의 경기에 지장을 초래해서는 안 된다.

2015년 전국기능경기대회 과제

직종명	냉동기술	과제명	기계 고장진단 및 수리	과제번호	제 5 과제
경기시간	2 시간	비번호		심사위원 확인	(인)

1. 요구 사항

※ 본 과제는 선수가 고장 점을 찾고 수리하는 과정을 숙련되고, 안전하게 하며, 친환경적이고, 합리적인 방법으로 작업을 수행하는지를 평가하는 과제이다.

(1) 심사위원이 인위적으로 발생시킨 1개의 고장 점을 찾고 수리해야 하며, 심사위원은 모든 선수가 공평하게 고장이 나도록 해야 하며 냉매를 회수하고 다시 충전할 수 있는 고장이어야 한다.

(2) 고장진단 및 수리는 주어진 시간 내에 해결해야 한다.

(3) 기계 고장진단 전 CHECK SHEET를 작성하고, 문제점을 파악한 후 진단과 수리를 해야 한다.

(4) 고장수리가 완료되면 고장수리 후 CHECK SHEET를 기록 후 장비를 운전시켜 놓고 퇴장한다.

(5) 고장수리를 위한 냉매회수(장치 내 압력이 대기압 또는 그 이하이어야 한다) 시 불필요한 냉매 소모 없이 주입한 냉매 전량을 회수해야 한다.

냉매 회수통 진공 :	microns	심사위원/시도(1) (서명) 심사위원/시도(2) (서명) 심사위원/시도(3) (서명)
냉매 회수기 진공 :	microns	심사위원/시도(1) (서명) 심사위원/시도(2) (서명) 심사위원/시도(3) (서명)
냉매 회수 전 회수통 무게 :	g	심사위원/시도(1) (서명) 심사위원/시도(2) (서명) 심사위원/시도(3) (서명)
냉매 회수 후 장치 내 압력 :	kg/cm^2g	심사위원/시도(1) (서명) 심사위원/시도(2) (서명) 심사위원/시도(3) (서명)
냉매 회수 후 회수 통 무게 :	g	심사위원/시도(1) (서명) 심사위원/시도(2) (서명) 심사위원/시도(3) (서명)

(6) Brazing작업 전 산소용접기 압력 상태를 확인 받는다.

아세틸렌 압력 : kg/cm^2g 산소 압력 : kg/cm^2g	심사위원/시도(1) (서명) 심사위원/시도(2) (서명) 심사위원/시도(3) (서명)

(7) 15분간 질소가압 및 방치 시험(7kg/cm^2g) 심사위원 확인.

질소가압 : kg/cm^2g, 누설 유무(유, 무)	심사위원/시도(1) (서명) 심사위원/시도(2) (서명) 심사위원/시도(3) (서명)

(8) 진공작업 확인(2000microns까지 진공작업) 및 냉매주입 량 확인

진공작업 완료 확인 : microns	심사위원/시도(1) (서명) 심사위원/시도(2) (서명) 심사위원/시도(3) (서명)
냉매 충전 량 : g	심사위원/시도(1) (서명) 심사위원/시도(2) (서명) 심사위원/시도(3) (서명)

(9) 고장수리 완료 후 장비 정상가동 확인

고장수리 완료 확인	심사위원/시도(1) (서명) 심사위원/시도(2) (서명) 심사위원/시도(3) (서명)
냉동실 및 냉장실 온도 : 냉동실 : ℃ (아이스링크) : ℃	심사위원/시도(1) (서명) 심사위원/시도(2) (서명) 심사위원/시도(3) (서명)

고장 진단 전 CHECK SHEET

번호	측정항목	단위	계산식	설정및 측정값	판단
1	고내온도		불필요		
2	압축기 흡입압력		불필요		
3	압축기 토출압력		불필요		
4	냉장실증발기 증발 온도		불필요		
5	나관 증발기 증발 온도				
6	토출가스 온도				
7	응축 온도				
8	냉장실증발기 과열도				
9	증발기 풍량				
10	응축기 과냉각도				
11	응축기 풍량				
12	증발기 입·출구 공기 온도차				
13	냉각기 입·출구 공기 온도차				
14					
15					

2. 선수 유의 사항

(1) 선수는 경기시작 전 고장진단 및 수리에 필요한 공구와 측정 장비 이상 유무를 확인한다.
(2) 특수설비의 경우 조작요령을 충분히 숙지한 후 경기를 시작한다.
(3) 전원 투입 시 감전 및 누전에 유의한다.
(4) 선수는 안전수칙을 반드시 준수하고, 경기장 내 정리, 정돈과 청결을 유지한다.
(5) 선수는 경기도중 타 선수의 경기에 지장을 초래해서는 안 된다.

3. 기계 고장 진단 및 수리 점검표

고장을 찾게 된 과정을 고장 진단 전 CHECK SHEET 내용 등을 인용해 상세하고 올바르게 서술하시오.

■ **고장수리 총 소요 시간 :**

고장 진단 과정을 상세히 설명하시오.
고장 수리 과정을 상세히 설명하시오.

점수기록(심사위원):

4. 고장 수리 후 점검

고장수리가 완료되고 장비가 정상가동 되면 아래의 고장 수리 후 CHECK SHEET를 작성 하시오.

고장 수리 후 CHECK SHEET

번호	측정항목	단위	계산식	설정및 측정값	판단
1	고내온도		불필요		
2	압축기 흡입압력		불필요		
3	압축기 토출압력		불필요		
4	냉장실증발기 증발 온도		불필요		
5	나관 증발기 증발 온도				
6	토출가스 온도				
7	응축온도				
8	냉장실증발기 과열도				
9	증발기 풍량				
10	응축기 과냉각도				
11	증발기 입 · 출구 공기 온도차				
12	응축기 입 · 출구 공기 온도차				
13					
14					
15					

2016년 전국기능경기대회 과제

직종명	냉동기술	과제명	냉동배관 및 누설시험	과제번호	제 1 과제
경기시간	6시간 30분	비번호		심사위원 확인	(인)

※ 심사위원 확인란은 반드시 3명 이상의 심사위원 확인이 있어야 하며, 수정 시 수정한 부분에도 3명 이상의 심사위원 확인 후 서명이 있어야 한다.

1	동관 배관은 사용 전 무게를 측정하여 확인 사용 전 무게 : 1/4″(　　g), 3/8″(　　g)	심사위원(1) (서명) 심사위원(2) (서명) 심사위원(3) (서명)
2	사용 후 남은 동배관 중 가장 긴 것 1개 사용 후 무게 : 1/4″(　　g), 3/8″(　　g) 사용 전 무게 : 1/4″(　　g), 3/8″(　　g)	심사위원(1) (서명) 심사위원(2) (서명) 심사위원(3) (서명)
3	용접 작업 전 압력 상태 확인 아세틸렌 압력 : kg/cm^2g 산소 압력 : kg/cm^2g	심사위원(1) (서명) 심사위원(2) (서명) 심사위원(3) (서명)
4	질소가압 누설 테스트 전 심사위원 확인 (관련된 밸브를 개방하고 안전한 방법으로 가압하는지 확인) YES(　　) NO(　　)	심사위원(1) (서명) 심사위원(2) (서명) 심사위원(3) (서명)
5	질소가압 압력시험 1차 가압 압력 : kg/cm^2g 2차 가압 압력 : kg/cm^2g	심사위원(1) (서명) 심사위원(2) (서명) 심사위원(3) (서명)
6	1차 질소가압 누설여부 확인 누설(　　) 누설없음(　　) 누설이 있을 경우 누설부위 :	심사위원(1) (서명) 심사위원(2) (서명) 심사위원(3) (서명)
7	1과제(냉동배관 및 누설 시험) 작업 종료 확인 종료시간 : 　　시 　　분 종료확인 : YES(　　) NO(　　)	심사위원(1) (서명) 심사위원(2) (서명) 심사위원(3) (서명)

비 번 호		성 명	(서명)

1. 요구 사항

※ 심사위원 확인란은 반드시 3명 이상의 심사위원 확인이 있어야 하며, 수정 시 수정한 부분에도 3명 이상의 심사위원 확인 후 서명이 있어야 한다.

냉동배관 및 누설시험(요구조건에 없는 내용은 냉동기술 직종설명에 준하여 작업한다.)

(1) 냉동장치를 배관 계통도에 주어진 각종 부품의 설치 순서와 동일하게 설치하여 배관작업해야 한다.

(2) 본 냉동장치를 구성하는 요구조건은 다음과 같다.
- 본 냉동장치는 냉동실의 온도를 유지시키는 증발기와 냉장실의 나관증발기로 구성되어 있다.
- 냉동실의 증발기와 냉장실의 나관증발기는 주어진 온도에 도달할 때까지 정상 운전 되어야 한다.
- 냉동실 증발기 제상은 핫가스 제상이다.
- 본 장치는 펌프다운 방식으로 구성한다.

(3) 장치의 배치는 주어진 도면과 같이 설치하며, 응축기의 냉각용 송풍기 바람 방향은 압축기를 향하도록 하고, 압축기는 응축기의 냉각용 송풍기의 바람을 최대한 많이 받을 수 있도록 배치한다.

(4) 장치 내 모든 배관은 배관 계통도에 제시된 규격을 사용하여 작업하며, 압축기, 응축기, 증발기, 나관증발기 등의 모든 부품과 배관의 연결 작업은 규격에 알맞은 부품(레듀서, 동티, 이경티, 엘보 등)을 사용하며, 동배관 사용량을 최소화 한다.

(5) 동배관(1/4″, 3/8″)은 사용 전, 작업 완료 후 무게를 확인 받으며, 작업 완료 후 남은 배관 중 규격별로 가장 긴 것(찌그러진 부분은 제외-잘라냄) 각 1개의 무게를 측정하여 사용량을 측정한다.(사용량 = 사용 전 무게 − 사용 후 남은 배관 중 가장 긴 배관 무게)

(6) 동배관의 밴딩은 90°로 해야 하며, 평행하게 가는 배관의 간격은 일정해야 한다. 이때, 압축기 토출관 및 흡입관 등의 특수한 경우는 제외한다.

(7) 동배관은 부품 상부로 지나가지 않도록 해야 한다.

(8) 냉장고 내부에는 증발기, 나관 증발기, 팽창변, 동배관, 전선(관), 센서 이외의 부품은 설치하지 않아야 한다.

(9) 용접 작업 전 심사위원에게 압력상태, 토치, 호스, 게이지 등 연결부위의 누설여부를 검사 및 확인 받아야 한다.

(10) 용접 부위는 두텁고 균일하며, 밴딩 부위는 찌그러짐, 흡집, 뒤틀림 등이 없어야 한다.

(11) 배관작업 시 용접 및 밴딩 개소가 최소화 되도록 하고, 각종 부품은 운전 시 진동이나 소음이 발생되지 않도록 단단히 고정해야 한다. (압축기, 응축기, 증발기 등 모터가 장착된

부품은 볼트 및 너트로 체결되어야 한다.)

(12) 질소가압 누설 테스트 전에 심사 위원에게 확인 받고, 누설 테스트는 질소를 5kg/cm^{2}g까지 1차 가압 후 이상이 없으면, 최종 8kg/cm^{2}g까지 가압 후 방치하여 다음 날 누설이 없어야 한다. 질소가압 시 심사위원 입회하에 실시하고 확인란에 확인을 받는다.

(13) 냉동배관은 보냉, 보온 위치를 결정하여 제3과제에서 보냉, 보온을 실시한다.
(모든 흡입라인의 배관과 부품은 보냉 되어야 한다.)

(14) 누설검사 후 가압된 압력은 다음 날 누설을 확인 할 수 있도록 저압 압력계에 표시한다.

(15) 냉동실 액관 및 가스관 홀은 25mm, 드레인관은 50~60mm 홀로 타공한다.

(16) 서브 쿨러는 도면과 같이 제작 후 지참하여 설치한다.

(17) 나관 증발기는 냉장고 내부 중앙과 우측면에 각각 1개씩 설치되어야하며 주어진 도면에 맞게 제작하여 두 개의 증발기를 이음매 없이 연결해야 한다.

2. 선수 유의 사항

(1) 선수는 경기시작 전 모든 재료 및 부품이 이상 없는지 확인하고 시작한다.

(2) 특수설비의 경우 조작요령을 충분히 숙지한 후 경기를 시작한다.

(3) 가스 용접기는 사용 후 반드시 밸브의 잠금 여부를 확인한다.

(4) 선수는 안전수칙을 반드시 준수하고 경기장내 정리, 정돈과 청결을 유지하며, 특히 사다리 사용 시 안전수칙에 유의하며 사용해야 한다.

(5) 선수는 경기도중 타 선수의 경기진행에 지장을 초래해서는 안 된다.

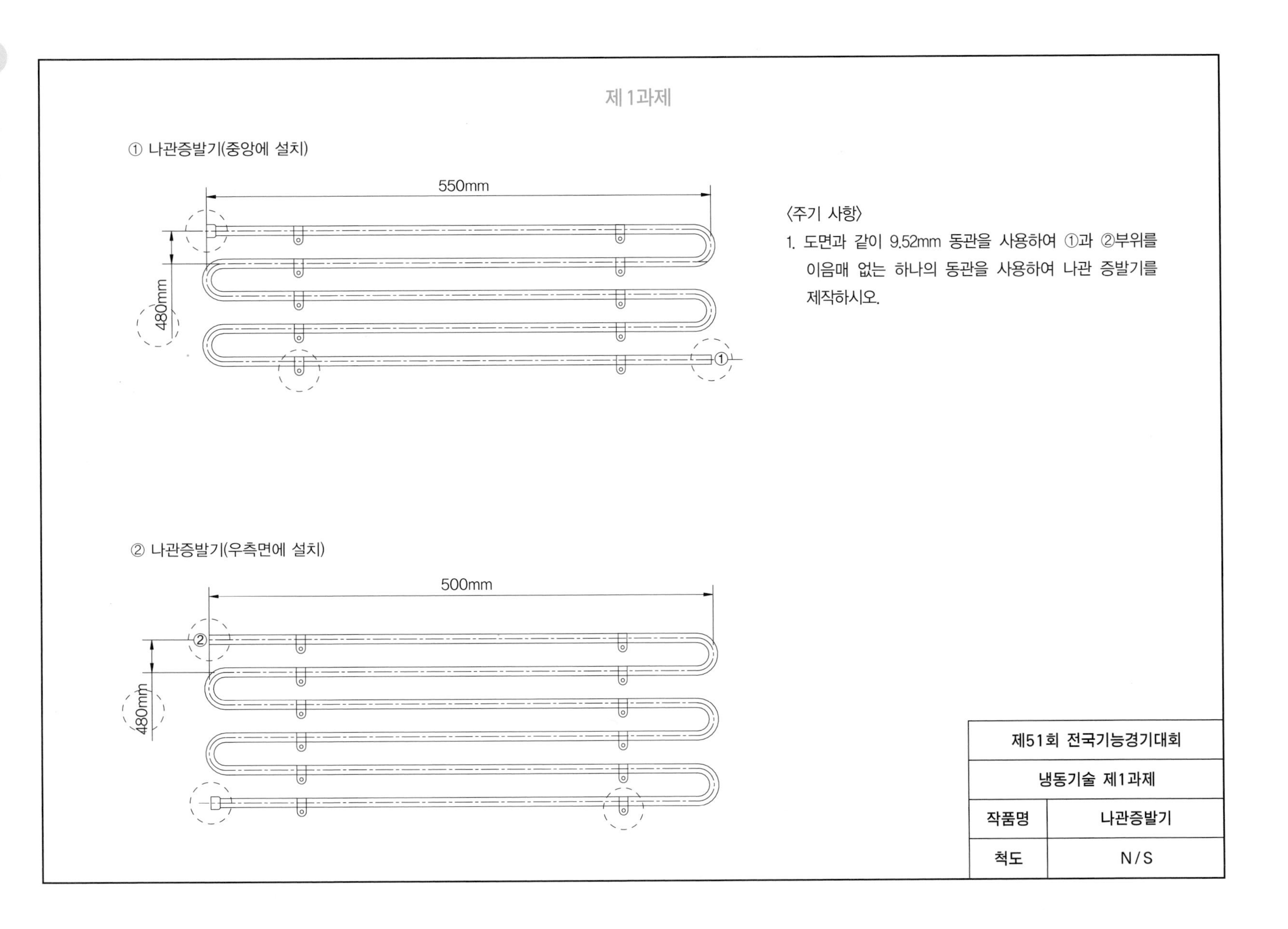

제 1과제
① 나관증발기(중앙에 설치)
550mm
480mm
①
② 나관증발기(우측면에 설치)
500mm
480mm
②
〈주기 사항〉
1. 도면과 같이 9.52mm 동관을 사용하여 ①과 ②부위를 이음매 없는 하나의 동관을 사용하여 나관 증발기를 제작하시오.
제51회 전국기능경기대회
냉동기술 제1과제
작품명
나관증발기
척도
N/S

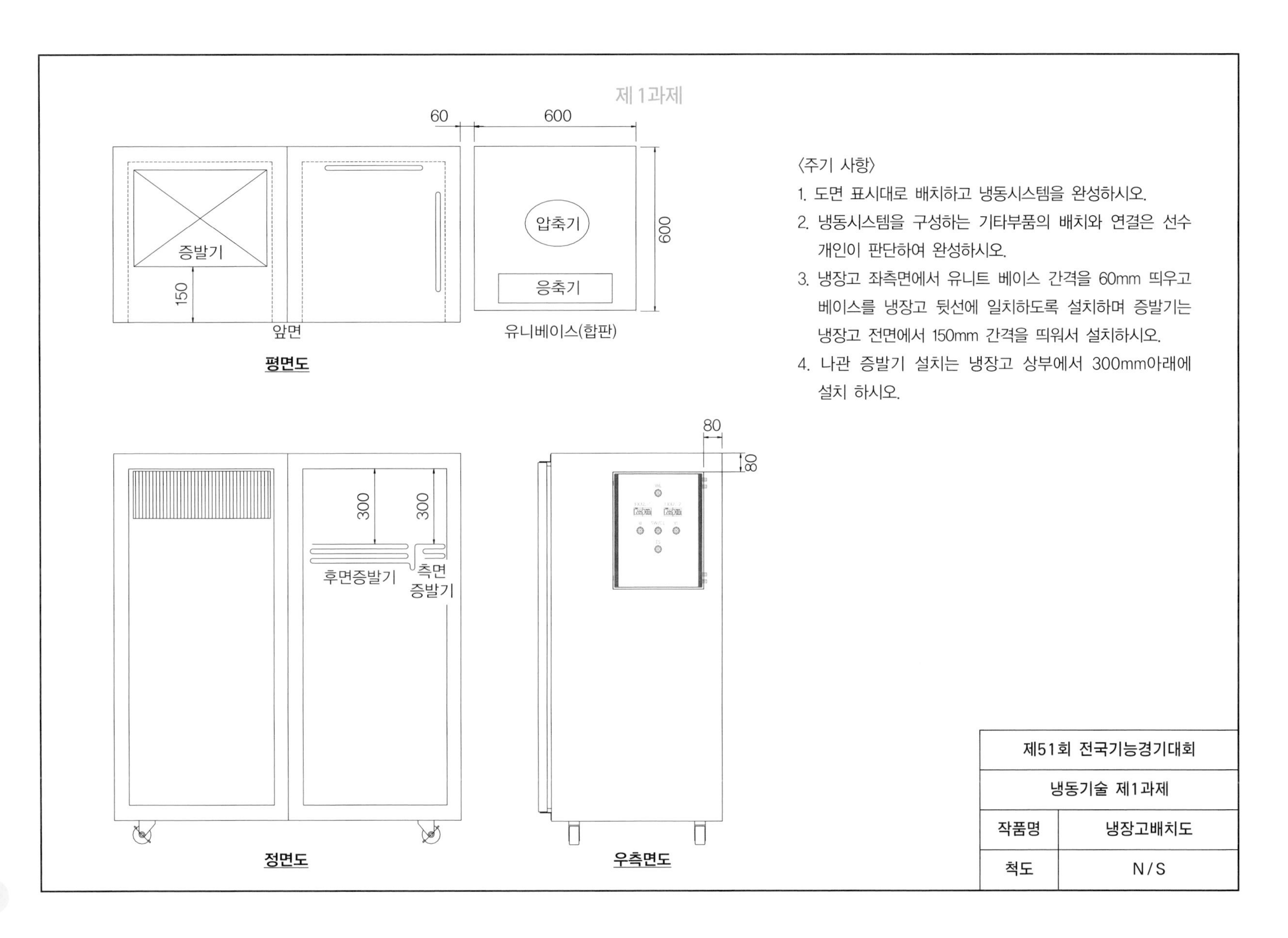
제 1과제
60
600
600
증발기
150
앞면
압축기
응축기
유니베이스(합판)
평면도
〈주기 사항〉
1. 도면 표시대로 배치하고 냉동시스템을 완성하시오.
2. 냉동시스템을 구성하는 기타부품의 배치와 연결은 선수 개인이 판단하여 완성하시오.
3. 냉장고 좌측면에서 유니트 베이스 간격을 60mm 띄우고 베이스를 냉장고 뒷선에 일치하도록 설치하며 증발기는 냉장고 전면에서 150mm 간격을 띄워서 설치하시오.
4. 나관 증발기 설치는 냉장고 상부에서 300mm아래에 설치 하시오.
300
300
후면증발기
측면
증발기
정면도
80
80
우측면도
제51회 전국기능경기대회
냉동기술 제1과제
작품명
냉장고배치도
척도
N/S

제 1과제

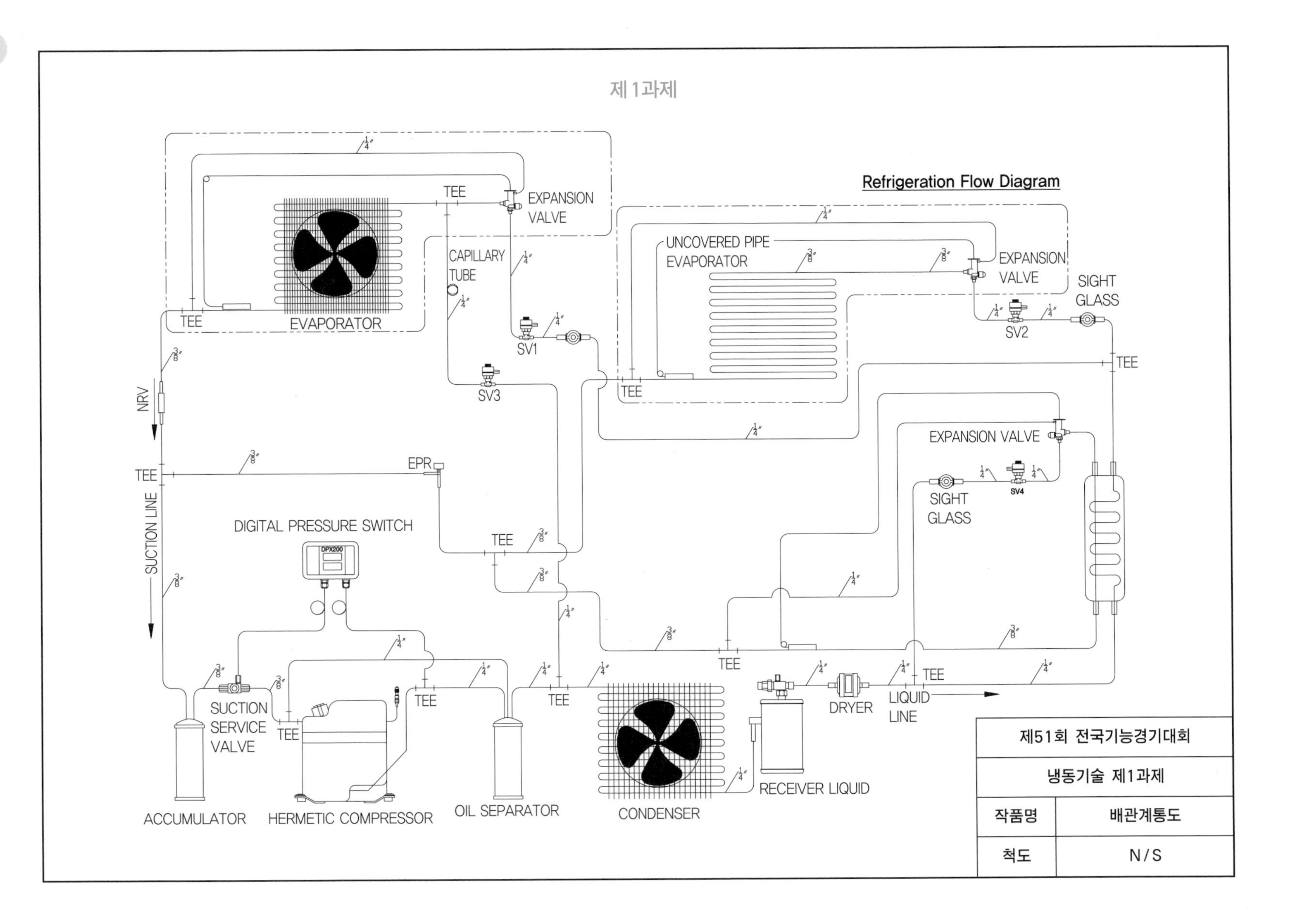
Refrigeration Flow Diagram
EXPANSION VALVE
TEE
CAPILLARY TUBE
EVAPORATOR
SV1
SV3
UNCOVERED PIPE EVAPORATOR
SIGHT GLASS
SV2
EXPANSION VALVE
SV4
NRV
SUCTION LINE
EPR
DIGITAL PRESSURE SWITCH
DPX200
SUCTION SERVICE VALVE
ACCUMULATOR
HERMETIC COMPRESSOR
OIL SEPARATOR
CONDENSER
RECEIVER LIQUID
DRYER
LIQUID LINE
제51회 전국기능경기대회
냉동기술 제1과제
작품명
배관계통도
척도
N/S

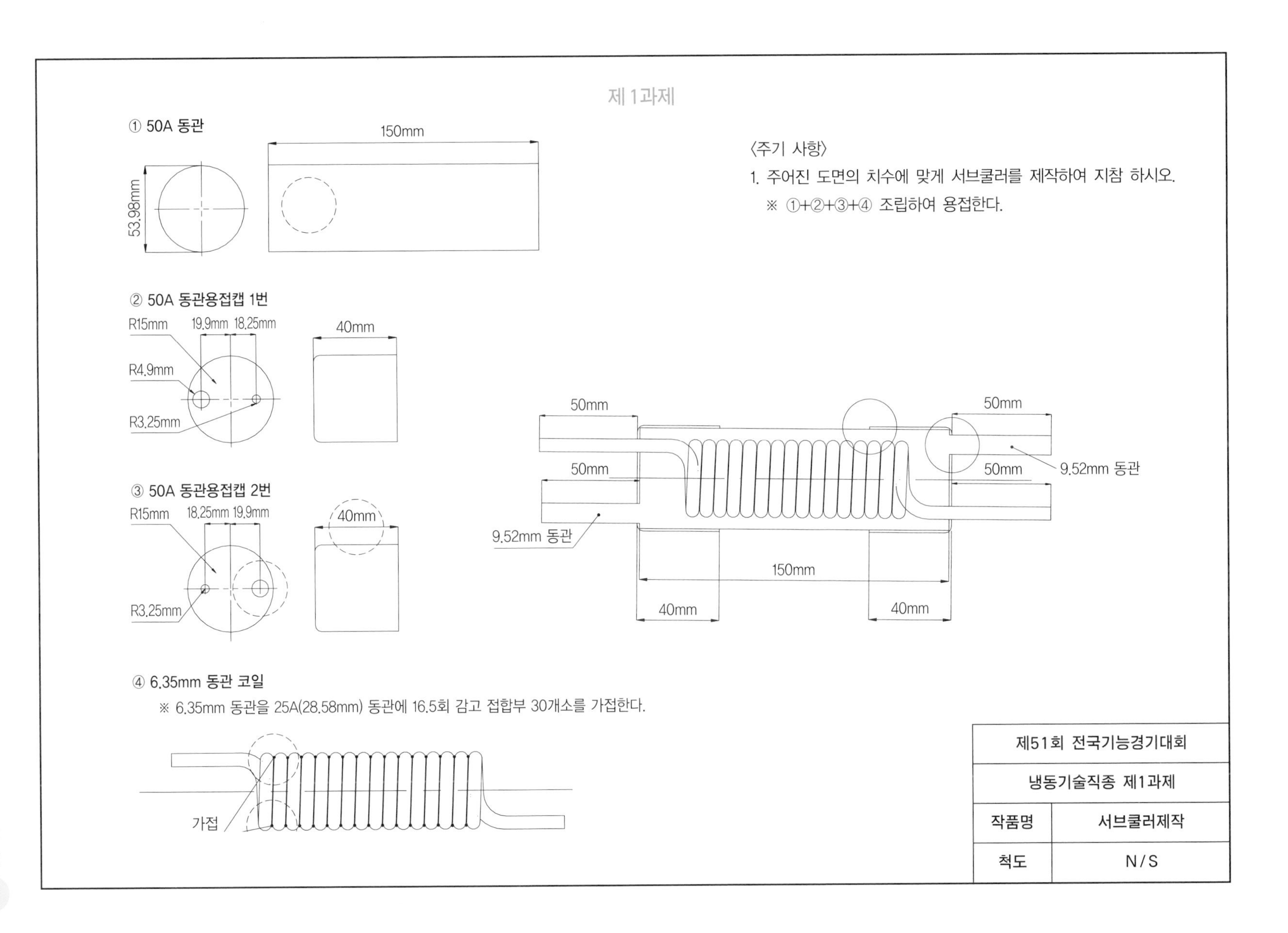
제 1과제
① 50A 동관
150mm
53.98mm
〈주기 사항〉
1. 주어진 도면의 치수에 맞게 서브쿨러를 제작하여 지참 하시오.
※ ①+②+③+④ 조립하여 용접한다.
② 50A 동관용접캡 1번
R15mm
19.9mm
18.25mm
R4.9mm
R3.25mm
40mm
③ 50A 동관용접캡 2번
R15mm
18.25mm
19.9mm
R3.25mm
40mm
50mm
50mm
50mm
50mm
9.52mm 동관
9.52mm 동관
150mm
40mm
40mm
④ 6.35mm 동관 코일
※ 6.35mm 동관을 25A(28.58mm) 동관에 16.5회 감고 접합부 30개소를 가접한다.
가접
제51회 전국기능경기대회
냉동기술직종 제1과제
작품명
서브쿨러제작
척도
N/S

2016년 전국기능경기대회 과제

직종명	냉동기술	과제명	전기배선 및 진공작업	과제번호	제 2 과제
경기시간	6시간	비번호		감독위원 확인	(인)

※ 심사위원 확인란은 반드시 3명 이상의 심사위원 확인이 있어야 하며, 수정 시 수정한 부분에도 3명 이상의 심사위원 확인 후 서명이 있어야 한다.

1	누설 유·무 압력 확인 : kg/cm²g 질소가압 누설여부 : 누설( ), 누설없음( )	심사위원(1) (서명) 심사위원(2) (서명) 심사위원(3) (서명)
2	1시간 진공작업 시작 확인 진공시작시간 : 시 분 microns	심사위원(1) (서명) 심사위원(2) (서명) 심사위원(3) (서명)
3	1시간 진공작업 종료 확인 진공종료시간 : 시 분 microns	심사위원(1) (서명) 심사위원(2) (서명) 심사위원(3) (서명)
4	15분 진공방치 시작 확인 방치시작시간 : 시 분 microns	심사위원(1) (서명) 심사위원(2) (서명) 심사위원(3) (서명)
5	15분 진공방치 종료 확인 방치종료시간 : 시 분 microns	심사위원(1) (서명) 심사위원(2) (서명) 심사위원(3) (서명)
6	냉매 충전 량 : g	심사위원(1) (서명) 심사위원(2) (서명) 심사위원(3) (서명)
7	2과제(전기배선 및 진공작업) 작업 종료 확인 종료시간 : 시 분 종료확인 : YES( ) NO( )	심사위원(1) (서명) 심사위원(2) (서명) 심사위원(3) (서명)

비 번 호		성 명	(서명)

1. 요구 사항

※ 심사위원 확인란은 반드시 3명 이상의 심사위원 확인이 있어야 하며, 수정 시 수정한 부분에도 3명 이상의 심사위원 확인 후 서명이 있어야 한다.

※ 제2과제 시작 전 1과제에서 완료 못한 작업내용을 완료 후 심사위원 확인을 받아야 한다.

전기배선 및 진공작업(요구조건에 없는 내용은 냉동기술 직종설명에 준하여 작업한다.)

(1) 선수는 제2과제를 시작하기 전에 심사위원에게 누설여부를 확인받고, 누설이 있을 경우 해당 누설부위를 조치 후 2과제에 임한다. 단 누설된 부분은 감점 처리 된다.

(2) 주 냉동장치를 구성하는 요구조건은 다음과 같고 도면에서 누락 또는 잘못된 부분은 수정하여 작업한다.

- 장비에 전원 투입 시, 전원램프, 제어장치(FX32J-1, FX32J-2), 디지털 압력스위치(DPX200)의 수치만 표시된다.
- 조광형 푸쉬버튼을 누르면 장비가 정상 가동이 되고, 압축기 동작 시 조광형 푸시버튼 램프가 점등된다. 조광형 푸쉬버튼을 다시 누르면 펌프다운 후 장비가 완전히 정지되고 조광형 푸시버튼 램프가 소등된다.
- 안전장치(과전류 계전기, 고압차단 스위치) 동작 시에는 RL(적색램프)가 점등되고, 모든 장치가 완전히 정지된다.
- 비상정지 스위치를 누르면 모든 장치가 완전히 정지되며 전원램프 및 제어장치, 압력스위치의 전원이 모두 차단된다.

(3) 냉동실 증발기는 핫가스 제상이다.

(4) 전기 배선작업은 동력선은 흑색(220V) 백색(0V), 제어선은 황색(0V) 적색(220V)으로 접지선은 녹색으로 작업하며 제어함 내부에 부착된 부품은 견고하게 부착되어야 한다.

(6) 전기배선은 전선이 불필요하게 복잡하거나 우회하지 않아야 한다.

(7) 전기배선 작업도중 진공작업 실시여부는 선수가 판단하며, 1시간 이내에 1000microns 이하까지 진공이 도달해야 하고 도달되지 않은 선수는 진공이 1000microns 이하가 될 때까지 계속 진공작업을 하여야 하며 감점이 있음을 알아야 한다. 진공펌프가 중지된 후 15분 동안 1000microns를 넘어서는 안 된다.

(8) 냉동실 증발기 온도 감지용 센서(AMB.T)는 증발기 팬 입구 그릴에 견고히 설치하며, 제상용 센서(DEF.T)는 증발기 토출 측 핀 사이 중앙에 삽입한다.

(9) 냉장실 온도 감지용 센서(AMB.T)는 냉장고 내부의 상부 중앙에 부착한다.

(10) 단자대 제어선 넘버링은 좌측부터 번호순(오름차순)으로 작업해야 한다.

(11) 전기배선은 주어진 부품을 이용하여 작업해야 하며, 운전 시 진동에 의한 이탈이 없어야 한다.

(12) 외부전선은 단자대를 통한 후 PVC 플렉시블 전선관으로 처리하며, 잔여 노출되는 부분은 보호되지 않은 어떠한 선도 육안으로 보여서는 안 된다.

(13) 전선 연결 시 동력선은 볼트, 너트 체결 후 고무, 비닐절연 테이프 순으로 마감하며, 제어선 연결은 접속자(엔드콘넥터)를 사용해서 작업한다.

(14) 모든 제어선 및 동력선 끝단에는 압착단자와 절연튜브를 사용하여 마감해야 한다.

- 동력선 : 전자접촉기 1차측 까지는 일반 절연튜브를 2차측 부터는 명칭기입이 된 절연튜브를 사용한다.
- 제어선 : 모든 제어선의 끝단에는 넘버링이 된 절연튜브를 사용한다.

(15) 제어함 내 · 외부의 부품에 부품 명칭이 부착 되어야 한다.

(16) 상기 조건들을 만족할 수 있도록 전기 결선작업이 완료되면, 회로점검 완료 후 심사위원에게 결선작업에 대해 검사를 받아야한다.(1, 2차측 절연 및 회로 구성)

2. 선수 유의 사항

(1) 선수는 경기시작 전 모든 재료 및 부품이 이상 없는지 확인하고 시작한다.

(2) 특수설비의 경우 조작요령을 충분히 숙지한 후 경기를 시작한다.

(3) 결선작업 완료 후 회로시험은 반드시 테스터기로 해야 하며, 전원을 투입하거나, 벨 테스터기를 사용해서 회로를 시험할 수 없다.

(4) 선수는 안전수칙을 반드시 준수한다.

(5) 경기장내 정리, 정돈과 청결을 유지하고 다른 선수에게 지장을 초래해서는 안 된다.

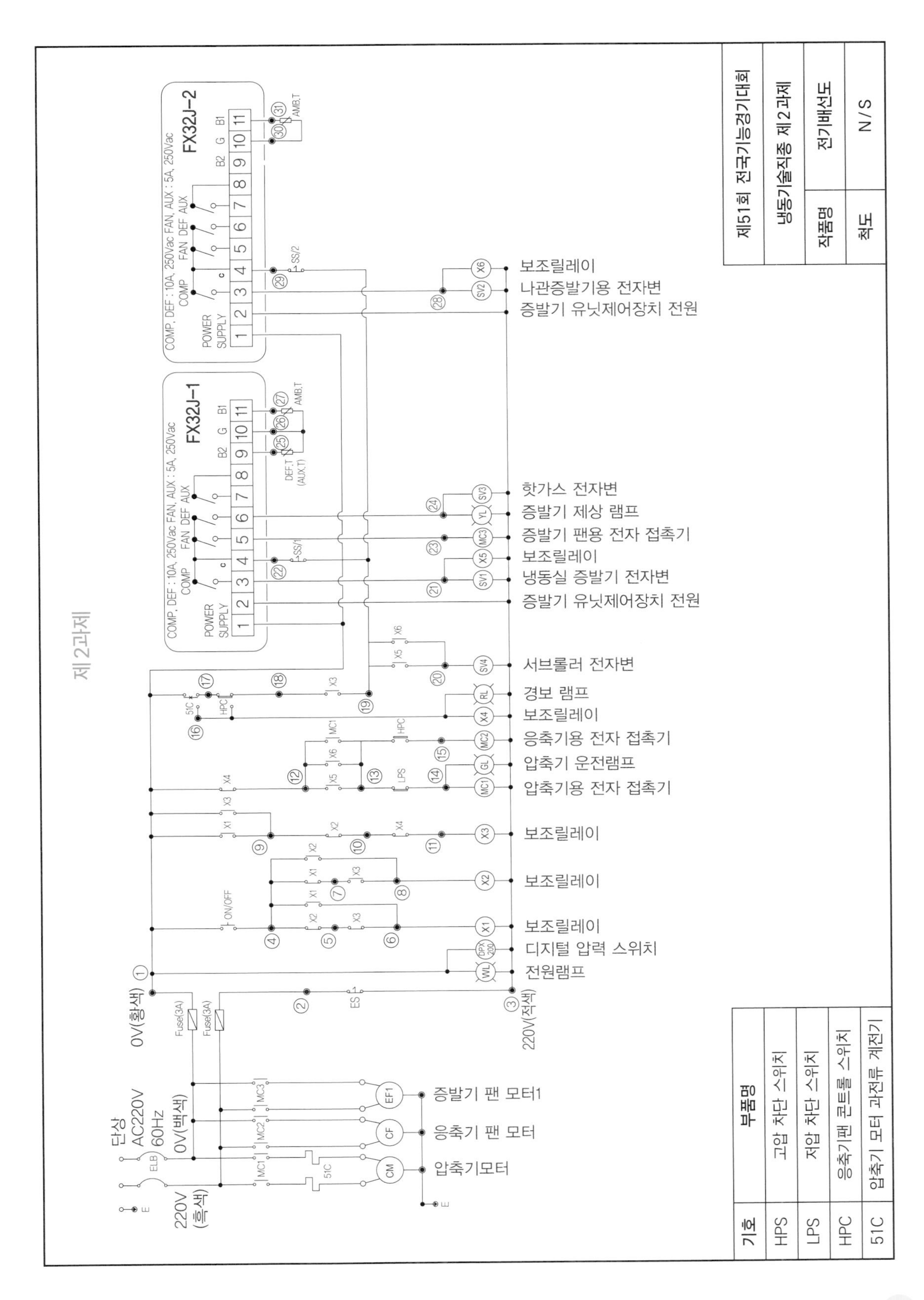

기호	부품명
HPS	고압 차단 스위치
LPS	저압 차단 스위치
HPC	응축기팬 콘트롤 스위치
51C	압축기 모터 과전류 계전기

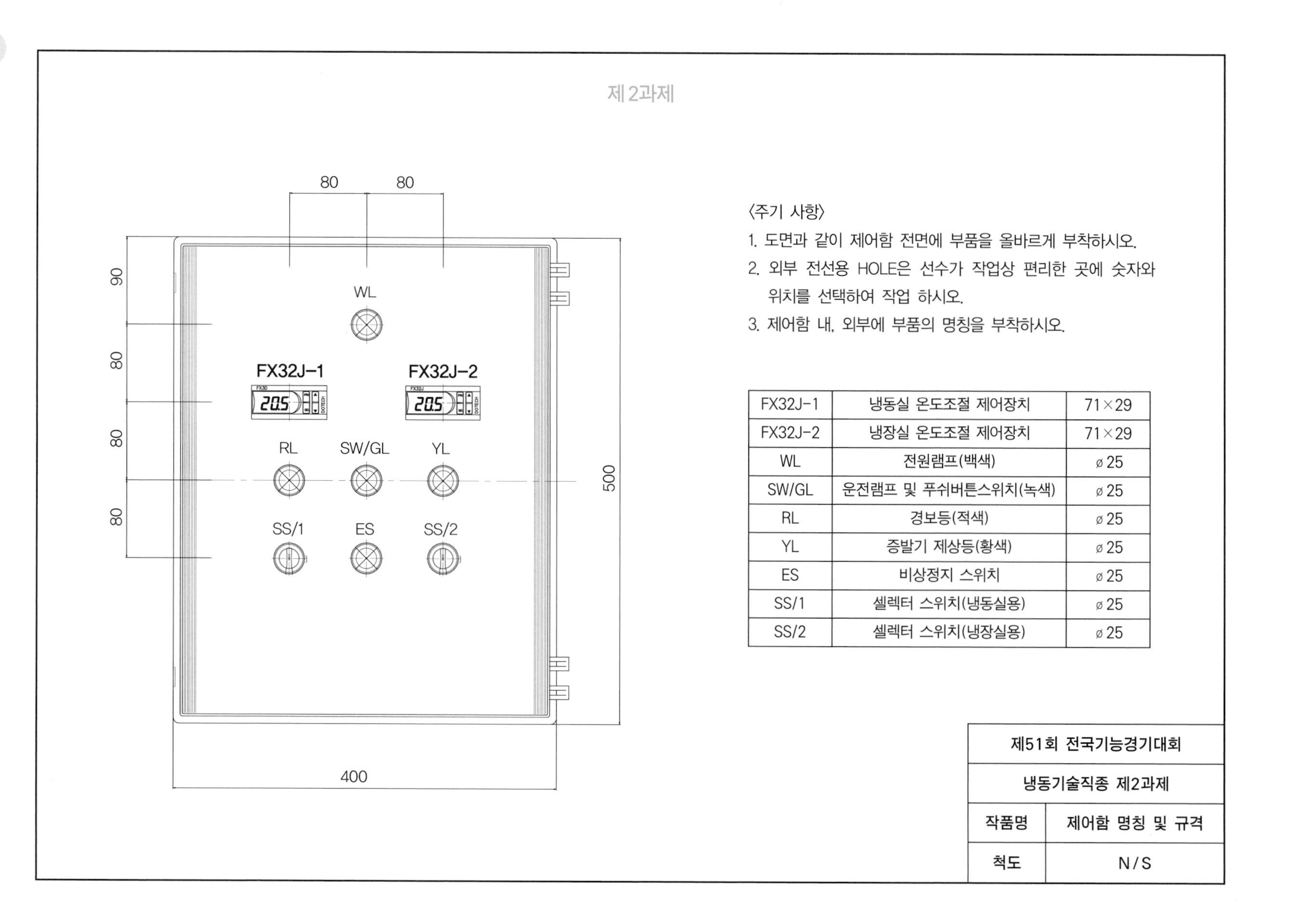

〈주기 사항〉

1. 도면과 같이 제어함 전면에 부품을 올바르게 부착하시오.
2. 외부 전선용 HOLE은 선수가 작업상 편리한 곳에 숫자와 위치를 선택하여 작업 하시오.
3. 제어함 내, 외부에 부품의 명칭을 부착하시오.

FX32J-1	냉동실 온도조절 제어장치	71×29
FX32J-2	냉장실 온도조절 제어장치	71×29
WL	전원램프(백색)	ø25
SW/GL	운전램프 및 푸쉬버튼스위치(녹색)	ø25
RL	경보등(적색)	ø25
YL	증발기 제상등(황색)	ø25
ES	비상정지 스위치	ø25
SS/1	셀렉터 스위치(냉동실용)	ø25
SS/2	셀렉터 스위치(냉장실용)	ø25

제51회 전국기능경기대회	
냉동기술직종 제2과제	
작품명	제어함 명칭 및 규격
척도	N/S

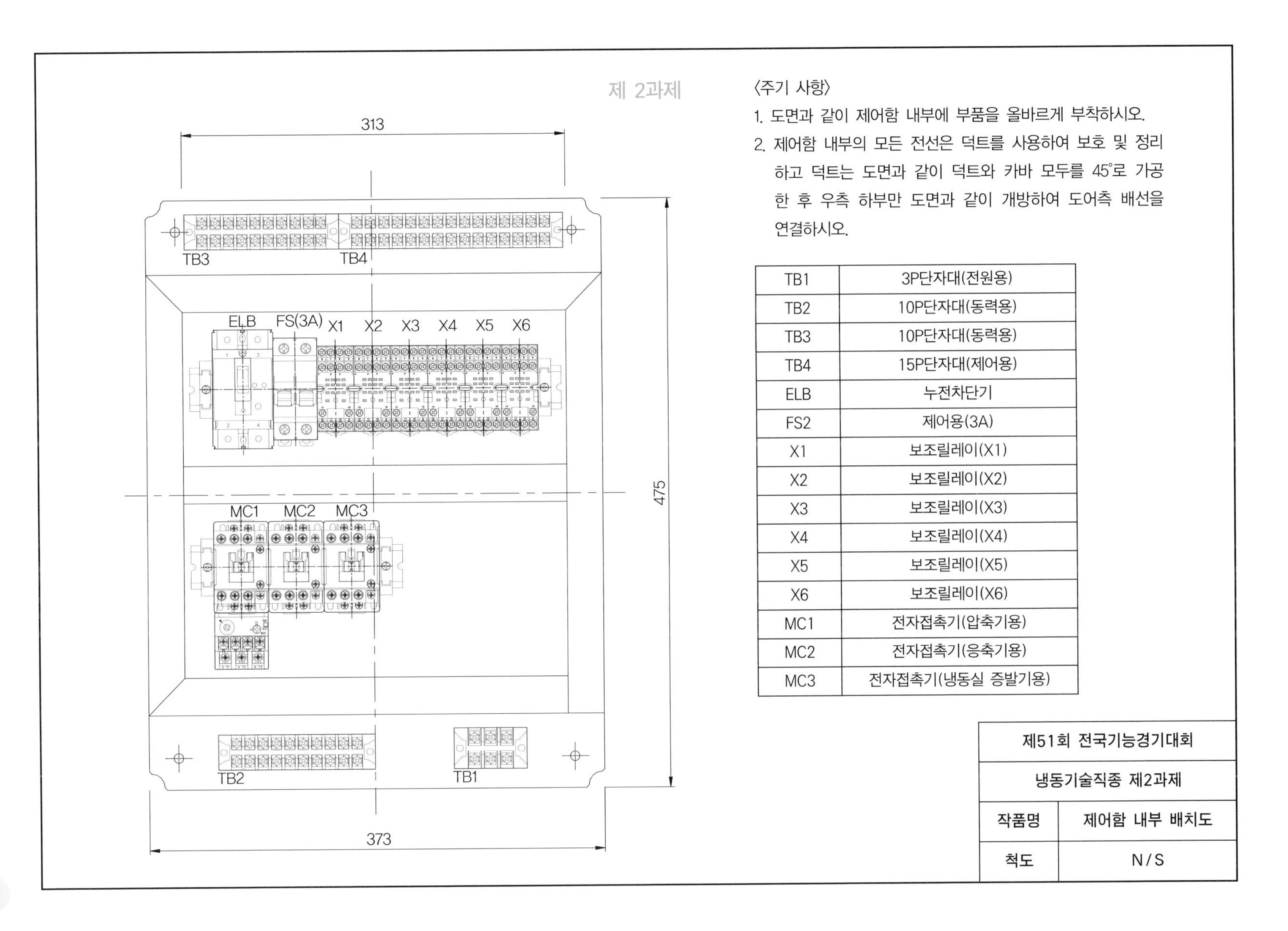

〈주기 사항〉

1. 도면과 같이 제어함 내부에 부품을 올바르게 부착하시오.
2. 제어함 내부의 모든 전선은 덕트를 사용하여 보호 및 정리하고 덕트는 도면과 같이 덕트와 카바 모두를 45°로 가공한 후 우측 하부만 도면과 같이 개방하여 도어측 배선을 연결하시오.

TB1	3P단자대(전원용)
TB2	10P단자대(동력용)
TB3	10P단자대(동력용)
TB4	15P단자대(제어용)
ELB	누전차단기
FS2	제어용(3A)
X1	보조릴레이(X1)
X2	보조릴레이(X2)
X3	보조릴레이(X3)
X4	보조릴레이(X4)
X5	보조릴레이(X5)
X6	보조릴레이(X6)
MC1	전자접촉기(압축기용)
MC2	전자접촉기(응축기용)
MC3	전자접촉기(냉동실 증발기용)

제51회 전국기능경기대회	
냉동기술직종 제2과제	
작품명	제어함 내부 배치도
척도	N/S

2016년 전국기능경기대회 과제

직종명	냉동기술	과제명	냉매충전, 시운전 결과측정	과제번호	제 3 과제
경기시간	2시간	비번호		심사위원 확인	(인)

※ 심사위원 확인란은 반드시 3명 이상의 심사위원 확인이 있어야 하며, 수정 시 수정한 부분에도 3명 이상의 심사위원 확인 후 서명이 있어야 한다.

번호	항목	심사위원 확인
1	초기 전원 투입 시 한 번에 동작이 되는지 확인 YES( ) NO( )	심사위원(1) (서명) 심사위원(2) (서명) 심사위원(3) (서명)
2	HPS 설정식 : HPS 설정치 : kg/cm^2g	심사위원(1) (서명) 심사위원(2) (서명) 심사위원(3) (서명)
3	LSP 설정 Cut Out : kg/cm^2g Cut In : kg/cm^2g	심사위원(1) (서명) 심사위원(2) (서명) 심사위원(3) (서명)
4	HPC 설정 운전 : kg/cm^2g 정지 : kg/cm^2g	심사위원(1) (서명) 심사위원(2) (서명) 심사위원(3) (서명)
5	압축기 과전류 계전기 설정 운전전류 : A 설정치 : A	심사위원(1) (서명) 심사위원(2) (서명) 심사위원(3) (서명)
6	EPR 설정식 : EPR 설정치 : kg/cm^2g	심사위원(1) (서명) 심사위원(2) (서명) 심사위원(3) (서명)
7	충전 전 통 무게 : g	심사위원(1) (서명) 심사위원(2) (서명) 심사위원(3) (서명)
8	충전 후 통 무게 : g 제3과제 냉매 충전 량 : g	심사위원(1) (서명) 심사위원(2) (서명) 심사위원(3) (서명)

9	냉매 총 충전 량 (2과제+3과제) : g	심사위원(1) (서명) 심사위원(2) (서명) 심사위원(3) (서명)
10	냉동실 온도 확인 : ℃ 냉장실 온도 확인 : ℃	심사위원(1) (서명) 심사위원(2) (서명) 심사위원(3) (서명)
11	3과제(냉동배관 및 누설시험) 작업 종료 확인 종료시간 : 시 분 종료확인 : YES( ) NO( )	심사위원(1) (서명) 심사위원(2) (서명) 심사위원(3) (서명)

비 번 호		성 명	(서명)

1. 요구 사항

※ 제3과제 시작 전 2과제에서 완료 못한 작업내용을 완료 후 심사위원 확인을 받아야 한다.

※ 심사위원 확인란은 반드시 3명 이상의 심사위원 확인이 있어야 하며, 수정 시 수정한 부분에도 3명 이상의 심사위원 확인 후 서명이 있어야 한다.

※ 시행에 앞서 전체 선수의 온도조절기는 지급된 상태로 초기화 하고 지시치를 확인 후 모든 선수가 동일 조건이 되도록 하여야 한다.

※ 각종 압력 스위치를 모두 초기화(초기 지급된 상태)해서 사용해야 한다.

※ 시운전 시 선수의 안전과 장비 보호를 위하여 위의 1, 2, 3, 4 항목(HPS, LPS, HPC)의 안전 장치 및 압력조정변 설정을 선행 한 후 다음 작업에 임한다.

※ 전원 투입 전 잘못된 배선작업이 있는 지 확인한다.

※ 냉동장치 사양

- 외기 온도 : 35℃
- 응축기 TD : 12K
- 냉장실 설계 온도 : 4℃
- 냉동실 설계 온도 : -20℃
- 나관증발기 TD : 20K
- 냉동실 증발기 TD : 7K
- 흡입라인 압력 강하 값 : 2K

냉매충전 및 시운전 결과측정

(1) 심사위원 입회하에 냉동유닛 제어장치의 설정작업이 있는지 확인하고 초기화시킨다.

(2) 냉동유닛 제어장치를 요구치에 맞추어 설정한다.(아래 요구사항 이외 항목은 선수가 스스로 정상가동 될 수 있도록 조절운전)

(3) 압축기 초기 운전 시 액 압축 또는 과열압축이 되지 않도록 주의한다.

(4) 냉동장치의 운전 조건은 다음과 같다.

(냉장실)

- 냉장실 온도 설정은 5℃에서 운전, 4℃에서 정지 되도록 설정

(냉동실)

- 냉동실 온도는 －20℃에서 정지하고, -18℃에서 운전되도록 설정
- 표시온도 설정은 공기 입구온도
- 설정 온도 범위 최솟값 －30℃, 최댓값 0℃
- 알람은 표시하지 않음
- 제상주기는 6시간, 최대 제상시간 15분, 최소 제상시간 10분
- 제상종료온도는 15℃
- 제상종료는 제상온도와 초대 제상시간 중 먼저 발생한 것에 의해 종료. 알람발생 없음으로 설정
- 팬은 냉각 정지 시 2분 후 정지, 제상 후 2분 지연 후 동작

(5) 고압차단스위치(HPS) 압력설정은 외기온도, 응축기 TD값, 안전율 10K를 합한 값에 해당하는 포화압력으로 설정하고 심사위원에게 확인을 받는다.

(6) 저압차단스위치(LPS)의 Cut Out 압력설정은 －37℃, Cut in 압력설정은 －15℃에 해당하는 포화 압력으로 설정하고 심사위원에게 확인 받는다.

(7) 응축기압력스위치(HPC) 설정은 18에서 팬 가동, 차압 3에서 정지토록 설정하고 심사위원에게 확인 받는다.

(8) 과전류계전기(OCR)의 Cut Out은 정상 전류보다 1.3배 높게 설정하고 심사위원에게 확인 받는다.

(9) 냉동장치가 정상적인 운전을 하고 있으며, 냉장고 온도가 6℃이고 냉동실 온도가 -16℃ 이하가 되면 DATA를 주어진 TEST SHEET에 작성하여, 비 번호 및 성명을 기록 후 심사위원에게 제출한다. (이 때, 냉장고 온도와 냉동실 온도가 함께 도달해야 하고 심사위원의 확인이 필요함)

(10) 과냉각기의 과냉각도는 5K 이상 이어야 한다.

(11) 냉매충전 전과 후의 가스통 중량을 심사위원에게 확인 받은 후 충전량을 TEST SHEET에 기록한다. 제 2과제에서 주입한 냉매량을 합산한다.

(12) 보온 · 보냉해야 할 부분을 보온재를 사용해서 보온하고 보온재 접합부위는 전용 본드를 사용해서 접합해야 하며 테이프 등으로 접합하지 않는다.

(13) 과제가 완료 되면 선수는 장비를 가동시켜 놓고 퇴장한다.

2. 선수 유의 사항

(1) 선수는 경기시작 전 냉매 및 전원공급은 이상 없는지 확인하고 한다.

(2) 특수설비의 경우 조작요령을 충분히 숙지한 후 경기를 시작한다.

(3) 전원 투입 시 감전 및 누전에 유의한다.

(4) 선수는 안전수칙을 반드시 준수하고, 경기장내 정리, 정돈과 청결을 유지한다.

(5) 선수는 경기도중 타 선수의 경기에 지장을 초래해서는 안 된다.

■ 증발기 평균풍속 측정

①	②	③
④	⑤	⑥

① ㎧
② ㎧
③ ㎧
④ ㎧
⑤ ㎧
⑥ ㎧

평균풍속 식 :

평균풍속 : ㎧

■ 응축기 평균풍속 측정

①	②	③
④	⑤	⑥
⑦	⑧	⑨

① ㎧
② ㎧
③ ㎧
④ ㎧
⑤ ㎧
⑥ ㎧
⑦ ㎧
⑧ ㎧
⑨ ㎧

평균풍속 식 :

평균풍속 : ㎧

2016년 전국기능경기대회 과제

직종명	냉동기술	과제명	냉매충전, 운전결과 측정	과제번호	제 3 과제
경기시간	2시간	비번호		심사위원 확인	(인)

※ 주의: TEST SHEET작성은 요구조건에 만족하는 온도까지 냉동, 냉장실이 함께 도달했을 때 작성해야 하며 선행 작성 시 부정행위로 간주함

Test Sheet

번호	측정 항목	단위	계산식	측정값	판 정
1	주위 온도				
2	냉매 타입				
3	흡입 압력				
4	토출 압력				
5	응축기 과냉각도				
6	냉동실 증발기 과열도				
7	나관 증발기 과열도				
8	총 시스템 과열도				
9	냉동실 증발기 풍량				
10	응축기 풍량				
11	냉동실 증발기 온도차				
12	나관 증발기 온도차(TD값)				
13	응축기 온도차				
14	서브쿨러 과냉각도				
15	서브쿨러 열교환량				

2016년 전국기능경기대회 과제

직종명	냉동기술	과제명	전기 고장진단 및 수리	과제번호	제 4 과제
경기시간	30분	비번호		심사위원 확인	(인)

1. 요구 사항

(1) 심사위원이 인위적으로 발생시킨 3개의 고장 점을 찾고 수리해야 하며, 심사위원은 모든 선수가 공평하게 고장이 나도록 하여야 한다.
(2) 선수는 고장진단 및 수리 부위를 도면에 표기하고 그 내용을 문제지에 기술해야 하며 심사위원의 확인은 받을 필요가 없다.
(3) 고장진단은 합당한 공구를 사용하여 합리적인 방법으로 진단하고 수리해야 한다.
(4) 고장수리 전 및 수리완료 후 각각(2회) 절연 및 누전검사를 해야 한다. 심사위원 입회는 필요하지 않다.
(5) 고장수리가 완료되면 장비를 운전 시켜 놓고 퇴장한다.
(6) 주어진 시간 내에 모든 작업을 완료해야 한다.

■ 고장수리 총 소요 시간(심사위원 작성) :

고장 진단 및 수리과정을 상세히 설명하시오.	

2. 경기자 유의 사항

(1) 선수는 경기시작 전 고장진단 및 수리에 필요한 공구등과 전원공급은 이상 없는지 확인하여야 한다.
(2) 특수설비의 경우 조작요령을 충분히 숙지한 후 경기를 시작한다.
(3) 전원 투입 시 감전 및 누전에 유의한다.
(4) 선수는 안전수칙을 반드시 준수한다.
(5) 경기장내 정리, 정돈과 청결을 유지한다.
(6) 선수는 경기도중 타 선수의 경기에 지장을 초래해서는 안 된다.

2016년 전국기능경기대회 과제

직종명	**냉동기술**	과제명	기계 고장진단 및 수리	과제번호	**제 5 과제**
경기시간	**2 시간**	비번호		심사위원 확인	(인)

1. 요구 사항

※ 본 과제는 선수가 고장 점을 찾고 수리하는 과정을 숙련되고, 안전하게 하며, 친환경적이고, 합리적인 방법으로 작업을 수행하는지를 평가하는 과제이다.

(1) 심사위원이 인위적으로 발생시킨 1개의 고장 점을 찾고 수리해야 하며, 심사위원은 모든 선수가 공평하게 고장이 나도록 해야 한다.
(2) 고장진단 및 수리는 주어진 시간 내에 해결해야 한다.
(3) 기계 고장진단 전 CHECK SHEET를 작성하고, 문제점을 파악한 후 진단과 수리를 해야 하며, 육안으로 찾은 고장은 점수를 받을 수 없다.
(4) CHECK SHEET 내용에 의거하여 고장원인을 진단해야 하며 CHECK SHEET 작성시간 동안 시간을 절약하기 위하여 회수통, 회수기를 진공하는 등의 선행 작업을 해서는 안 된다. 선행작업 채점항목은 감점한다.
(5) 고장수리가 완료되면 고장수리 후 CHECK SHEET를 기록 후 장비를 운전시켜 놓고 퇴장한다.
(6) 고장수리를 위한 냉매회수(장치 내 압력이 대기압 또는 그 이하이어야 한다) 시 불필요한 냉매 소모 없이 주입한 냉매를 전량을 회수해야 한다.

냉매 회수통 진공 :	microns	심사위원(1) (서명) 심사위원(2) (서명) 심사위원(3) (서명)
냉매 회수기 진공 :	microns	심사위원(1) (서명) 심사위원(2) (서명) 심사위원(3) (서명)
냉매 회수 전 회수통 무게 :	g	심사위원(1) (서명) 심사위원(2) (서명) 심사위원(3) (서명)
냉매 회수 후 장치 내 압력 :	kg/cm^2g	심사위원(1) (서명) 심사위원(2) (서명) 심사위원(3) (서명)

냉매 회수 후 회수 통 무게 : g	심사위원(1) (서명) 심사위원(2) (서명) 심사위원(3) (서명)

(7) Brazing작업 전 산소용접기 압력 상태를 확인 받는다.

아세틸렌 압력 : kg/cm^2g 산소 압력 : kg/cm^2g	심사위원(1) (서명) 심사위원(2) (서명) 심사위원(3) (서명)

(8) 15분간 질소가압 및 방치 시험($7kg/cm^2g$) 심사위원 확인.

질소가압 : kg/cm^2g, 누설 유무(유, 무)	심사위원(1) (서명) 심사위원(2) (서명) 심사위원(3) (서명)

(8) 진공작업 확인 : 2000microns까지 진공작업

진공작업 완료 확인 : microns	심사위원(1) (서명) 심사위원(2) (서명) 심사위원(3) (서명)
냉매 충전 량 : g	심사위원(1) (서명) 심사위원(2) (서명) 심사위원(3) (서명)

(10) 고장수리 완료 후 장비 정상가동 확인

고장수리 완료 확인	심사위원(1) (서명) 심사위원(2) (서명) 심사위원(3) (서명)
냉장실 온도 : ℃ 냉동실 온도 : ℃	심사위원(1) (서명) 심사위원(2) (서명) 심사위원(3) (서명)

고장 진단 전 CHECK SHEET

번호	측정항목	단위	계산식	설정및 측정값	판단
1	고내온도		불필요		
2	압축기 흡입압력		불필요		
3	압축기 토출압력		불필요		
4	냉동실 증발기 증발온도		불필요		
5	나관증발기 증발온도		불필요		
6	토출가스 온도		불필요		
7	응축온도		불필요		
8	냉동실 증발기 과열도				
9	나관 증발기 과열도				
10	증발기 풍량				
11	응축기 과냉각도				
12	응축기 풍량				
13	냉동실 증발기 입 · 출구 공기 온도차				
14	응축기 입 · 출구 공기 온도차				

2. 선수 유의 사항

(1) 선수는 경기시작 전 고장진단 및 수리에 필요한 공구와 측정 장비 이상 유무를 확인한다.
(2) 특수설비의 경우 조작요령을 충분히 숙지한 후 경기를 시작한다.
(3) 전원 투입 시 감전 및 누전에 유의한다.
(4) 선수는 안전수칙을 반드시 준수하고, 경기장내 정리, 정돈과 청결을 유지한다.
(5) 선수는 경기도중 타 선수의 경기에 지장을 초래해서는 안 된다.

3. 기계 고장 진단 및 수리 점검표

고장을 찾게 된 과정을 고장 진단 전 CHECK SHEET 내용 등을 인용해 상세하고 올바르게 서술하시오.

■ **고장수리 총 소요 시간 :**

▶ 고장 진단 과정을 상세히 설명하시오.
▶ 고장 수리 과정을 상세히 설명하시오.

점수기록(심사위원):

4. 고장 수리 후 점검

고장수리가 완료되고 장비가 정상가동 되면 아래의 고장 수리 후 CHECK SHEET를 작성 하시오.

고장 수리 후 CHECK SHEET

번호	측정항목	단위	계산식	설정및 측정값	판단
1	고내온도		불필요		
2	압축기 흡입압력		불필요		
3	압축기 토출압력		불필요		
4	냉동실 증발기 증발온도		불필요		
5	나관증발기 증발온도		불필요		
6	토출가스 온도		불필요		
7	응축온도		불필요		
8	냉동실 증발기 과열도				
9	나관 증발기 과열도				
10	증발기 풍량				
11	응축기 과냉각도				
12	응축기 풍량				
13	냉동실 증발기 입 · 출구 공기 온도차				
14	응축기 입 · 출구 공기 온도차				

전국기능경기대회 출제과제는 한국산업인력공단이 운영하는 포털사이트 수련기술인포럼 "마이스터넷(meister.hrdkorea.or.kr)의 전국기능경기대회/과제출제"를 통해서도 열람하실 수 있습니다.

Index

찾 아 보 기

ㄷ

ㄹ

ㅁ

ㅂ

ㅅ

Reference

참 고 문 헌

1. W. E. Stoecker, 『Refrigeration and Air Conditioning』, Mc-Graw Hill Book Company, 1993.
2. Danfoss A/S, 『Fitters Notes』, Danfoss, 2006.
3. Alco A/S, 『User's Manual (Alco's Expansion Valve Selection Program』), Alco, 2006.
4. 조병옥(수정 보완), 『냉동기계』, 한국산업인력공단, 2001.
5. 조병옥 외, 『공기조화설비』, 교육인적자원부, 2004.
6. DuPont, 『Technical Information - Thermodynamics Properties of Refrigerant』, DuPont, 2005.

냉 동 기 술 공 학

초판 발행 | 2009년 7월 10일
4판 발행 | 2017년 1월 5일

저 자 | 조 병 옥
발 행 인 | 이 미 래

발 행 처 | 씨마스
등록번호 | 제301-2011-214호
주 소 | 서울특별시 중구 서애로 23 통일빌딩
전 화 | (02)2274-1592
팩 스 | (02)2278-6702
홈페이지 | www.cmass21.net
e-mail | licence@cmass.co.kr
I S B N | 978-89-91812-49-9 (93550)

정가 28,000 원